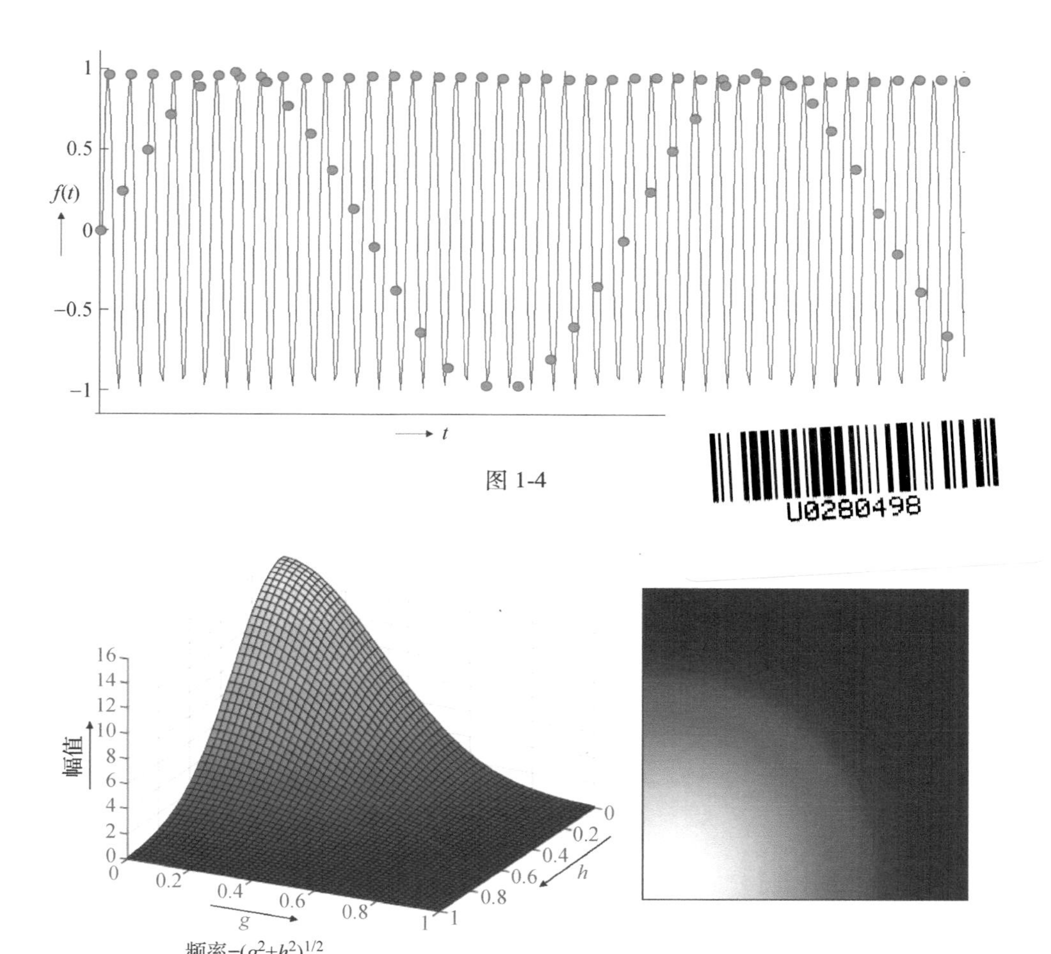
1
0.5
f(t)
0
−0.5
−1
t
16
14
12
幅值
10
8
6
4
2
0
0
0.2
0.4
0.6
0.8
1
g
0
0.2
0.4
0.6
0.8
1
h
频率=$(g^2+h^2)^{1/2}$
方向=$\tan^{-1}(h/g)$

图 1-4

图 1-9

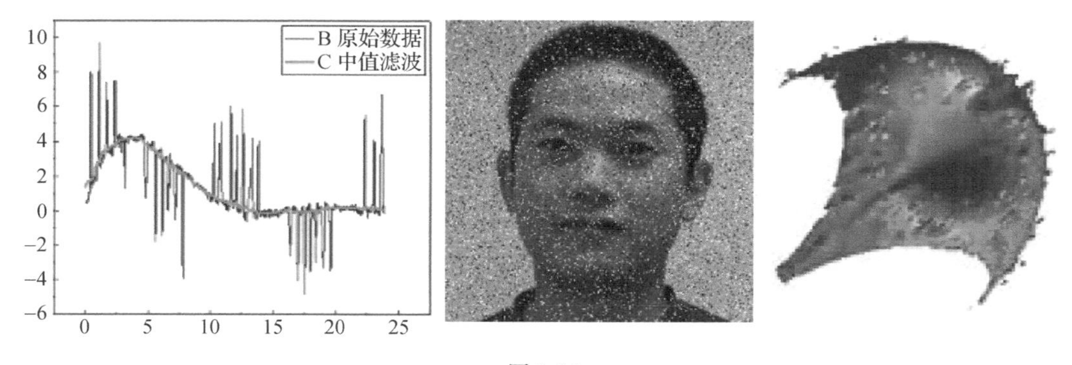
10
8
6
4
2
0
−2
−4
−6
0
5
10
15
20
25
B 原始数据
C 中值滤波

图 1-14

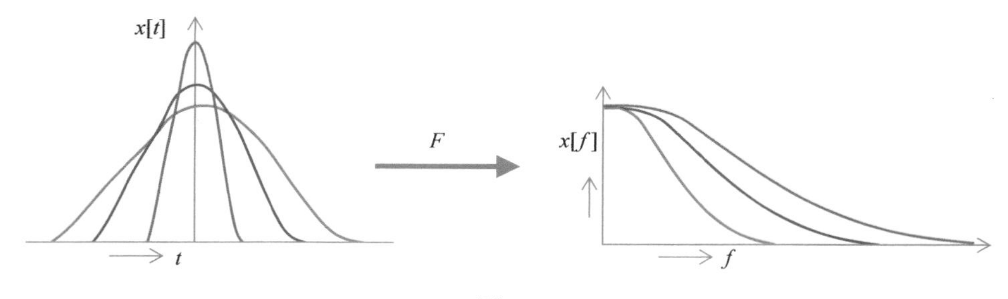

图 3-9

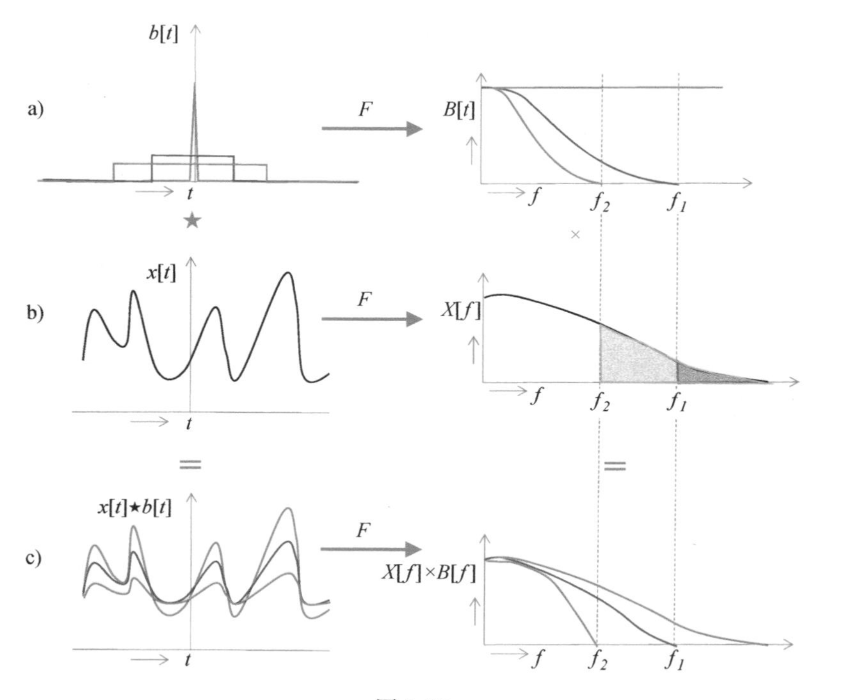

图 3-10

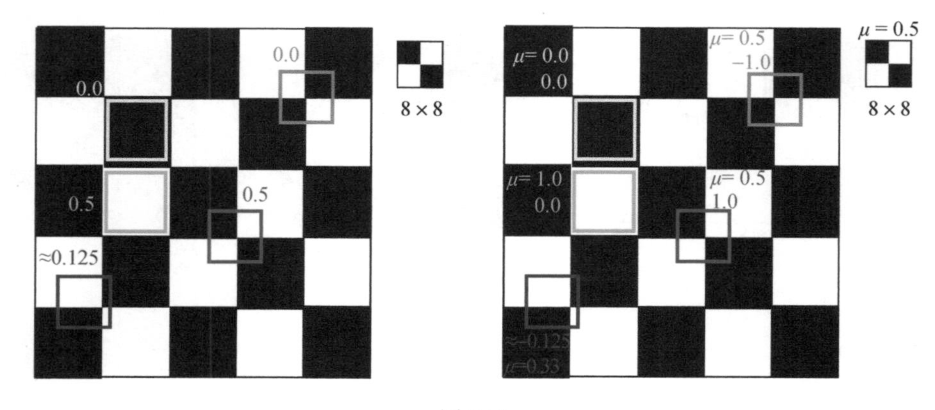

图 3-20

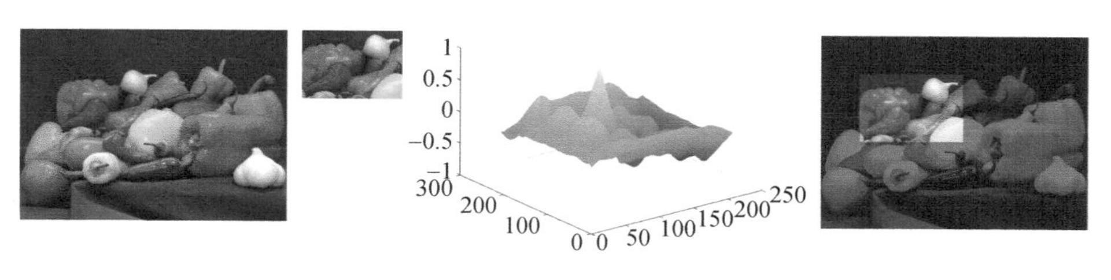

图 3-21

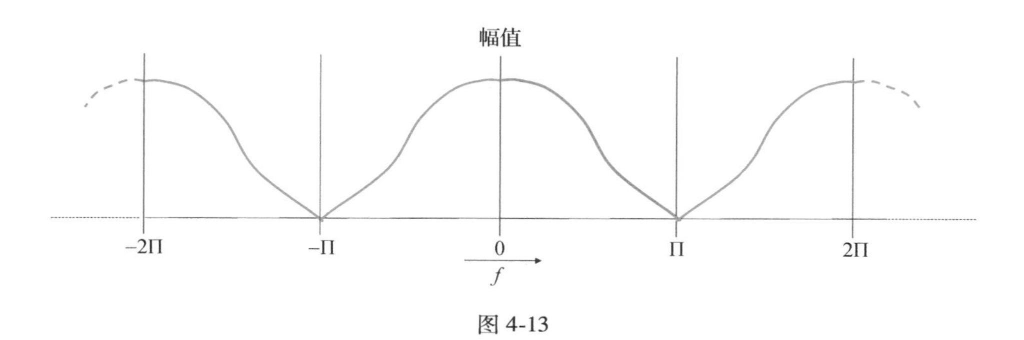

图 4-13

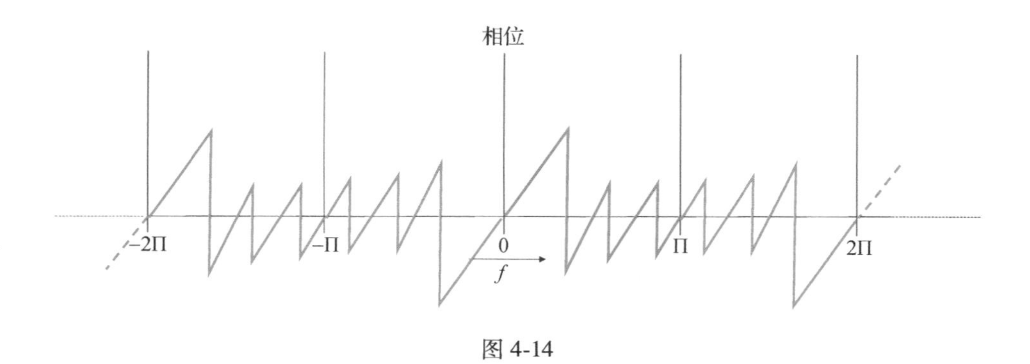

图 4-14

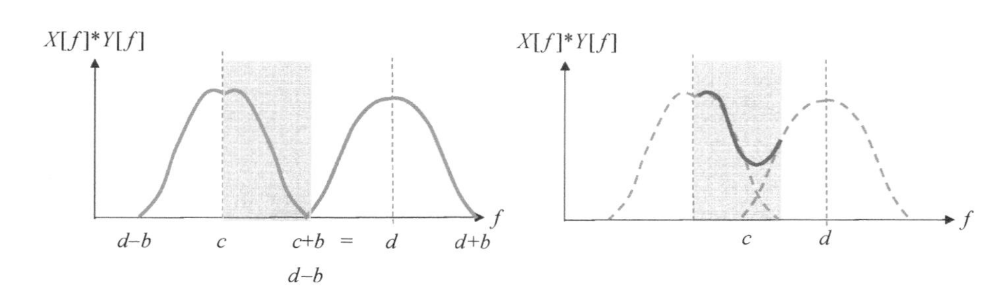

图 4-15

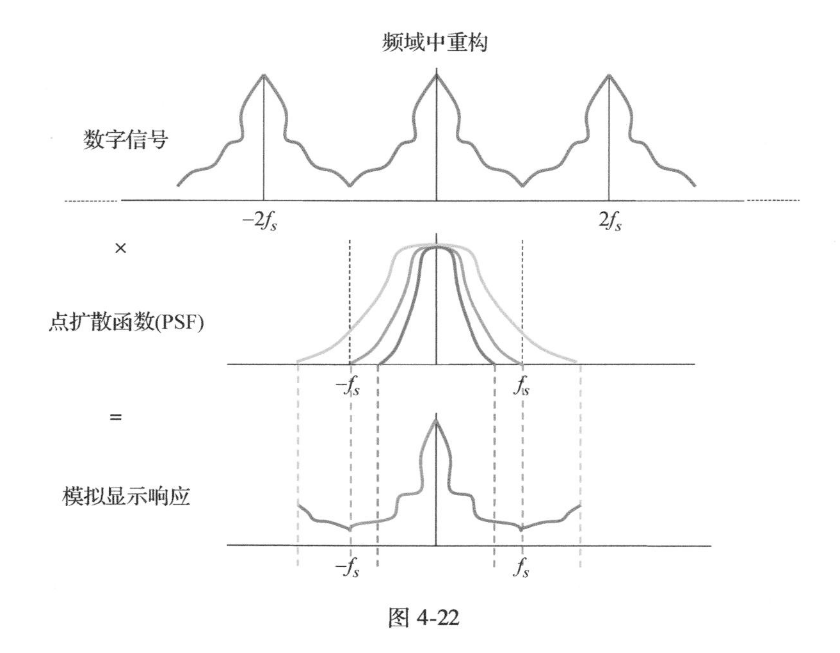

图 4-22

图 5-19

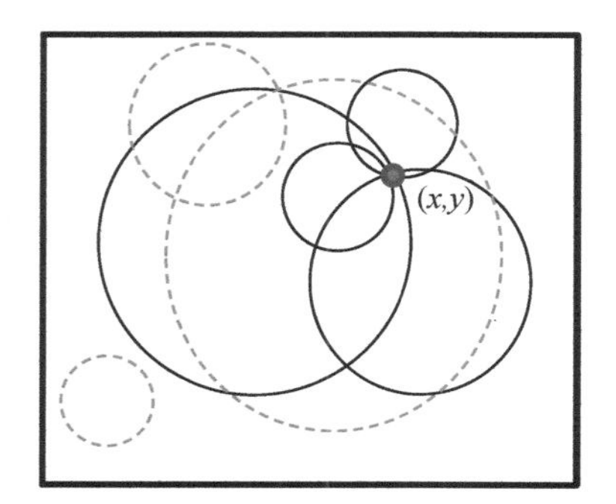

图 5-22

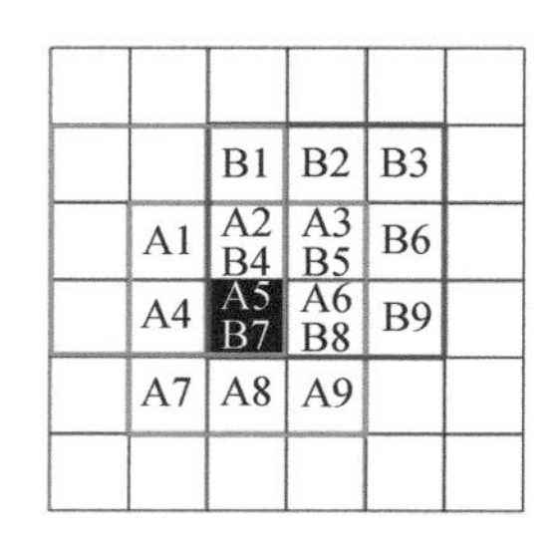

图 5-23

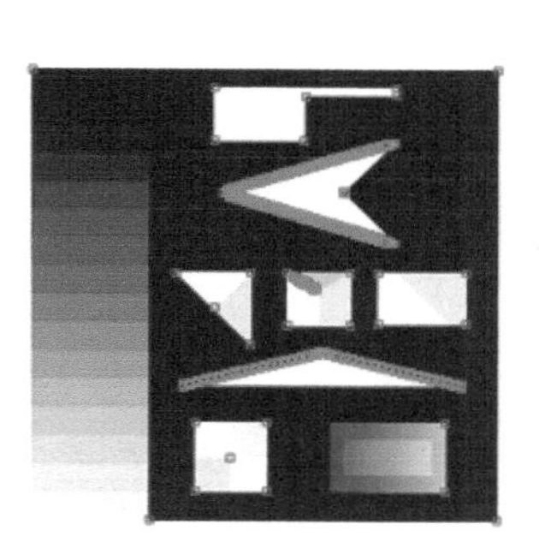

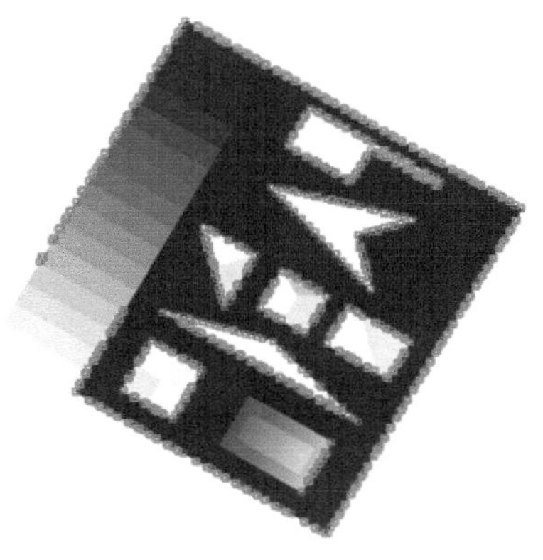

图 5-24

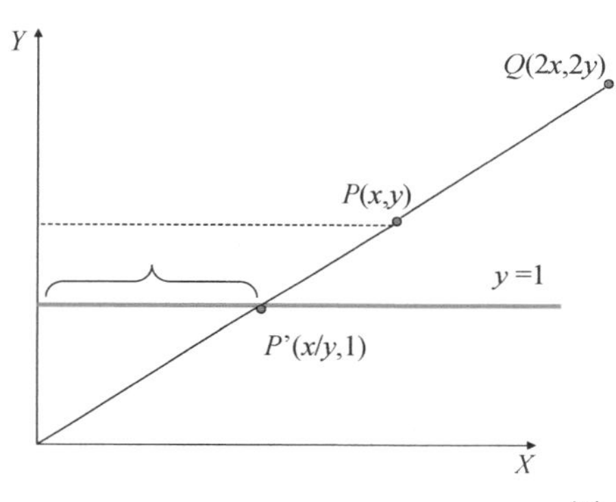
Y
Q(2x,2y)
P(x,y)
y =1
P'(x/y,1)
X

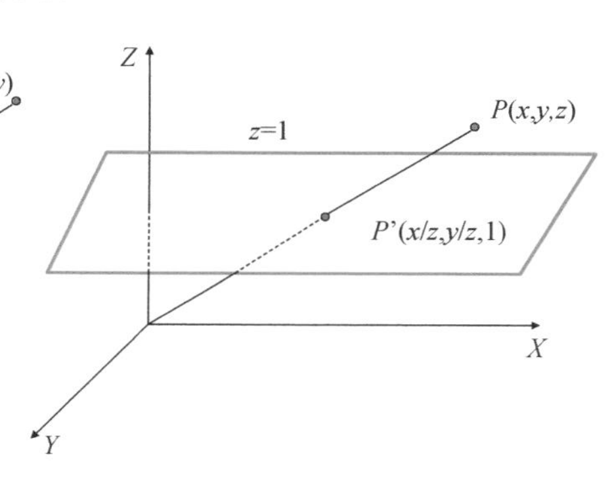
Z
z=1
P(x,y,z)
P'(x/z,y/z,1)
X
Y

图 6-1

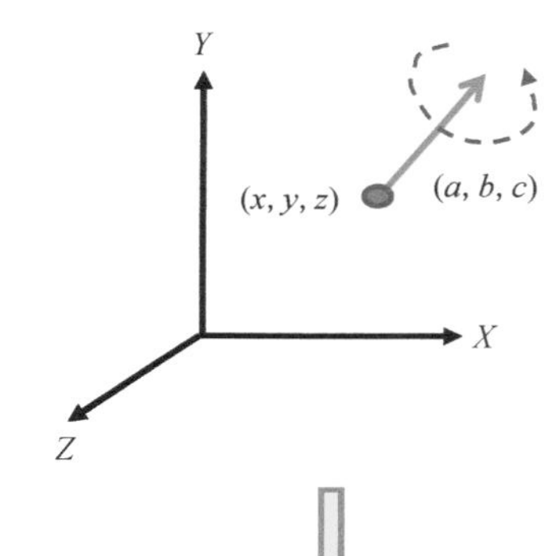
Y
(x, y, z)
(a, b, c)
X
Z

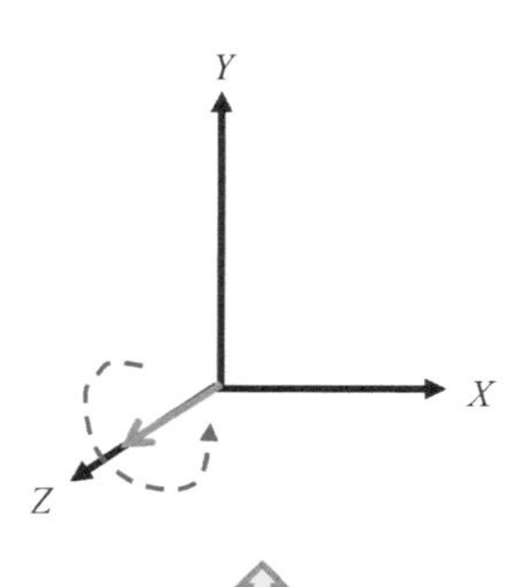
Y
X
Z

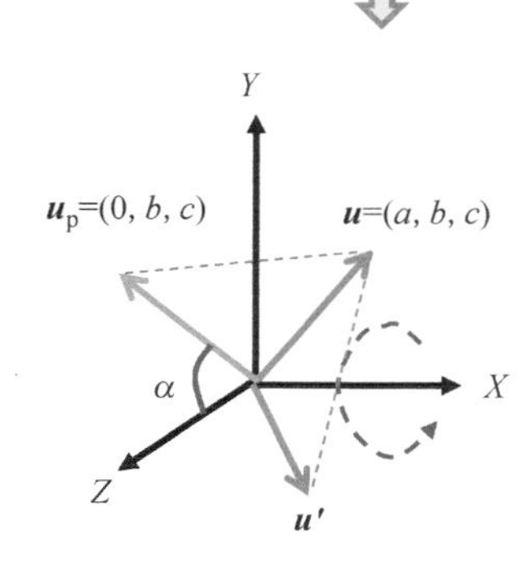
Y
u_p=(0, b, c)
u=(a, b, c)
α
X
Z
u'

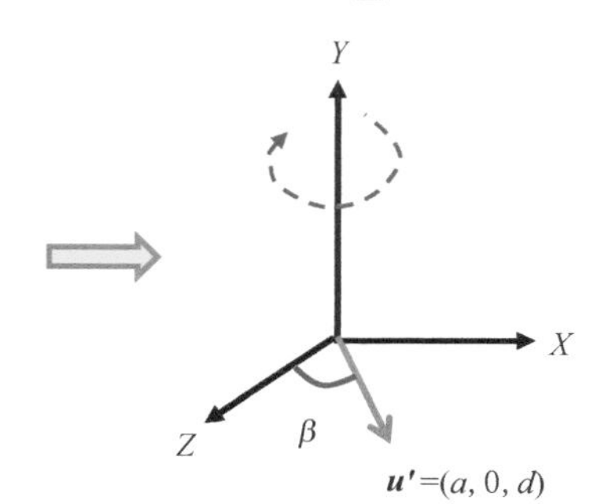
Y
X
Z
β
u'=(a, 0, d)

图 6-9

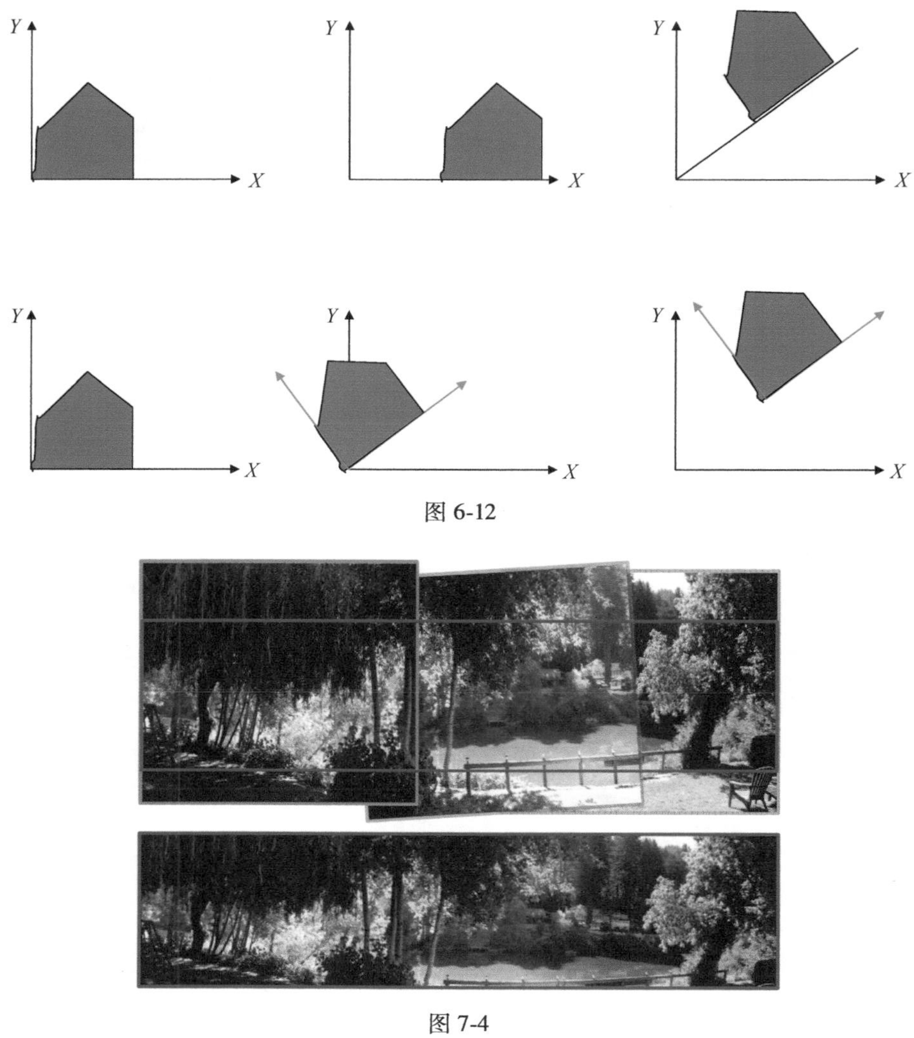

图 6-12

图 7-4

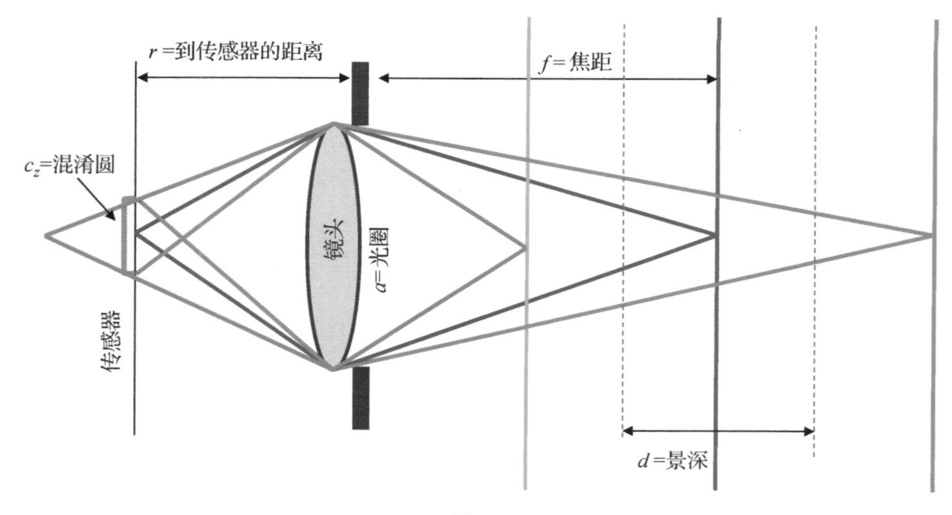

图 7-5

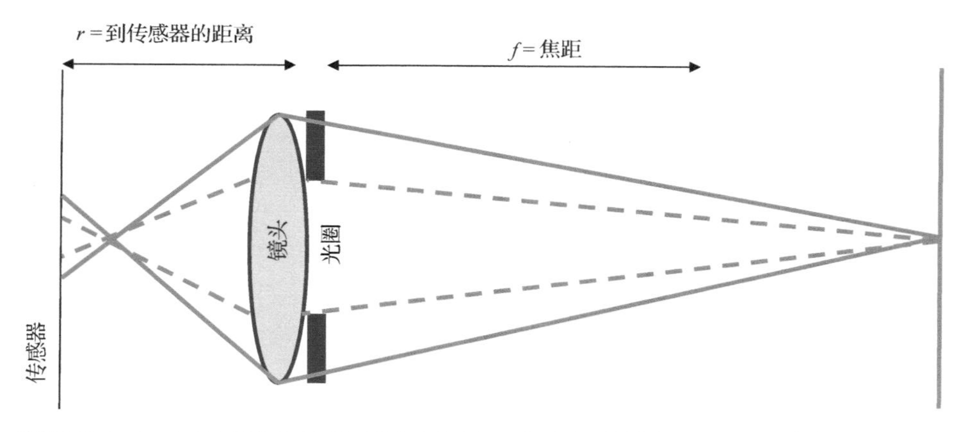
r = 到传感器的距离
f = 焦距
镜头
光圈
传感器

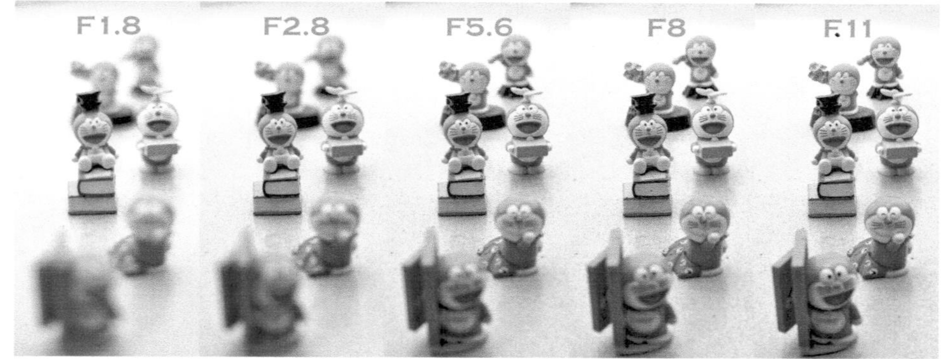
F1.8
F2.8
F5.6
F8
F11

图 7-7

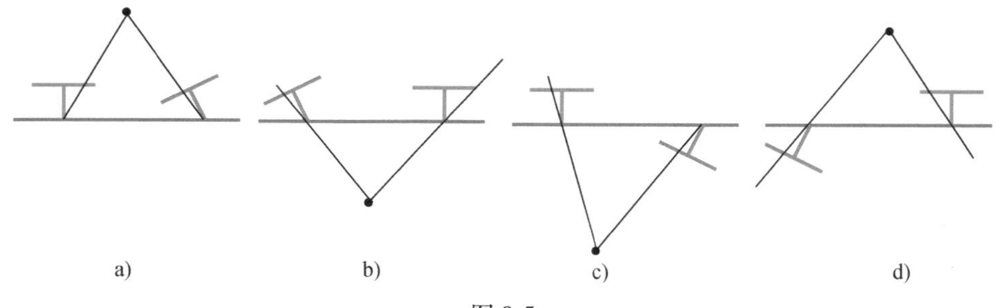
a)
b)
c)
d)

图 8-5

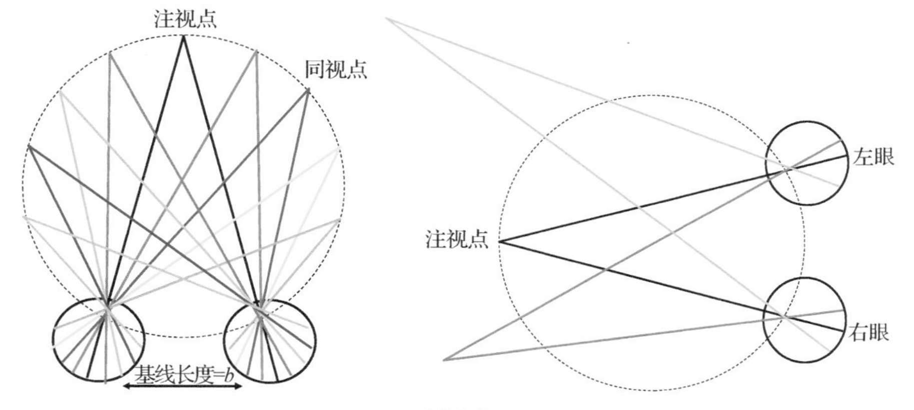
注视点
同视点
基线长度=b
左眼
注视点
右眼

图 8-7

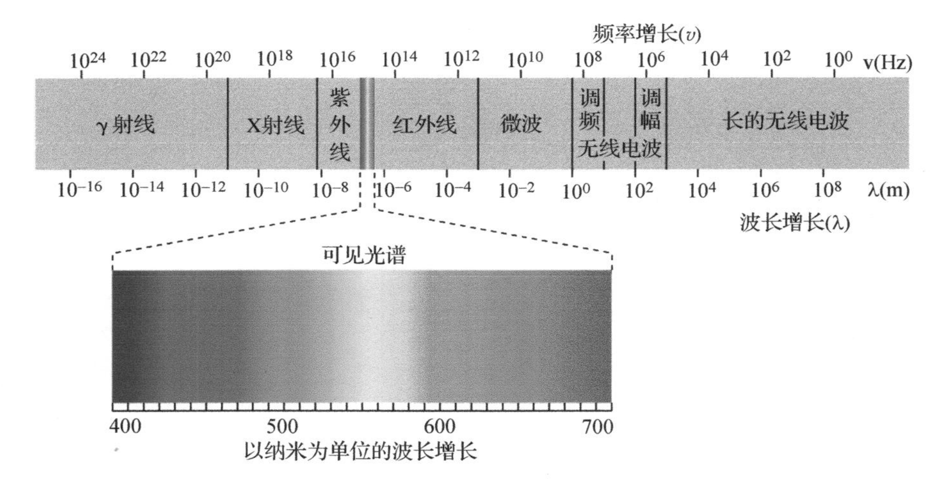
频率增长(υ)
10^24 10^22 10^20 10^18 10^16 10^14 10^12 10^10 10^8 10^6 10^4 10^2 10^0 ν(Hz)
γ射线
X射线
紫外线
红外线
微波
调频
调幅
无线电波
长的无线电波
10^-16 10^-14 10^-12 10^-10 10^-8 10^-6 10^-4 10^-2 10^0 10^2 10^4 10^6 10^8 λ(m)
波长增长(λ)
可见光谱
400 500 600 700
以纳米为单位的波长增长

图 9-2

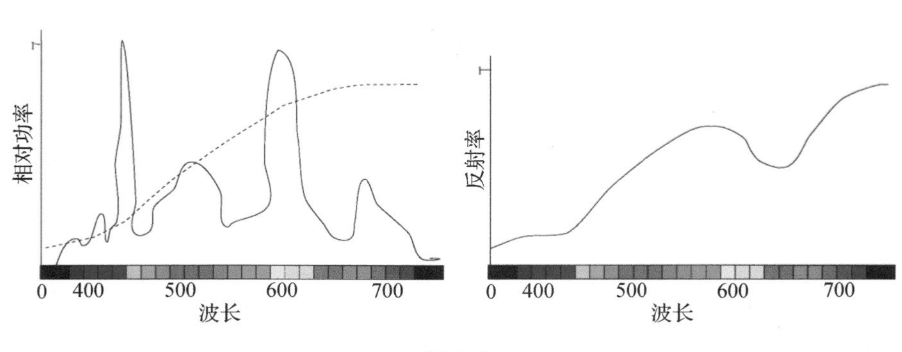
相对功率
0 400 500 600 700
波长
反射率
0 400 500 600 700
波长

图 9-3

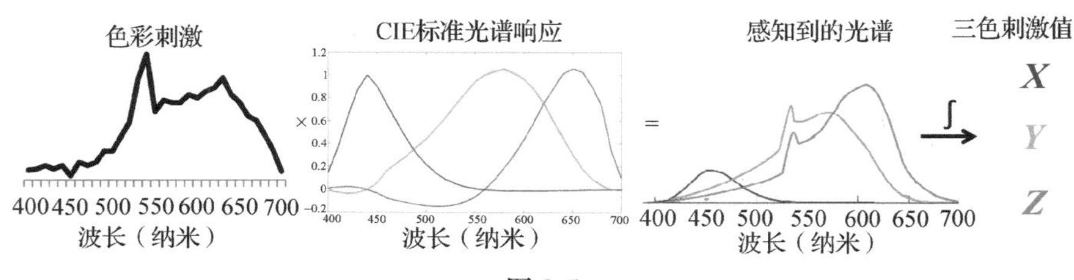
色彩刺激
400 450 500 550 600 650 700
波长（纳米）
CIE标准光谱响应
波长（纳米）
=
感知到的光谱
400 450 500 550 600 650 700
波长（纳米）
三色刺激值
X
Y
Z

图 9-5

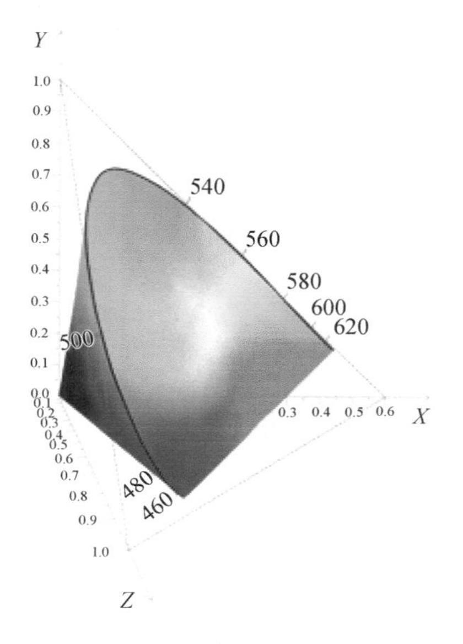

图 9-6

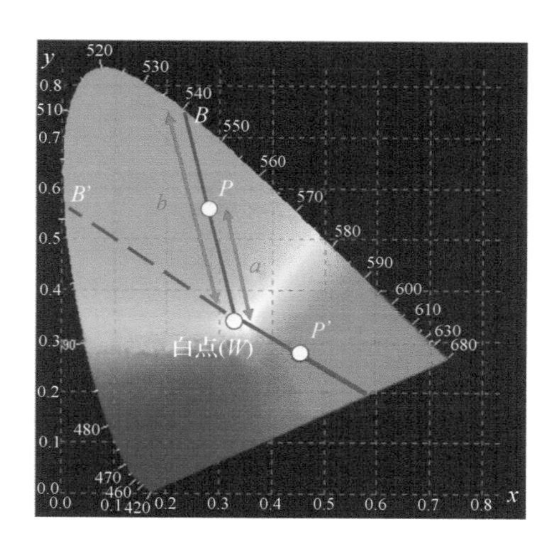

图 9-8

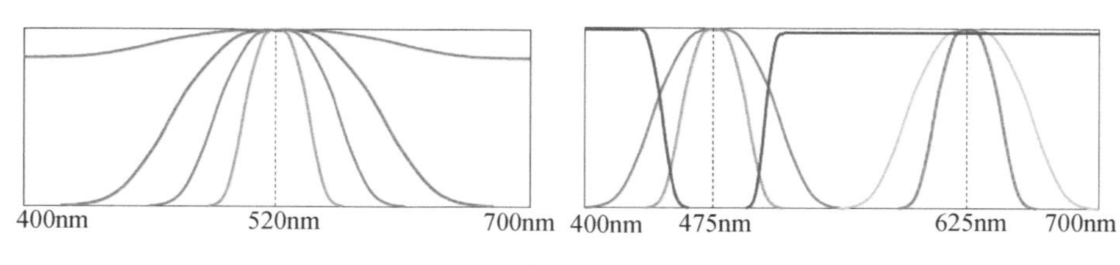

9 章习题 1

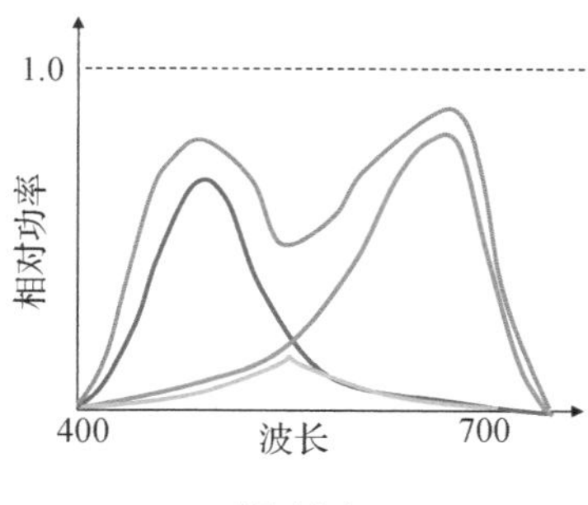

图 10-1

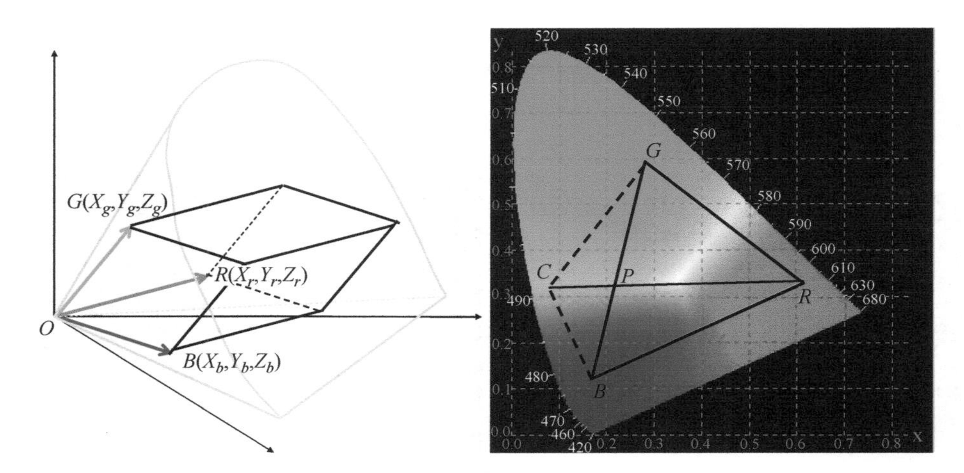
G(X_g,Y_g,Z_g)
R(X_r,Y_r,Z_r)
B(X_b,Y_b,Z_b)
O
G
C
P
R
B
y
x
520
530
540
550
560
570
580
590
600
610
630
680
510
490
480
470
460
420

图 10-2

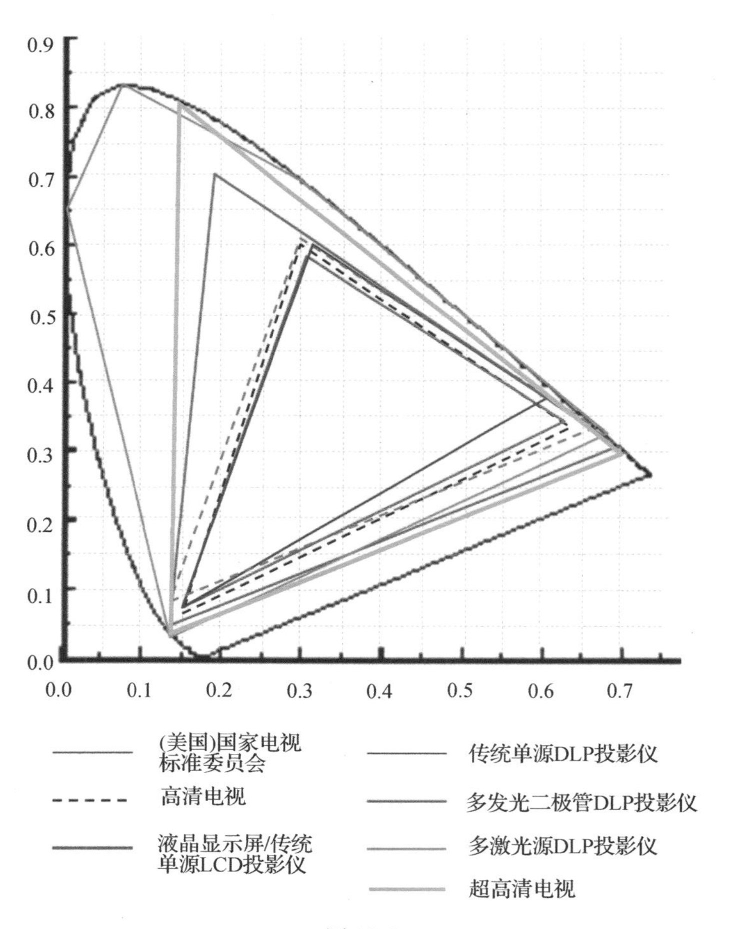
0.9
0.8
0.7
0.6
0.5
0.4
0.3
0.2
0.1
0.0
0.0
0.1
0.2
0.3
0.4
0.5
0.6
0.7
(美国)国家电视标准委员会
传统单源DLP投影仪
高清电视
多发光二极管DLP投影仪
液晶显示屏/传统单源LCD投影仪
多激光源DLP投影仪
超高清电视

图 10-3

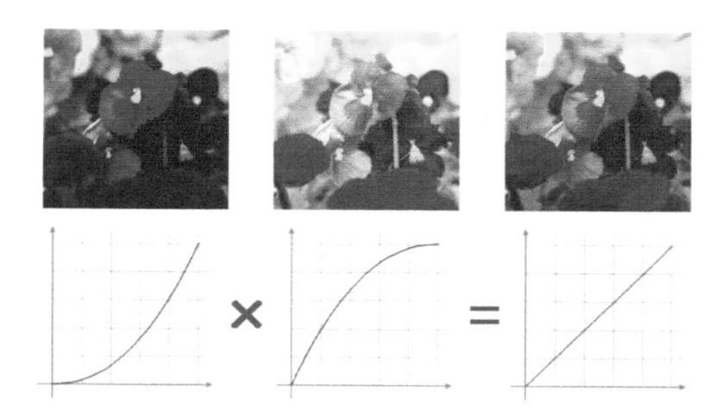

图 10-4

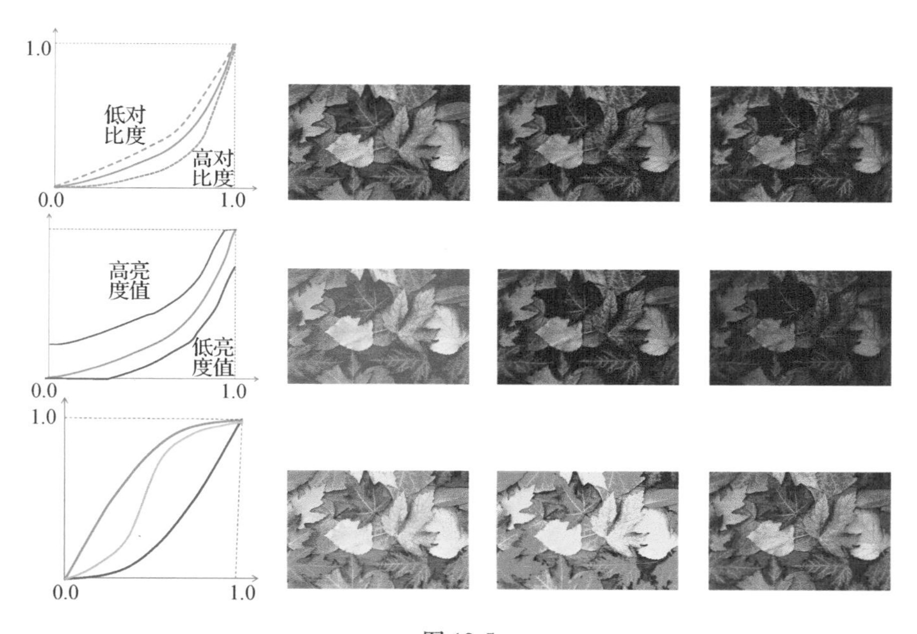

图 10-5

图 10-6

图 10-7

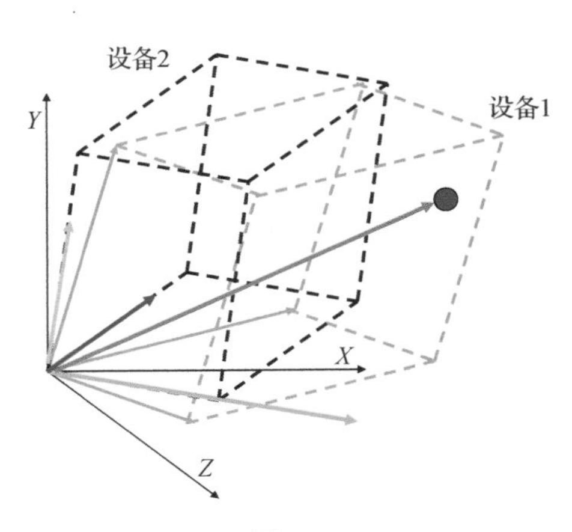

图 10-9

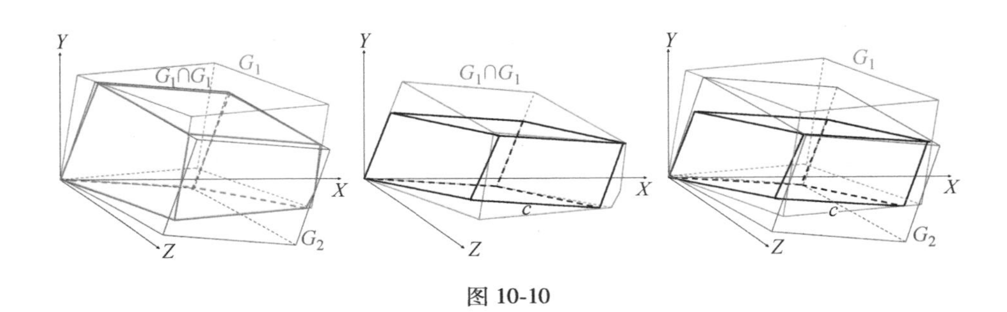

图 10-10

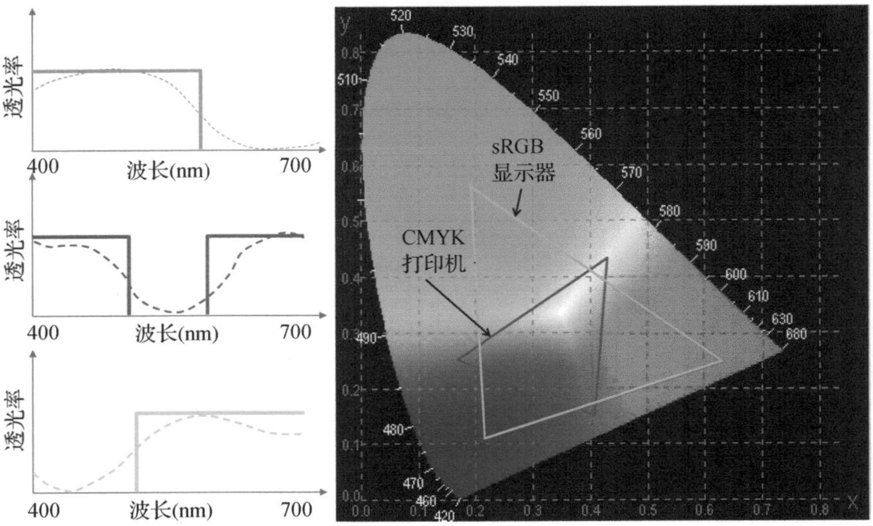

图 10-11

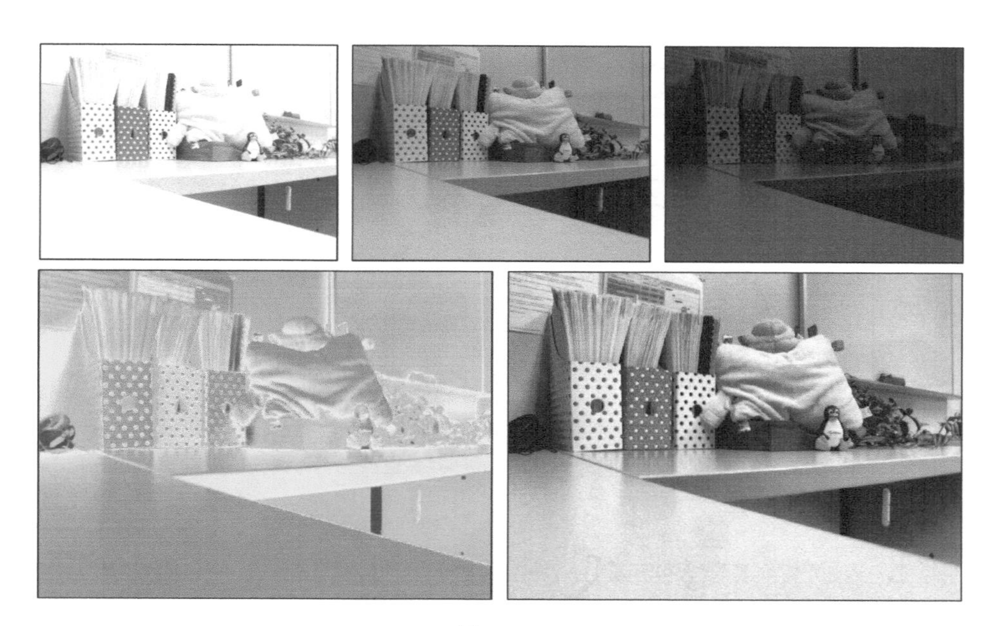

图 10-13

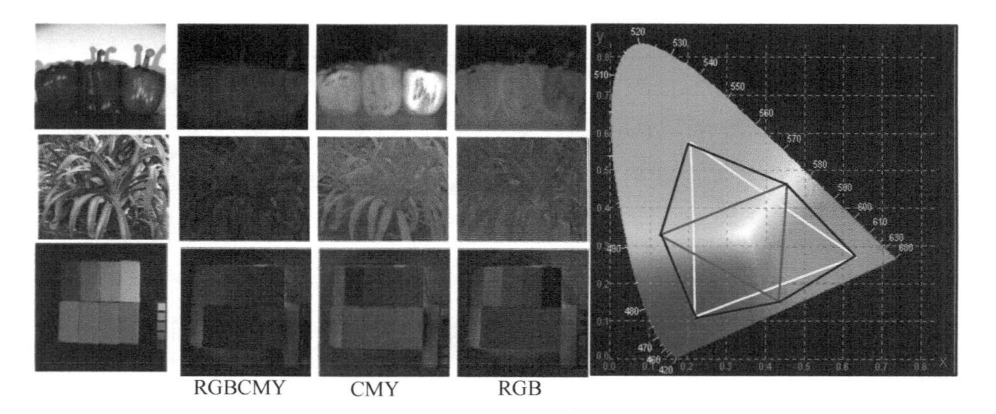

图 10-14

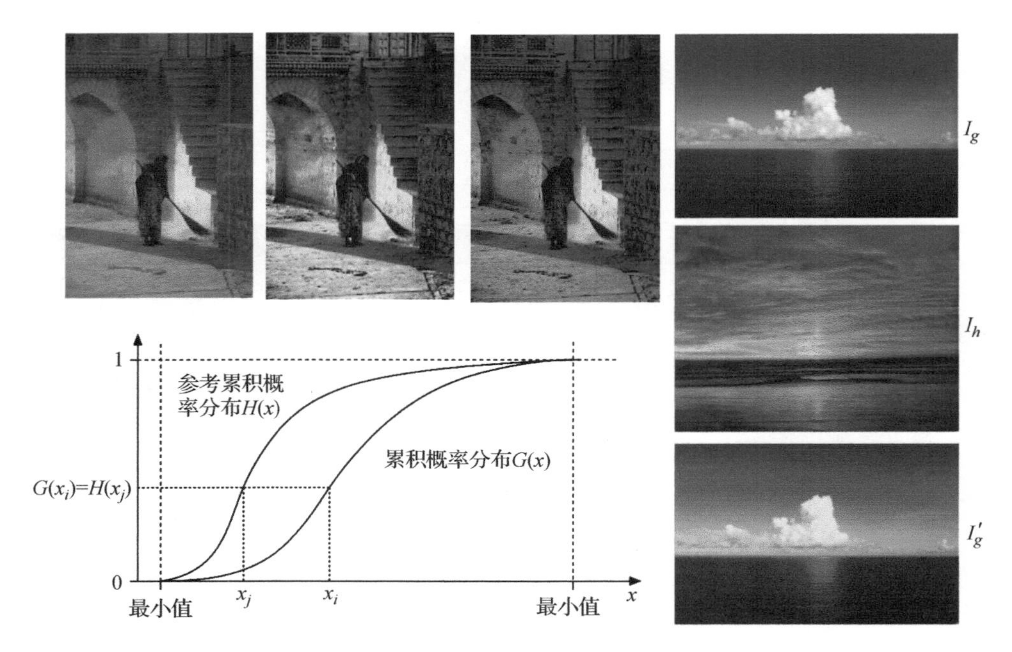

图 11-8

图 11-16

图 11-17

图 11-20

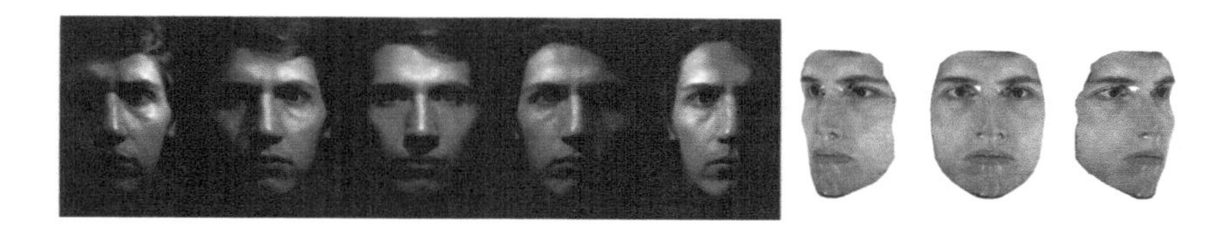

图 11-23

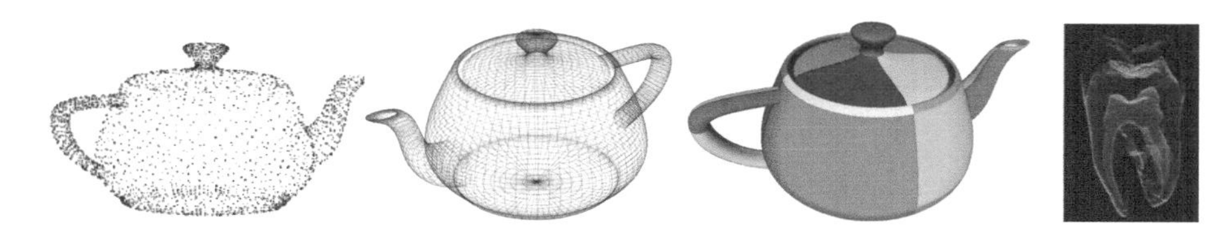

图 12-1

a) b) c) d)

图 12-2

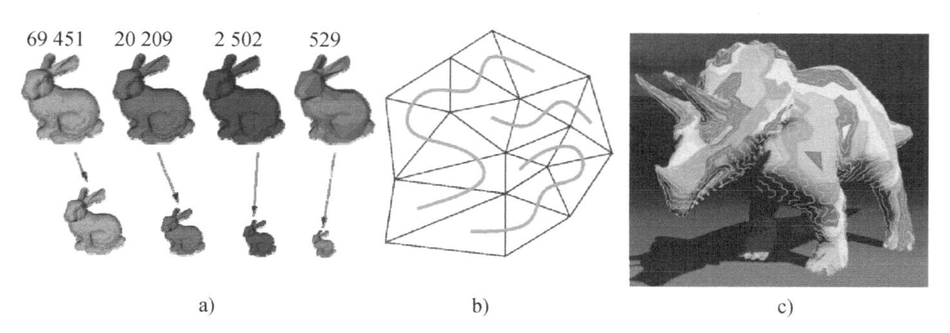

a) b) c)

图 12-3

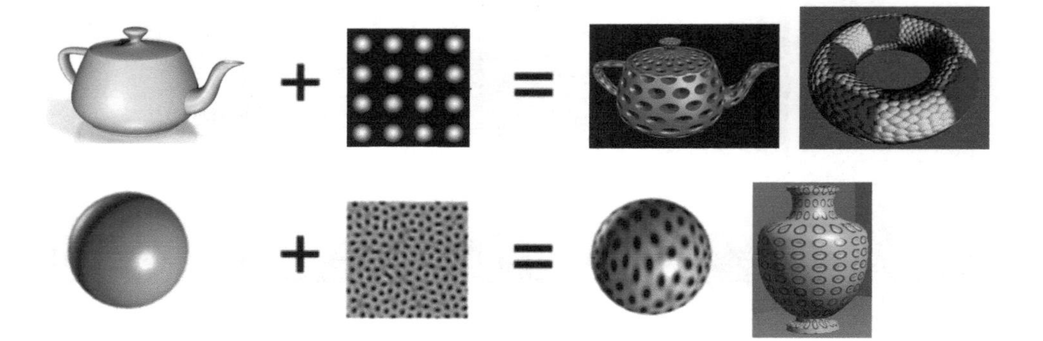

图 12-5

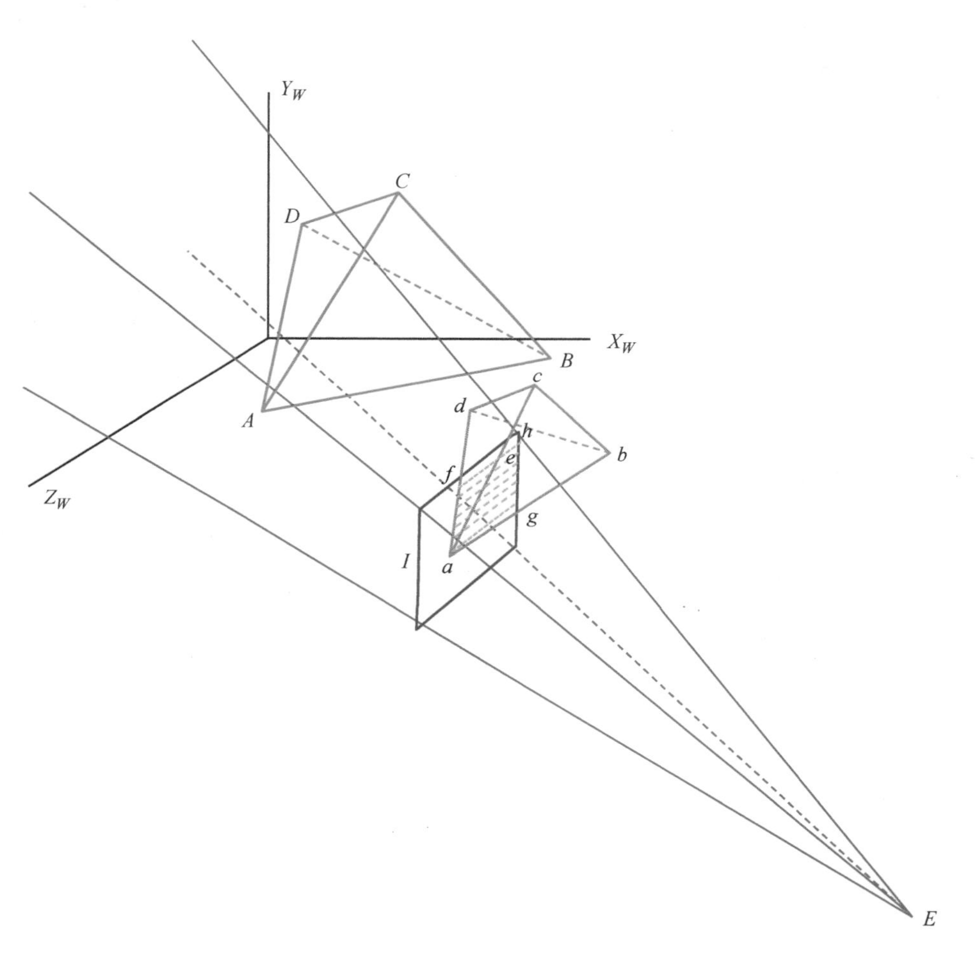

图 13-1

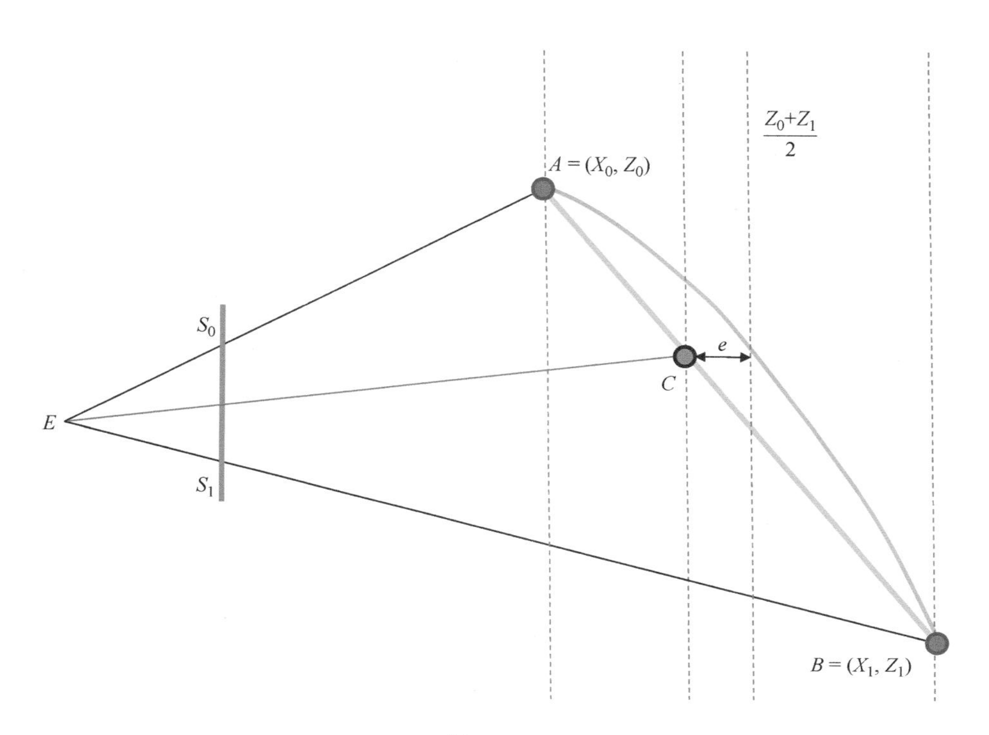

图 13-6

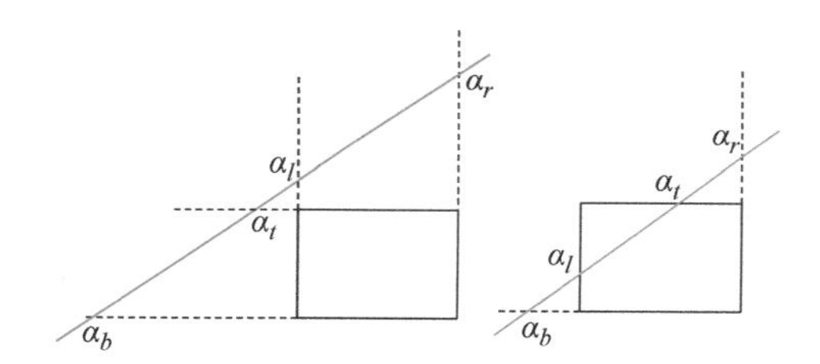

图 13-8

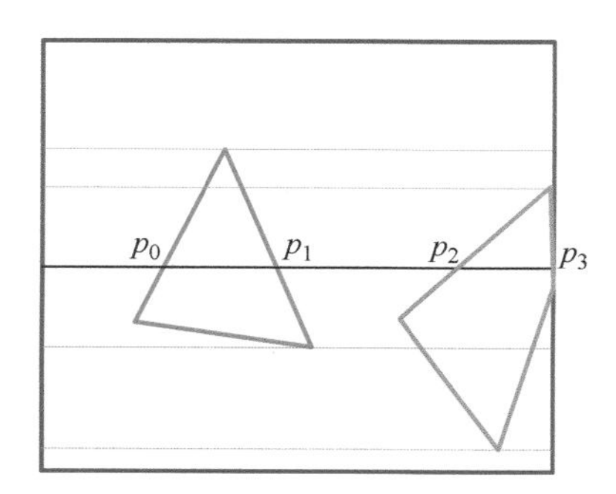

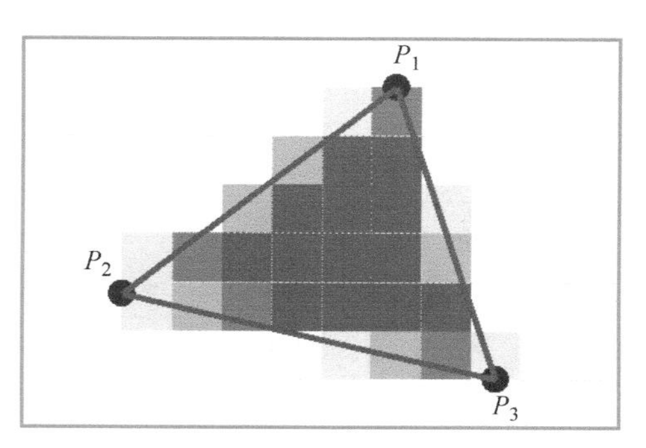

图 13-10

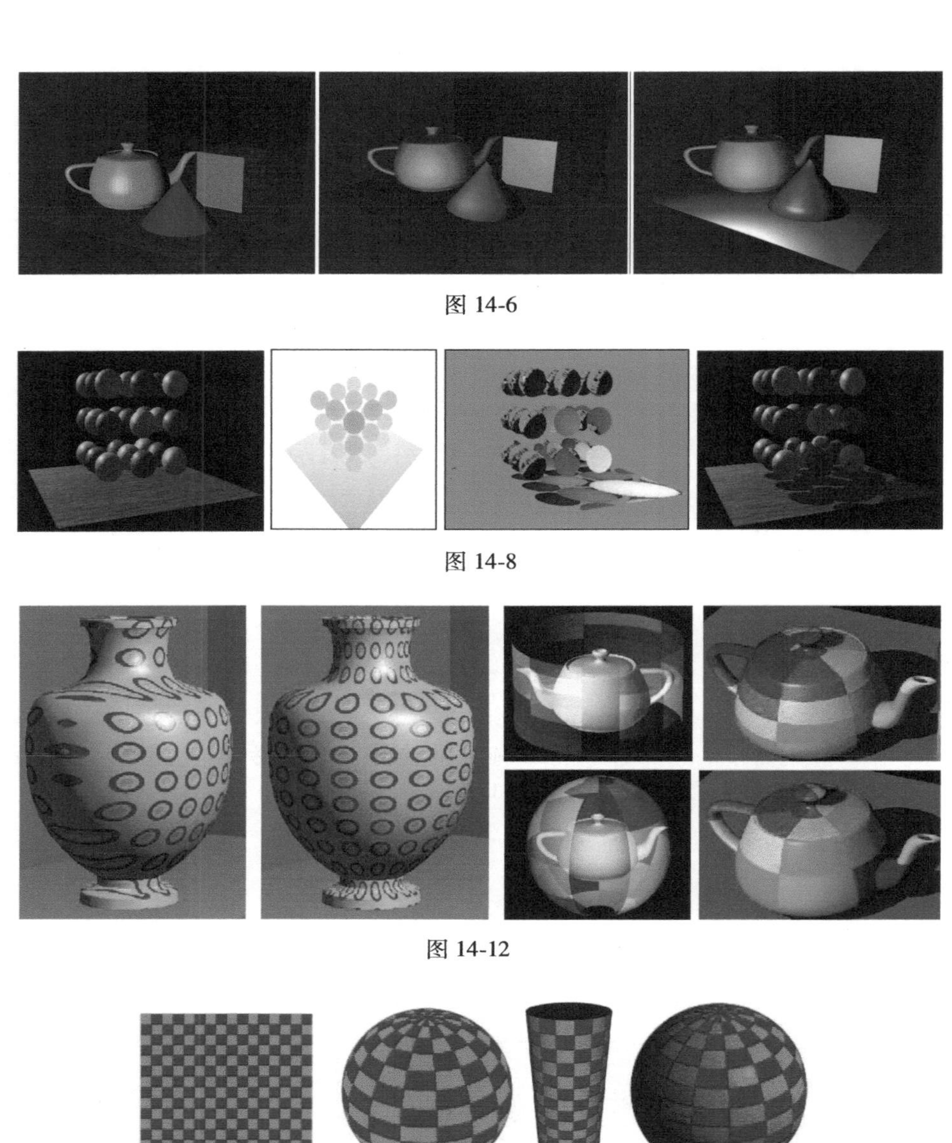

图 14-6

图 14-8

图 14-12

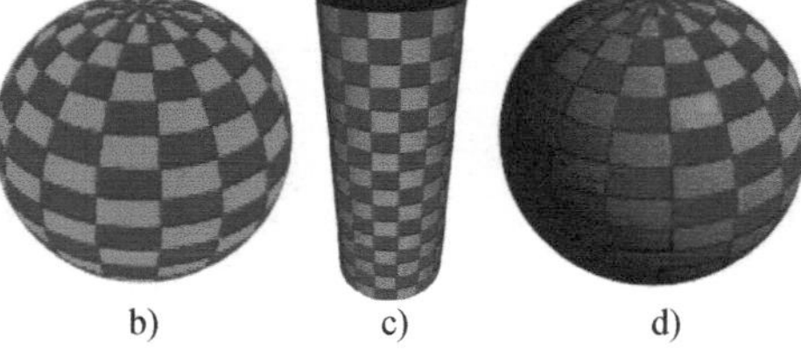

a) b) c) d)

图 14-14

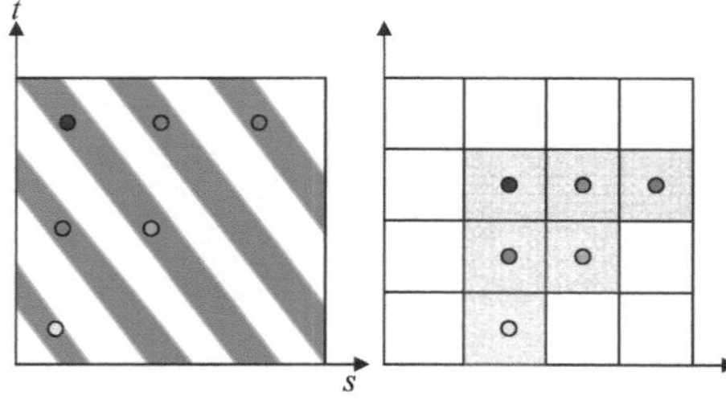

图 14-15

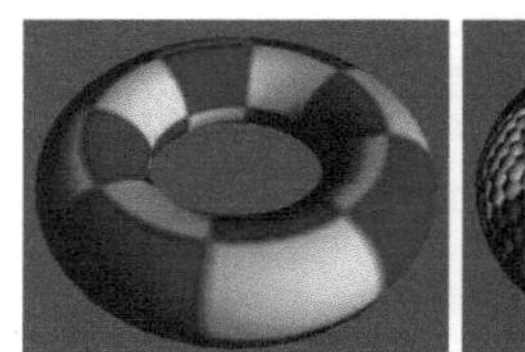

图 14-17

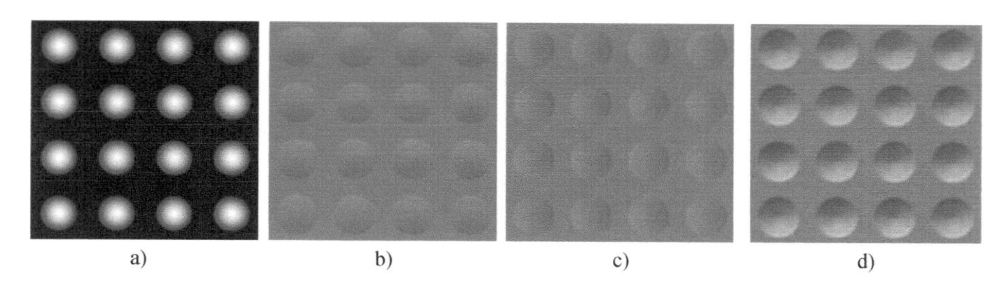

图 14-18

图 14-19

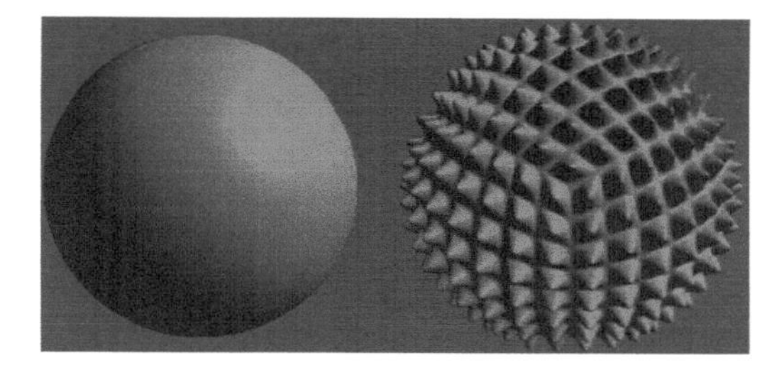

图 14-20

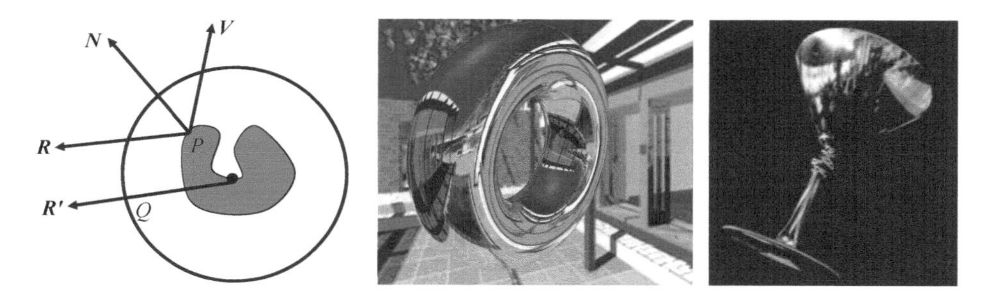

图 14-23

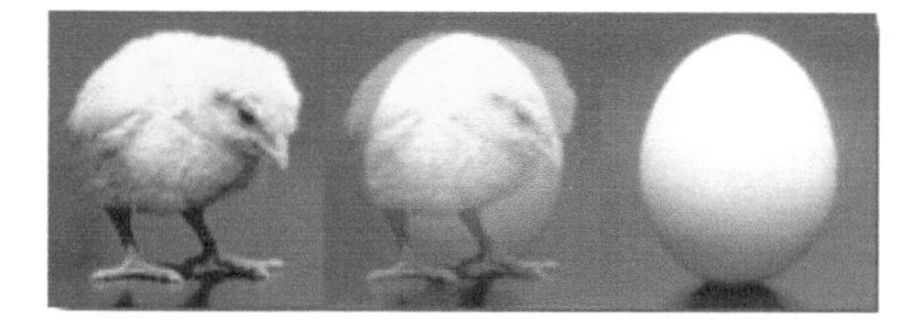

图 14-24

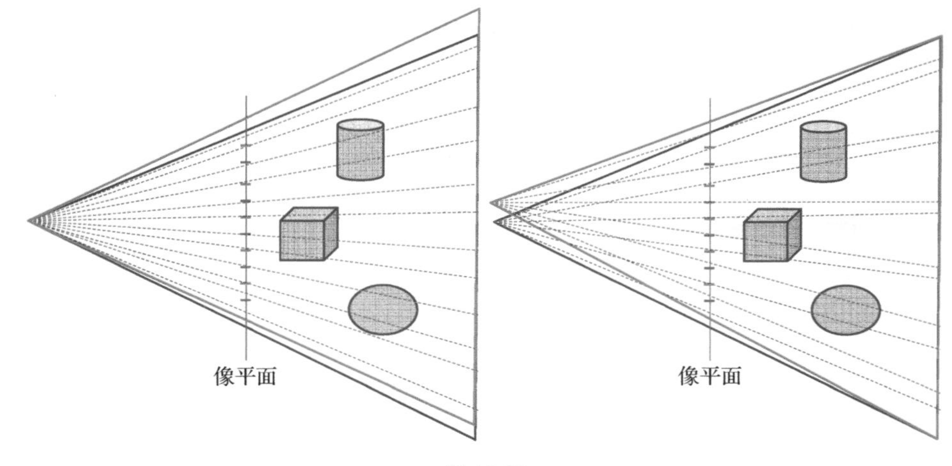

图 14-27

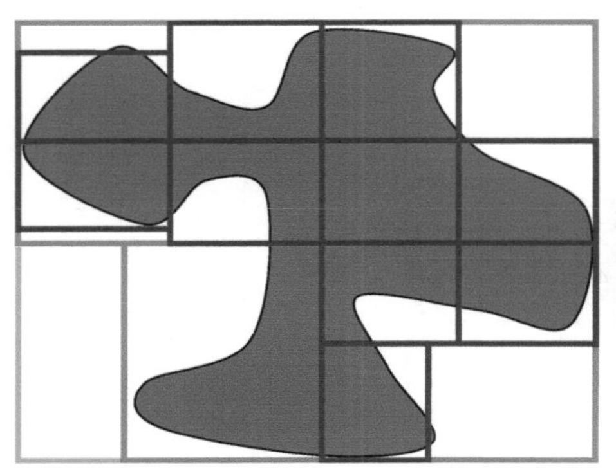

图 14-33

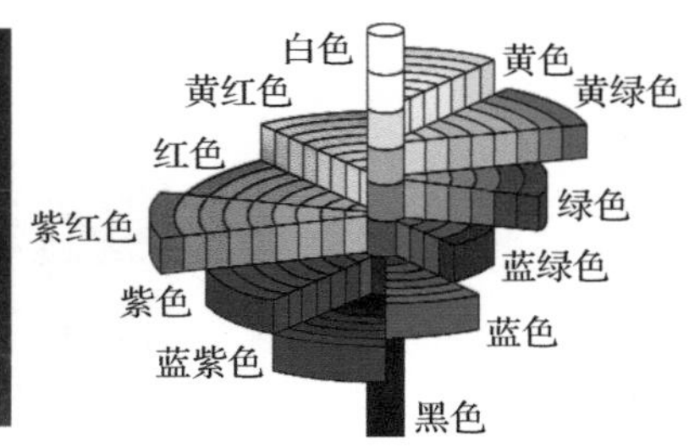

芒赛尔（左）与芒赛尔色立体（右）

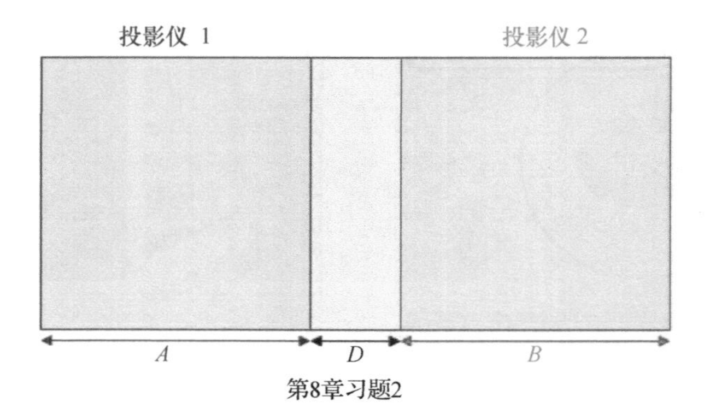

第8章习题2

计 算 机 科 学 丛 书

视觉计算基础

计算机视觉、图形学和图像处理的核心概念

[美] 阿娣提·玛珠德（Aditi Majumder） M. 戈皮（M. Gopi） 著
加利福尼亚大学欧文分校

赵启军 涂欢 梁洁 译
四川大学

Introduction to Visual Computing

Core Concepts in Computer Vision, Graphics, and Image Processing

机械工业出版社
China Machine Press

图书在版编目（CIP）数据

视觉计算基础：计算机视觉、图形学和图像处理的核心概念 /（美）阿娣提·玛珠德（Aditi Majumder），（美）M. 戈皮（M. Gopi）著；赵启军，涂欢，梁洁译．—北京：机械工业出版社，2019.4（2023.1 重印）

（计算机科学丛书）

书名原文：Introduction to Visual Computing: Core Concepts in Computer Vision, Graphics, and Image Processing

ISBN 978-7-111-62286-4

I. 视… II. ①阿… ② M… ③赵… ④涂… ⑤梁… III. 计算机视觉 IV. TP302.7

中国版本图书馆 CIP 数据核字（2019）第 051232 号

北京市版权局著作权合同登记 图字：01-2018-2742 号。

本书是视觉计算领域的入门教材，涵盖了计算机视觉、图形学和图像处理所需的基础知识。书中首先介绍核心数学概念；然后分别讲解基于图像、几何和辐射度的视觉计算，涉及卷积、谱分析、特征检测、变换、对极几何、光强和色彩等技术；最后讨论视觉内容合成，展示了创建计算机虚拟世界的基本流程。

本书既可用于高等院校计算机专业研究生和本科生的教学，也是专业人员的有益参考。

出版发行：机械工业出版社（北京市西城区百万庄大街 22 号 邮政编码：100037）

责任编辑：曲 熠　　　　责任校对：殷 虹

印　　刷：北京捷迅佳彩印刷有限公司　　　　版　　次：2023 年 1 月第 1 版第 5 次印刷

开　　本：185mm×260mm 1/16　　　　印　　张：17.75　　插　　页：10

书　　号：ISBN 978-7-111-62286-4　　　　定　　价：99.00 元

客服电话：（010）88361066 68326294

译者序

人类获取的信息80%以上来自视觉，这使得对视觉以及利用计算机实现视觉认知的研究成为通向人工智能的关键之一。相关研究进一步促进了计算机图形学、图像处理、计算机视觉等多个学科间越来越广泛的交叉。为了更一般化地描述这种交叉领域，“视觉计算”应运而生。

视觉计算是一个相当大的领域，其包含的很多子领域都与视觉的计算有关。视觉计算处理所有与计算机视觉有关的东西——从硬件到每个像素颜色背后的数学方程。本书作者的研究涉及了计算机图形学、视觉、可视化和人机交互等多个交叉领域。作者根据多年的研究与教学经验，总结出各子领域中较为通用且基础的技术。因而，此书作为一门概括性的教材，可以为诸如计算机图形学、计算机视觉等不同领域的学生提供足够宽广的入门知识。

作为一本视觉计算的入门级教材，本书精心挑选了足够广泛的一组知识点，并精心设计每一个知识点的难度和深度，以确保读者可以不费力地学习所有相关知识点，帮助读者在进入计算机图形学、计算机视觉和图像处理中的具体领域之前学习更多的相关知识。本书并不依赖于某一个具体的编程语言或平台，且作者在写作过程中努力降低各章之间的依赖性，因而教师可以完全依照自己的教学习惯或教学计划灵活使用本教材。

本书包括五部分内容。第一部分是预备知识，主要介绍了一些视觉相关的数据以及核心数学技术。第二部分介绍了处理二维图像的相关技术，依次为卷积、谱分析和特征检测。这些基于图像的视觉计算技术与人类视觉系统中底层视网膜的图像处理过程相似。

我们生活在三维空间中，视觉计算自然不会仅仅停留在二维图像上。因而，第三部分主要介绍三维世界中的几何成像原理，讨论了用于综合多个视角的几何信息形成我们周围物体和世界的三维信息的基本技术。

第四部分主要介绍了处理光线与物体交互过程中产生的信息所需要的基本技术，即基于辐射度的视觉计算。该部分知识点同时涉及人类视觉系统中与光照相关的低层和高层处理技术。

在讲解了之前所有的处理技术后，第五部分依次介绍了多样化域、交互式图形流程、真实感与性能以及图形编程，为读者展示了用计算机模拟世界的基本技术和流程。

在本书翻译过程中，赵启军负责全书文字部分的翻译，涂欢、梁洁负责处理书中所有插图以及校对全书的译稿。黄婕、刘宁帮助誊写了公式，赵启军的研究生还阅读了本书译稿并提出了一些有益的修改建议，在此对他们的辛勤劳动表示感谢。限于译者水平，书中不当之处在所难免，敬请读者批评指正。

前　言

本书是我们十多年来教授视觉计算课程的结晶。作为一门新设计的概述性课程，它旨在为学生提供计算机图形学、计算机视觉和图像处理等不同领域的基础知识。当年，这是一门极具前瞻性的课程。如今，它已成为加利福尼亚大学欧文分校计算机图形学、计算机视觉和图像处理领域所有学生的起步课程，而视觉计算方向未来的新教师则可以借助此课程教授这些领域共通的基础知识。这门课程是研究生教学计划中的核心入门级课程，它让学生在进入计算机图形学、计算机视觉和图像处理中的具体领域之前有机会更广泛地学习相关知识。从 2017 年秋季学期开始，这门课程也被采纳为我们专业硕士学位的核心课程之一。有趣的是，自从我们在 2006 年开始注意到来自计算机图形学、计算机视觉和图像处理中的某一个领域的研究人员在其他领域也有突出表现的时候，研究团体也追随了这一发展趋势，进而形成了一个横跨这些不同领域且在这些领域都同样精通的年轻而又活跃的小研究团体。因此，掌握视觉计算通用领域的广泛知识如今被认为是一个强项，能帮助学生轻松投身到大量使用视觉计算通用知识的计算机科学与其他领域的交叉领域。

写作这本书的灵感来自很多教师和其他教育工作者。他们向我们咨询加利福尼亚大学欧文分校的视觉计算课程，在他们自己的学校开设同样的课程，并且向我们索要包含全部相关知识点的标准教材。在写作本书之前，我们做了以下重要尝试：（1）精心挑选视觉计算介绍性课程所需的广泛而又精简的一组知识点，从而使得学生在决定他们所要从事的具体研究方向之前仅需学习一门课程，而非计算机图形学、计算机视觉和图像处理三门不同课程；（2）精心设计每一个知识点的深度，以确保相关知识点在这门课程中能够毫不费力地讲授；（3）精心组织知识点，以便学生能够看到贯穿这些不同领域的共性。基于这些尝试，我们将本书分成了以下五个部分。

第一部分：预备知识。介绍各种不同的视觉数据（如二维图像、视频和三维几何数据），以及计算机图形学、计算机视觉和图像处理领域所需的核心数学技术（如插值和线性回归）。

第二部分：基于图像的视觉计算。介绍处理二维图像的若干基本技术（如卷积、谱分析和特征检测），这些技术对应人类视觉系统中的低层视网膜图像处理。

第三部分：基于几何的视觉计算。介绍用于综合多个视角的几何信息形成我们周围物体和世界的三维信息的基本技术（如变换、投影和对极几何）。这相当于我们大脑中的高层处理技术，能够综合双眼看到的信息以帮助我们在三维世界中活动。

第四部分：基于辐射度的视觉计算。介绍为处理光线与我们周围物体交互过程中产生的信息所需的基本技术。该知识点同时涉及人类视觉系统中与光照相关的低层和高层处理技术（如阴影、反射率、光强和色彩属性等）。

第五部分：视觉内容合成。介绍创建计算机虚拟世界的基本技术，该世界能够模拟前面介绍的所有处理技术。

该书适合一学期时长 16 周的课程，既可面向本科生，也可面向研究生。建议的教学进度为第一部分两周，第二和第四部分各三周，第三和第五部分各三周半。每章后的习题可用作每周一次或每两周一次的书面作业。上机实践方面，可以为每一部分安排一项编程作业，其内容可以根据学生的专业技术水平从每部分教授的知识点中选择。本书之所以不依赖于某个具体的编程语言或平台，是为了方便教师根据各自所具备的资源及学生的基础情况灵活选择合适的知识点、平台及编程语言。教学评估方面，最好的做法或许是在第六和第十二周分别安排一次中期测试，再在学期末安排一次综合测试。

在时长10周的课程内教完本书内容通常比较困难。有几种方法可以做到。最简单的方法是增加本课程的学分，在每周安排更多的课时。第二种方法是将全书内容进行分解，压缩每学期要教授的内容。比如，视觉计算课程Ⅰ讲解第1~5章、第9和第10章以及第11章的前两节所涉及的低层视觉计算，而视觉计算课程Ⅱ讲解第6~8章、第11章的最后一节以及第12~15章涉及的高层视觉计算与表示。作为一种备选方案，也可以跳过部分章节，在不破坏概念严谨性的情况下形成本课程的一个缩略版。在加利福尼亚大学欧文分校曾经做过这样的尝试，跳过了第8、10、15章以及第14章中除了纹理映射外的大部分内容。具体要保留、缩减和省略哪些内容完全由教师决定。本书在写作时努力降低了各章之间的依赖性，从而确保教师可以独立选取某些章节进行讲解，而无须担心这些章节依赖于其他章节。

我们希望本书中的内容及其突破传统的组织方式能够激励教师设计自己学校的视觉计算课程并使用本书作为教材，也期待看到学生对于学习视觉计算通用领域知识的兴趣日益增加。我们希望使用本书作为教材的教师能给予我们反馈。请毫无顾虑地告诉我们你在使用本书过程中的任何建议，比如希望增加的内容、细节，或者组织结构。

感谢加利福尼亚大学欧文分校的同事对于设计非传统课程的支持，正是因为他们的支持才有了这本书。感谢加利福尼亚大学欧文分校选修视觉计算课程的学生和助教，是他们帮助我们在每一次授课中不断地发展和完善本书的内容。还要感谢我们的学生 Nitin Agrawal 和 Zahra Montazeri，他们帮助设计与制作了本书中的插图。衷心感谢加利福尼亚大学欧文分校的 Shuang Zhao 教授、英属哥伦比亚大学的 Amy 和 Bruce Gooch 教授、英伟达的 David Kirk 博士、纽约大学的 Chee Yap 教授和伊利诺伊大学芝加哥分校的 Jan Verschelde 教授为我们提供书中有关物理建模、非真实感渲染、几何压缩和 GPU 架构等的图片。

Aditi Majumder

M. Gopi

Aditi Majumder 现为加利福尼亚大学欧文分校计算机科学系教授。她来自印度加尔各答，于1996年在加尔各答贾达沃普尔大学计算机科学与工程专业完成本科学习后来到美国，并于2003年获得北卡罗来纳大学教堂山分校计算机科学博士学位。

Majumder 教授的研究涉及计算机图形学、视觉、可视化和人机交互等的交叉领域，专注于创新的显示和成像技术，并在确保这些技术能作为一种真正便利的日用品的同时，探究这些技术的质量和新方向。她已在顶级期刊和会议上发表50多篇论文，如 ACM SIGGRAPH、Eurographics、IEEE VisWeek、IEEE Virtual Reality（VR）和 IEEE Computer Vision and Pattern Recognition（CVPR）等，其中部分论文还获得了 IEEE VisWeek、IEEE VR 和 IEEE PROCAMS 等的最佳论文奖。她是专著《Practical Multi-Projector Display Design》的共同作者。她曾担任 IEEE Virtual Reality（VR）、ACM Virtual Reality Software and Technology（VRST）、Eurographics 和 IEEE Workshop on Projector Systems 等顶级会议的大会主席、程序委员会主席或程序委员会委员。她还担任了《Computer and Graphics》和《IEEE Computer Graphics and Applications》等期刊的副主编。她在第一个曲面屏多投影显示器的研发中发挥了关键作用，这一技术正由 NEC/Alienware 进行市场化。她还是迪士尼图像工程方向的咨询专家，旨在推动基于投影的主题公园游乐设施。她于2009年和2011年分别获得了加利福尼亚大学欧文分校信息与计算机科学学院的 Faculty Research Incentive 奖和 Faculty Research Midcareer 奖。她因在基于分布式框架的普适显示方面的成就获得了2009年度 NSF CAREER 奖。2001~2003年间，她是阿贡国家实验室的学生会员，获得了 Givens Associate 职位；2002~2003年间，她是 Link Foundation 会员；目前，她是 IEEE 高级会员。

M. Gopi 现为加利福尼亚大学欧文分校计算机科学系教授，信息与计算机科学 Bren 学院副院长。他在印度马杜赖的 Thiagarajar 工程学院获得了工学学士学位，在位于班加罗尔的印度科学理工学院获得了硕士学位，在北卡罗来纳大学教堂山分校获得了博士学位。他的研究兴趣包括计算机图形学中的几何与拓扑，面向交互式渲染的海量几何数据管理，以及生物医学传感器、数据处理和可视化。他在基于单一三角形带的流形表示、三角化流形的无分层简化、用于交互式渲染的大数据冗余表示以及生物医学图像处理等方面的工作获得了高度评价，包括两次 Eurographics 会议和 ICVGIP 的最佳论文奖。他是 Thiagarajar 工程学院杰出学术成就金奖获得者，加利福尼亚大学欧文分校优秀教学奖获得者，Link Foundation 会员。他于2012年和2013年分别担任了 ACM 交互式3D图形学会议的程序主席和论文主席，于2010年和2012年担任了 ICVGIP 的领域主席。他还担任了2006年视觉计算国际论坛的程序主席、《Journal of Graphical Models》期刊的副主编、《IEEE Transactions on Visualization and Computer Graphics》期刊的客座编辑。他是 ACM 交互式三维图形学指导委员会的委员。

目　录

Introduction to Visual Computing: Core Concepts in Computer Vision, Graphics, and Image Processing

译者序

前言

作者简介

第一部分　预备知识

第1章　数据 …… 2

1.1　可视化 …… 2

1.2　离散化 …… 3

1.2.1　采样 …… 3

1.2.2　量化 …… 5

1.3　表示 …… 6

1.4　噪声 …… 11

1.5　本章小结 …… 13

参考文献 …… 14

习题 …… 14

第2章　技术 …… 16

2.1　插值 …… 16

2.1.1　线性插值 …… 17

2.1.2　双线性插值 …… 17

2.2　几何相交 …… 20

2.3　本章小结 …… 22

参考文献 …… 22

习题 …… 22

第二部分　基于图像的视觉计算

第3章　卷积 …… 24

3.1　线性系统 …… 24

3.1.1　线性系统的响应 …… 25

3.1.2　卷积的性质 …… 27

3.2　线性滤波器 …… 28

3.2.1　全通、低通、带通和高通滤波器 …… 30

3.2.2　设计新滤波器 …… 37

3.2.3　二维滤波器的可分性 …… 40

3.2.4　相关和模式匹配 …… 41

3.3　实现细节 …… 43

3.4　本章小结 …… 44

参考文献 …… 44

习题 …… 45

第4章　谱分析 …… 47

4.1　离散傅里叶变换 …… 47

4.2　极坐标 …… 52

4.2.1　性质 …… 54

4.2.2　信号分析示例 …… 55

4.3　频域的周期性 …… 57

4.4　混叠 …… 58

4.5　推广到二维插值 …… 60

4.5.1　周期性的影响 …… 61

4.5.2　陷波器 …… 63

4.5.3　混叠效应示例 …… 63

4.6　对偶性 …… 65

4.7　本章小结 …… 67

参考文献 …… 68

习题 …… 68

第5章　特征检测 …… 71

5.1　边缘检测 …… 71

5.1.1　边缘子检测器 …… 72

5.1.2　多分辨率边缘检测 …… 81

5.1.3　边缘子聚合 …… 82

5.2　特征检测 …… 84

5.3　其他非线性滤波器 …… 86

5.4　本章小结 …… 88

参考文献 …… 88

习题 …… 88

第三部分　基于几何的视觉计算

第6章　几何变换 …… 92

6.1 齐次坐标 …… 92
6.2 线性变换 …… 94
6.3 欧氏和仿射变换 …… 95
6.3.1 平移 …… 95
6.3.2 旋转 …… 96
6.3.3 缩放 …… 97
6.3.4 剪切 …… 98
6.3.5 一些现象 …… 99
6.4 变换的串联 …… 99
6.4.1 相对于中心点的缩放 …… 100
6.4.2 相对于任意轴的旋转 …… 101
6.5 坐标系 …… 103
6.6 串联的性质 …… 106
6.7 透视变换 …… 107
6.8 自由度 …… 108
6.9 非线性变换 …… 109
6.10 本章小结 …… 110
参考文献 …… 110
习题 …… 110

第7章 针孔相机 …… 113
7.1 针孔相机模型 …… 113
7.1.1 相机标定 …… 116
7.1.2 三维深度估计 …… 117
7.1.3 单应性 …… 119
7.2 实际相机的一些考虑 …… 122
7.3 本章小结 …… 125
参考文献 …… 125
习题 …… 125

第8章 对极几何 …… 128
8.1 背景 …… 128
8.2 多视几何中的匹配 …… 130
8.3 基础矩阵 …… 131
8.3.1 性质 …… 132
8.3.2 基础矩阵的估计 …… 133
8.3.3 仿前置双眼的相机设置 …… 134
8.4 本质矩阵 …… 135
8.5 整流 …… 136
8.6 应用对极几何 …… 138
8.6.1 根据视差恢复深度 …… 138
8.6.2 根据光流恢复深度 …… 139
8.7 本章小结 …… 141
参考文献 …… 141
习题 …… 142

第四部分 基于辐射度的视觉计算

第9章 光照 …… 144
9.1 辐射度学 …… 144
9.1.1 双向反射分布函数 …… 146
9.1.2 光传播方程 …… 147
9.2 光度学与色彩 …… 147
9.2.1 CIE XYZ 色彩空间 …… 149
9.2.2 CIE XYZ 空间的认知结构 …… 152
9.2.3 认知一致色彩空间 …… 155
9.3 本章小结 …… 157
参考文献 …… 157
习题 …… 158

第10章 色彩还原 …… 160
10.1 加性色彩混合的建模 …… 161
10.1.1 设备的色域 …… 162
10.1.2 色调映射算子 …… 165
10.1.3 强度分辨率 …… 166
10.1.4 显示器示例 …… 168
10.2 色彩管理 …… 169
10.2.1 色域变换 …… 170
10.2.2 色域匹配 …… 171
10.3 减性色彩混合的建模 …… 172
10.4 局限性 …… 173
10.4.1 高动态范围成像 …… 173
10.4.2 多光谱成像 …… 176
10.5 本章小结 …… 177
参考文献 …… 178
习题 …… 179

第11章 光度处理 …… 181
11.1 直方图处理 …… 181

11.2 图像融合 …… 186
11.2.1 图像混合 …… 187
11.2.2 图像割 …… 193
11.3 光度立体视觉 …… 193
11.3.1 阴影处理 …… 196
11.3.2 光照方向计算 …… 197
11.3.3 色彩处理 …… 197
11.4 本章小结 …… 198
参考文献 …… 199
习题 …… 199

第五部分 视觉内容合成

第12章 多样化域 …… 204
12.1 建模 …… 204
12.2 处理 …… 205
12.3 渲染 …… 206
12.4 应用 …… 208
12.5 本章小结 …… 211
参考文献 …… 212

第13章 交互式图形流程 …… 213
13.1 顶点的几何变换 …… 214
13.1.1 模型变换 …… 214
13.1.2 视图变换 …… 215
13.1.3 透视投影变换 …… 217
13.1.4 遮挡处理 …… 219
13.1.5 窗口坐标变换 …… 224
13.1.6 最终变换 …… 224
13.2 裁剪和属性的顶点插值 …… 224
13.3 光栅化和属性的像素插值 …… 229
13.4 本章小结 …… 230
参考文献 …… 230
习题 …… 231

第14章 真实感与性能 …… 232
14.1 光照 …… 232
14.2 着色 …… 235
14.3 阴影 …… 236
14.4 纹理贴图 …… 238
14.4.1 纹理至对象空间映射 …… 238
14.4.2 对象至屏幕空间映射 …… 241
14.4.3 分级细化贴图 …… 242
14.5 凹凸贴图 …… 243
14.6 环境贴图 …… 245
14.7 透明度 …… 247
14.8 累积缓存 …… 249
14.9 背面剔除 …… 250
14.10 可见性剔除 …… 251
14.10.1 包围体 …… 251
14.10.2 空间细分 …… 253
14.10.3 其他用途 …… 254
14.11 本章小结 …… 256
参考文献 …… 257
习题 …… 257

第15章 图形编程 …… 262
15.1 图形处理单元的发展 …… 262
15.2 图形API和程序库的发展 …… 266
15.3 现代GPU和CUDA …… 267
15.3.1 GPU架构 …… 267
15.3.2 CUDA编程模型 …… 268
15.3.3 CUDA存储模型 …… 269
15.4 本章小结 …… 270
参考文献 …… 270

第一部分

预备知识

第1章

Introduction to Visual Computing: Core Concepts in Computer Vision, Graphics, and Image Processing

数　　据

我们可以将视觉计算中的数据看成一种依赖于一个或多个独立变量的函数。比如，将音频看成依赖于时间变量的一维（1D）数据。因此，音频可以表示成 $A(t)$，其中 t 表示时间。而图像则是依赖于两个空间坐标 x 和 y 的二维（2D）数据，可以表示为 $I(x, y)$。视频是依赖于三个变量——两个空间坐标（x, y）和一个时间坐标 t——的三维（3D）数据，可以用 $V(x, y, t)$ 表示。

1.1 可视化

多维数据可视化最简单的方法是将其中非独立变量随独立变量变化的曲线绘制出来，如图 1-1 所示。比如，在 2D 平面上这样的可视化称为高度场（Height Field）。然而，随着数据复杂度的增加，由于人类自身想象不出超过三维的几何结构，这样的可视化无法满足实际需要。因此，其他的认知模态（如色彩）被用来对数据进行编码。比如，彩色图像由三个色彩通道的信息构成。常用的色彩通道包括红色、绿色和蓝色，表示为 $R(x, y)$、$G(x, y)$ 和 $B(x, y)$，其中每个色彩通道依赖于两个空间坐标（x, y）。与将这三个函数显示为三个不同的高度场相比，将它们作为一个整体进行显示常常能够提供更多的信息。

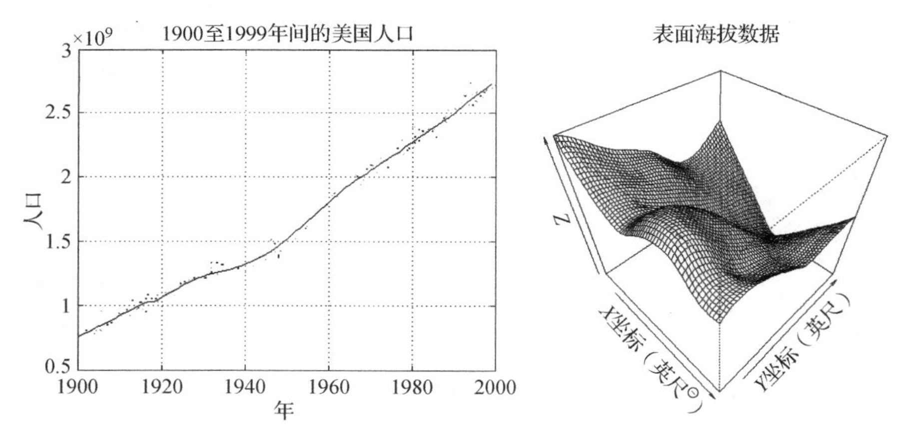

图 1-1　一维（左图）和二维（右图）数据最常见的可视化方法。左图的一维数据展示了 20 世纪期间（X 轴表示）美国人口（Y 轴表示）的变化情况，右图的二维数据展示了某一地理区域（X 和 Y 轴表示）的海拔情况（Z 轴表示）。这种可视化方法常被称为高度场

⊖ 1英尺≈0.3048米。——编辑注

因此，一种理想化的可视化方法是以图像的形式呈现，图像中的每一点根据其对应的三维数值标记成相应的颜色。类似地，一个给定了每个三维网格点处的标量数值的三维数据 $T(x, y, z)$ 可以通过下面的方法在三维空间进行可视化：根据用户定义的传递函数（Transfer Function）$f(T(x, y, z))$ 为每一个点计算颜色或者透明度值，该传递函数适用于整个数据集（参见图 1-2）。

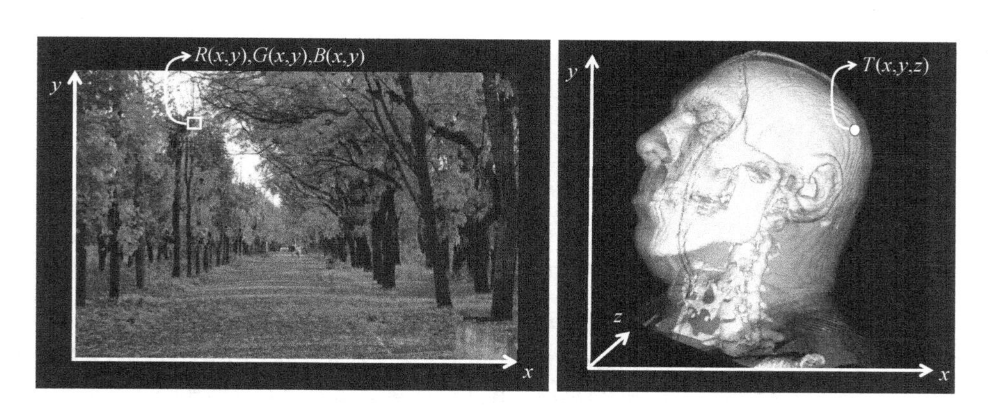

图 1-2 有利的可视化形式：将图像表示成三个 2D 函数 $R(x, y)$、$G(x, y)$ 和 $B(x, y)$。不同于显示成三个高度场的方法，一个更有利的可视化形式是将每一个像素点 (x, y) 以 RGB 颜色方式显示（如左图所示）。类似地，可视化体数据 $T(x, y, z)$ 时可以将每一个三维点处的数值设置成它的透明度（如右图所示）

1.2 离散化

自然界中的数据以连续函数的形式存在。例如，我们听到的声音随着时间连续变化，我们身边的动态场景亦随时间和空间连续变化。然而，当我们需要数字化表示这些数据时，就要将它们对应的连续函数变换成离散化的形式，亦即只在函数自变量的某些取值处有定义的函数形式。这个过程称为离散化（Discretization）。比如，离散化定义在连续空间坐标 (x, y) 上的图像时，对应的离散函数仅在整数位置的 (x, y) 即像素处有取值。

1.2.1 采样

样本（Sample）是指一个连续函数 $f(t)$ 在自变量 t 的指定取值处的函数值（可以是标量值或者向量值）。采样过程即从一个连续信号 $f(t)$ 中提取一个或者多个样本的过程，该过程将 $f(t)$ 缩成一个离散函数 $\hat{f}(t)$。样本可以在自变量的等间距处提取，这样的采样称为均匀采样（Uniform Sampling）。注意采样密度（Density of Sampling）可以通过改变函数采样位置之间的间隔来改变。如果样本在不等间距的位置提取，则称为非均匀采样（Non-Uniform Sampling）。图 1-3 给出了采样过程的示例。

从离散函数 $\hat{f}(t)$ 恢复连续函数 $f(t)$ 的过程称为重建（Reconstruction）。为了能够精确重建，离散化时对 $f(t)$ 进行充分采样非常重要。如图 1-4 所示，曲线表示的一个高频正弦波按两种不同方式均匀采样，采样结果分别以红色和蓝色圆点表示。这两种采样所用的

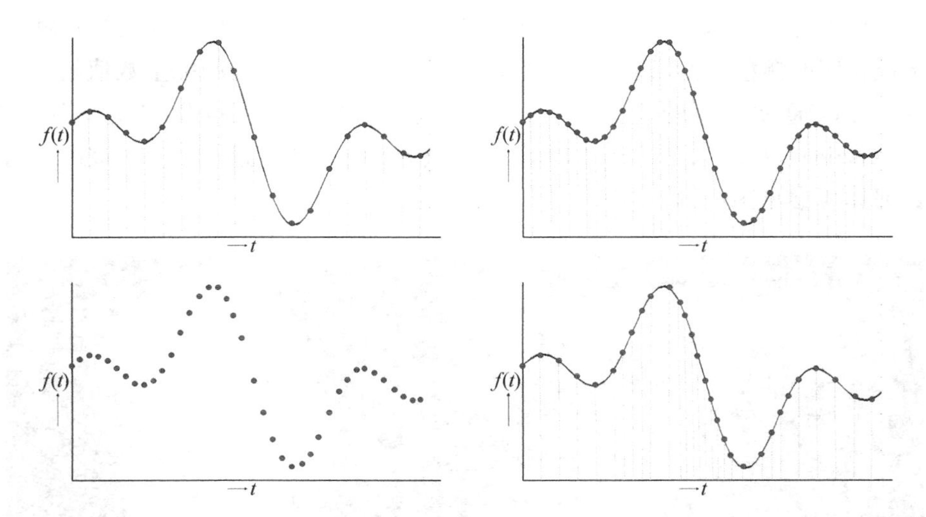

图 1-3　采样过程示例。左上图中的函数 $f(t)$（曲线）被均匀采样。采样点用圆点表示，对应采样位置 t 处的取值则用竖直的虚线表示。右上图中，同样的函数被以两倍的密度进行均匀采样，其相应的离散函数如左下图所示。右下图中，函数 $f(t)$ 被非均匀采样，其中不同采样位置 t 之间的间隔不固定

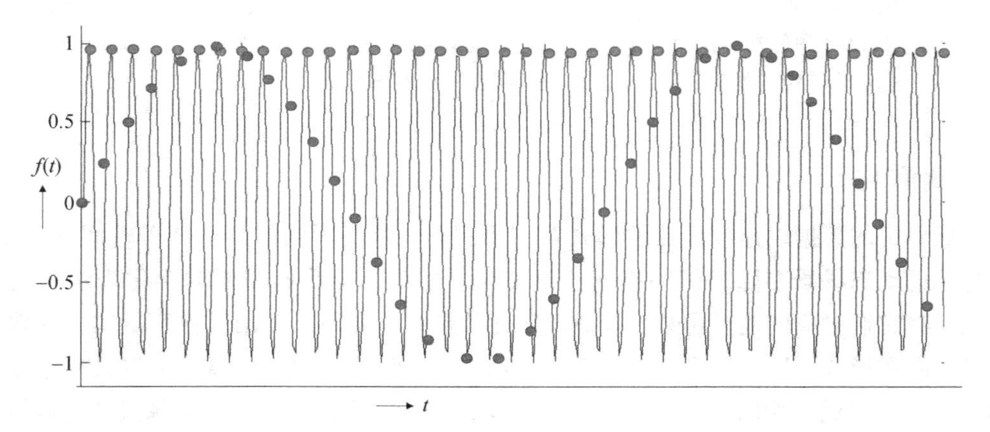

图 1-4　采样频率对重建的影响。以曲线表示的高频正弦波为例，蓝色和红色圆点分别表示对该高频正弦波的两种不同的采样。注意它们都未能对高频正弦波进行充分采样，因此所得样本形成了不同频率的正弦波（见彩插）

采样频率都不充分。结果重建出来的正弦波具有完全不同的频率，其中蓝色样本得到了零频率的正弦波，而红色样本得到了远低于原始信号频率的正弦波。这些重构出来的错误函数被称为别名（Alias），因为它们是冒名顶替者，而这种现象被称为混叠效应（Aliasing）。

那么，什么是足够的采样频率呢？对于频率为 f 的正弦或余弦波，为了保证正确重建，必须以两倍的频率即 $2f$ 进行采样。这一采样频率被称为奈奎斯特采样率（Nyquist Sampling Rate）。注意，重建并不是简单地将样本连接起来。在后续章节中将对重建过程进行详细讨论。

我们刚刚讨论了正余弦波的充分采样问题。但是，对于一个非正余弦的普通波的充分

采样频率又是多少呢？为了回答这一问题，我们需要转向与重建互补的另外一种称为分解（Decomposition）的操作。19 世纪著名的数学家傅里叶证明任意一个周期函数 $f(t)$ 可以分解成一系列的正余弦波，这些正余弦波的和能够精确表示该周期函数 $f(t)$。我们将在第 4 章详细介绍傅里叶分解。此处，我们只需知道有方法能将一个普通信号分解成一系列的正余弦波。图 1-5 展示了累加不同频率的正弦波生成新信号的例子。因此，一个普通信号的充分采样频率由它所包含的最高频率正弦或余弦波分量决定。当采样频率不低于其最高频率正余弦波分量的频率的两倍时，采样是充分的，原始信号能够被精确重建。根据这一结论，图 1-5 中的信号需要以至少 $10f$ 的频率采样才能够确保被精确重建。

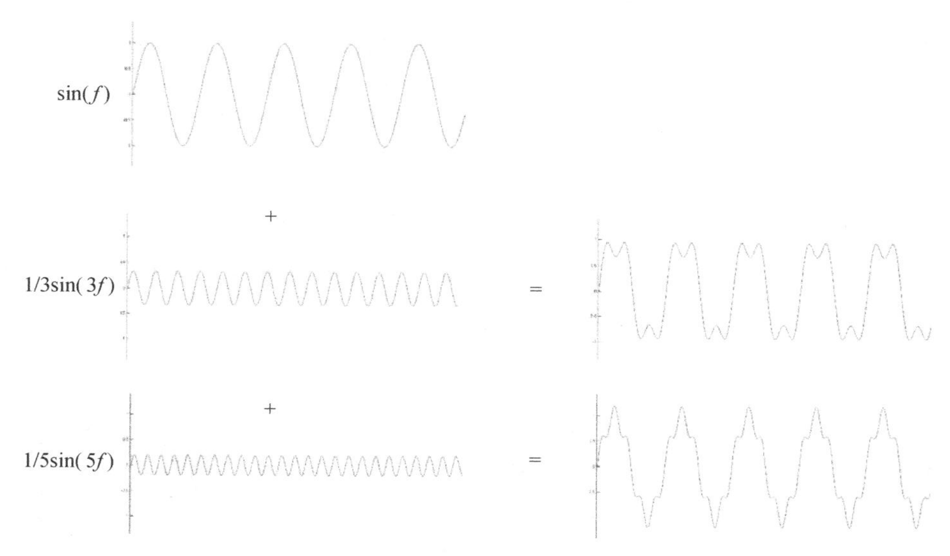

图 1-5 不同频率正弦波的和可以生成其他的普通周期信号

1.2.2 量化

模拟或者连续信号的取值可以达到任意精度。但是，将它转化成数字信号后，只能在有限的几个数值中取值。因此，一个范围内的模拟信号值被赋予同一个数字值。这一过程称为量化（Quantization）。信号的原始值与其数字值之间的差异称为量化误差（Quantization Error）。

离散值可以等间距地选取，这样就形成了连续值范围内的均匀步长。每一个连续值通常被赋成与其最近的离散值。因此，最大的量化误差等于步长的一半，如图 1-6 所示。

然而，人类的认知通常并不是线性的。比如，人类对光线亮度的感知就是非线性的：光线亮度增加 2 倍，人类感觉到的增长却不到 2 倍。事实上，人类的感知模态（如视觉、听觉、紧张感）都被认为是非线性的，其中绝大部分被证明遵循史蒂芬幂定律（Steven's Power Law）。该定律指出，对于输入 I，其感知 P 满足方程 $P \propto I^{\gamma}$。当 $\gamma<1$ 时，正如人类对光线亮度的感知，感知结果被称为亚线性的。当 $\gamma>1$ 时，正如人类对电击的反应，感知结果被称为超线性的。

由于人类认知的非线性特性，在很多情况下，由连续信号到数字信号的转化过程更希望采用非均匀的步长。例如，在显示成像时，输入电压与产生的亮度之间的关系需要是超

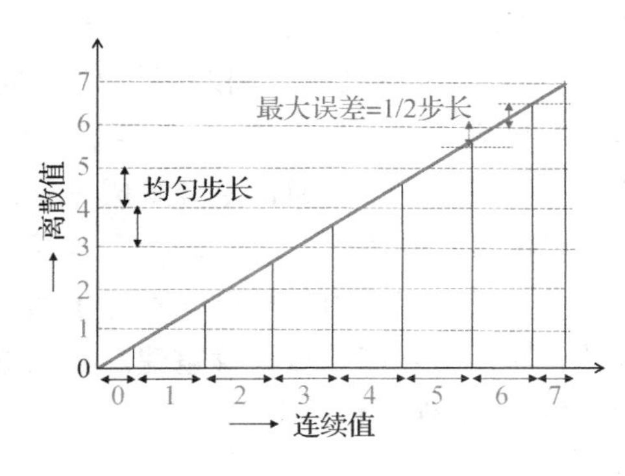

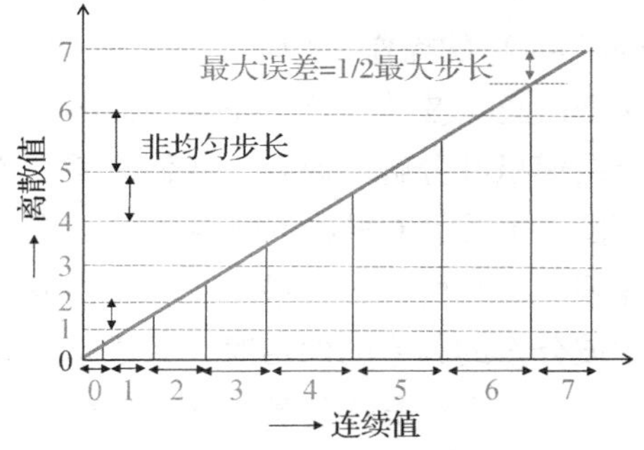

图 1-6 步长对量化误差的影响。虚线展示了 8 个离散值。这些值等间距分布，形成连续值范围内的均匀步长。这些间距也可以被改变，从而形成非均匀步长。对应某个特定离散值的连续信号值的范围显示在自变量轴上，显然，最大量化误差等于最大步长的一半。因此，对于均匀步长，其最大量化误差即为步长的一半

线性的，以补偿人类视觉感知的亚线性特性。显示成像（如投影仪和显示器）中的这一功能通常被称为 Gamma 函数（The Gamma Function）。如图 1-6 所示，当采用非均匀步长转化连续信号为数字信号时，最大量化误差等于最大步长的一半。

名人轶事

哈里·西奥多·奈奎斯特（Harry Theodore Nyquist）被认为是通信理论的奠基人之一。他生于 1886 年 2 月，父母是瑞典人，18 岁时移民美国。他分别于 1914 年和 1915 年获得了北达科他大学电子工程专业科学学士和科学硕士学位，于 1917 年获得耶鲁大学物理学博士学位。1917 至 1934 年间，他在 AT&T 公司的研发部门工作，该部门成为贝尔电话实验室后，他依然在那里工作，直至退休。1976 年 4 月，奈奎斯特博士与世长辞。

1.3 表示

本节我们将介绍视觉计算中的数据表示，包括音频、图像、视频和网格。数据的解析表示是一种单变量或多变量的函数形式。对于音频数据 $A(t)$（其中 t 为时间），可以表示成 $A(t)=\sin(t)+\frac{1}{2}\sin(2t)$。对于任意一个音频信号的数字化表示，我们通常使用一个一维数组来表示。从现在开始，为了区分数字化表示和模拟表示，我们用 $A[t]$ 而非 $A(t)$ 来表示数字化音频数据。使用一维数组的表示形式本质上假设数据是结构化的，在当前情况下也就是均匀采样的。

类似地，二维数字化灰度图像 I 使用二维数组 $I[x, y]$ 表示，其中 x，y 为空间坐标。这样的表示方式同样假设数据是结构化的。这样的数据可以显示成一幅图像，图像中的每

一个 (x, y) 坐标被赋予一个灰度色彩。它也可以显示成一个曲面形式的高度场，其中的高度值（Z 值）为每一个 (x, y) 坐标处的灰度值（如图 1-7 所示）。

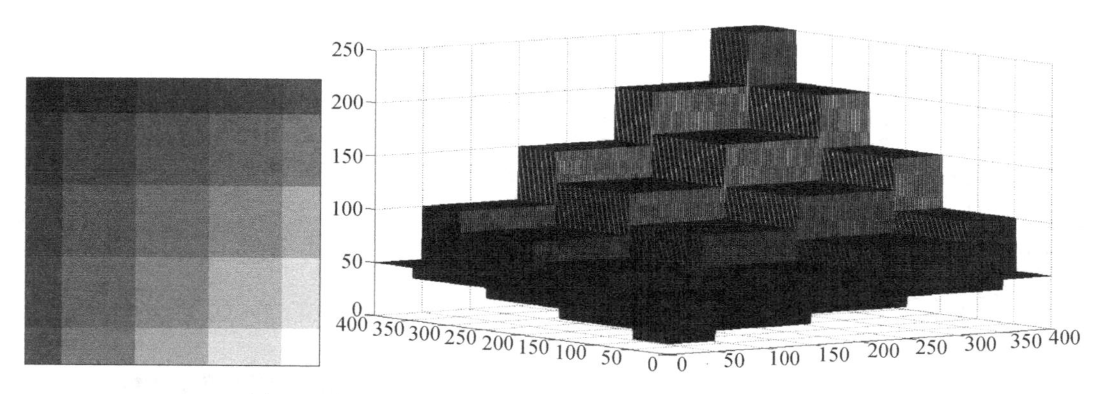

图 1-7 灰度图像（左图）可以表示成一个高度场（右图）

彩色图像有多个通道，典型的通道如红（R）、绿（G）和蓝（B）。因此，彩色图像可以用一个三维数组 $I[c, x, y]$ 表示，其中 $c \in \{R, G, B\}$ 表示通道。而视频还包含了额外的时间维度，因此被表示成一个四维数组 $V[t, c, x, y]$。注意所有这些数据都是结构化的，即假定每一个维度都是均匀采样的。以上这些表示方式被称为时域或空域表示。

另一种称为频域表示的表示方法将信号看成一组更加基础的信号（如正余弦波）的混合（如线性组合）。在此前提下，信号可以表示为基础信号组合成原始信号时的组合系数。比如，傅里叶变换可以求解出形成原始信号的正余弦波的权重。由于这些基础信号的频率是根据它们的采样频率预先定义的，因此信号可以表示成一组相对于这些基础信号的系数。本章我们将简要讨论傅里叶变换，在第 4 章将对其进行更加详细的介绍。

考虑一个一维信号（如音频），它可以表示成

$$c(t) = \sum_{i=1}^{\infty} a_i \cos(f_i + p_i)$$

其中a_i和p_i分别表示余弦波分量的幅值和相位。因此 $c(t)$ 的频域表示可以显示为两个曲线图——反映a_i相对于f_i变化规律的幅值曲线图和反映p_i相对于f_i变化规律的相位曲线图。这两个曲线图一起展示了频率为f_i的每一个波的幅值与相位。图 1-8 给出了一个典型的一维信号的频域响应曲线图。由于高频波仅形成尖锐特征，它们的幅值往往非常小。因此，大部分幅值曲线图，尤其是自然信号的幅值曲线图，在较高的频段会逐渐减弱、消失，如图 1-8所示。

下面我们将这种概念直观地推广到二维信号（如灰度图像）。不同的二维波信号不仅频率（f）可以不同，方向（o）也可以不同。一个水平方向的余弦波与一个竖直方向的余弦波，即使频率相同，也是完全不同的波。因此，二维信号的频域响应结果是二维曲线图，其中幅值或相位是频率和方向的函数。然而，理解一个以频率和方向为轴的二维曲线图并非易事。表示二维信号的频域响应结果的一个更加简单的方法是使用极坐标，

使得坐标（g，h）处的频率f等于长度$\sqrt{g^2+h^2}$，而方向等于角度$\tan^{-1}\frac{h}{g}$。在这样的极坐标系中，（g，h）处的一个圆表示相同频率、不同方向的余弦波，而从原点出发的一条射线则表示相同方向、不同频率的余弦波。图1-9展示了一个二维幅值曲线图。在此图中，对应于取值辐射状减小的曲线图，高频段部分也比低频段部分具有更小的幅值。同样的曲线图也可以展示成一幅灰度图像，图像中由黑到白变化的灰度值代表归一化的幅度值（见图1-9）。

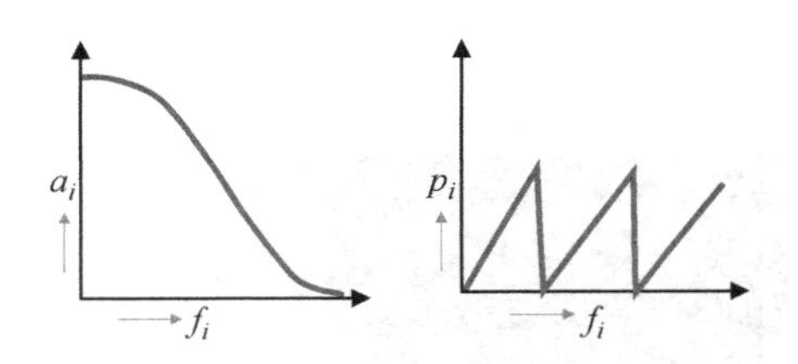

图1-8　一维信号频域响应的非正式表示

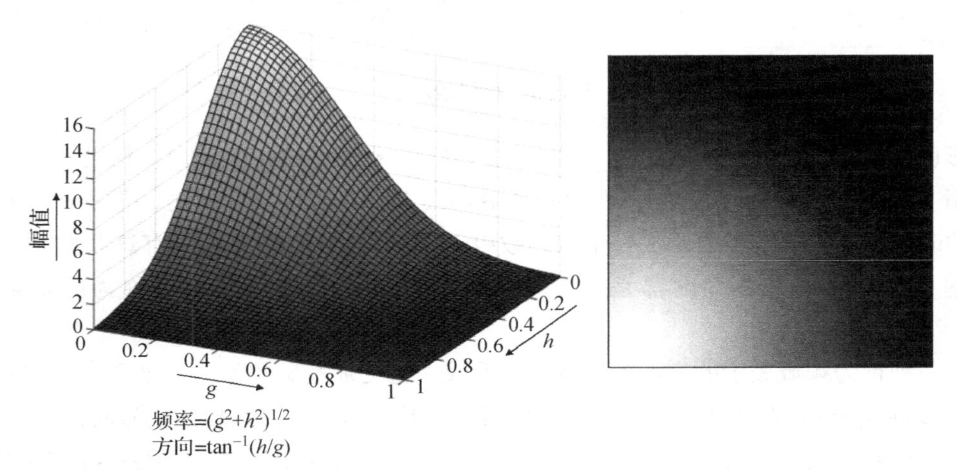

图1-9　左图：二维信号频域响应幅值部分的非正式表示。右图：左图数据的灰度表示（见彩插）

几何数据

一个几何实体（如线、平面或曲面）既可以解析式表示，也可以离散化表示。而连续表示则可以是隐式的、显式的或者参数化的。

在显式表示中，一个因变量被表示成所有自变量和常数的函数。一条二维线的显式方程表示为

$$y=mx+c$$

其中m和c为该线的斜率和y轴截距。类似地，一个二维二次曲线的显式表示为

$$y=ax^2+bx+c$$

其中a、b和c为表示该曲线的二次函数的系数。另一种在物理学和信号处理中被广泛使用的显式表示为

$$y=A\sin(\omega t+\phi)$$

它表示一个幅值为A、频率为ω和相位为ϕ的正弦波。通过显式表示，我们能够方便地计算函数在自变量不同取值处的函数值。

然而，更加复杂的函数有时并不能轻易地以显式的形式表示。隐式表示会考虑一个点

p 满足方程 $F(p)=c$，其中 c 是一个常数。一个二维线的隐式表示为

$$ax+by+c=0$$

而一个三维平面的隐式表示为

$$ax+by+cz+d=0$$

类似地，一个二维圆的隐式方程为

$$(x-a)^2+(y-b)^2=r^2$$

其中 (a, b) 为圆心，r 为圆的半径。一个三维球的隐式方程为

$$(x-a)^2+(y-b)^2+(z-c)^2=r^2$$

其中 (a, b, c) 为球心，r 为球的半径。在显示表示中，因变量和自变量有时需要被交换以表示特殊情形。例如，一条竖线无法用显式方程 $y=mx+c$ 来表示，因为 $m=\infty$。因此，我们需要将 x 当成因变量，从而以水平线 $x=m'y+c'$ 来表示原来的竖线，其中 $m'=0$。另一方面，在隐式函数表示中并不需要这样的特例。隐式表示的一个优点便是很容易进行内部与外部测试。当 $F(p)>0$ 时，点 p 在曲面上或曲面外；而当 $F(p)<0$ 时，点 p 在曲面下或者曲面内。

参数方程使用一个或多个参数来表示函数。比如，两个点 P 和 Q 之间的线段上的点 $p=L(t)$ 可以用参数化的形式表示为

$$L(t)=P+t(Q-P)$$

其中参数 t 满足 $0\leqslant t\leqslant 1$。类似地，由三个点 P、Q 和 R 组成的三角形内的一个点的参数方程可以用下面的含有两个参数的方程表示

$$P=P+u(Q-P)+v(R-P)$$

其中参数 u 和 v 满足 $0\leqslant u, v\leqslant 1$，且 $u+v\leqslant 1$。借助参数方程，我们可以方便地对参数空间进行采样，在不同的采样处估算函数的值。

在离散化表示中，不同于解析方程，一个几何实体用一组其他几何实体的集合表示。例如，一个二维正方形可以定义为二维空间中的一组线的集合，一个三维立方体可以定义为三维空间中的一组四边形或三角形的集合。这种表示方法被称为网格（Mesh）。比如，使用三角形定义一个三维物体时，我们称之为三角网格（Triangular Mesh）。构成网格的实体（如线、三角形或四边形）则被称为基元（Primitives）。

在众多表示三维几何的方法中，三角网格是最常用的。这里我们讨论三角网格表示中的一些关键要素。关于其他几何表示及其应用的更多细节将在后续章节中介绍。一个三角网格定义为一组顶点以及连接这些顶点形成的三角形。因此，三角网格表示由两部分组成：用三维坐标表示的一组顶点；用三个顶点的编号表示的一组三角形。图 1-10 中的例子给出了一种简单的三维物体——立方体——的网格表示。顶点的坐标定义了网格的几何属性（Geometry）。换句话说，改变顶点的坐标就会改变物体的几何属性。例如，如果我们想将立方体变成一个方形的平行六面体或者一个更大的立方体，顶点的坐标就必须相应地改变，但是三角面片不会改变，因为形成这些三角形的顶点的连接关系并没有改变。因此，后者被称为网格的拓扑属性（Topological）。拓扑指的是在数据的几何属性变化过程中保持不变的连接关系。

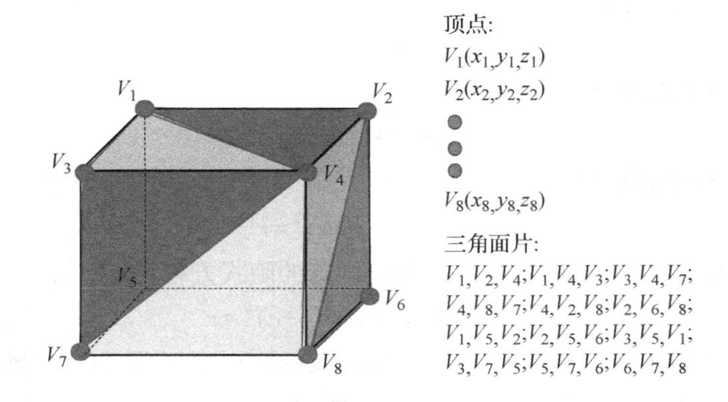

图 1-10 立方体三维网格的表示，由一组顶点和一组三角面片构成。每个三角面片用构成它的顶点的序号表示

下面我们介绍网格的一些几何与拓扑属性，但并不要求数学上的严谨性。我们将给出直观、非正式的定义。封闭网格（简单地说，就是没有洞的网格）在诸如变形、网格简化和编辑等计算机图形学操作中具有若干良好的特性。这样的网格是每条边恰好有两个入射三角形的流形，而每条边有一个或者两个入射三角形的网格则是有边界的流形。例如，由两个三角形表示的一张纸就是一个有边界的流形，因为形成其边框的四条边仅有一个入射三角形。注意有边界的流形的约束条件比流形的约束条件弱，所以有边界的流形是流形的超集。边可以有超过两个入射三角形的网格称为非流形。非流形又是有边界的流形的超集。图 1-11 给出了不同网格流形的示例。

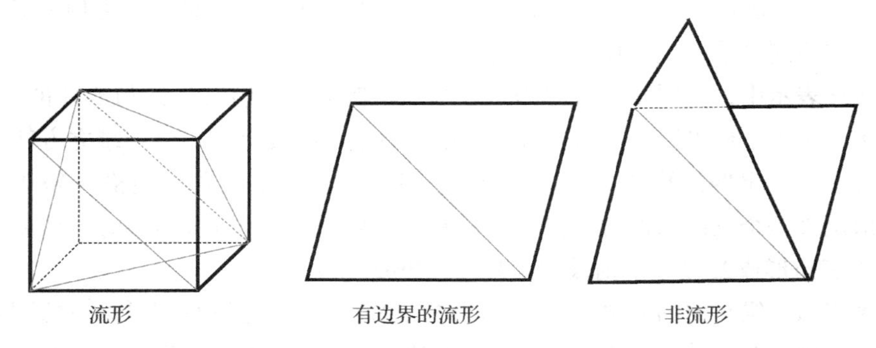

图 1-11 流形（封闭物体）、有边界的流形（有洞的物体）和非流形（有折叠和裂缝的物体）

网格可以用几何性质或属性定义。在图 1-10 中每一个顶点有三维空间坐标。除了这一基本信息，每个顶点还可以有 RGB 颜色、法向量、映射在该网格上的图像的二维坐标（也被称为纹理坐标），或者对给定应用有用的任何基于顶点的属性。拓扑性质是不随几何性质改变的性质。有一些拓扑性质对于网格处理非常重要。首先便是欧拉示性数（Euler Characteristic）e，它的定义为 $V-E+F$，其中 V 是网格的定点数，E 是边数，F 是面片数（不一定是三角面片）。当你通过改变顶点位置这一几何性质将一个立方体变成一个平行六

面体的时候，e 并不会改变。本质上，只有当物体的网格连接性发生变化时，e 才有可能改变。网格的亏格（Genus）定义为网格的环柄数。例如，球的亏格为零，甜甜圈的亏格为1，而双层甜甜圈的亏格为2。要改变一个网格的亏格就必须改变它的拓扑特性，而要将一个网格变成另一个具有同样亏格的网格只需要改变其几何特性（见图1-12）。如果从一个网格的正面开始行走可以终止于其背面，这样的网格是无向的。如图1-12所示，麦比乌斯带是一种无向网格。

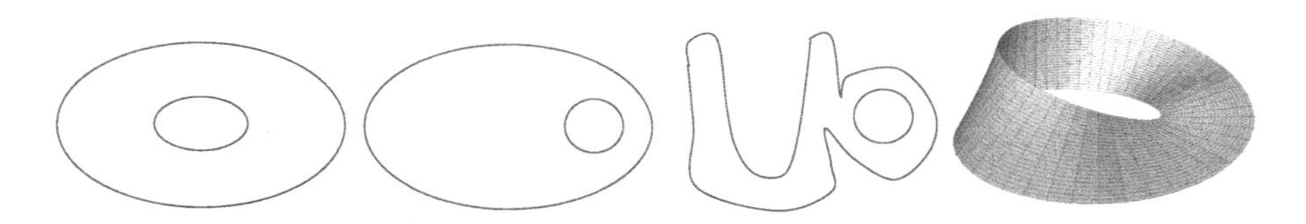

图1-12 左图：亏格为1的甜甜圈可以仅通过改变其几何特性变成一个亏格为1的杯子。右图：麦比乌斯带的示意图

有趣的事实

克莱因瓶（Klein Bottle）是一个长期令拓扑学家好奇的无向曲面。将两个麦比乌斯带拼接在一起可以得到一个克莱因瓶。但与麦比乌斯带不同，它没有边界。克莱因瓶是由德国数学家 Felix Klein 于1882年首次提出的。它无法嵌入到三维空间，而只能嵌入到四维空间。很难讲克莱因瓶能装多少水。当嵌入到四维空间中时，克莱因瓶能够自己包含自己。这并没有阻止人们努力将克莱因瓶嵌入到三维空间中。在伦敦科学博物馆中可以看到克莱因瓶的一些精美制作的表示形式。

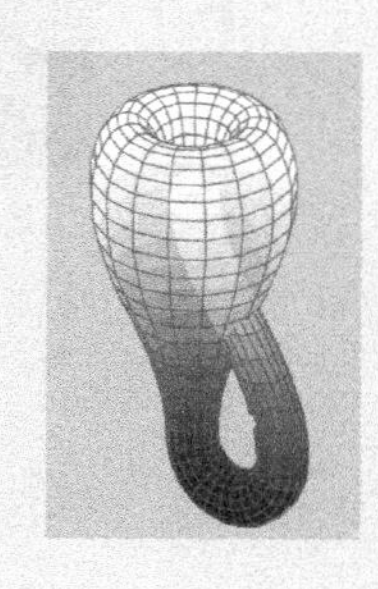

到目前为止我们仅考虑了网格的三角形基元。尽管也可以使用其他的基元（如使用6个四边形而非12个三角形作为一个立方体的网格表示），但三角形面片因为不少原因而更受青睐。首先，因为三个不共线的点定义一个平面，所以三角形面片总是平面。建模工具包因此无须在输出网格表示时保证曲面拟合了顶点。其次，正如我们在下一章将看到的，在计算机图形学中，利用插值技术根据基元顶点的性质找出位于基元内部的点的属性或性质非常重要。而在这方面，三角形基元具有很大的优势。

1.4 噪声

如果不讨论噪声，对数据的讨论就是不完整的。不少因素都可能导致噪声，比如不精确的机械、不精确的传感器（如偶尔出现的常亮或常暗像素）等。不同系统中噪声出现的缘由不尽相同。噪声最好被表述为数据中随机位置处增加的随机数值。本节我们将讨论一些常见的噪声。

随机噪声是最常见、最一般的噪声。这类噪声在数据中的某些位置处增加一些小的随机值。图1-13给了一些随机噪声的例子。低通滤波是去除数据中随机噪声的一种常用技术。我们将在第3章中详细介绍。

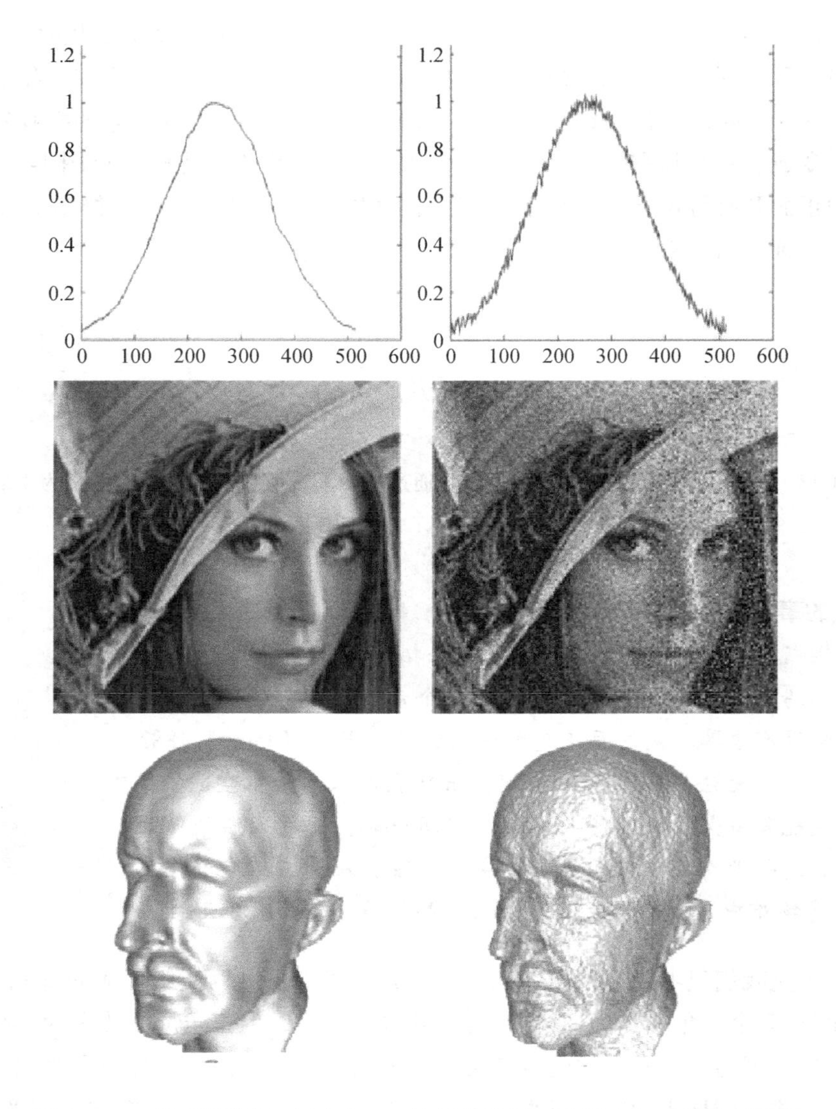

图 1-13　一维音频数据（上图）、二维图像数据（中图）和三维曲面数据（下图）中的随机噪声。每一个例子中，左侧展示不含噪声的原始数据，右侧展示相应的加了噪声的数据

另一种常见的噪声源于数据中的异常值，也就是明显不属于该数据的样本。比如，相机中传感器的一些像素点可能失效，这些位置或者完全不让光线通过、或者完全让光线通过，从而分别形成常黑或常白的像素。这样的像素点可能是随机出现的。具体到二维图像，这种噪声被称为椒盐噪声（见图 1-14）。中值滤波器或者其他顺序统计滤波器能够较好地处理这样的异常值。在第 5 章中，我们将看到一些这样的例子。

一些噪声在空域中可能看起来是随机的，但是在频域中却可以隔离为少数几个频率，如图 1-15 中的例子所示。这样的噪声可以用频域中的陷波滤波器去除。我们将在第 4 章中具体介绍。

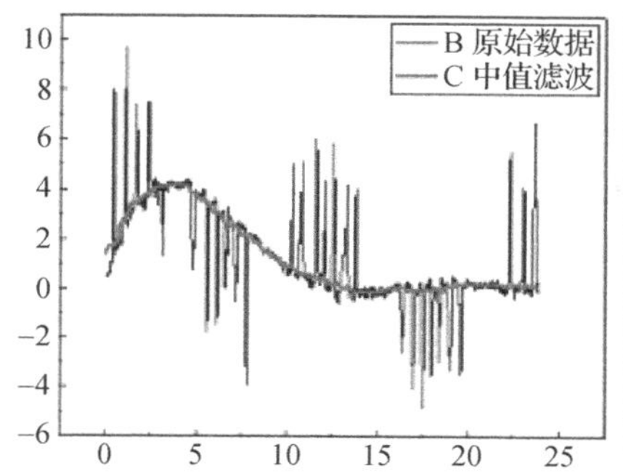

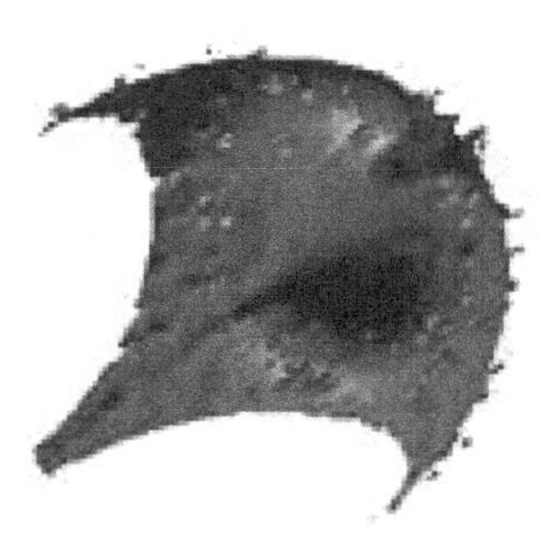

图 1-14 一维（左图）、二维（中图）和三维（右图）数据中的异常值或椒盐噪声。在左图中，我们用红色线展示了使用中值滤波去除异常值的效果（见彩插）

图 1-15 能够用陷波滤波器去除或减少的频域噪声

1.5 本章小结

本章我们讨论了表示及可视化诸如图像、三维曲面和点云等视觉数据的基础知识。我们还学习了数据在空域/时域和频域中的两种表示方法。我们讨论了有关数据中的噪声以及如何根据具体情况处理这些噪声的实际问题。以下是一些能够帮助你熟悉更多相关概念的参考文献。[Ware 04] 详细探讨了信息可视化的各个方面。[Goldstein 10] 是一本出色的有关直觉和人类认知的入门读物。[Ferguson 01] 中有关三维图形的数据结构的章节详细介绍了三维模型的表示方法。[Gonzalez and Woods 06] 中有关噪声的章节提供了噪声方面的非常详细的论述，很值得一读。

本章要点

高度场	采样和奈奎斯特采样定律
离散化	分解与重建

混叠
量化
时频域表示
网格——几何与拓扑
流形、有边界的流形和非流形
欧拉示性数、亏格和有向性
随机噪声
椒盐噪声

参考文献

[Ferguson 01] R. Stuart Ferguson. *Practical Algorithms for 3D Computer Graphics.* A. K. Peters, 2001.

[Goldstein 10] Bruce E. Goldstein. *Sensation and Perception.* Thomas Wadsworth, 2010.

[Gonzalez and Woods 06] Rafael C. Gonzalez and Richard E. Woods. *Digital Image Processing (3rd Edition).* Prentice-Hall, Inc., 2006.

[Ware 04] Colin Ware. *Information Visualization: Perception for Design.* Morgan Kaufmann Publishers Inc., 2004.

习题

1. 有一个大小为 256×256 的 8 位灰度图 $I(x, y)$，其中每一列的灰度值相同，每一行的最左侧灰度值为 0，自左向右逐步增加 1。这幅图像的高度场形成的形状是什么？给出其方程。
2. 一个大小为 256×256 的高度场由函数 $H(x, y) = (x \bmod 16) * 16$ 定义。该高度场是什么形状？相应的图像有多少个灰度等级？用一个表展示属于每一个灰度等级的像素点所占的比重。
3. 一个灰度等级空间函数 $A(x, y)$ 在 y 方向保持不变，而在 x 方向自左向右形成一个包含 50 个周期的正弦波。能够充分采样该函数的数字图像的水平分辨率最低是多少？另一个函数 $B(x, y)$ 通过将 A 围绕垂直于 x 和 y 形成的平面的轴旋转得到。将 A 和 B 相加可以形成一个新的函数。能够充分采样 $A+B$ 的图像的水平和竖直分辨率最低是多少？
4. 一个物体以每秒 60 单位长度的速度运动。为了充分捕捉这一运动，相应的视频数据每秒需要多少帧？如果帧率达不到这个要求，可能会产生什么样的结果？这一现象通常被称为什么？
5. 电视机显示出来的图像看起来像褪色了。技术人员说这是由于电视机的亮度响应曲线是线性的造成的。为了解决这一问题，技术人员需要使它变成非线性的。为什么？你觉得他会采用什么样的非线性响应？
6. 证明以下陈述：当增加表示每个像素颜色的位数时，量化误差会降低。
7. 量化可以理解成不充分采样的产物吗？为什么？
8. 你的电视机有 R、G 和 B 三个通道。然而，有一个通道坏了，结果你看到的只有黑色和紫色。那么坏掉的是哪一个通道呢？

9. 一个一维函数包含了一个周期内空间跨度为一个单位长度的正弦波的所有谐波。为下列问题选择正确的答案。

   (a) 该函数频域响应的幅值曲线图是：(i) 一个正弦波；(ii) 一条水平线；(iii) 梳状函数。

   (b) 该函数频域响应的相位曲线图是：(i) 一个正弦波；(ii) 一条水平线；(iii) 梳状函数。

10. 用6个平面四边形表示的立方体的欧拉示性数是多少？一个物体的欧拉示性数(e)与它的亏格(g)之间满足$e=2-2g$。你能根据一个立方体的欧拉示性数推算出一个球的亏格吗？如果能，是怎么推算的？

11. 从拓扑的角度看，一个立方体是使用四边形面片对一个球的近似。这样一个立方体的所有顶点的度均为3。有人认为一个球可以用每个顶点度为4的四边形来近似。请证明或者否定这一观点。

12. 在计算机图形学中，像球这样的物体通常使用由平面多边形构成的简单物体来近似。从由四个三角形构成的一个规则四面体出发，请给出一个或多个方法，通过使用相同的几何操作递归地剖分该四面体的每一个面得到球体的一个近似表示。这些方法得到的结果会改变球体的拓扑性质吗？你能否提出评价这些结果的质量的标准？

13. 为第一行中的图像在第二行中选择合适的滤波器以去除图像中的噪声。

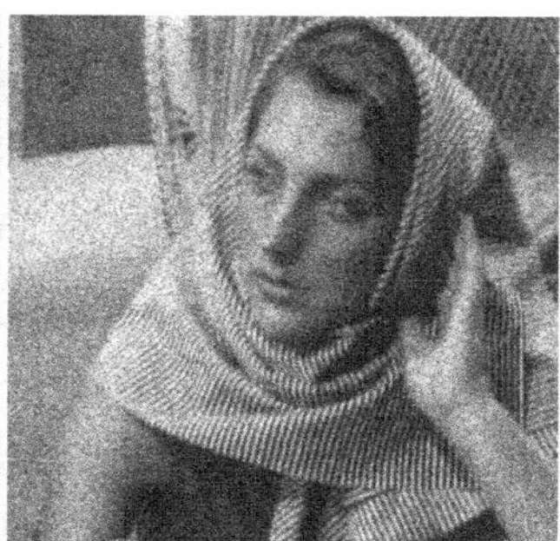

陷波滤波器 低通滤波器 中值滤波器

14. 某个网格表示了以四边形为底、每个底边与一个三角形相连形成的一个金字塔。该网格的欧拉示性数和亏格是多少？

技　　术

我们已经熟悉了不同类型的数据。本章我们将介绍本书中会使用到的两个基本技术：插值和几何相交的计算。

2.1 插值

考虑一个针对某些参数值（如颜色或位置之类的属性或性质）进行采样的函数。所谓插值就是对这样的函数在其没有采样或测量的参数值处进行函数值估计的过程。一幅图像可以看成一个二维函数 $I(x, y)$ 的采样，它给出每个空间位置（x，y）处的颜色值。通常情况下，图像采样的位置参数 x 和 y 取整数。给定 $I(x, y)$ 在整数网格点（x，y）处的函数值，我们使用插值的方法计算 $I(x, y)$ 在网格点之间并且有可能是非整数值的点（x，y）处的函数值。以三角形为例，其中点的位置函数（由三维坐标确定）仅在顶点处有定义。我们需要利用顶点的位置向三角形内部进行插值（Interpolate），以计算三角形内部任意一个点的位置。

插值方法假设函数在不同采样值之间的变化是平滑的。但是，不同的插值方法假设的平滑度不同。以图 2-1 中的一维函数为例。最简单的假设是该一维函数在相邻样本之间的变化是线性的，也就是说相邻样本间以直线相连。在此假设下，该函数在未采样处的函数值可以通过与其最相近的两个连成直线的样本点来估计。这种通过直线估计函数在未采样处的函数值的插值方法称为线性插值。由图 2-1 可以清晰地看到采样点处的函数值可能会急剧变化（也称为 C^0 连续）。很多应用中都不允许函数值的导数存在这样的不连续性。因此，应使用更加复杂的插值技术，用一条平滑的曲线穿过这些样本的多个采样点，以使得它的切向量也平滑地变化。为了计算导数，我们需要使用更多的近邻采样点，而不像线性插值那样仅使用两个采样点。针对切线连续（也称为一阶导数连续、C^1 连续或二次插值），我们使用三个采样点。类似地，针对二阶导数连续的三次曲线（C^2 连续），我们使用四个采样点，依此类推。在本书中，我们几乎总是只使用线性插值，因此将对它进行详细介绍。我们将首先介绍一维数据的线性插值（如图 2-1 所示），然后将其推广到针对二维数据

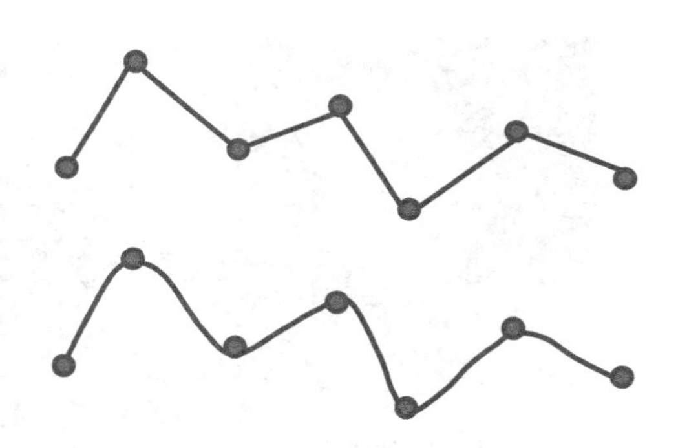

图 2-1　插值方法假设样本之间的过渡是平滑的。样本间的平滑过渡可以使用不同的方法进行建模：线性的（上图）和非线性的（下图）

（如图像和网格）的双线性插值。

2.1.1　线性插值

假定一条线段的两个端点为V_1和V_2，且端点处的颜色分别为 $C(V_1)=(r_1, g_1, b_1)$ 和 $C(V_2)=(r_2, g_2, b_2)$。该线段V_1V_2上的任一点 V 可以根据 $V=\alpha V_1+(1-\alpha) V_2$（其中 $0\leqslant\alpha\leqslant 1$）计算。

如果函数 f 满足 $f(aX+bY)=af(X)+bf(Y)$，则称该函数 f 是线性的。类似地，线段V_1V_2上的点 V 的颜色 $C(V)$ 可以按照下式计算时，称它是线性插值的：

$$C(V)=C(\alpha(V_1)+(1-\alpha)(V_2))=\alpha C(V_1)+(1-\alpha)C(V_2) \tag{2-1}$$

由式（2-1）我们可以看出V_1和V_2之间的点的颜色相对于该点从V_1到V_2移动的距离的变化率是一个常数。

技术上而言，相比一般的线性插值（或线性组合）方法，上述插值方法要更加具体。它称为 $C(V_1)$ 和 $C(V_2)$ 之间的凸组合，其中组合系数为正数且和为 1。V 处的函数值（这里是指颜色值）通过V_1和V_2处的函数值以权重 α 和（$1-\alpha$）加权线性插值得到。此处的权重系数 α 的取值通常通过一个相对于点 V 距V_1和V_2的距离的函数计算得到。例如，一条直线的参数方程为

$$(x,y,z)=\alpha(x_1,y_1,z_1)+(1-\alpha)(x_2,y_2,z_2) \tag{2-2}$$

其中（x，y，z）为直线V_1V_2上点的三维坐标。注意，尽管坐标是三维的，该直线实体是嵌入在三维空间中的一维直线。正是由于这一原因，我们使用线性插值。给定点V_1、V_2和 V 的位置，我们可以通过求解下述方程确定 α：

$$x=\alpha x_1+(1-\alpha)x_2 \tag{2-3}$$

然后再用 α 根据 $C(V_1)$ 和 $C(V_2)$ 计算 $C(V)$。V_1和V_2的系数均介于 0 和 1 之间，且和等于 1。因此，V 处的函数值是V_1和V_2处函数值的加权和，其中权重为 0 和 1 之间的小数且和为 1。这称为V_1和V_2的凸组合。

当限制系数的和等于 1，但每个系数可以取任意值的时候，我们称之为仿射组合。如果对系数没有任何限制，则称之为线性组合。注意，线性组合并不一定是线性插值。比如，将方程（2-1）写成 $C(V)=\alpha^2C(V_1)+(1-\alpha^2)C(V_2)$，它相对于 α 不再是线性的，但仍然是 $C(V_1)$ 和 $C(V_2)$ 的线性组合，因为α^2和（$1-\alpha^2$）还是标量。换句话说，对于线性插值，插值函数的导数必须是一个常数。

2.1.2　双线性插值

下面让我们考虑二维数据。不同于一维数据，二维数据中一个样本的邻域沿两个不同的方向展开。双线性插值需要先沿着其中的一个方向插值，然后再沿着另一个方向插值。

给定一个顶点为V_1、V_2和V_3的三角形（如图 2-2a），为了估计函数 C 在该三角形内部的某个点 V 处的值，我们首先计算沿着V_1V_3和V_1V_2两个方向的函数值。V_1V_3上的点 Q 可由线性插值得到，

$$Q=(1-\alpha)V_1+\alpha V_3 \tag{2-4}$$

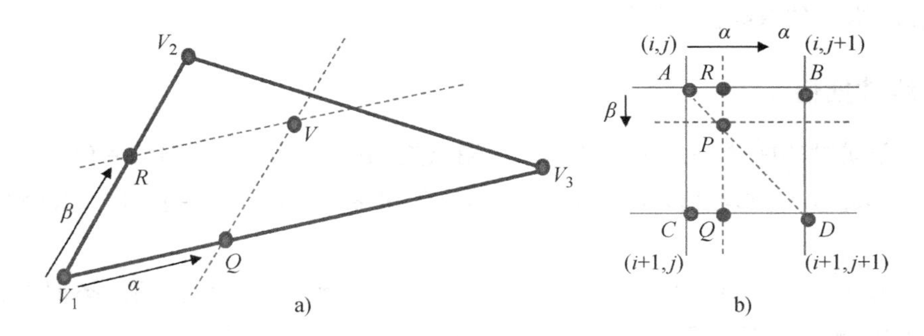

图 2-2　左图：根据三角形的三个顶点V_1、V_2和V_3对其内部的点 V 进行双线性插值。右图：使用双线性插值根据函数 F 的图像在整数像素（i，j）、（i+1，j）、（i，j+1）和（i+1，j+1）处的值计算它在 P 点处的函数值

类似地，V_2V_1上的点 R 可以由下式得到：

$$R=(1-\beta)V_1+\beta V_2 \tag{2-5}$$

此处，$0.0\leqslant\alpha,\ \beta\leqslant1.0$。因此，$V$ 可由V_1、R 和 Q 的向量和得到：

$$V=V_1+(1-\alpha)V_1+\alpha V_3+(1-\beta)V_1+\beta V_2 \tag{2-6}$$

$$=(1-\alpha-\beta)V_1+\alpha V_3+\beta V_2 \tag{2-7}$$

而 V 处的函数值 C 可以如下计算得到：

$$C(V)=(1-\alpha-\beta)C(V_1)+\alpha C(V_3)+\beta C(V_2) \tag{2-8}$$

双线性插值的结果也是一个凸组合，其中的组合系数 α 和 β 可以通过求解由方程（2-7）中 V、V_1、V_2和V_3的坐标形成的两个方程得到。你还可以验证确定 V 的组合系数并不会因为选择其他两个插值方向（如V_3V_2和V_3V_1或者V_1V_2和V_2V_3）而改变（参见习题中关于此的问题）。现在我们考虑图像上另一种情况的双线性插值（见图 2-2b）。如果一个非整数的空间位置的邻域由四个近邻点决定，其中两个沿水平方向、两个沿竖直方向，我们就可以把它看成是 4 连通的。如果对角位置的近邻点也包含在邻域中，则该邻域是 8 连通的。8 连通邻域中近邻点之间的距离可能并不相同（例如，对角近邻点之间的距离为$\sqrt{2}$个单位长度，而水平或竖直方向的近邻点之间的距离为一个单位长度）。参见图 2-3。

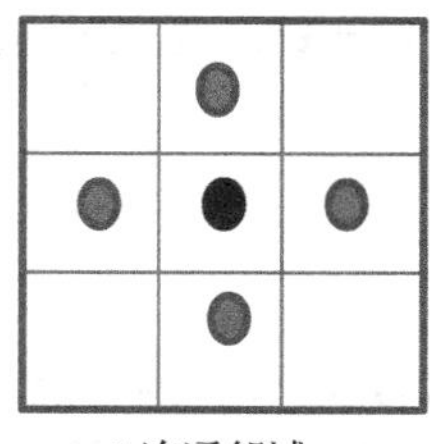

4 连通邻域

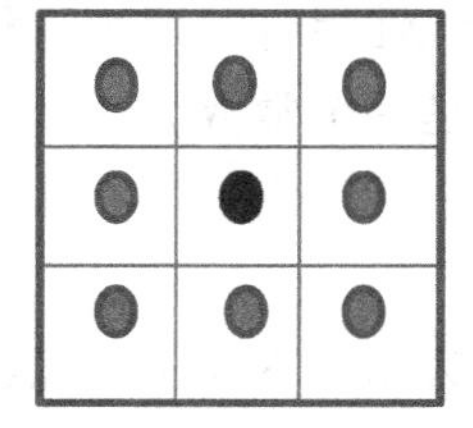

8 连通邻域

图 2-3　中心位置像素点的 4 连通和 8 连通邻域

如图 2-2b 所示，函数 F 定义了整数位置（i，j）、（i+1，j）、（i，j+1）和（i+1，j+1）处像素点的颜色，分别用 A、B、C 和 D 表示，而像素点 P 处的颜色需要估算。注意，这

里每个像素点的位置使用二维坐标表示。像素点（i，j）与 P 之间的水平和竖直距离（分别用 α 和 β（$0\leqslant\alpha$，$\beta\leqslant1$）表示）可以根据它们的位置计算。因此，像素点 Q 处的颜色值可以通过水平方向的线性插值得到：

$$F(Q)=(1-\alpha)C+\alpha D \tag{2-9}$$

类似地，像素点 R 处的颜色值为

$$F(R)=(1-\alpha)A+\alpha B \tag{2-10}$$

基于此，像素点 P 处的颜色值可以通过对 R 和 Q 沿着竖直方向进行插值得到：

$$F(P)=F(Q)\beta+F(R)(1-\beta) \tag{2-11}$$

$$=\beta(1-\alpha)C+\beta\alpha D \tag{2-12}$$

$$+(1-\beta)(1-\alpha)A+(1-\beta)\alpha B \tag{2-13}$$

$$=\beta(1-\alpha)F(i+1,j)+\beta\alpha F(i+1,j+1) \tag{2-14}$$

$$+(1-\beta)(1-\alpha)F(i,j)+(1-\beta)\alpha F(i,j+1) \tag{2-15}$$

下面，考虑 P 恰好位于连接 A 和 D 的直线上的情况。此时，P 可以表示成 A 和 D 的线性组合。由于距离 AP 为 $\sqrt{\alpha^2+\beta^2}$、距离 PD 为 $\sqrt{(1-\alpha)^2+(1-\beta)^2}$，所以

$$F(P)=\sqrt{\alpha^2+\beta^2}D+\sqrt{(1-\alpha)^2+(1-\beta)^2}A \tag{2-16}$$

事实上，除了方程（2-14）和（2-16）外，为函数 F 在 P 处插值还有多种方法。比如，我们可以先对 AD 和 BC 的交点位置进行插值，然后再根据该点和 A 点插值估算出 P 处的函数值。不同的插值方法得到的系数往往不同。由于图像数据是沿着水平与竖直两个方向均匀采样的，为了避免插值结果不唯一的问题，可以限定插值也总是沿着这两个方向进行。可以证明先沿着竖直方向插值，再沿着水平方向插值可以得到与方程（2-14）同样的结果。

与均匀的平面网格不同，如果二维表面是如图2-4的网格，插值结果将完全取决于插值过程中所使用的点。以图2-4中的四边形 $WBWB$ 为例，其中一对对角顶点为黑色，用 B 表示，另一对对角顶点为白色，用 W 表示。虚线表示的两条对角线的交点可能插值出完全不同的颜色：根据黑色顶点插值则为黑色，根据白色顶点插值则为白色。

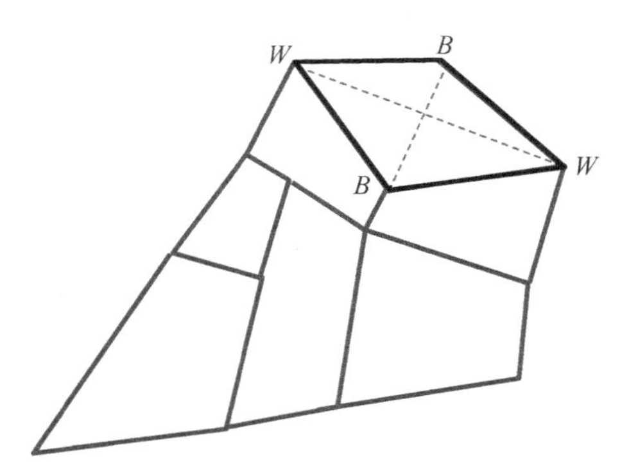

图2-4 由四边形组成的网格

三角形比较特别，其内部点的插值结果是唯一的。这是因为三角形是一种单纯形。所谓单纯形是指（$n-1$）维空间中的 n 个点两两相连得到的几何体。如图2-5所示，直线是一维的单纯形，三角形是二维的单纯形（包含一个表面）。在这些单纯形上的线性插值（二维单纯形上的称为双线性插值、三维单纯形上的称为三线性插值）的结果是唯一的，其结果也称为单纯形内部点相对于形成这个单纯形的顶点的重心坐标。因此，方程（2-8）给出了图2-2a中点 V 相对于点 V_1、V_2 和 V_3 的重心坐标。这就是为

什么我们使用三角形而非其他多边形来表示几何网格。这些优势在本书后文介绍计算机图形学的时候会显得更加明显。

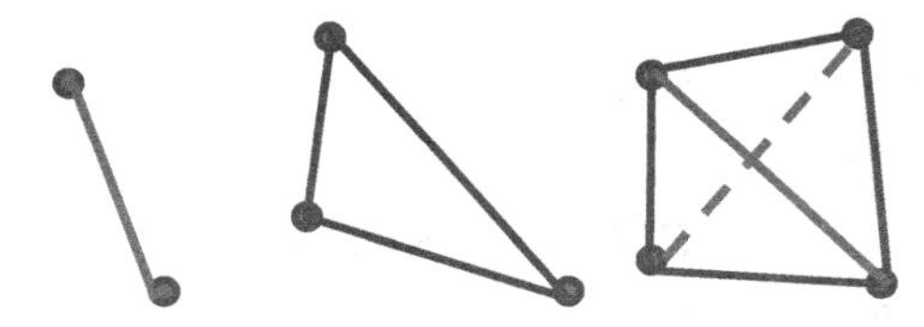

图 2-5 自左向右：最小的一维（线）、二维（三角形）和三维（四面体）单纯形

2.2 几何相交

线性方程表示线（当使用两个变量时）或者平面（当使用三个变量时）。我们常常需要计算这些几何实体之间的交集。为了求解 n 个未知量，我们需要至少 n 个方程。下面我们推导这一问题的矩阵形式。考虑含有 n 个未知量x_1，x_2，…，x_n的线性方程组，其中第 i 个方程为

$$a_{i1}x_1+a_{i2}x_2+\cdots+a_{in}x_n=b_i \tag{2-17}$$

该方程可以写成

$$\boldsymbol{Ax}=\boldsymbol{b} \tag{2-18}$$

其中 $\boldsymbol{A}$ 是一个 $n\times n$ 的矩阵

$$\boldsymbol{A}=\begin{bmatrix} a_{11} & a_{12} & \cdots & a_{1n} \\ a_{21} & a_{22} & \cdots & a_{2n} \\ \vdots & \vdots & & \vdots \\ a_{n1} & a_{n2} & \cdots & a_{nn} \end{bmatrix} \tag{2-19}$$

$\boldsymbol{x}$ 和 $\boldsymbol{b}$ 是 $n\times1$ 的列向量，$\boldsymbol{x}^{\mathrm{T}}=(x_1x_2\cdots x_n)$，$\boldsymbol{b}^{\mathrm{T}}=(b_1b_2\cdots b_n)$。这个线性方程组的解是

$$\boldsymbol{X}=\boldsymbol{A}^{-1}\boldsymbol{B} \tag{2-20}$$

只有当线性方程组中的方程相互线性无关时，$\boldsymbol{A}^{-1}$才存在。从几何的角度看，n 个方程中的每一个方程定义了一个超平面，而 x 就是这些超平面在 n 维空间中的交点。如果 $\boldsymbol{A}$ 是满秩的，这 n 个超平面不平行，且只有一个唯一的交点。例如，当 $n=2$ 时，两条不平行的线总是相交于一个点。

现在考虑方程的个数 m 远大于未知量的个数，即 $m>n$ 的情况。这样的方程组称为过约束方程组。这种情况下，可能不存在一个共同的交点。例如图 2-6 中，$m=3$ 且 $n=2$，这三条线并没有相交于同一点。从几何的角度，求解这样一组过约束方程的一种（可能是使用最广泛的）方法是寻找一个点 P 使得它到这组方程表示的线的距离的平方之和最小。对距离取平方是为

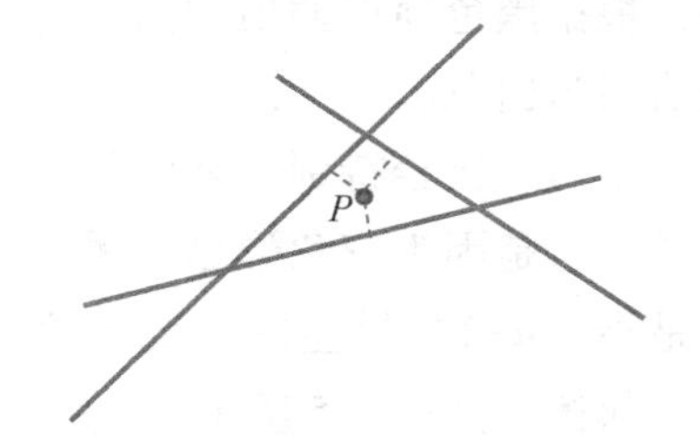

图 2-6 二维空间中的三条非平行线可能并不相交于同一个点。虚线反映了 P 点到每一条线的垂直距离

了避免正的距离和负的距离相互抵消。这一过程称为线性回归（Linear Regression）。因为使用了距离的平方，这一方法也常被称为线性最小二乘优化。

过约束的线性方程组也可以使用方程（2-18）的形式表示，只是 $\boldsymbol{A}$ 和 $\boldsymbol{b}$ 的维度分别是 $m \times n$ 和 $m \times 1$。此时，由于 $\boldsymbol{A}$ 不再是方阵，它的逆是没有定义的。因此，我们考虑下面的方程：

$$\boldsymbol{A}\boldsymbol{x}=\boldsymbol{b} \tag{2-21}$$

$$\boldsymbol{A}^{\mathrm{T}}\boldsymbol{A}\boldsymbol{x}=\boldsymbol{A}^{\mathrm{T}}\boldsymbol{b} \tag{2-22}$$

$$\boldsymbol{x}=(\boldsymbol{A}^{\mathrm{T}}\boldsymbol{A})^{-1}\boldsymbol{A}^{\mathrm{T}}\boldsymbol{b} \tag{2-23}$$

注意，$\boldsymbol{A}^{\mathrm{T}}$是一个 $n \times m$ 的矩阵，所以$\boldsymbol{A}^{\mathrm{T}}\boldsymbol{A}$ 是一个 $n \times n$ 的方阵，它的逆是有定义的，称为 $\boldsymbol{A}$ 的伪逆。$\boldsymbol{x}$ 即可用这样的伪逆来求解。然而，这仅在$\boldsymbol{A}^{\mathrm{T}}\boldsymbol{A}$ 满秩、非奇异（即行列式不等于零）时才成立。当 $m>>n$ 时，很多时候很难保证伪逆是满秩的。

这种情况下，可以使用奇异值分解（Singular Value Decomposition，SVD）技术来求解 $\boldsymbol{x}$。它将 $\boldsymbol{A}$ 分解成三个矩阵 $\boldsymbol{U}$、$\boldsymbol{D}$ 和 $\boldsymbol{V}$，以使得

$$\boldsymbol{A}=\boldsymbol{U}\boldsymbol{D}\boldsymbol{V}^{\mathrm{T}} \tag{2-24}$$

其中，$\boldsymbol{U}$ 是一个 $m \times m$ 的方阵，$\boldsymbol{D}$ 是一个 $m \times n$ 的对角阵，$\boldsymbol{V}$ 是一个 $n \times n$ 的方阵。

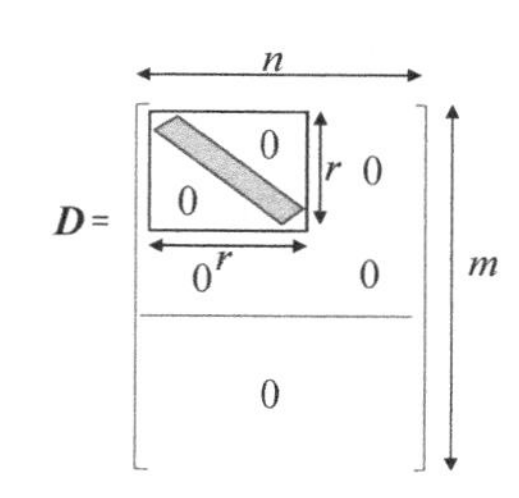

图 2-7 奇异值分解中 D 矩阵的结构

如图 2-7 所示，如果 $\boldsymbol{A}$ 的秩为 $r<n$，那么 $\boldsymbol{D}$ 的对角元素中只有前 r 个非零。此外，$\boldsymbol{U}$ 和 $\boldsymbol{V}$ 是正交矩阵，即它们表示了相互正交的单位向量。正交矩阵的一个重要性质是它们的逆等于它们的转置，即$\boldsymbol{U}^{-1}=\boldsymbol{U}^{\mathrm{T}}$、$\boldsymbol{V}^{-1}=\boldsymbol{V}^{\mathrm{T}}$。用矩阵$\boldsymbol{D}^*$ 表示将 $\boldsymbol{D}$ 矩阵中的 $r \times r$ 子矩阵取逆，同时保持 D 的其他为 0 的部分不变所得到的矩阵。$\boldsymbol{D}^*$ 也是一个对角阵，且其左上角 $r \times r$ 子矩阵的对角元素是 $\boldsymbol{D}$ 矩阵中相应元素的倒数。可以证明 $\boldsymbol{A}\boldsymbol{V}\boldsymbol{D}^*\boldsymbol{U}^{\mathrm{T}}\boldsymbol{b}=\boldsymbol{b}$，因此，$\boldsymbol{x}=\boldsymbol{V}\boldsymbol{D}^*\boldsymbol{U}^{\mathrm{T}}\boldsymbol{b}$ 是 $\boldsymbol{A}\boldsymbol{x}=\boldsymbol{b}$ 的解。

名人轶事

线性回归是最常用的优化技术之一，由 Charles Darwin 的堂弟 Francis Galton 男爵于 1894 年提出。它源于当时令人费解的遗传学问题——理解一代生物体的特征能够如何显著地影响其后代。Galton 最初通过检验甜豌豆植物的特征来研究这一问题。Galton 首次洞察到回归是在他用一个二维图表绘制子代与母代豌豆大小之间的关系的时候。Galton 发现从特定大小的母代种子得到的子代种子的重量的中值大致形成了一条斜率为正且小于 1.0 的直线。其后，来自于 Galton 实验室的研究人员，也是他的同事 Karl Pearson，于 1922 年从数学上建立了线性回归的概念。那时，Galton 早已于 1911 年逝世。

图 2-8 左图：Francis Galton 男爵。右图：Karl Pearson

2.3　本章小结

本章我们介绍了学习本书所需要的技术细节方面的知识。实际上，这些数学基础知识及其几何解释本身也是一个有趣的研究领域。这方面的更多内容可以参考［Lengyel 02］。矩阵内在地表示了几何图形，而矩阵分析则是对其所表示的几何图形的分析。有关这一方向的更多知识可以参考［Saff and Snider 15，Nielsen and Bhatia 13］。

本章要点

插值	线性回归
双线性插值	奇异值分解

参考文献

[Lengyel 02] Eric Lengyel. *Mathematics for 3D Game Programming and Computer Graphics.* Charles River Media Inc., 2002.

[Nielsen and Bhatia 13] Frank Nielsen and Rajendra Bhatia. *Matrix Information Geometry.* Springer Verlag Berlin Heidelberg, 2013.

[Saff and Snider 15] Edward Barry Saff and Arthur David Snider. *Fundamentals of Matrix Analysis with Applications.* John Wiley and Sons, 2015.

习题

1. 给定一个三角形 $P_1P_2P_3$，其中 $P_1=(100, 100)$，$P_2=(300, 150)$，$P_3=(200, 200)$，以及一个 P_1、P_2 和 P_3 处的值分别为 $\frac{1}{2}$、$\frac{3}{4}$ 和 $\frac{1}{4}$ 的函数。计算 $P=(220, 160)$ 处的插值系数。从两个不同方向进行插值，并验证它们的结果是否一致。该函数在 P 处的插值结果是多少？
2. 给定两个平面 $4x+y+2z=10$ 和 $3x+2y+3z=8$，以及一条直线 $2x+y=2$。求解线性方程组，确定这些平面与直线的交点，并使用基于矩阵的方程 $\boldsymbol{Ax}=\boldsymbol{b}$ 的解验证你的结果。
3. 给定一组线性方程 $x-y=0$、$2x+5y=10$、$4x-3y=12$ 和 $x=5$。使用 SVD 求解该线性方程组。

第二部分

基于图像的视觉计算

第3章

卷　　积

3.1　线性系统

系统（System）是指修改信号的方法。如修改一维音频信号使其音量变大的音频放大器，以及修改二维图像信号以检测某些特征的图像处理方法等，都是系统的例子。系统可能会非常复杂，但是大多数时候我们处理的是一类具体的简单系统，称为线性系统。

线性系统满足一些线性的传导性质。我们用 S 表示系统、x 表示系统的输入、y 和 z 表示其输出。为了简洁解释，我们假定一维信号依赖单个参数 t。不过，下面的性质适用于任意维度的线性信号。

1. 齐次性（Homogeneity）：当线性系统的输入被缩放时，其输出也按照同样的比例缩放。

   如果 $\xrightarrow{x(t)} \boxed{S} \xrightarrow{y(t)}$

   那么 $\xrightarrow{kx(t)} \boxed{S} \xrightarrow{ky(t)}$

2. 可加性（Additivity）：当线性系统的多个不同输入信号累加时，其输出为该线性系统对这些信号的独立响应（输出）的累加。这意味着每一个信号都独立通过线性系统，而不会相互影响。

   如果 $\xrightarrow{x_1(t)} \boxed{S} \xrightarrow{y_1(t)}$　　且　　$\xrightarrow{x_2(t)} \boxed{S} \xrightarrow{y_2(t)}$

   那么 $\xrightarrow{x_1(t)+x_2(t)} \boxed{S} \xrightarrow{y_1(t)+y_2(t)}$

3. 平移不变性（Shift Invariance）：当线性系统的输入发生平移时，其输出也发生相应的平移。

   如果 $\xrightarrow{x(t)} \boxed{S} \xrightarrow{y(t)}$

   那么 $\xrightarrow{x(t+s)} \boxed{S} \xrightarrow{y(t+s)}$

当数据通过多个系统时，从系统的线性性质可以导出以下特性：

1. 可交换性（Commutative）：以级联（即按顺序）方式作用于信号的两个线性系统，作用结果不受它们的先后顺序影响。以两个线性系统 S_A 和 S_B 为例，

   如果 $\xrightarrow{x(t)} \boxed{S_A} \longrightarrow \boxed{S_B} \xrightarrow{y(t)}$

   那么 $\xrightarrow{x(t)} \boxed{S_B} \longrightarrow \boxed{S_A} \xrightarrow{y(t)}$

2. 叠加性（Superposition）：如果线性系统中每个输入产生多个输出，当将这些输入相

叠加时，相应的输出也将是这些输入的原输出的叠加。

如果 $x_1(t) \rightarrow$ S $\rightarrow y_1(t)$、$y_2(t)$　且　$x_2(t) \rightarrow$ S $\rightarrow z_1(t)$、$z_2(t)$

那么 $x_1(t)+x_2(t) \rightarrow$ S $\rightarrow y_1(t)+z_1(t)$、$y_2(t)+z_2(t)$

这一叠加特性在计算线性系统对一个复杂信号的响应时尤其重要。一个复杂的输入信号 $x(t)$ 可以通过不同的分解（Decomposition）方法分解成一系列简单的输入信号$x_1(t)$，$x_2(t)$，…，$x_n(t)$。计算简单信号$x_i(t)$ 作为系统输入时的输出$y_i(t)$通常更容易，而这些简单信号的输出$y_i(t)$ 通过合成（Synthesis）方法进行合并或累加即可得到复杂信号$x(t)$ 作为系统输入时的输出。如图 3-1 所示。在本书的后续章节中，我们将介绍许多不同的分解与合成方法。

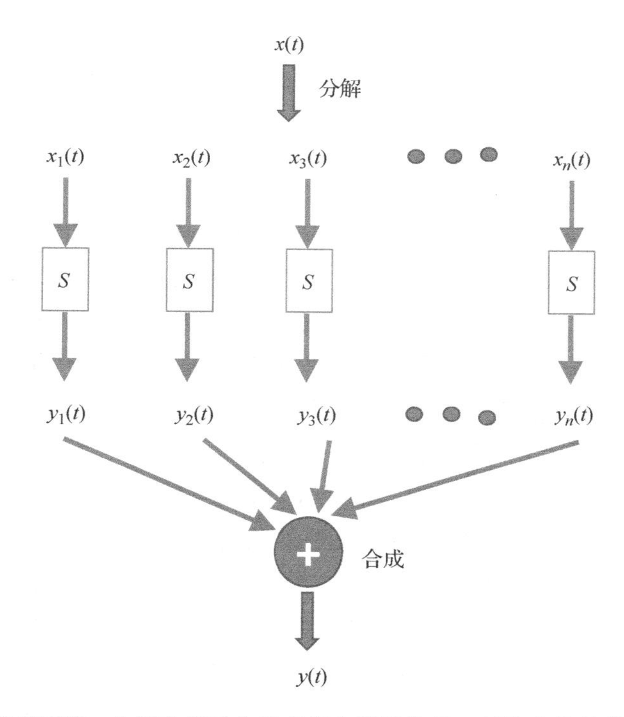

图 3-1　该图展示了将一个复杂信号分解成多个简单信号，再将这些简单信号输入线性系统时的输出进行合并得到该复杂信号作为系统输入时的输出的过程

3.1.1　线性系统的响应

脉冲（Impulse）$i[t]$ 是指仅有一个非零元素的离散信号。因此，脉冲信号在某一个位置有一个尖峰，而在其他位置都为零。三角波（Delta）$\delta[t]$ 是一种特殊的脉冲波，它在 $t=0$ 处取非零值，且 $\delta[0]=1$。换句话说，$\delta[t]$ 在 $t=0$ 处有一个归一化的尖峰。假设每个样本具有单位长度的宽度，而高度与其取值成正比，那么一个三角波覆盖的区域的面

积等于 1。$\delta[t]$ 被认为是最简单的信号。

考虑一个脉冲波，$i[2]=3$，而其他位置取值为 0。这一脉冲波可以表示成一个缩放和平移后的三角波 $3\delta[t-2]$。进而，任意一个在 $t=s$ 处取非零值 k 的脉冲波可以表示为一个缩放和平移后的三角波

$$i[t]=k\delta[t-s] \tag{3-1}$$

一个线性系统的脉冲响应（Impulse Response，也称为核或者滤波器）$h[t]$ 定义为该系统以 $\delta[t]$ 为输入时的输出。h 的大小（一维情况下也称为宽度）也称为 h 的支撑（Support）。由于线性系统的平移不变性和齐次性，同一个线性系统对一个一般的脉冲函数的响应可以通过对 h 的缩放和平移得到，即 $kh[t-s]$。

卷积（Convolution）方法用于计算一个具有脉冲响应 h 的线性系统对一般信号或函数的响应。很显然，卷积是一类非常强大的函数。

考虑一个离散信号 $x[t]$，其中 $t=1, 2, \cdots, n$。注意 x 可以分解成 n 个脉冲函数 $i_1[t]$，$i_2[t]$，…，$i_n[t]$ 的和，其中$i_l[t]$ 在 $t=l$ 处取非零值，且 $x[t]=\sum_{l=1}^{n} i_l[t]$。某个线性系统对每一个$i_l[t]$ 的响应为 $x[l]\ h[t-l]$。由于线性系统的可加性，该系统对 $x[t]$ 的响应 $R[t]$ 为

$$R=\sum_{l=1}^{n} x[l]h[t-l]=x[t]\star h[t] \tag{3-2}$$

$x[t]\star h[t]$ 为 $x[t]$与脉冲响应 $h[t]$ 之间的卷积。本书中，我们用符号⋆表示卷积。

图 3-2 给出了卷积的示意图。当 x 的前几个或者最后几个样本乘以 h 后，h 在左右两侧 x 没有定义的地方拓展了 x（比如在 $t=0$、$t=-1$ 或者 $t=n+1$ 处 x 的值未知）。这种情况下，我们为 x 赋一个任意值。最常见的做法是假设 x 在这些位置的值为零。有时候，也将 x 相对左、右边缘进行反射，然后根据反射后这些位置处的值为 x 赋值。以上两种方法都会带来两个重要问题。首先，R 的范围比 x 的还大。假定 h 的支撑为 m，那么 R 的可能取值有 $n+m-1$ 种。如图 3-2所示，当 $n=4$，$m=3$ 时，输出的维度为 $4+3-1=6$。其次，R 的一些取值并不精确，因为它们是根据假定的信息计算得到的。以图 3-2 为例，卷积在 $t=-1$、0、3、4 处的取值取决于 x 在 $t=-1$、4、5 处的值，然而 x 在这些位置并没有定义。因此，只有 R 样本集的一个子集（实际上仅有 $n-m+1$ 个样本）是根据精确定义的信息得到的，这些样本称为全浸样本（Fully Immersed Sample）。在图 3-2 中，仅有的全浸样本是 $t=1$ 和 $t=2$ 处的样本。

这里需要注意的另一点是，在使用方程（3-2）时，输入 x 的每一个样本对应一个缩放和平移后的脉冲响应，形成一个中间函数 $x[l]h[t-l]$。所有这些中间函数的和形成了 R（见图 3-2）。因此，R 的任意一个输出样本由所有这些中间函数在相同位置的样本的累加得到。由于输入 x 在 l 处的单个样本通过相应的中间函数 $x[l]h[t-l]$ 对多个输出样本都有影响，因此将其称为输入端算法（Input Side Algorithm）。

现在让我们仔细看一下图 3-2 中在 $t=1$ 处的一个全浸样本。注意到该样本由下式给出：

$$R[1]=h[1]x[0]+h[0]x[1]+h[-1]x[2]$$

这相当于对 h 进行翻转，并用翻转后的 h 对 $t=1$ 处的 x 的邻域进行加权。因此，计算卷积的另一种方法是通过平移翻转后的 h 使其中心移至 l，然后计算相应的 x 和平移翻转后的 h 的

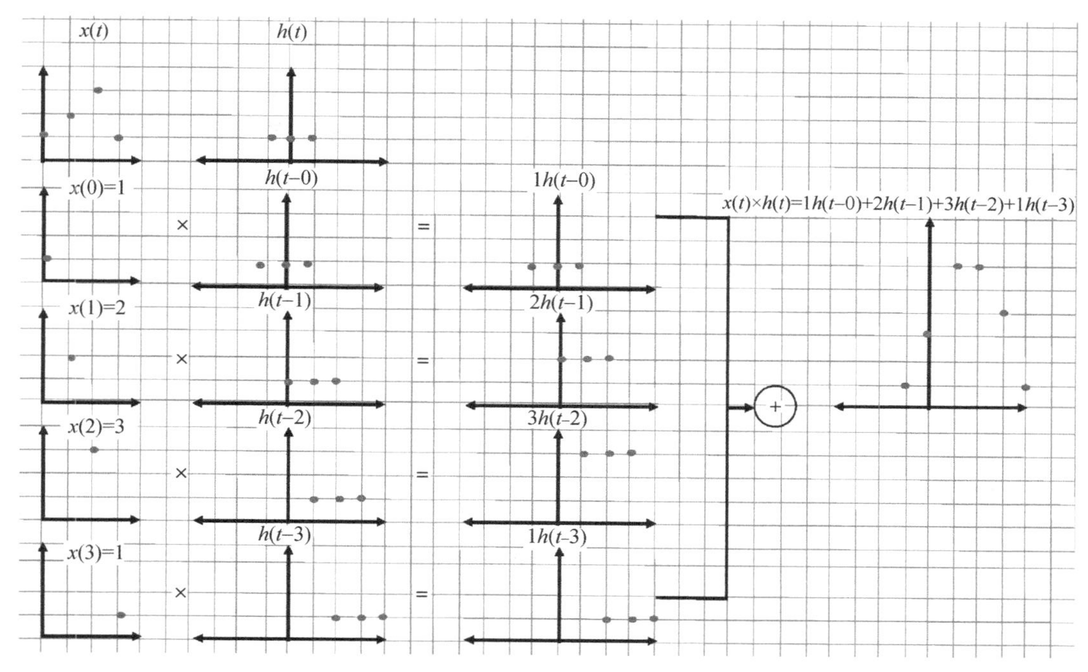

图 3-2 卷积的输入端算法

加权和，得到 t 处的输出样本，亦即 $R[l]$ 等于 $x[t]$ 与平移翻转后的 h 的内积

$$R[l]=x\cdot h[-(t-l)] \tag{3-3}$$

注意 h 在没有定义的位置处的取值都假定为 0。在该方法中，R 的每一个输出样本在每一步通过综合 h 的多个样本得到。因此，该方法称为输出端算法（Output Side Algorithm）。该方法由于不需要中间函数，因此效率更高。每一个输出可以由输入和 h 直接得到。而且，如果 h 是对称的（如图 3-2），那么连翻转操作都不需要。

上述卷积操作可以很容易地推广到二维情形。此时，x、R 和 h 是二维函数。在图像中，这两个维度对应空间坐标 s 和 t。h 的支撑通常远小于 x。$R[s, t]$ 可以通过将翻转后的 h 沿着两个方向同时移动至位置（s，t）处，再计算翻转后的 h 与相应的 x 的点积得到。注意在图像处理中，我们绝大部分时候使用的都是对称滤波器，也就是说对 h 的翻转是没有必要的。

考虑到一维信号更易理解，本章的剩余部分将以一维信号为例介绍卷积的性质。这些概念可以很简单地推广到二维信号，我们将在介绍完一维信号卷积的每一个性质时说明相应的概念推广到二维信号的情况。

3.1.2 卷积的性质

本小节讨论卷积的性质。考虑与 δ 卷积的一个信号 x。计算这个卷积就是要回答下面这个问题：如果一个系统的脉冲响应就是脉冲本身，那么该系统对任意一个信号 $x[t]$ 的响应是什么呢？对这个问题的回答看起来很直观：因为该系统不改变输入脉冲信号，所以

它也不会改变输入的其他信号 x，亦即

$$x[t]\star\delta[t]=x[t] \tag{3-4}$$

这样的系统称为全通系统（All Pass System）。

让我们再考虑另外一个系统，该系统对脉冲响应进行简单的缩放，即

$$x[t]\star k\delta[t]=kx[t] \tag{3-5}$$

如果 $k>1$，该系统被称为放大器（Amplifier），因为它增加了信号 $x[t]$ 的强度。而如果 $k<1$，该系统则被称为衰减器（Attenuator），因为它减少了信号 $x[t]$ 的强度。

最后，考虑一个会对信号进行平移的系统，即

$$x[t]\star\delta[t+s]=x[t+s] \tag{3-6}$$

该系统被称为延迟系统（Delay System）。

作为一个数学运算，卷积具有下述有用的性质。

首先，它是可交换的，即

$$a[t]\star b[t]=b[t]\star a[t] \tag{3-7}$$

也就是说，对两个函数进行卷积操作时，它们之间的顺序对结果没有影响。这就是为什么我们总是使用尺寸较小的函数作为卷积核以实现更高效的处理。

其次，卷积具有可结合性，即

$$(a[t]\star b[t])\star c[t]=a[t]\star(b[t]\star c[t]) \tag{3-8}$$

根据可结合性，如果一个函数 x 顺序经过两个不同的卷积核 b 和 c 的级联处理，那么新设计一个卷积核 $d=b\star c$，再将其与 x 卷积，即 $x\star d$，也可以得到同样的结果。参见图 3-3。

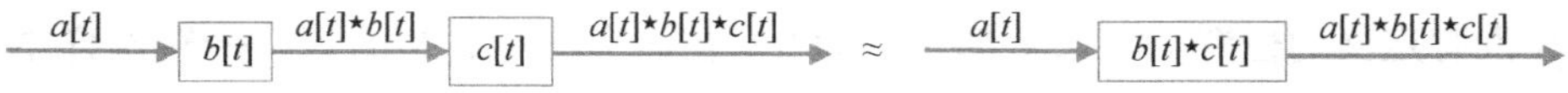

图 3-3 该图展示级联卷积的效果

再次，卷积是可分配的，即

$$a[t]\star b[t]+a[t]\star c[t]=a[t]\star(b[t]+c[t])$$

如果一个函数 x 先并行经过两个卷积核 b 和 c 的处理，然后再将两个卷积结果相加，那么可以通过先将两个卷积核相加得到一个新卷积核 $d=b+c$，再将该卷积核 d 与 x 做一次卷积操作实现。参见图 3-4。

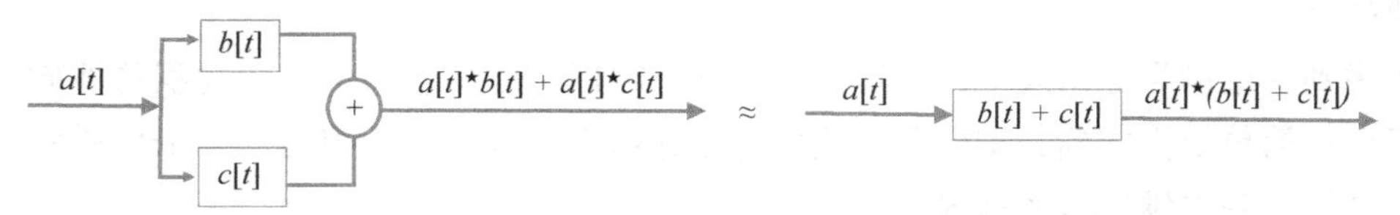

图 3-4 该图展示两个并行卷积操作的叠加效果

3.2 线性滤波器

了解了卷积对我们有什么帮助呢？事实上，卷积对于设计系统大有裨益，因为我们不用再担心复杂的信号，而只需要考虑简单的 δ 函数。一旦设计了某个系统的脉冲响应，我

们就能通过输入信号与脉冲响应的卷积得到该系统对任一函数的输出结果。

以设计一个能将信号模糊化的滤波器（或脉冲响应）为例，我们首先需要直观地考虑一个模糊化的三角波信号会是什么样的。换句话说，一个能模糊化信号的线性系统以一个三角波信号作为输入时会输出什么？参见图3-5，三角波函数仅在位置0处有一个样本值1，该函数本质上就是一个尖脉冲。因此，直观地讲，模糊化一个三角波函数将形成一个更宽但是更矮的脉冲。其结果可以表示成一个有多个中心在0、取值小于1的样本的函数。那么，脉冲应该有多宽、多高呢？实际上，这个问题的答案并不唯一。比如，可能是中心在0、值为0.7的3个样本，也可能是中心在0、值为0.5的5个样本。应该如何约束这一问题，以便找到这些问题的合适解呢？

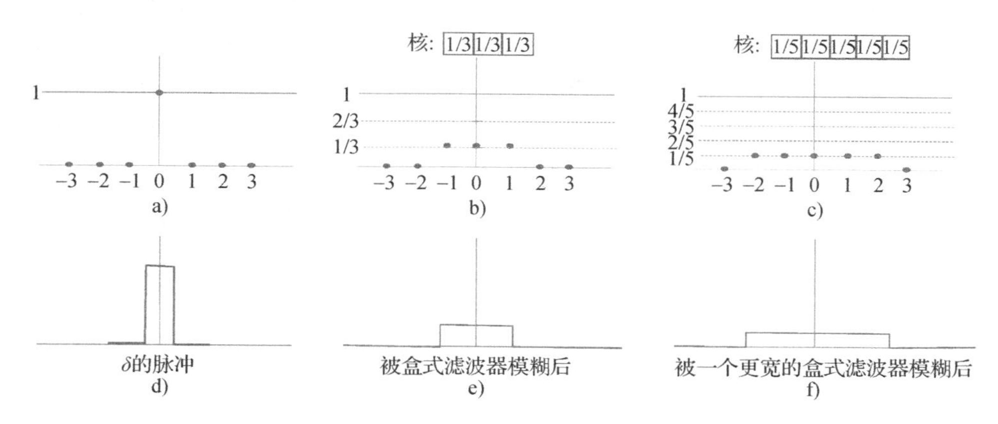

图3-5 该图展示如何利用简单的δ函数设计模糊滤波器。上下两行分别展示了数字信号和模拟信号中的情形。a为δ函数。b为模糊系统的脉冲响应，亦即δ函数通过模糊系统后的输出。输出结果并不是在位置0处有一个值为1的脉冲，而是在-1、0和1等处取值均为1/3的函数。滤波器的宽度也常被称为核或者滤波器的支撑。如果模糊滤波器的宽度变宽，相应地，我们称滤波器的支撑变高了

约束该问题的一种方法是首先固定脉冲的宽度，将其作为一个表示模糊程度的参数。因此，宽度为7像素的模糊滤波器比宽度为5像素的模糊滤波器的模糊效果更显著，而5像素宽度的模糊滤波器又比3像素宽度的模糊滤波器的模糊效果更显著。既然脉冲的宽度固定了，那么脉冲的高度又该如何确定呢？为此，我们可以限定三角波函数的能量（即函数曲线下方所包含区域的面积）不会因模糊化而改变。具体地，限定三角波函数脉冲的高度和宽度均为1。此时，三角波函数的能量等于其高与宽的乘积，也就是1。在此限定下，当宽度为3像素的模糊脉冲的能量必须等于1时，它的高度就必须是$\frac{1}{3}$。据此，我们可以将模糊三角波定义为一个以0为中心、宽3像素、高为$\frac{1}{3}$的脉冲。因此，将三角波输入我们要设计的模糊化系统，将得到一个更矮、更宽的脉冲。该模糊化系统的脉冲响应是一个以0为中心的3像素宽的脉冲，且该脉冲函数在其有定义的3像素处的取值为常数$\frac{1}{3}$。定

义一个这样的脉冲函数的优势在于，将任意一个函数与此脉冲响应做卷积即可得到对该函数模糊化的结果。

如果想设计一个能对信号做更多模糊化的系统，我们还需要为此系统设计相应的脉冲响应。由于更多的模糊化意味着增加脉冲的宽度，同时减少其高度，所以一个可能的脉冲响应是以 0 为中心、宽 5 像素、高为$\frac{1}{5}$的脉冲。因此，如图 3-5c 所示，该系统的脉冲响应的大小为 5 像素，且每个像素处的值为$\frac{1}{5}$。注意图 3-5d 和 3-5e 中这两个滤波器的模拟信号表示。因为它们的外形像盒子，所以通常被称为盒式滤波器（Box Filter）。

保持与 δ 函数能量相同的方法有很多种，在每一个像素处赋予同样的值只是其中的一种。因此，从概念上讲，滤波器的形状可以改变，但只要其核的宽度增加了，它就依然是一个模糊滤波器。事实上，存在许多这样的模糊滤波器，我们将在下一章再次回顾这一问题，我们将发现尽管盒式滤波器是最便于实现的，然而它并不是模糊化的最佳选择。

该如何将上述模糊滤波器推广到二维情形呢？在二维情形下，δ 函数的能量需要在一个以原点为中心的二维盒子区域内定义。因此，3 像素的一维盒式滤波器推广到二维后将会是一个 3×3 的滤波器，且滤波器中每个元素的值为$\frac{1}{9}$，而更宽的盒式滤波器将是一个每处取值为$\frac{1}{25}$的 5×5 的数组（参见图 3-6）。

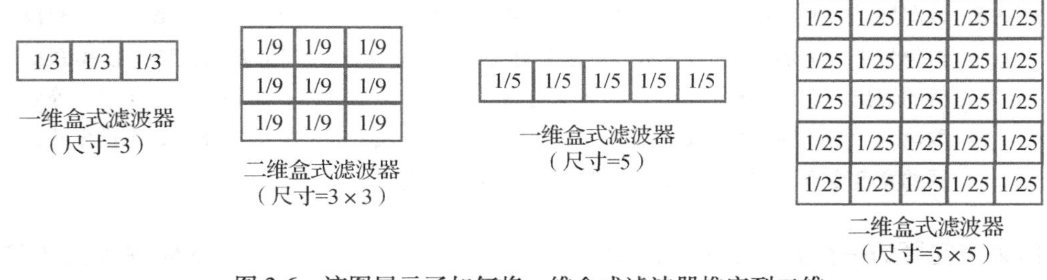

图 3-6　该图展示了如何将一维盒式滤波器推广到二维

3.2.1　全通、低通、带通和高通滤波器

盒式滤波器也常被称为低通滤波器。为了理解这样称呼的原因，有必要回顾一下第 1 章中介绍的频域表示。本章中，我们将以一种非正式和直观的方法理解这一概念。更加正式的讨论将在下一章给出。

我们仍然从一维的三角波函数开始。该函数可以看成原点处的一个非常尖锐的峰。该函数的频域表示会是什么呢？记住，尖峰的形成需要非常高频的信号。这一事实意味着像 δ 函数这样最尖锐的数字函数或许包含了所有的高频信号。事实上，可以证明生成 δ 函数需要同等强度的所有频率信号。因此，δ 函数的频域响应（此处我们只考虑其幅值）是一个常数。在空域（或时域）取常数值的函数在频域的响应又是什么呢？或许可以容易地发现这样的函数可以表示成一个零频率的余弦波。因此，它的频域响应仅在频域的原点处有非零值，亦即频域中的一个 δ 函数。

你可能已经注意到了一个有趣的现象。空域中的 δ 函数在频域中是常值函数，而空域中的常值函数在频域中是 δ 函数。这只是一个巧合吗？并非如此。这一现象被称为对偶性（Duality），我们将在下一章详细讨论。本章我们会借用这一概念来帮助我们理解一些事情。

对偶性的概念给出了卷积的一个重要性质。假设空域中的两个函数 $a[t]$ 和 $b[t]$ 的频域响应分别是 $A[f]$ 和 $B[f]$，它们在空域中的卷积的频域响应等于它们各自频域响应的乘积，反之亦然（参见图 3-7）。

如果 $a[t] \xrightarrow{F} A[f]$ 且 $b[t] \xrightarrow{F} B[f]$

那么 $a[t]\star b[t] \xrightarrow{F} A[f]B[f]$ 且 $a[t]b[t] \xrightarrow{F} A[f]\star B[f]$

图 3-7　卷积的对偶性是指空域（时域）中的两个函数的卷积等于它们在频域中的响应的乘积，反之亦然。此处，F 是将空域（时域）函数转化成其频域响应的操作

这一性质为我们提供了理解全通、低通、高通和带通滤波器的背景知识。让我们首先回顾方程(3-4)。我们曾提及任一个函数 $x[t]$ 与三角波函数的卷积被称为一个全通系统（All Pass System）。让我们尝试用刚刚介绍的对偶性来解释这一系统。首先，δ 函数的频域响应是一个常数。因此，$x[t]\star\delta(t)$ 的频域响应为 $X[f]$ 乘以一个常数。这意味着，这样的卷积没有阻止（或消除）任何一个频率。正是因为它通过了所有频率，与一个三角波函数的卷积被称为全通滤波器（All Pass Filter）。如图 3-8 所示。

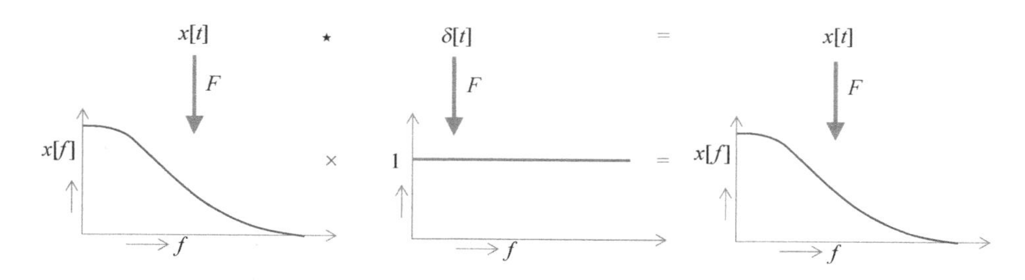

图 3-8　全通滤波器的概念。δ 函数的频域响应是一个常数，而函数的频域响应乘以一个常数后不会去除其在任何一个频率处的响应。换句话说，δ 函数通过了所有的频率，因此，我们称它是全通滤波器

接下来，我们看一看低通滤波器。为此，需要注意对偶性的另一个直观结果。考虑在空域对一个函数进行压缩，形成另一个在更加狭小的空间里具有类似变化的函数。直观地，后者与前者类似，只是具有更加锐利的变化。它们的频域响应会有什么样的关联呢？很明显，我们需要更多更高频的信号以生成一个更加尖锐的函数，而生成一个较平坦的函数则需要相对较少的高频信号。因此，我们可以推断更尖锐的函数的频域响应相对更宽；反之，随着函数变光滑，其频域响应会变窄（参见图 3-9）。假设三角波函数是所有函数中

最尖锐的，那么，随着一个函数变得越来越尖锐，它的频域响应会变得越来越宽，直至像 δ 函数那样覆盖所有的频率。

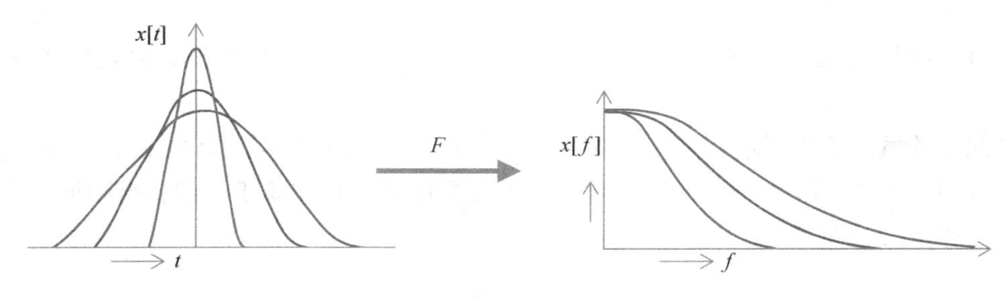

图 3-9　随着一个函数变窄或变宽，它的频域响应相应地变宽或变窄

随着滤波器尺寸（也称为核的支撑）的增大，截断频率（大于这一频率的其他频率都会被截断）会降低。这意味着，由于损失了更多的高频信息，滤波器将会造成更大的模糊。因此，与逐步增大的核进行卷积可以得到越来越模糊的函数。最终的核将是一个与函数同样尺寸的核，其卷积结果为整个函数的平均值。

让我们将这一概念应用于图 3-5 下面一行所展示的三个滤波器，这三个滤波器的尺寸逐步增大，形成了 3 像素宽和 5 像素宽的盒式滤波器。如图 3-10a 所示，直观来看它们的频域响应会逐步变窄。而这些模糊滤波器的截断频率会随着它们的宽度增加而降低。因此，3 像素宽的滤波器的截断频率f_1与 5 像素宽的滤波器的截断频率f_2满足$f_2<f_1$。接下来让我们考虑图 3-10b 中的函数 $x[t]$ 及其频域响应。当我们将 $x[t]$ 与模糊滤波器 $b[t]$ 进行卷积时，它们的频域响应 $X[f]$ 和 $B[f]$ 相乘。这样做的结果是，与 3 像素宽的滤波器卷积时，大于f_1的所有频率都与 0 相乘，也就是大于f_1的所有频率都会被滤除，从而形成图 3-10c 中的模糊或者更加平滑的信号。类似地，当与 5 像素宽滤波器的频域响应相乘时，更多的频率，包括f_2以上的所有频率，会被滤除，从而形成图 3-10c 中更加模糊的信号。由于与盒式滤波器做卷积运算后，较高频率会被滤除，而较低频率则会通过，所以这些滤波器被称为低通滤波器（Low Pass Filter）。滤波器的形状不需要是标准的盒状，这样可以将三角波的能量由单个像素拓展到更多的像素。比如，一个三角形状的滤波器也可以用作低通滤波器。不同滤波器的区别在于它们的能量分布，而能量分布又是由它们的形状决定的。盒式滤波器的能量均匀地分布在所有像素上，而三角形滤波器的能量分布从中心位置向边缘位置逐渐减弱。这里另一个值得注意的地方是通过滤波器的低频分量也不是没有改变。事实上，不同频率分量只是被削弱的程度不同，通过的分量中频率越高被削弱得越严重。本章的插图中关注滤波器的频率内容（即通过的频率范围），而非其频域响应的精确形状，这样读者能不受干扰地关注频域分析中最重要的方面，即频率内容。滤波器频域响应的精确形状只会影响通过频率的削弱程度，我们将在下一章进行详细讨论。

接下来考虑二维的情形。考虑一幅图像与逐渐增大的滤波器进行卷积（3、5、7 等），得到的图像会变得越来越模糊（见图 3-11），而且最终的图像会是一个单一灰度值的图像，该灰度值等于原始图像中所有像素灰度值的平均值。在频域中，这些图像的截断频率会逐渐降低。在二维情形下，不同频率表示为一些同心圆，圆的半径长度表示频率。图 3-12

展示了低通滤波器的截断频率，超过截断频率的所有频率都会被滤除。随着卷积核的大小增大，截断频率会变小。

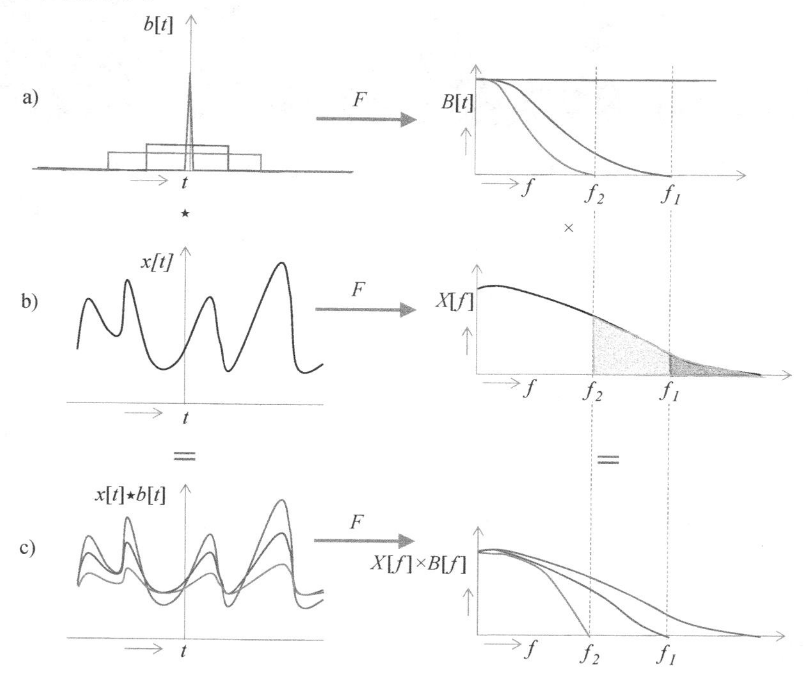

图 3-10　低通盒式滤波器的概念。a 左图在时域中显示了 δ 函数（红色）、3 像素宽（蓝色）和 5 像素宽（绿色）盒式滤波器，右图则展示了它们的频域分量以及各自的截断频率 f_1 和 f_2。b 左图用黑色显示了某个函数 $x[t]$，右图用黑色显示了它的频域响应。左图中 x 和 b 之间的卷积等于右图中 $X[f]$ 和 $B[f]$ 之间的乘积。在这一乘积过程中，被每个滤波器阻断的频率用其相应的颜色表示——3 像素宽滤波器阻断了 f_1 以上的所有频率，而 5 像素宽滤波器阻断了 f_2 以上的所有频率。c 展示了空域和频域的卷积和乘积的结果。注意在与盒式滤波器进行卷积运算后，所有的较高频率均不同程度地被阻断（取决于滤波器的宽度），而较低频率则都通过了，这就是为什么称其为低通滤波器。经过这一滤波过程，低频成分的强度也会发生改变，一般会被削弱。相应地，时域中的信号会逐步变得平滑或模糊（见彩插）

图 3-11　该图展示了增加盒式滤波器尺寸对它与图像卷积结果的影响。自左向右：原始图像及其与大小分别为 3×3、5×5 和 15×15 的盒式滤波器的卷积结果

采样问题

现在让我们考虑对图像进行低通滤波时的采样结果。根据奈奎斯特采样定律，对图像进

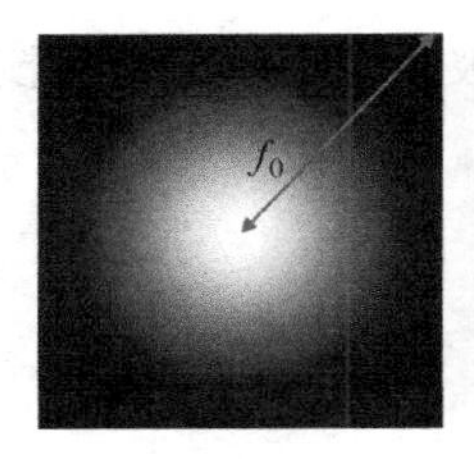

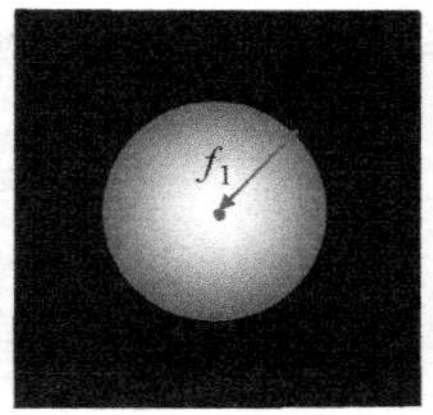

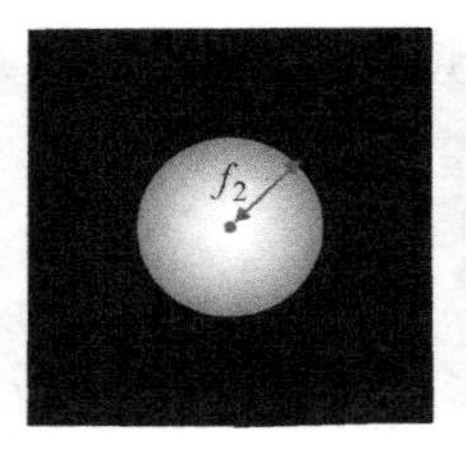

图 3-12　该图展示了频域中增加与图像卷积的盒式滤波器的大小的影响。频域响应可视化为一幅灰度图像。自左向右：原始图像的频域响应，以及它与逐步增大的滤波器卷积后的图像的频域响应。注意，截断频率被表示成一个圆，该圆以外部分的频率均被阻断，因此显示为黑色。随着滤波器大小的增加，该圆的半径减小，这意味着更多的高频分量被滤除了

行采样所需的最低频率为图像中所包含频率最高值的两倍。当一幅图像经过低通滤波时，其中的频率内容会减少（如图 3-12 所示，$f_3<f_2<f_1$）。这意味着对低通滤波后的图像进行充分采样所需的最低采样数会减少，也就是说低通滤波后图像的尺寸可以比原始图像更小。换句话说，当我们逐步增加低通滤波器的大小时，无须保持图像的原始尺寸，而可以对它进行重采样，并以更小的尺寸存储，只要其尺寸足够大，能够采样图像中的最高频率即可。

这一特性被用于构建一个逐步低通滤波的图像的金字塔，称为高斯金字塔（Gaussian Pyramid）。为此，我们将原始图像的尺寸重采样为$2^n \times 2^n$大小。这构成了金字塔的第 0 层。该图像中的 2×2 像素的区域经过低通滤波后形成金字塔下一层尺寸为$2^{n-1} \times 2^{n-1}$的图像的一个像素。当使用盒式滤波器时，这就相当于对第 n 层图像的每个 2×2 的块取平均形成第 $n+1$层图像的一个像素。注意，由于第 $i+1$ 层图像是对第 i 层图像低通滤波的结果，采用更低的分辨率已足够采样包含较低频率内容的第 $i+1$ 层图像。这一过程持续进行就会形成 n 层的金字塔，其中最后一层为仅含一个像素的图像，亦即最后一层图像的尺寸为$2^{n-n} \times 2^{n-n} = 1 \times 1$，如图 3-13 所示。

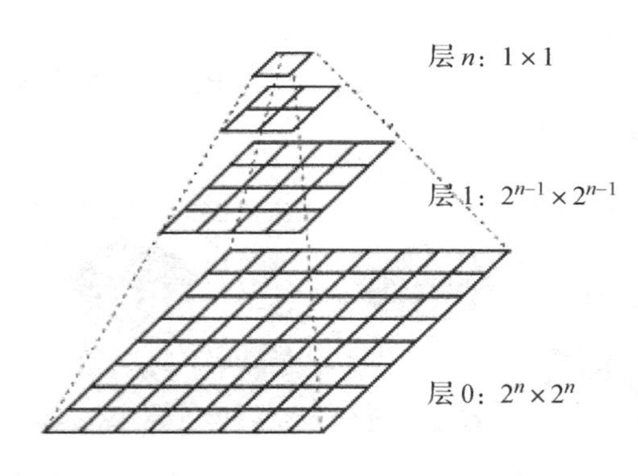

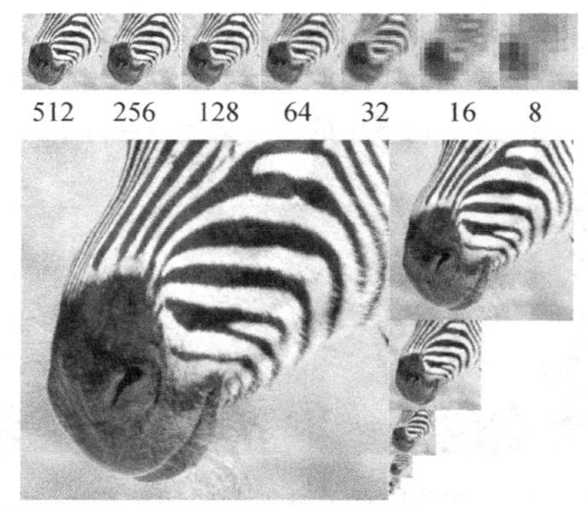

图 3-13　高斯金字塔的概念。左图展示了一个包含 4 幅图像、$n=3$ 的金字塔。右图为由 512×512 的图像生成的 $n=9$ 的高斯金字塔的例子。注意，这些图像的尺寸逐渐减半，要看清较小图像的内容非常困难。因此，在右图的顶端展示了按同样尺寸重采样的金字塔中的每一个图像，这些图像表明了图像中逐步减少的频率内容

名人轶事

约翰·卡尔·弗里德里希·高斯（1777年4月30日~1855年2月23日），德国数学家，在以下领域做出了杰出贡献：数论、代数、统计学、数学分析、微分几何、测地学、地球物理学、机械学、静电学、天文学、矩阵论和光学。高斯（Gauss）生于一个贫寒的工人家庭。他的母亲是文盲，没有记住高斯的出生日期，只记得他出生在阿森松盛会前的一个星期三，而这个盛会则是在复活节后40天。高斯后来解决了有关他生日的谜题，推导了计算过去及将来年份的日期的方法。3岁时，高斯为他父亲纠正了复杂的工资计算中的一个算术错误。

高斯在十多岁的时候就做出了首次开拓性的数学发现。19岁时，他给出了一个仅使用直尺与圆规绘制十七边形的方法，而这一问题长期困扰着希腊人。高斯的才华引起了布伦瑞克公爵的注意，公爵先是于1792至1795年期间将高斯送往Collegium Carolinum（现在的布伦瑞克工业大学），而后又在1795至1798年间将高斯送至哥廷根大学。高斯在1798年年仅21岁时即完成了他的杰作《算术研究》（Disquisitiones Arithmeticae），这部著作直到1801年才正式出版。该著作是数论成为一门学科的奠基之作，其提出的数论学科基本架构被沿用至今。不幸的是，对于数学领域高斯始终坚持他的座右铭“Pauca Sed Matura”（少而精），不断地重写和改进他的论文，因此只发表了他大量工作中的一小部分。他保存着一个仅有19页的精简日记簿，其上记录了他率先发现的大量结果，而这些结果并未正式发表。高斯希望在他的墓碑上刻一个十七边形，然而雕刻师拒绝了这一请求，因为雕刻师觉得这样的十七边形无法与圆形相区分。尽管如此，在高斯的家乡，人们为了纪念他而建立的一个塑像的底座被设计成了十七边形。

假设我们使用一个盒式滤波器构造金字塔。第0层的每个2×2像素块被平均成第1层上的单个像素，而第1层上的2×2像素块又被平均成第2层上的单个像素。对第1层上的2×2像素块取均值，即每个像素均按权重值$\frac{1}{4}$计算的加权和，等价于在第0层对4×4像素块取均值，即每个像素均按权重值$\frac{1}{16}$计算的加权和。换句话说，将2×2的盒式滤波器作用于第1层图像等价于将$4\times4=2^2\times2^2$的盒式滤波器作用于第0层图像，生成第2层图像。这一概念可以推广为：第i层图像可以通过将$2^i\times2^i$的盒式滤波器作用于第0层图像得到。因此，如图3-13所示，随着金字塔层数的增加，每个图像是原始图像的低通滤波的结果，其中使用的滤波器逐渐增大，结果图像中的频率内容越来越少。然而，由第$i-1$层使用2×2的滤波器构造金字塔的效率更高。第n层可以通过将大小为$2^n\times2^n$的盒式滤波器作用于第0层图像得到，这实质上是计算图像中所有像素的平均值，所以金字塔的第n层为单一灰度值。注意，这一概念可以推广到任意低通滤波器，而不限于盒式滤波器。对于其他低通滤波器，滤波时使用的权重对不同的像素并不一定相同，而随着金字塔层数的增加，滤波器大小的变化还是一样的。

基于以上解释，你或许认为金字塔中的图像会逐渐变小。事实并非如此。数学上可以证明，减小的尺寸只是定义了每一层上的最低采样要求。对第 i 层使用大于$2^{n-i}\times2^{n-i}$的滤波器意味着采样密度超过了最低采样要求。因此，构造金字塔的一种替代方法是简单地使用 2×2 的盒式滤波器对第 i 层图像进行卷积形成第 $i+1$ 层图像，而该图像的尺寸与第 i 层图像的相同。这种情况下，尽管高斯金字塔中每层图像具有同样的尺寸，但随着金字塔层数的增加，图像中的细节内容会越来越少。由于图像尺寸没有变化，所以更容易发现图像细节的减少。不管使用哪种方法，金字塔都被称为高斯金字塔，因为这里的重点是频率内容随着金字塔层数的增加而减少。只需要满足最低采样标准，具体的采样过程并不重要。图 3-13和图 3-14 分别展示了图像尺寸逐步减小和图像尺寸保持不变的两种金字塔。实际上，这一点也可以由卷积的特性来说明。用G_i表示高斯金字塔中第 i 层的图像，l 表示 2×2 的低通滤波器，此时有

图 3-14　简单下采样（第一行）和先滤波再下采样（第二行）的区别。自左向右分辨率逐渐减半，但是在构造金字塔的过程中图像尺寸保持不变

$$G_1 \star l = (G_0 \star l) \star l = G_0 \star (l \star l) \tag{3-9}$$

注意，$l \star l$ 是一个比 l 更大的卷积核。类似地，对于第 i 层，l 与其自身进行多次卷积，形成一个宽得多的卷积核，因此滤波后得到的图像中的频率内容也更低。这种类型的操作也被称为多尺度操作。这是因为金字塔各层图像中出现的物体的尺度各不相同。比如，在高斯金字塔的底层，所有的细小变化都会以边缘的形式出现。但是随着金字塔层数增加，只有较大的变化才会以边缘的形式出现，而细节都丢失了。

还有一个问题有待解答：高斯金字塔有什么用呢？这里介绍一个非常常见的应用。假设我们希望将一个图像的尺寸减半以便在一个更小的移动设备上显示。第一种直观的做法便是对图像按照沿着水平及竖直方向每两个像素保留一个像素的方法进行下采样。利用这种方法，图像中的高频部分的采样率可能会低于奈奎斯特采样率，从而导致混叠效应（有时也称为锯齿现象）。因此，一种更好的做法是先对图像进行低通滤波，然后再进行下采样。这样，低通滤波会去除图像中的高频内容，从而降低奈奎斯特采样率，其后的下采样函数能够实现充分采样。这一做法被称为预滤波而后下采样。将图像的大小减半对应于生成高斯金字塔中下一个更高层次的图像，如图 3-14 所示。图 3-15 给出了这种情况下更严重的混叠效应的一个例子。

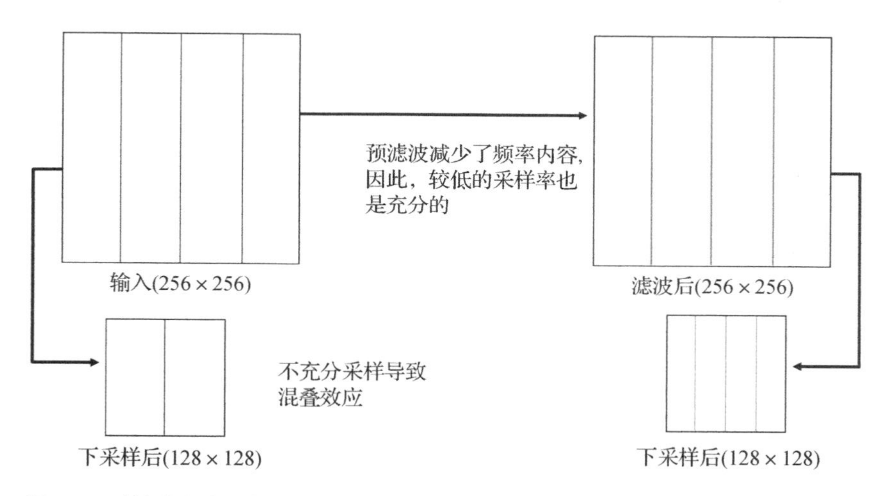

图 3-15 该图展示了由于未进行预滤波而直接进行下采样造成的严重的混叠效应

3.2.2 设计新滤波器

这一节我们介绍如何利用已了解的低通滤波器的概念以及卷积的数学性质设计新滤波器。具备设计新滤波器的能力，我们将可以在一些情况下使用全新的工具集。

低通滤波器会保留图像中的低频内容，下面我们考虑与此互补的滤波器，即能够去除低通滤波器保留的低频内容，同时保留被低通滤波器去除的高频内容的滤波器。或许你已经猜出它的名称，即高通滤波器（High Pass Filter）。那么，怎样设计一个高通滤波器呢？大多数人可能想到的一种方法是将低通滤波器的结果从原始图像中减掉。这正是一个可以采取的完美路线。

让我们用 I 表示图像，l 表示低通滤波器。假设低通滤波后的图像为I_l，高通滤波后的图像为I_h。此时，

$$I_h = I - I \star l \tag{3-10}$$

$$= I \star \delta - I \star l \tag{3-11}$$

$$= I \star (\delta - l) \tag{3-12}$$

在上述方程中的第二行，我们将图像看成它自身的全通滤波的结果。据此以及卷积的数学性质，我们发现高通滤波后的图像I_h可以表示成原始图像 I 与一个由 $\delta - l$ 定义的滤波器的卷积。如图 3-16 所示，这给了我们通过将 δ 减去任一个低通滤波器来设计高通滤波器的方法。该图还展示了高通滤波器的一般形状及其正的尖峰靠近中心位置且负的波瓣位于其附近的特性。例如，高斯函数是另一种优良的低通滤波器，它比盒式滤波器具有更加平滑的响应。因而，基于高斯函数构造的高通滤波器也具有更加平滑和更深的负波瓣。经过高通滤波得到的图像含有与低通滤波图像互补的频率内容，能够提供更多的图像细节。如图 3-17所示。注意不要混淆高斯滤波器和高斯金字塔。这两者都是为了纪念同一个人，但却是完全不同的概念。高斯滤波器是一种低通滤波器，而高斯金字塔是通过不断地对一个图像进行低通滤波生成的一系列图像，其中使用的低通滤波器并不一定是高斯滤波器。

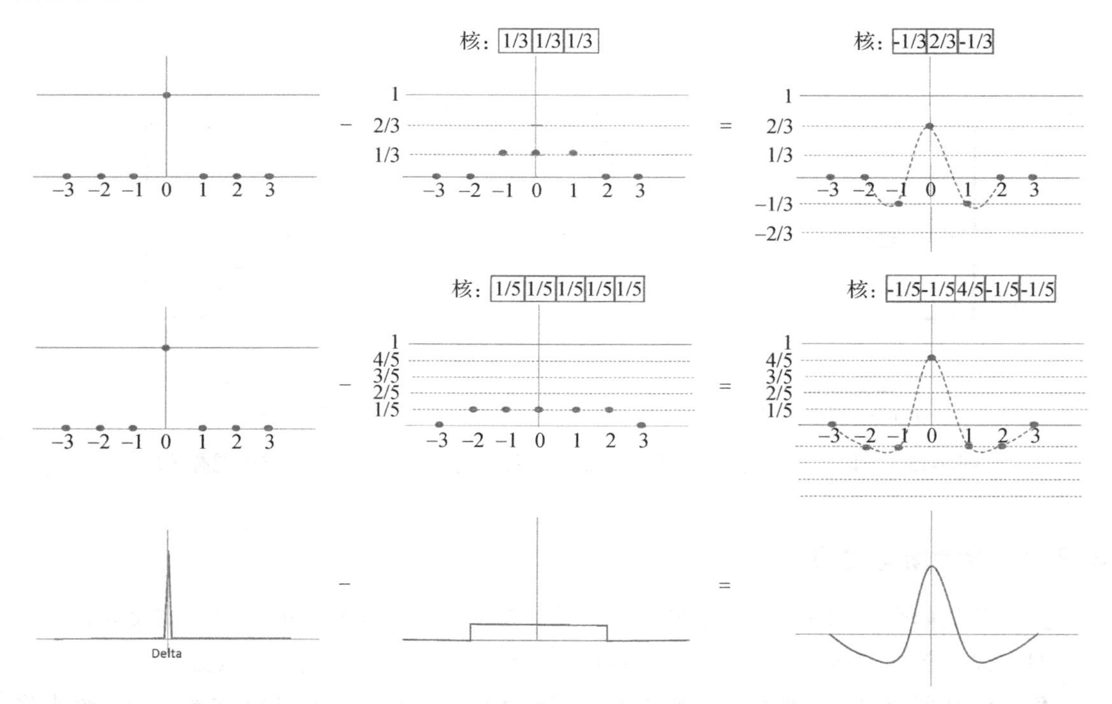

图 3-16　该图展示了一维空间中根据 3 像素宽（第一行）和 5 像素宽（第二行）盒式滤波器构造高通滤波器（第三行）的情况

接下来，让我们考虑高斯金字塔中的图像G_0，G_1，$\cdots$，G_n。我们想构造另一个金字塔 L_0，L_1，$\cdots$，L_{n-1}，其中$L_i = G_i - G_{i+1}$。注意，构造此金字塔时需要对G_{i+1}按照两倍的分辨率

图 3-17 该图展示了原始图像（左图）、相应的低通滤波后的图像（中图）和高通滤波后的图像（右图）。低通滤波后的图像提供了物体的基本形状，而高通滤波后的图像通过从三角波函数中减去低通滤波器得到，其中保留了区分图像中的人脸所需的细节。右侧两幅滤波后的图像中的频率内容相互补充，两者一起包含了左侧原始图像中的所有频率内容

重采样，因为G_i和G_{i+1}本身分辨率并不相同，无法直接相减（即像素对像素的减法）。让我们从频域的角度看一下该金字塔中究竟发生了什么。假设G_0，G_1，…，G_n的截断频率分别是f_0，f_1，…，f_n，那么L_i中只包含了f_i到f_{i+1}之间的频率段内容。因此，这些图像事实上是滤波时允许一段频率通过而形成的。如图 3-18 所示，这一金字塔被称为拉普拉斯金字塔（Laplacian Pyramid）。

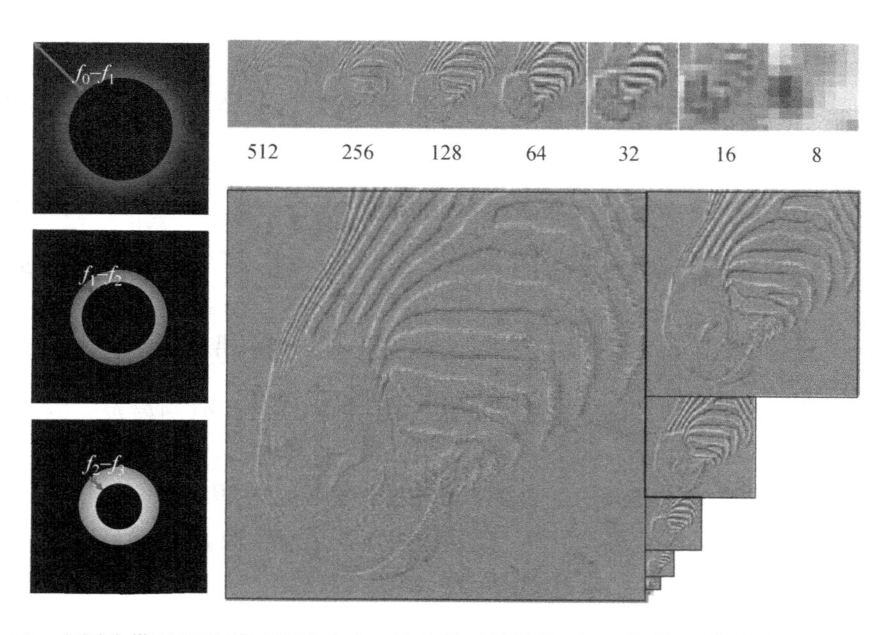

图 3-18 左图为带通滤波器的频域响应，这些带通滤波器可以对原始图像滤波生成拉普拉斯金字塔的前三层图像。右图为图 3-13 中图像的拉普拉斯金字塔，右图顶端将金字塔中的图像按照同样的大小进行展示，以便更好地理解

让我们进一步考虑使用单个滤波器作用于 G_0 生成拉普拉斯金字塔第 i 层图像L_i。该滤

波器可以通过如下方法得到：首先将滤波器 l 与其自身卷积 $i+1$ 次，再将 l 与其自身卷积 i 次，最后将得到的两个滤波器相减。该滤波器允许 f_i 和 f_{i+1} 之间的频率内容通过，因此被称为带通滤波器（Band Pass Filter）。

3.2.3 二维滤波器的可分性

经过前述讨论，我们已经能够可视化或者生成像二维盒式滤波器或二维高通滤波器之类的二维滤波器（参见图 3-19）。现在我们还需要了解二维滤波器的另一个重要性质——可分性（Separability）。让我们考虑大小为 $p\times q$ 的二维滤波器 $h[i][j]$，其中 $1\leqslant i\leqslant p$，$1\leqslant j\leqslant q$。如果 h 能够被分解成两个一维滤波器——大小为 p 的滤波器 a 和大小为 q 的滤波器 b，以使得 $h[i][j]=a[i]\times b[j]$，我们就称 h 是一个可分离滤波器。

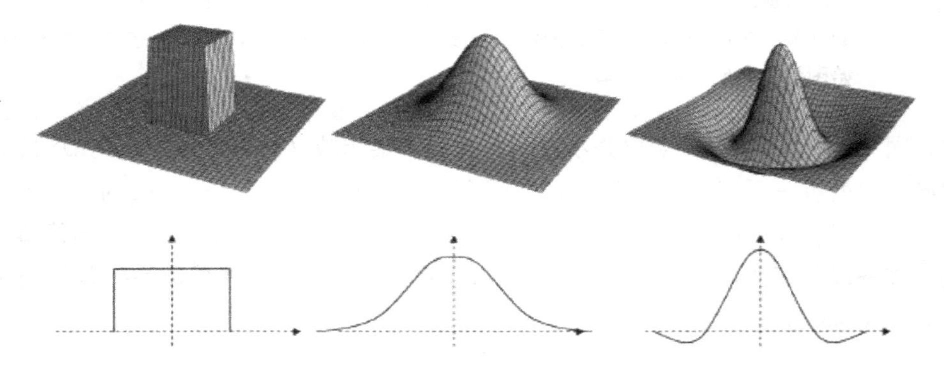

图 3-19 二维滤波器及其对应的一维情形的可视化。自左向右：盒式滤波器，可以作为非常好的低通滤波器的高斯滤波器，通过三角波函数与高斯函数相减得到的高通滤波器

举个例子，考虑一个 3×3 的盒式滤波器（即 $p=q=3$）。我们知道 h 是一个常值函数，即 $h[i][j]=\frac{1}{9}$。考虑两个滤波器 a 和 b，每个大小为 3，满足 $a[i]=\frac{1}{3}$（$1\leqslant i\leqslant p$），$b[j]=\frac{1}{3}$（$1\leqslant j\leqslant q$）。可以将 a 和 b 看成两个一维盒式滤波器，一个沿水平方向，另一个沿竖直方向。这种情况下，对于任意的（i, j），$h[i][j]$ 实际上等于 $a[i]b[j]$。因此，二维盒式滤波器是可分的。

这样的可分离二维滤波器 h 的优势在于一幅图像与 h 的卷积结果等价于将其每一行与 a 进行卷积，再将每一列与 b 进行卷积。这是因为对于任意图像 I，

$$(I\star a)\star b=I\star(a\star b)=I\star h \tag{3-13}$$

可以证明 $a\star b$ 实际上就是盒式滤波器 h。

接下来，让我们讨论将行与 a 卷积、将列与 b 卷积的优点。我们考虑一幅 N 个像素的图像。每个像素与大小为 pq 的滤波器 h 卷积需要进行 pqN 次乘法和 pqN 次加法，共 $2pqN$ 次浮点运算。相反，如果我们先与 a 卷积，需要 $2pN$ 次运算，接下来与 b 卷积，需要 $2qN$ 次运算。因此，共需要 $2(p+q)N$ 次运算，远远小于 $2pqN$。换句话说，可分离滤波器可

以以更高效的方式实现。

现在让我们考虑一维高斯函数

$$\phi(x)=\frac{1}{\sigma\sqrt{2\pi}}e^{-\frac{x^2}{2\sigma^2}} \tag{3-14}$$

下一章我们将看到这样的高斯函数是一种非常好的低通滤波器（参见图 3-19）。让我们继续考虑二维高斯函数

$$\phi(x,y)=\frac{1}{2\pi\sigma^2}e^{-\left(\frac{x^2+y^2}{2\sigma^2}\right)} \tag{3-15}$$

$$=\phi(x)\times\phi(y) \tag{3-16}$$

由于二维高斯函数可以如上表示，所以它是可分离滤波器，可以用下面的方式高效实现：

$$I\star\phi(x,y)=(I\star\phi(x))\star\phi(y)$$

3.2.4 相关和模式匹配

本小节将介绍卷积的另一种应用。考虑一幅棋盘样式的图像和一个看起来像棋盘角的滤波器（如图 3-20 所示）。图像和滤波器模板都用灰度表示，且灰度值介于 0 和 1 之间（0 表示黑色，1 表示白色）。

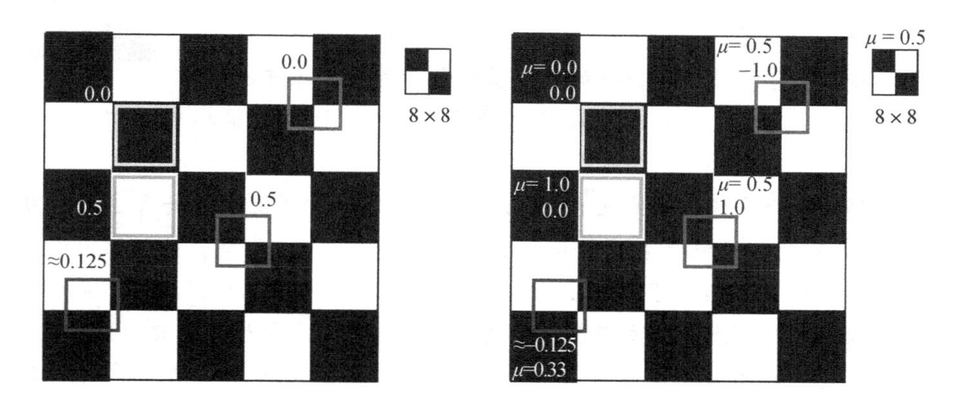

图 3-20 该图展示了一个 8×8 的模板与棋盘图像间的卷积，该模板需要与具有同样模式的图像子区域相匹配。左图中，这一过程通过模板与图像的简单卷积来实现。右图中，在卷积之前，先对模板和待匹配的子区域分别去均值，即将每个像素值都减去模板或待匹配子区域全部像素值的平均值。左图中不同颜色的窗口代表了这些窗口区域的卷积结果。右图中的卷积结果还需要加上相应窗口区域的均值（μ）（见彩插）

图 3-20 中的左图用不同颜色的窗口表示了卷积结果。蓝色窗口代表的卷积结果值最大，意味着在该窗口区域模板与图像完全匹配。红色窗口代表的卷积结果值则最小，意味着其中的图像与模板恰好相反，或者说完全互补。紫色窗口的情况则刚好介于上述两种情况之间，亦即紫色窗口区域中也含有角点，但是角点周围像素值的分布与模板的不完全相同。但是问题是，为什么类似于绿色窗口那样的区域也会得到最高的卷积结果值？为什么

类似于黄色窗口那样的区域也会得到最低的卷积结果值呢？直观上，相关性能够度量模板与图像子区域之间的匹配程度。从这一角度看，绿色和黄色窗口定义的子区域是相似的，尽管它们的像素值有很大差别（一个是黑色的，另一个是白色的）。对此的解释基于模板中像素值的变化。因为相关性是相似度的一种度量，而蓝色窗口与模板具有完全相同的空间分布（右上和左下区域为白色，其他区域为黑色），所以可以预期蓝色窗口的卷积结果值最大。同样，因为模板在变化成完全互补的红色窗口区域的模式之前必须先变成黄色和绿色窗口区域的模式，所以我们可以预期黄色和绿色窗口区域的卷积结果值介于最大和最小值之间。类似地，紫色窗口区域的卷积结果值也将在最小值和最大值之间，但是会更接近最小值（即红色窗口区域的卷积结果值），这是因为紫色窗口区域中的像素值的空间分布与红色窗口区域的更相似。

名人轶事

皮埃尔-西蒙·拉普拉斯（1749 年 3 月 23 日～1827 年 3 月 5 日）是一位有影响力的法国学者，他的工作对数学、统计、物理和天文学的发展都非常重要。在他的五卷著作《天体力学》（Mecanique Celeste，或 Celestial Mechanics，1799～1825）中，拉普拉斯（Laplace）总结并拓展了前人的工作成果。该著作将经典力学的几何方法转换成了微积分方法，开辟了许多问题的更加广阔的空间。他构建了数学领域广泛使用的拉普拉斯差分算子，率先提出了作为数学物理很多分支领域的基础的拉普拉斯变换，还是首批提出黑洞和引力坍塌的科学家之一。

拉普拉斯是一个农民和苹果酒商的儿子。他的父母希望他在罗马天主教堂担任牧师，并在他 16 岁的时候把他送到了卡昂大学学习神学。大学期间，两位富有激情的数学老师 Christophe Gadbled 和 Pierre Le Canu 激发了拉普拉斯对数学的热情。他的数学天赋很快就得到了认可，在他还在卡昂大学的时候，就已经在由拉格朗日（Lagrange）创办的期刊上发表了他的第一篇论文。意识到自己并没有任何从事神职的意愿，拉普拉斯成为一名无神论者，他毅然离开教堂，前往巴黎成为让·勒朗·达朗贝尔（因为朗伯反射模型而闻名于世）的学生。达朗贝尔最初并不看好拉普拉斯，因此给他安排了一些不可能完成的作业，比如阅读晦涩的数学教材、求解尚未解决的数学难题。然而，当天赋异禀的拉普拉斯用远短于达朗贝尔给他规定的时间就完成了这些任务的时候，达朗贝尔正式收拉普拉斯为弟子，并为他推荐了比利时皇家军事科学院的教职。接下来的 17 年间，拉普拉斯在那里致力于开创性的研究。1806 年拉普拉斯成为法兰西第一帝国的一员，并且在 1817 年被封为侯爵（贵族）。拉普拉斯于 1827 年去世。出于对拉普拉斯高智商的好奇，他的内科医生取下并保存了拉普拉斯的大脑，直至将它在英国解剖博物馆展出。据说拉普拉斯的大脑比人脑的平均大小还要小。

为了得出这一直观结论，我们还将进行卷积运算，但是在卷积之前，先将模板和与模板重合的图像子区域分别减去各自的均值。这一过程如图 3-20 右图所示，其中均值使用 μ

表示。注意，卷积提供了我们希望从相关运算得到的结果。蓝色窗口区域得到了最大值 1，红色窗口区域得到了最小值-1，而黄色和绿色窗口区域的结果值为 0，刚好为-1 和 1 的中间值。同时注意紫色窗口区域的结果值为负值，与红色窗口区域的结果更接近。因此，对去均值后的函数的卷积运算能够用于计算模板与图像子区域之间的相似度。这一过程被称为互相关（Cross-Correlation）。

回想一下卷积通常需要对脉冲响应进行翻转，而本章（以及很多图像处理应用）中并不需要这样做，因为我们大多数时候使用的是对称滤波器。互相关与卷积的区别就在于互相关不需要对卷积核进行翻转。

接下来，让我们换个角度看互相关。可以把互相关看成先将模板与同它重叠的图像子区域之间的对应像素逐一相乘，之后再将乘积结果相加。这样的过程有没有让你想起什么呢？这其实就是两个向量之间的点乘，其中一个向量由模板的所有像素值构成，另一个向量则由与模板重叠的图像子区域中的所有像素值构成。点乘的结果反映了两个向量之间的接近程度。点乘结果为 1 表明两个向量完全一致，结果为 0 表明两个向量相互垂直，而结果为-1 意味着两个向量刚好相反。注意，这些结论对于互相关同样成立。

或许你已回想起对向量进行点乘时，需要先对向量进行归一化。这是为了确保只考虑向量的方向，而不考虑向量的幅值。只有进行了归一化后，向量的点乘结果才会介于-1 和 1 之间。如图 3-21 中所示的减去均值的过程正是为了进行归一化。但是去均值并不能影响像素值的幅值，无法保证得到的向量为单位向量。因此，理想情况下，我们需要减去均值，再除以标准差（即每个像素值与均值的平方差的和的平方根）。这样我们才能得到想要的归一化结果。

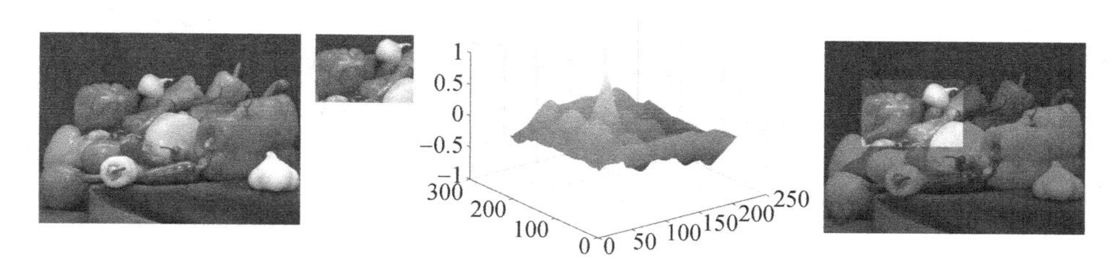

图 3-21 左图为一幅图像和待匹配的模板。中图为归一化互相关的结果。右图将模板（用彩色显示）叠加在图像中归一化互相关值最大的位置，该位置为模板与图像最匹配的位置（见彩插）

这样的归一化在图像处理中又意味着什么呢？互相关是检验图像中的子区域是否与模板匹配的基本手段。理想情况下，我们可以做这样的匹配，而无须考虑两幅图像之间以下三个变化的因素：(a) 场景的光照，(b) 决定图像亮度的相机曝光情况，(c) 决定图像对比度的相机增益。归一化使得互相关的结果对上述三种变化具有鲁棒性，因此常被称为归一化互相关（Normalized Cross-Correlation）。

3.3 实现细节

尽管我们已经介绍了线性系统和卷积的基本概念，在具体实现卷积时你仍可能遇到一些挑战。下面几点是你在实现卷积时需要记住的。

1. 将滤波器与图像进行卷积时，将滤波器与图像的每个像素对齐后再进行卷积非常重要。注意，每个像素处的卷积结果需要保存在不同的图像中，否则将会影响后续其他像素位置的卷积结果。

2. 滤波器的大小为偶数时，我们将无法找到中心像素，以使滤波器与待卷积的图像像素对齐。此时常用的方法是将图像像素与滤波器左上角的像素对齐。这将造成图像在每个方向上平移了卷积核大小的一半。因此，在卷积完成时还需要平移回原来的位置。

3. 当滤波器与图像边界以外的区域重合时，这些区域的像素值并没有定义。此时应该怎么办呢？通常，我们可以使用 0 或 1 进行填充，或者将图像以边界为对称轴进行反射，当然也可以采取其他方法。具体选取哪种方法并不重要，因为它只会影响那些非全浸样本，所以从数据精度的角度而言，可以忽略它。

4. 卷积由许多浮点运算组成，而图像通常以 8 位整型数保存。在整型数上进行浮点运算会导致每一步运算（如每一次乘法和加法）的误差累积。处理这一问题的最好方法是首先将图像和滤波器转换成浮点形式，然后再进行滤波，最后将滤波结果取整。

5. 最后，卷积运算有时候会在结果图像中产生越界的值（超出 0 到 1 或者 0 到 255 范围的值）。处理这一问题的最好方法是找出卷积运算后的最小和最大值，再根据这些值将卷积结果缩放到正常范围以内。

3.4　本章小结

本章介绍了视觉计算中最基本的概念之一——系统，同时介绍了其响应，以及如何计算系统对任意输入的响应。我们更多地从工程而非数学的角度介绍了卷积，而这一概念可以直接应用于数字图像处理。为了了解卷积的更多数学知识，尤其是考虑到多维连续信号的一般情况，建议读者阅读参考文献［Pratt 07，Gonzalez and Woods 06］。

本章要点

线性系统及其性质	高通滤波器
卷积及其性质	带通滤波器
低通滤波器	拉普拉斯金字塔
高斯滤波器	二维滤波器的可分性
高斯金字塔	归一化互相关

参考文献

[Gonzalez and Woods 06] Rafael C. Gonzalez and Richard E. Woods. *Digital Image Processing (3rd Edition)*. Prentice-Hall, Inc., 2006.

[Pratt 07] William K. Pratt. *Digital Image Processing*. John Wiley and Sons, 2007.

习题

1. 考虑一个信号模糊化系统。输出信号的每一个样本由样本本身及其在输入信号中相邻的左右两个样本的均值得到。(假设输入信号边界处的样本值等于0。)
   (a) 该系统是线性的吗?证明你的答案。
   (b) 该系统的脉冲响应是什么?
   (c) 如果将邻域扩大到相邻的五个样本,该系统的脉冲响应将如何变化?
2. 计算下列信号的卷积(可以用方程的形式给出你的答案)。
   (a) $h[t]=\delta[t-1]+\delta[t+1], x[t]=\delta[t-a]+\delta[t+b]$
   (b) $h[t]=\delta[t+2], x[t]=e^{t}$
   (c) $h[t]=e^{-t}, x[t]=\delta[t-2]$
   (d) $h[t]=\delta[t]-\delta[t-1], x[t]=e^{-t}$
3. $g[t]$ 是一个一维的离散信号,其中$-3\leqslant t\leqslant 4$。某个线性系统的脉冲响应 $h[t]$ 为另一个定义在$2\leqslant t\leqslant 6$ 区间上的离散信号。$g[t]$ 通过该系统的响应为 $g[t]$ 与 $h[t]$的卷积,用 $y[t]$ 表示。$y[t]$ 的长度是多少?生成 $y[t]$ 的 t 的范围是什么?当 n 处于什么范围时输入 $g[t]$ 完全包含于输出 $y[t]$?
4. 低通滤波器是线性的。以此为基础,证明高通滤波器也是线性的。
5. 系统 A 是一个"全通"系统,即其输出就等于其输入。系统 B 是一个低通滤波器,能够毫无变化地输出截断频率以下的所有频率,同时阻断高于截断频率的所有其他频率。记系统 B 的脉冲响应为 $b[t]$。
   (a) 系统 A 的脉冲响应是什么?
   (b) 为了使系统 B 的输出取反(即同样的输出,只是符号反了),需要如何改变它的脉冲响应?
   (c) 如果将两个系统并联,取它们输出的和作为最终的输出,那么并联后系统的脉冲响应是什么?
   (d) 如果将两个系统并联,但是取系统 A 和系统 B 的输出的差作为最终的输出,那么该并联系统的脉冲响应是什么?
   (e) (d) 中系统是什么样的滤波器?
   (f) 在该问题中,系统 B 具备仅允许部分频率毫无改变地通过的理想特点。如果低通滤波器轻微地(相对于输入信号而言)延迟或者平移了输出信号,那么(c) 和 (d) 中系统的输出将受何影响?
6. 设计一个三像素宽的一维滤波器核。该滤波器对图像进行鬼影化,鬼影化后的图像为输入图像向右平移两个像素,且亮度值减半的结果。将这一概念推广到二维滤波器的设计,其中鬼影化操作沿着水平和竖直两个方向以同样的方式进行。
7. 用$f(x, y)$ 表示一幅图像,$f_G(x, y)$ 为高斯滤波器 $g(x, y)$ 作用于$f(x, y)$ 所得。在摄影工业中,有一种称为高提升滤波的操作可以按如下方式生成一幅图像$f_B(x, y)=af(x, y)-f_G(x, y)$,其中 $a\leqslant 1$。

(a) 考虑如何使用单一滤波器实现高提升滤波。推导这样的滤波器的表达式。

(b) 该滤波器的频域响应 $H(u, v)$ 是什么？

8. 你被要求增强一幅图像的边缘。你将如何运用高斯金字塔在不同尺度上实现这一操作？能否设计一个单一的滤波器，将它应用于金字塔的每一层，以实现同样的目标？
9. 考虑一个一维信号，该信号含有宽度为 n 个像素的重复模式。给出一个能通过卷积运算找到 n 的取值的方法。
10. 给定一幅图像的拉普拉斯金字塔，可以怎样重建出原始图像？
11. 考虑具有同样大小的盒式滤波器和高斯滤波器的频域响应，哪一个会更加平滑？证明你的答案。
12. 考虑立体视觉相机（像人眼那样并排放置的两部相机）拍摄的两幅图像。我们在第一幅图像上标记了一些特征。给出一种在第二幅图像上找到这些特征的精确位置的方法。

谱 分 析

本章我们将学习把信号分解成一组更简单的正弦波信号的新方法。研究这些正弦波的特性以及它们之间的相互关系能够帮助我们窥见信号的本质，缓解常规滤波技术中存在的问题。这样的信号分析技术常被称为谱分析（Spectral Analysis）——因为它将一个复杂信号分解成覆盖了某段频率、相位和方向的光谱的一组信号。该研究还将为我们提供一种合成信号的方法，本章亦将有所涉及。

本章我们将重点介绍谱分析中最基本和最常用的技术——离散傅里叶变换或 DFT。然而，值得注意的是谱分析有不同的方法。这些方法的主要区别在于它们将复杂信号分解成什么样的简单信号（或基函数）。径向基函数或者小波可用于不同类型的谱分析方法，其中的基函数是基于数据的。而 DFT，作为视觉信号谱分析中最常用的工具之一，使用的是数据无关的或者标准的基函数。本章我们将首先学习一维信号的 DFT。通常，这将为我们提供同样适用于高维信号的关键认识。本章的后半部分我们将学习针对像图像这样的二维数据的 DFT。

4.1 离散傅里叶变换

离散傅里叶变换或 DFT 技术将输入的无限长度的周期信号分解成一组正弦和余弦波，而这些正余弦波通过一种称为逆离散傅里叶变换（Inverse DFT）的过程组合后可以得到原始的周期信号。一旦我们定义这样的 DFT，首先产生的问题可能就是我们将如何在数字信号上应用 DFT。数字信号一般都不是周期的，也不是无限的。为了使数字信号成为无限长的周期信号，我们假设信号的覆盖范围就是它的周期，并将信号覆盖的内容无限次的重复。如图 4-1 所示，假如我们有一段含有 100 个样本的音频信号，考虑这样一个周期信号，其每个周期由这 100 个样本组成，也就是这 100 个样本定义的函数。这一假设带来的结果我们将在本章后续部分加以讨论。

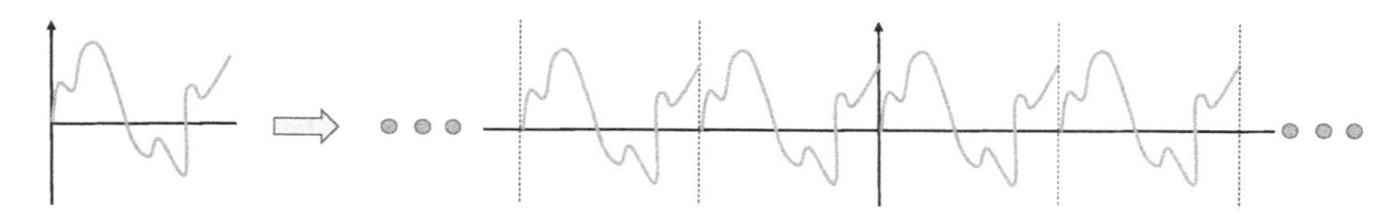

图 4-1 该图展示了左图中的有限长度的一维信号如何通过不断重复的方式形成一个无限长度的周期信号，以便适用于 DFT

假设 DFT 的输入是一个含有 N 个样本的信号 x，记为 $x[0, 1, \cdots, N-1]$。x 通过 DFT 过程生成两个数组，x_c 和 x_s，每个含有 $\frac{N}{2}+1$ 个样本，分别记为 $x_c\left[0, 1, \cdots, \frac{N}{2}\right]$ 和 x_s

$\left[0,\ 1,\ \cdots,\ \frac{N}{2}\right]$。$x$ 是函数或信号在时域或空域中的表示，而x_c和x_s是同样的函数或信号在频域中的表示，如图 4-2 所示。

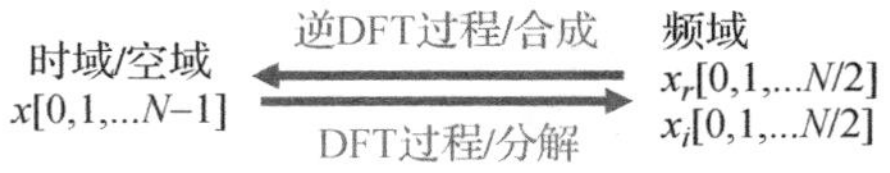

x_c和x_s有什么含义呢？DFT 将 x 分解成$\frac{N}{2}$+1个余弦和正弦波，这些正余弦波的频率各不相同，且相加后就等于 x。x_c和x_s分别给出了余弦和正弦波的幅值。注意每一个波的长度为 N。$x_c[k]$ 表示在 N 个样本上重复了 k 个周期的余弦波的幅值。例如，$x_c\left[\frac{N}{2}\right]$表示的余弦波在 N 个样本上重复了$\frac{N}{2}$个周期，也就是每个周期 2 个样本。注意，这是 N 个样本上可能的最高频率的波，而且满足了奈奎斯特采样标准。类似地，$x_s[k]$ 表示了 N 个样本上重复了 k 次的正弦波的幅值。

时域/空域
$x[0,1,\ldots N-1]$
逆DFT过程/合成
DFT过程/分解
频域
$x_r[0,1,\ldots N/2]$
$x_i[0,1,\ldots N/2]$

图 4-2　该图展示了将时域或空域中的信号转换成频域信号的 DFT 过程，以及将频域信号转换成时域或空域信号的逆 DFT 过程

接下来，我们讨论表示这些波的频率的其他方法。我们已经用索引 k 表示 N 个像素（或样本）上重复了 k 次的波。这意味着每个像素参与了$f=\frac{k}{N}$个周期。这便是用每像素周期数表示频率的方法。注意，当 k 在 0 到$\frac{N}{2}$之间变化时，f 的范围从 0 变到 0.5。最终，频率可以表示为其自然频率的形式，即 $\omega=f\times 2\pi$，其中 ω 的范围为 0 到 π。在处理谱数据时，我们可能会遇到这些表示中的任一种。通过检验数据不同维度的范围，我们就能知道数据具体采用了那种表示方式。

现在考虑幅值为$x_c[k]$ 的余弦波c_k。注意c_k是一个含有 N 个样本的信号，而且它是一个在 N 个样本上重复了 k 个周期的余弦波，其幅值为$x_c[k]$。该余弦波可以表示为

$$c_k[i]=\cos\left(\frac{2\pi ki}{N}\right)=\cos(2\pi fi)=\cos(\omega i) \tag{4-1}$$

其中 $0\leqslant i\leqslant N-1$ 表示c_k的第 i 个样本。类似地，第 k 个正弦波s_k可以表示为

$$s_k[i]=\sin\left(\frac{2\pi ki}{N}\right)=\sin(2\pi fi)=\sin(\omega i) \tag{4-2}$$

回想一下，信号 x 由所有余弦和正弦波的加权和形成，其权重分别由x_c和x_s的幅值定义。因此，

$$x[i]=\sum_{k=0}^{\frac{N}{2}}x_c[k]\cos\left(\frac{2\pi ki}{N}\right)+\sum_{k=0}^{\frac{N}{2}}x_s[k]\sin\left(\frac{2\pi ki}{N}\right) \tag{4-3}$$

该方程为我们提供了使用x_c和x_s组合不同的正余弦波生成信号 x 的方法。这便是逆 DFT 或者信号合成的方程。这一过程理解起来比较容易，因此我们首先推导了这一过程。图 4-3 展示了通过组合加权的正余弦波生成原始信号的过程。

然而，信号合成的实际方程与方程（4-3）稍有不同。每一项会关联一些缩放因子。除了$x_c[0]$ 和$x_s[\frac{N}{2}]$ 外的其他所有项都按$\frac{2}{N}$缩放，而$x_c[0]$ 和$x_s[\frac{N}{2}]$ 按照$\frac{1}{N}$缩放。因此

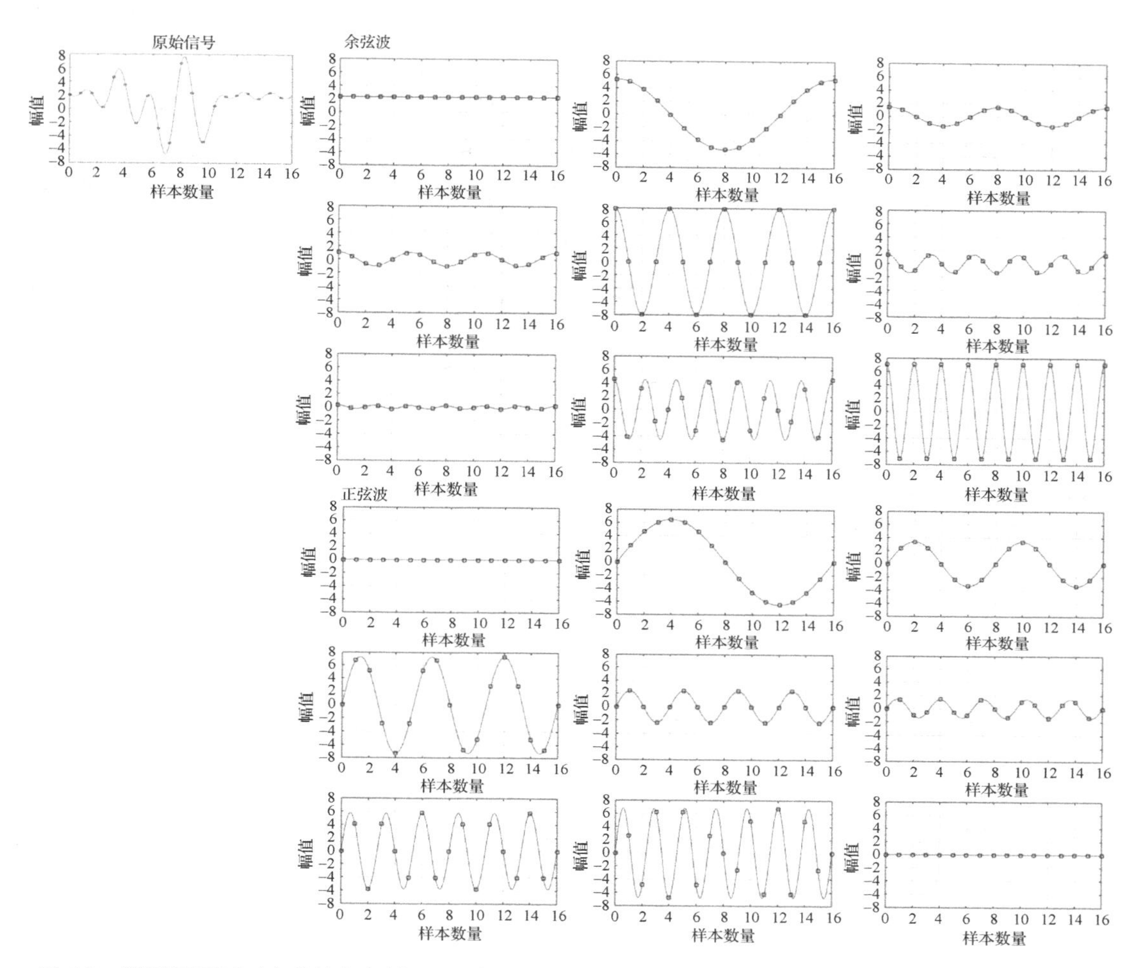

图 4-3 该图展示了正余弦波如何被x_c和x_s定义的因子所缩放。这些波相加后即可得到 x，亦即左图中显示的原始信号

对于所有 k，实际幅值$\hat{x}_c$和$\hat{x}_s$为

$$\hat{x}_c[k]=\frac{2}{N}x_c[k] \tag{4-4}$$

$$\hat{x}_s[k]=\frac{2}{N}x_s[k] \tag{4-5}$$

除了

$$\hat{x}_c[0]=\frac{1}{N}x_c[0] \tag{4-6}$$

$$\hat{x}_s\left[\frac{N}{2}\right]=\frac{1}{N}x_s\left[\frac{N}{2}\right] \tag{4-7}$$

而实际的信号合成方程为

$$x[i]=\sum_{k=0}^{\frac{N}{2}}\hat{x}_c[k]\cos\left(\frac{2\pi ki}{N}\right)+\sum_{k=0}^{\frac{N}{2}}\hat{x}_s[k]\sin\left(\frac{2\pi ki}{N}\right) \tag{4-8}$$

这些缩放因子与数字信号处理中傅里叶变换的离散化过程有关。我们很快会再次讨论这一点。

下一个问题是我们如何找到x_c和x_s。注意这一过程是为了找出信号 x 中包含的每个正余弦波有多少。这又让你想起了什么呢？当然，最好的计算方法就是计算相关值。如果 x 是余弦或者正弦波，那么它将与具有相同频率的正余弦波完全相关，得到的相关结果x_c和x_s中仅有一个非零元素。因此，我们可以将 *DFT* 的方程用相关形式写成

$$x_c[k] = \sum_{i=0}^{N-1} x[i]\cos\left(\frac{2\pi ki}{N}\right) \tag{4-9}$$

$$x_s[k] = \sum_{i=0}^{N-1} x[i]\sin\left(\frac{2\pi ki}{N}\right) \tag{4-10}$$

这里也一样，由于同样的缩放因子，实际系数由$\hat{x}_c$和$\hat{x}_s$给出。事实上，它们与图 4-3 中使用的权重完全一样。图 4-4 中显示了由 x 生成的数组x_c和x_s，而图 4-5 给出了计算相关值过程的一个例子。

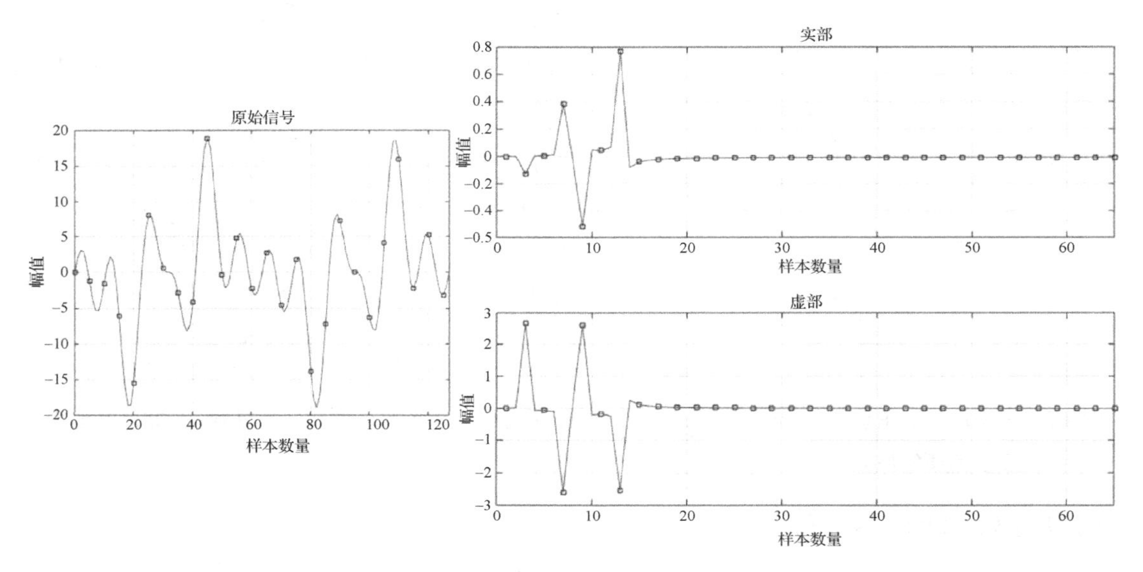

图 4-4　该图展示了将时域信号 x 分解成频率信号x_c和x_s的过程

让我们首先考察方程（4-9）。注意$x_c[0]$ 由与 $\cos(0)=1$ 的相关值计算得到。这意味着

$$\hat{x}_c[0] = \frac{1}{N}\sum_{i=0}^{N-1} x[i] \tag{4-11}$$

亦即，余弦波的第一个系数等于 x 中所有样本的平均值。该系数常被称为 DC（直流）分量。其次，注意到 $\sin[0]=\sin[\pi i]=0$，因此有$\hat{x}_s[0]=\hat{x}_{\frac{N}{2}}=0$。有些人或许会有疑问如何会从空域的 N 个样本生成频域的 $N+2$ 个样本。此处可以发现实际上我们并没有生成新的信息，因为 $N+2$ 个样本中有两个等于 0。

现在让我们回顾构建方程（4-8）时引入的缩放因子的问题。本书中，我们不会讨论

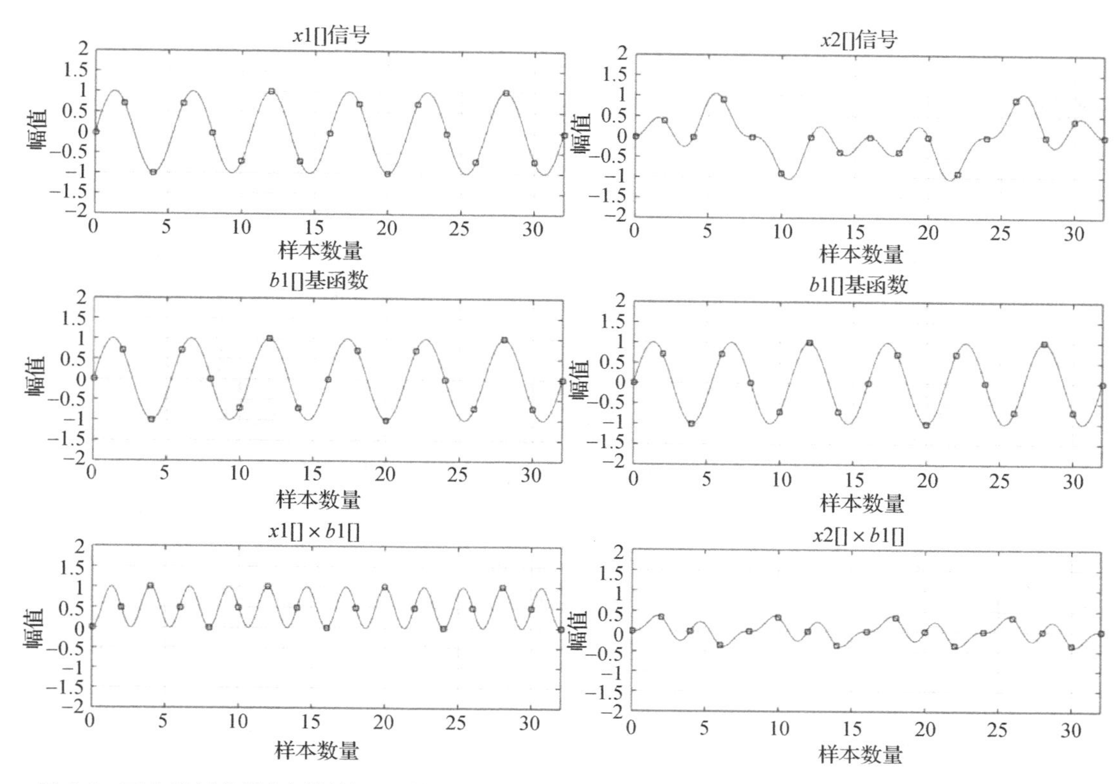

图 4-5 两个示例信号与同样的基函数进行相关值计算。第一个信号的结果值为0.5，意味着该基函数在合成方程中的幅值为1.0。第二个信号的结果值为0，意味着该基函数在合成该信号的过程中没有作用

模拟信号的傅里叶变换。但是，从数学的角度，离散傅里叶变换是从模拟信号的傅里叶变换推导而来的。在DFT中，当我们从时域/空域转换到频域时，我们会生成一些离散频率，这些频率等距均匀分布。换句话说，DFT只是生成N个样本上重复k个周期的频率，其中k为一个整数。然而，当我们在模拟信号上进行同样的傅里叶变换时，则会生成很多不同的频率，因为理论上k和N可以是任意值。

因此，由DFT生成的频率集合可以看成是对连续域上的频率的采样。这些采样出来的离散频率中的每一个样本则可以看成是某个范围内的频率的代表。$k=1, 2, \cdots, \frac{N}{2}$等频率代表了宽度为$\frac{2}{N}$范围内的频率（参见图4-6）。然而，第一个和最后一个频率，即$k=0$和$\frac{N}{2}$，所表示的频率范围

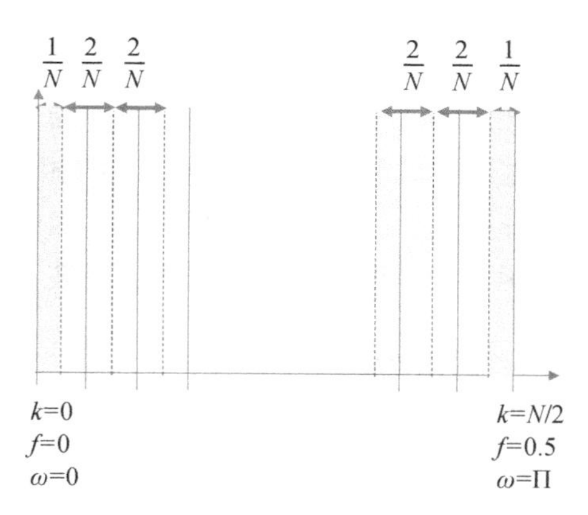

图 4-6 该图展示了方程4-8中缩放因子的来源。蓝色线为*DFT*生成的频率。红色点线为每一个频率对应的频率范围的边界

只有这个的一半，亦即$\frac{1}{N}$。这些正是方程（4-8）中不同频率所使用的缩放因子。因此，这些缩放因子实际上源于每一个离散频率所表示的频段的宽度。

名人轶事

让·巴普蒂斯·约瑟夫·傅里叶是一名法国数学家（1768年3月21日~1830年5月16日）。他曾在法国大革命中担任重要角色，为此他还曾入狱。1798年他陪同拿破仑远航埃及，为拿破仑在开罗成立的埃及研究所做出了重大贡献。傅里叶（Fourier）最大的贡献是他对傅里叶级数及其在热传导和振动中的应用研究。尽管傅里叶变换可能是图像处理最重要的支柱，傅里叶要发表他的这一工作却并不容易。1807年傅里叶首次尝试发表他的这一工作，当时他即提出“任意一个连续周期信号可以表示成一组恰当选择的正弦波的和”。两个当时重要的数学家，拉格朗日和拉普拉斯，评审了他的论文。拉普拉斯同意发表这篇论文，而拉格朗日对此提出了激烈反对，因为他认为正弦波无法表示有角点的信号。结果这篇论文直至15年后拉格朗日去世后才得以发表。那么问题是他们俩谁是正确的呢？其实，他们俩都没有错。我们确实无法用正弦波表示有角点的信号，但是我们可以将表示的接近程度做得非常高。事实上，正如吉布斯后来证明的那样，表示的接近程度可以高到能量差异为0，这就是著名的吉布斯效应。此外，这一点被证明仅在模拟信号上成立。对于数字信号，这样的表示可以是完全精确的，即使是有角点的信号。

为何分解为正余弦波

此时可能萦绕在我们脑中的一个问题是正余弦波有什么特殊之处呢？我们为什么将信号分解成正余弦波呢？实际上，正余弦波的确是特殊的。不同频率的正余弦波相互之间是完全独立的。换句话说，这些波中的任一个都不能用其余波的线性组合表示。我们只需计算这些波中的某一个与另外一个的相关值即可证明这一点。由计算所得的相关值总是0，可以证明每个波是完全不相关的，因此相互之间是独立的。因此，这些波构成了能够表示其他函数的一组基。可以证明这组波对于表示任何一个一维周期函数是既必要又充分的。

4.2 极坐标

现在的问题是我们应该如何表示频率域以便对其进行解释呢？当然，一种显而易见的方式是绘制x_c和x_s（如图4-4）。这被称为直角坐标表示。但是，在直角坐标表示下处理正余弦波，当像图4-3中那样绘制出来时，会导致相长干涉或相消干涉。亦即，一个波的某些部分会与另一个波的某些部分相互抵消，而另一些波的某些部分又会彼此增强。因此，要从这样绘制的x_c和x_s中真正理解到有用的信息非常困难。

好在我们还有缓解之计。考虑一对相同频率的缩放后的正弦波和余弦波，它们可以表示成某一幅值和相位的单个余弦波。这是因为正弦和余弦波实际上是彼此平移相位后的结果。因此，对于同一频率的一对正弦和余弦波，我们可以有

$$x_c[k]\cos(\omega i)+x_s[k]\sin(\omega i)=M_k\cos(\omega i+\theta_k) \tag{4-12}$$

其中，$M_k=\sqrt{x_c[k]^2+x_s[k]^2}$ 和 $\theta_k=\tan^{-1}\left(\frac{x_s[k]}{x_c[k]}\right)$ 分别是第 k 个余弦波的幅值和相位。据此，我们可以使用一组具有不同幅值和相位的余弦波来表示 x，而不需要用分析起来有些复杂的两个数组 x_c 和 x_s 来表示。$\frac{N}{2}$ 个这样的余弦波的和就等于原始信号，其中每个余弦波根据其对应的幅值进行缩放，根据其对应的相位进行平移。这些幅值和相位形成了两个一维的曲线，这两个曲线即构成了信号 x 在频域中的表示，称为极坐标表示（Polar Representation）。此处注意相位可以用角度或者弧度表示。如果用角度表示，坐标轴的范围将是-180到180。如果用弧度表示，其范围将是 $-\pi$ 到 π。编码实现时需要记住的另一个方面是 θ 的计算需要涉及 $x_c[k]$ 的除法。因此，有时候会出现除零的情形。$x_c[k]=0$ 的情形需要作为一个特殊情况处理，并为它赋予合适的相位值。当我们需要编码实现 DFT 时，这些处理方法中的大部分都是很相关的，尽管我们很少需要这样做，因为现在有很多数学工具包（如 Matlab）已经为我们实现了 DFT。

图 4-7 显示了一个一维信号的 DFT 结果的直角坐标和极坐标表示。现在让我们花一些时间更深入地学习极坐标表示。解读这些曲线图对于深刻理解图像处理中的概念非常重要。有很多计算机程序可以帮我们快速绘制这些曲线图，但它们都不能告诉我们如何解读

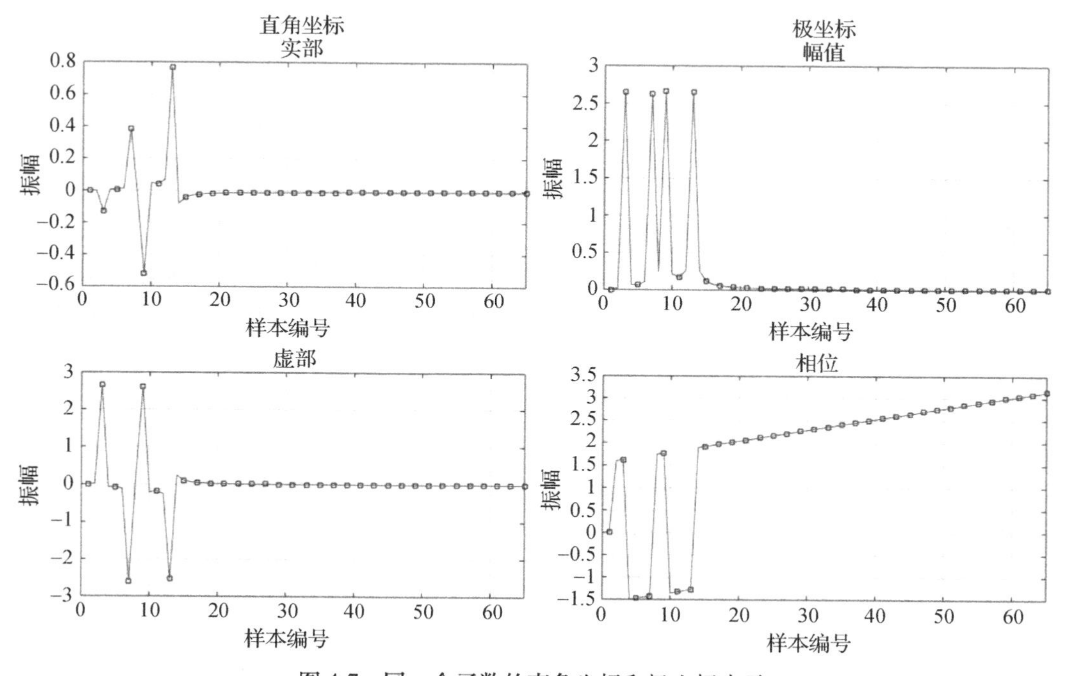

图 4-7 同一个函数的直角坐标和极坐标表示

这些曲线图。首先，曲线图中的自变量坐标轴可以是范围为 0 到$\frac{N}{2}$的 k，或者范围为 0.0 到 0.5 的f，抑或范围为 0 到 π 的 w（在图 4-7 中我们使用了 f）。我们可能会遇到这些表示中的任一种，根据坐标轴的范围我们就能判断具体使用的是哪一种。其次，相位信息能告诉我们不同波的上升与下降之间的同步程度，表明它们是否形成了特征（如边缘、角点）。这些特征在时域和空域中得到了非常好的研究，但是在频域中却没有。因此，正如我们在前一章所见的，幅值曲线对于我们极其重要。

然而，极坐标表示并不是没有问题。考虑$x_s[k]=x_c[k]=1$ 和$x_s[k]=x_c[k]=-1$ 两种情形。在这两种情形下，$M[k]=1.414$。但是它们中的一个相位为 45 度，另一个相位为 -135度。这是因为相位的歧义性。诸如相位平移 θ 的结果与平移 $\theta+2\pi$ 或者 $\theta+4\pi$ 等的结果相同之类的原因也会导致类似的问题。极坐标表示中的歧义性需要在计算好 θ 后加以处理。这一过程称为相位的解卷，如图 4-8 所示。

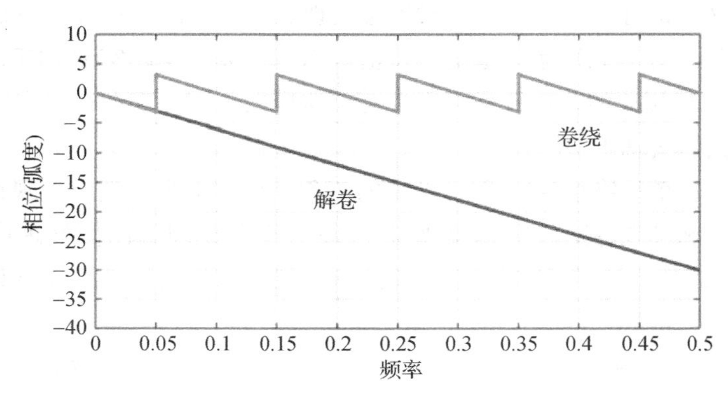

图 4-8 该图展示了相位的解卷过程

4.2.1 性质

现在是时候探究 DFT 的基本性质了。

齐次性（Homogeneity）：假设信号 $x[t]$ 的 DFT 为 $M[f]$，那么按因子 k 缩放后的信号的 DFT 也将按因子 k 缩放。换句话说，一个信号在空域中缩放，其在频域中的幅值也会同比例地缩放。假设用→表示 DFT，则该性质可以表示为

$$x[t]\rightarrow(M[f],\theta[f])\Rightarrow kx[i]\rightarrow(kM[f],\theta[f]) \tag{4-13}$$

注意缩放并不会改变相位 $\theta[f]$。

可加性（Additivity）：信号在空域求和，其在频域的响应也会相应地求和。这一性质可以表示为

$$x[t]\rightarrow(x_c[f],x_s[f]),y[t]\rightarrow(y_r[f],y_i[f]) \tag{4-14}$$

$$\Rightarrow x[t]+y[t]\rightarrow(x_c[f]+y_r[f],x_s[f]+y_i[f]) \tag{4-15}$$

两个正弦或余弦的和只有在两者具有同样的相位时才有意义。因此，这样的求和不能在极坐标系中进行（在极坐标系中，我们将 x 表示成不同相位和幅值的余弦波的和）。我们仍

然在直角坐标系（在直角坐标系中，我们将 x 表示成一组同样相位的正余弦波的和）实现这样的加法。

线性相位平移（Linear Phase Shift）：信号在空域的平移将导致其在频域产生与空域平移量成正比的线性相位平移，即

$$x[t]\to(M[f],\theta[f])\Rightarrow x[t+s]\to(M[f],\theta[f]+2\pi fs) \quad (4\text{-}16)$$

这一性质也可以直观地加以解释。考虑 $x[t]$ 在空域中平移了 s。这意味着组成 $x[t]$ 的所有波均被平移 s。注意，同样的平移量 s 在低频信号中比在高频信号中占据了一个周期中更多的部分，相应地，高频信号发生的相位平移更小。因此，每一个波的相位平移量与其频率成正比。

4.2.2 信号分析示例

让我们看一看是否可以用我们截至目前所学习的知识解释一些现象。这将帮助我们理解如何运用这些性质进行信号分析。首先考虑图 4-10 中所示的对称信号。对称信号的相位会有什么特点呢？

为此，我们需要理解什么叫信号的复共轭。一个信号的频域响应如果与另一个信号 x 的频域响应具有同样的幅值和相反的相位，则称其为 x 的复共轭，记为x^*。可以证明如果将一个信号与其复共轭信号的频域响应相加，那么结果在所有频率上的相位均为 0。而且，如果在频域中的相位响应像上述这样抵消，信号在空域中将被翻转。

考虑到这一点，让我们看一看图 4-9 中所示的对称信号。一个对称信号可以被分解成两个信号，其中一个是另一个的翻转，或者说一个是另一个的复共轭。因此，这两个信号的和将形成一个相位响应等于 0 的信号。也就是说对称信号的相位总是 0，如图 4-10 所示。

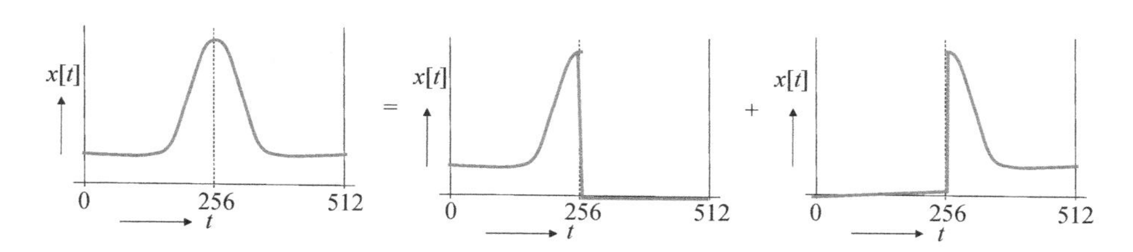

图 4-9 该图展示了一个对称信号如何被分解成两个相互复共轭的信号

接下来，让我们考虑平移一个对称信号会发生什么。参见图 4-10，我们将对称信号进行循环平移。根据信号空间平移的线性相位平移性质，我们知道这样的平移将导致相位发生相应的线性平移。平移的斜率是正还是负取决于平移是向右还是向左。最后，如图 4-10，当循环平移成另一个对称信号时，它将再次得到一个零相位的信号。

这为我们提供了一个如何运用这些性质进行信号分析的示例。然而，对称信号的相位问题又给我们带来了另一个有关非线性相位究竟是什么的问题。如图 4-11 所示，非线性相位通常意味着在线性相位上叠加了非线性特征。它是一种典型的更加一般化的非对称信号。

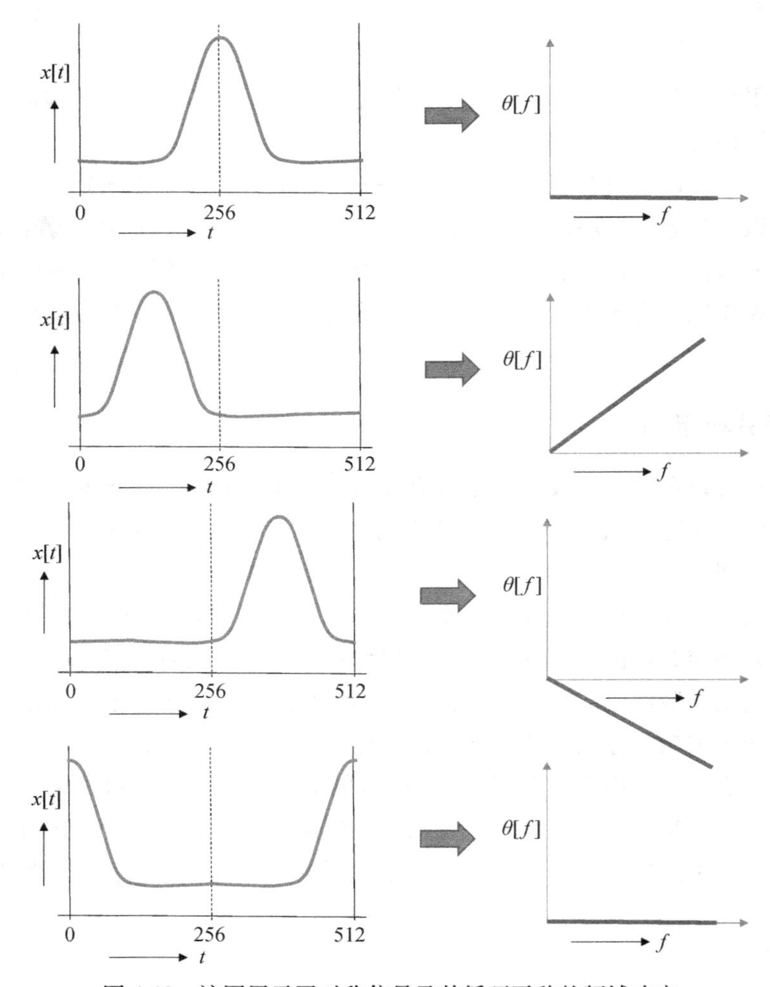

图 4-10　该图展示了对称信号及其循环平移的频域响应

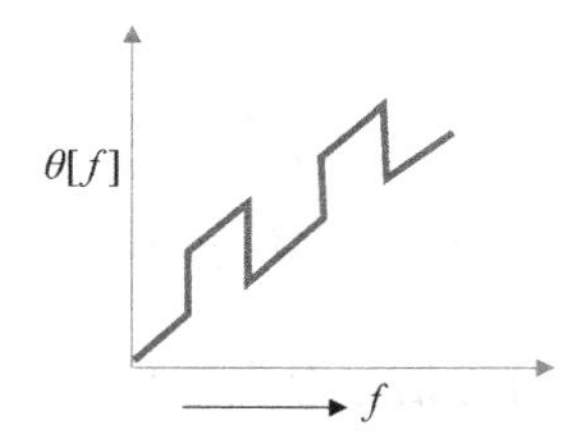

图 4-11　该图展示了一个典型的非对称信号的非线性相位

现在让我们看一看称为幅值调制的另一个信号分析实例，如图 4-12 所示。考虑一个音频信号 $x[t]$，它在频域的响应是带宽为 b 的 $X[f]$。该信号与一个称为载波的极高频率余弦波 $y[t]$ 相乘。载波的频率称为载频，记作 c。注意，由于这个载波是一个单一的余弦波，所以其频域响应 $Y[f]$ 是位于 c 处的平移后的三角波。空域的乘积等价于频域的卷积，根据这一原理，我们可以得到以 c 为中心的互为镜像的两个 $X[f]$。为了在频域中恢复原始信号，可以使用一个常被称作陷波器（Notch Filter）的滤波器，该滤波器能从 c 的左侧或者右侧提取带宽为 b 的区域。这正是调幅（AM，即 Amplitude Modulation）无线电广播的工作原理，每个广播站有各自的载频，用相应的载波调制待传输的信号。我们调节无线电广播电台时，其实就是在用陷波器恢复广播信号。注意，为了使无线电广播正常工作，需要保证载频至少间隔 $2b$，以避免信号之间发生混淆。在4.4节，我们将看到信号的这一混淆现象有特定的名称和特性。

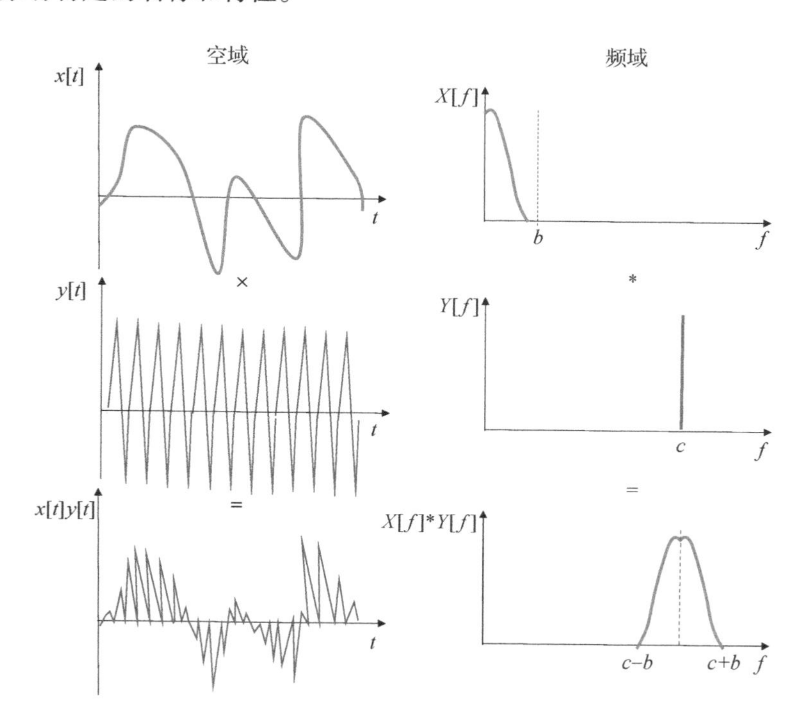

图4-12 该图展示了调幅现象。空域中的一个音频信号 $x[t]$，在频域中的带宽为 b，与具有极高频率 c 的载波 $y[t]$ 相乘。这一乘法运算相当于一个平移后的三角波与该音频信号的频域响应 $X[f]$ 的卷积，结果是以频率 c 为中心的平移后的 $X[f]$

由于载频必须间隔 $2b$ 这一约束条件，可用的载频已经无法满足快速增长的无线电广播站的需要。为了解决这一问题，调频，即FM，应运而生。在FM中，需要传输的信号并非幅值，而是根据空域信号的幅值进行调制的频率。比如，某个广播站的频率可以在55KHz和65KHz之间进行调制，而另一个广播站则可以在40~50KHz之间进行调制。在接收端，仍然使用一个频域陷波器来提取信号，但是用于调制的频率范围可以非常小，因此可以实现的FM广播台要多得多。

4.3 频域的周期性

正如图4-1所展示的，DFT考虑的是无限次周期性重复的信号。我们尚未讨论这一假设的后果。或许有一个困扰你的问题，无穷周期函数为什么会有一个有限的DFT呢？事实并非如此。本节我们将讨论空域中的周期性如何导致频域中的周期性。现在让我们探讨这样的周期性看起来是什么样的。

DFT 将信号分解成不同幅值和相位的余弦波。考虑频率 f，根据三角学，我们有

$$A\cos(f)=A\cos(-f)=A\cos(2\pi-f)=A\cos(n2\pi-f) \tag{4-17}$$

其中 n 为任意一个整数。如果 f 处 DFT 的幅值响应为 A，那么在 $-f$、$2\pi-f$ 等处也将是 A。因此，幅值按照如下方式重复

$$M[f]=M[-f] \tag{4-18}$$

如图 4-13 所示，它呈现为偶函数的形式，在对应的正负频率值处的幅值相等。

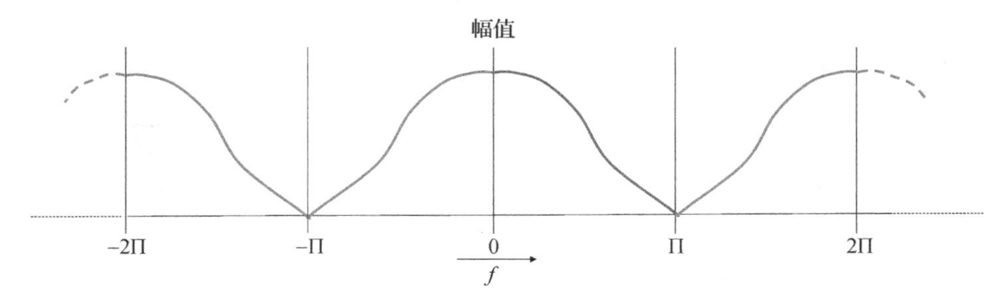

图 4-13　频域中的幅值曲线具有周期性，且以一个偶函数的形式重复。红色部分展示了我们目前已经见过的［0，π］区间的幅值曲线（见彩插）

接下来让我们看一看相位。根据三角学知识，我们知道

$$\cos(f+\theta)=\cos(-f-\theta) \tag{4-19}$$

因此，相位 θ 的值在 $-f$ 处以取负值的方式重复，亦即

$$\theta[f]=-\theta[-f] \tag{4-20}$$

如图 4-14 所示。这是一个奇函数，它在负参数处的取值等于其在对应的正参数处的取值的负值。此后，当我们展示一维频率曲线的时候，大部分时候我们将展示［−π，π］完整范围内的曲线。

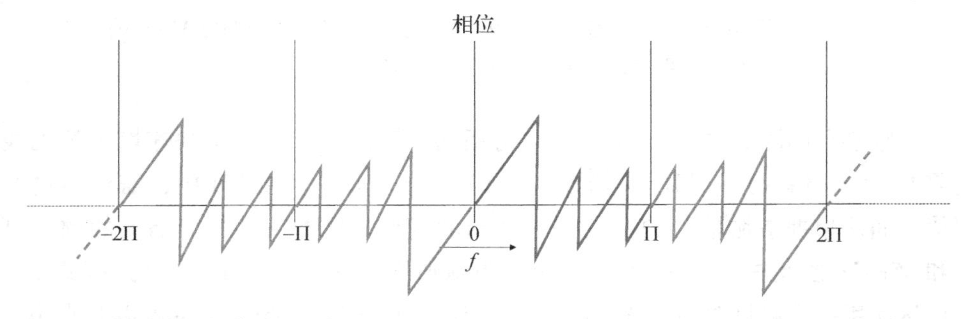

图 4-14　频域中的相位曲线是周期性的，且按照奇函数的方式重复。红色部分展示了我们目前已经见过的［0，π］范围内的相位曲线（见彩插）

4.4　混叠

既然已经理解了周期性的概念，我们会遇到称为混叠的另外一个非常重要的现象。我

们首先从4. 2. 2节中介绍的幅值调制开始。假设不同无线电广播电台的载频之间的间隔小于$2b$，让我们看看此时会发生什么。

考察图4-15，其中有两个信号，蓝色与绿色信号，分别由载频c和d传输。左图中，当c和d的间隔为$2b$时，蓝色与绿色信号在卷积后彼此不会重叠。因此，当使用陷波器重构频率c到$c+b$的蓝色信号时，原始信号可以通过逆DFT得到。但是当c和d的间隔小于$2b$时，如右图所示，蓝色与绿色信号相互重叠，导致在重构阶段绿色信号的部分高频部分会被加到蓝色信号上，使得其高频部分被放大。这将造成重构信号中的高频噪声。这种一个信号被其他信号中的频率污染的现象称为混叠（Aliasing）。

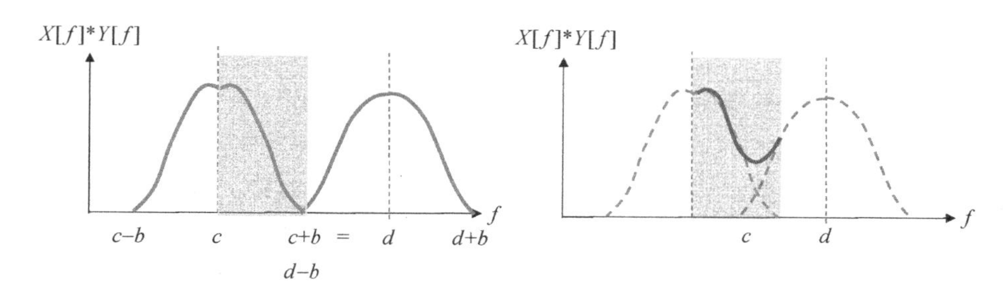

图4-15 左图：Y和X分别为载波与待传输的信号的频域响应。由于载波是单一频率的余弦或正弦波，所以它们的频域响应是载频处的单一脉冲。当载频c和d的间隔刚好为$2b$时，陷波器可以正确地重构出频率c到$c+b$的原始信号。右图：c和d的间隔小于$2b$时，重构过程中，绿色信号的一部分被加到了蓝色信号上，导致结果信号中产生了一些额外的高频，如深蓝色部分所示（见彩插）

我们先从最简单的情形开始。考虑一个大小$n=100$的离散一维信号$x[t]$与一个大小$m=25$的滤波器$h[t]$相卷积。我们知道卷积所得的信号的大小为$n+m-1=124$。让我们换一个方式计算卷积：先计算x和h的DFT，其结果为大小为50的X和大小为13的H。然后，我们将X与H相乘得到大小为50的响应，并计算它的逆DFT，得到大小为100的一个信号。根据以上介绍，用第一种方法我们得到的结果信号大小为124，而用另外一种方法结果信号大小为100。问题出在哪里呢？事实上，因为卷积的结果信号大小应该是124，所以根据奈奎斯特采样定律，需要0到62个周期的正弦波表示卷积的结果信号。然而，当我们进行频域乘法时，使用大小为50的信号，对频域的采样是不够的。因此，通过这样的方法得到的卷积结果信号就会产生混叠效应。此处的混叠纯粹是因为采样不充分造成的。为克服这一问题，我们需要首先对x和h进行填充，以使得它们的大小达到124。然后，我们计算x和d的DFT，得到大小均为62的X和H。最后再进行逆DFT即可得到正确的大小为124的卷积结果信号。

注意，这样的混叠本质上源于DFT的周期性。如图4-16所示，当频域响应的大小为62，但仅用50个采样值表示时，频域响应会出现重叠。这看起来就像最后12个采样值被翻转成为了频域响应的一部分，而它本来并不应该是这样。这导致了高频泄露，形成了混叠效应。

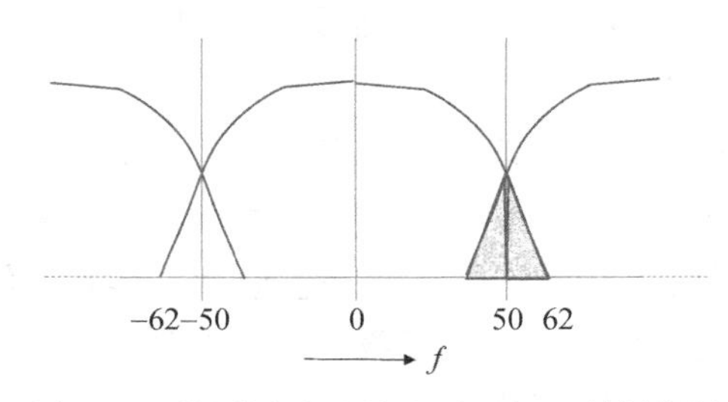

图 4-16　该图展示了混叠源于 DFT 的周期性

4.5　推广到二维插值

本章截至目前我们只考虑了一维信号。接下来，让我们考虑二维数据，比如灰度图像。它们也可以进行 DFT。尽管已有很多软件可以进行这样的 DFT，但是解读 DFT 的结果非常重要。让我们看一看该如何解读二维数据的 DFT 的频域表示。在第 1 章的 1. 3 节我们已经简要地提及，读者可以回顾温习那一节的介绍。本章我们将更加详细地阐述。

正如我们在第 1 章中看到的，二维数据的频域响应是二维图。因此，二维数据的 M 和 θ 是二维函数，表示了不同频率（与一维情形类似）和方向的余弦波的幅值与相位。假设 M 和 θ 依赖于两个变量 g 和 h，即 $M[g,h]$ 和 $\theta[g,h]$ 分别是频率为 $\sqrt{g^2+h^2}$、方向为 $\tan^{-1}\left(\frac{h}{g}\right)$ 的余弦波的幅值和相位。可视化 M 和 θ 的最常用的方法是将它们画成灰度图像，其中 $M[g,h]$ 和 $\theta[g,h]$ 的值被表示为介于黑和白之间的灰度值。

现在让我们充分理解这一表示方法。考虑一幅灰度图像，也就是一个二维数据——注意，RGB 图像将被当成三维数据，因为它们有多个通道。但是，RGB 图像的每一个通道通常被看成二维数据。图 4-17 展示了一幅图像的频域表示。在幅值和相位图中有一些事情需要注意。其一，零频率（或直流分量）在图的底部中心位置。其二，余弦波的方向在 0 和 180 度之间。超出这一范围的方向可以映射回 0 到 180 度以内。因此，底部水平线的右侧表示 0 度的频率，左侧表示 180 度的频率。其三，正如所预期的，中心点周围较短半径范围内的灰度值高意味着信号的大部分能量集中在低频部分。在该特定的频域响应图中，竖直频率（90 度）为高频。最后，从相位图中几乎不可能看出什么。这是因为这个相位图没有被解卷。此外，正如先前介绍的，相位图展示了余弦波之间波峰和波谷的同步

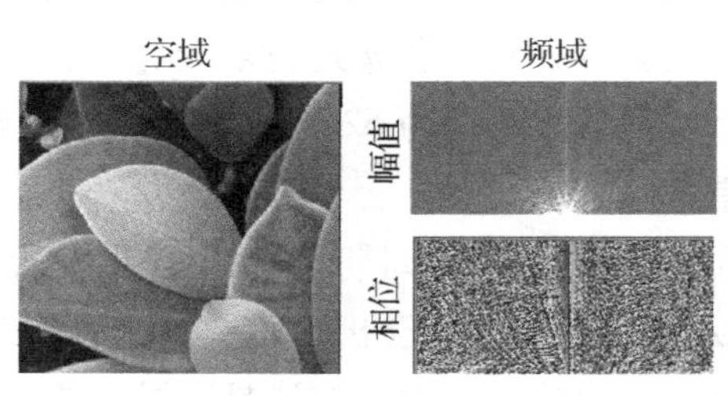

图 4-17　右图展示了左图中的图像在频域中的表示的幅值和相位图

性。这一信息与特征（如边缘）的检测相关。但是，特征检测通常在空域中进行，所以在谱分析中一般不对相位图进行解读。

这可能会造成一种印象，认为相位图并不重要。如图 4-18 所示，这是一种严重的误解。我们取一幅非洲猎豹图的相位和一幅斑马图的幅值，将两者组合，并用逆 DFT 生成一幅新图像。注意新图像中能观察到的主要内容来自贡献了相位部分的非洲猎豹图。这表明相位信息非常重要，只是在空域而非频域中更容易看到这一点。

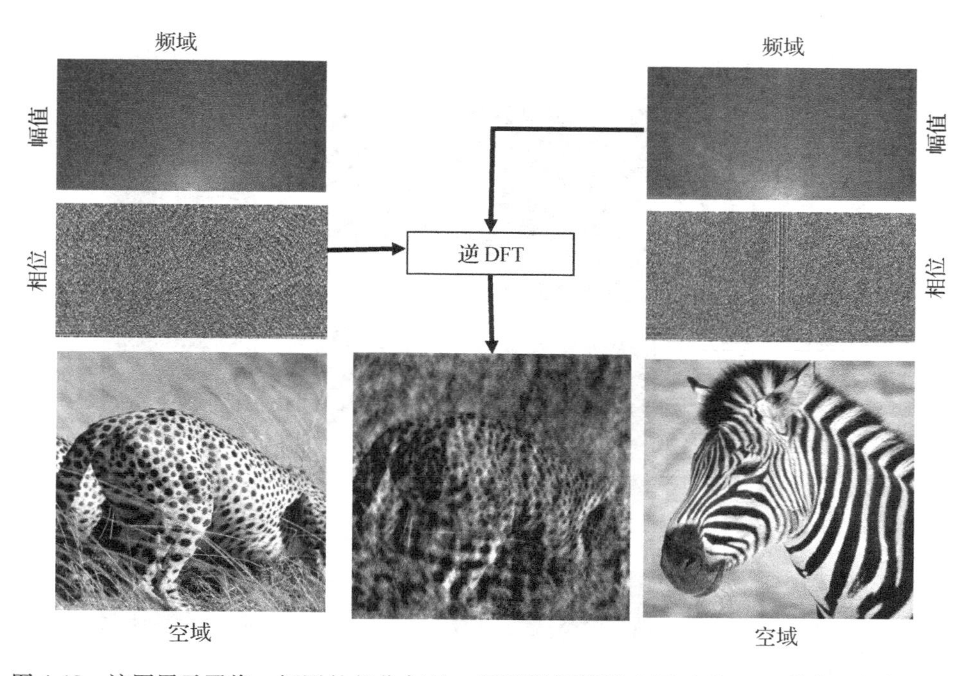

图 4-18 该图展示了将一幅图的相位与另一幅图的幅值混合通过逆 DFT 形成一幅新的图像。视觉上，新图像主要受提供相位信息的图影响

4.5.1 周期性的影响

现在让我们看看周期性是如何扩展到二维的。我们已经知道幅值图和相位图分别按偶函数和奇函数沿正负方向重复直至无穷。这一点在二维情形下同样成立。此时，因为我们处理的是二维函数，幅值图和相位图将沿着四个象限方向重复。接下来，我们将主要考虑幅值图。为了展示其一个周期，我们将显示四个象限，其中下方的两个象限是上方的两个象限的镜像。

考察图 4-19 中的几个频域响应图（仅考虑幅值图）。a 是一幅正弦波图像，它沿着水平方向有 8 个周期。注意，水平方向的正弦波在空域中形成了竖直的条带，反之亦然。我们可以看到幅值图在 x 轴上有两个亮点，代表了方向为 0 度或 180 度的水平正弦波的对称位置。中心位置的亮斑则对应于图像中所有像素的平均值。b 仅包含了竖直方向的一个频率。我们同样可以看到两个亮点，分别位于竖直轴的 90 度和 270 度处。剩下的两幅图像，c 和 d，都包含了竖直和水平频率，因此在频域幅值图上有 4 个而不是 2 个亮点。最后，e

中的图像是一个旋转后的正弦波。理想情况下，如 f 中所示，我们可以在与条带方向垂直的方向上看到两个亮点。然而，在图 4-19 中，我们看到的是明显的水平和竖直模式。这看起来有些奇怪，但正是周期性造成的结果。因为周期性，我们发现 e 中图像的 DFT 在两个方向上均重复多次，如 h 所示。那些边缘因此造成了频域中水平和竖直的亮点。为了减轻这一影响，我们在图像上进行窗口化操作，如 f 所示。这本质上就是图像与一个高斯图像的逐像素乘积，这里的高斯图像的亮度在中心位置最高、从中心位置向边缘方向按照高斯函数的规律逐渐平滑地降低到一个中间灰度值。尽管这避免了沿着水平和竖直方向重复的边缘，但是我们仍能解码出那两个亮点，近似得到原始的没有重复的正弦波。

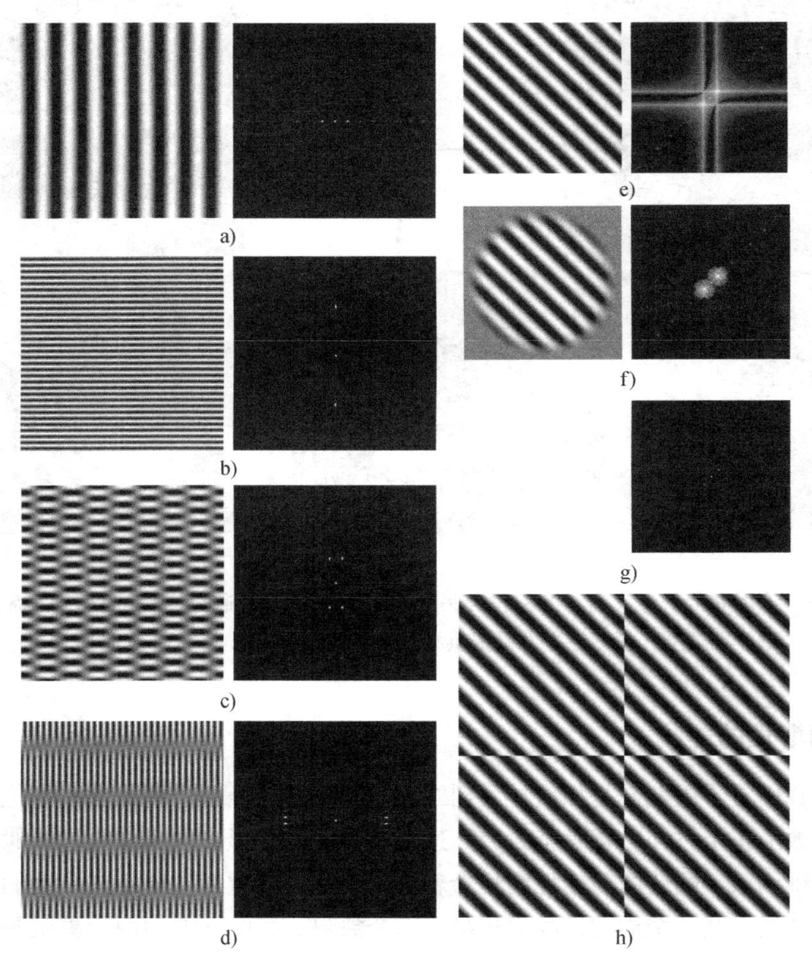

图 4-19　左侧图显示了空域中的图像，右侧图显示了其在频域中的幅值响应。a 含有 8 个水平周期的余弦波。b 含有 32 个竖直周期的余弦波。c 含有 4 个水平周期和 16 个竖直周期的余弦波。d 含有 32 个水平周期和 2 个竖直周期的余弦波。e 是 a 旋转 45 度的结果。g 为含有无限个这种模式的图像理想情况下的频域响应。但是，实际上它会因为其他模式而受到抑制，其频率可以通过像 h 中那样的贴图方式得到。f 是 e 经过窗口化的效果。所谓窗口化，是指使图像值逐渐减小至边缘处的中间灰度值，因此，其频域响应与 g 接近

4.5.2 陷波器

你或许会好奇频域计算可能有哪些用途，它是否比空域计算更有效？为此，让我们看一个陷波器（Notch Filter）的例子。考虑一幅在其上叠加了一些周期性的高频模式的图像——这可能是由于其采用的生成技术造成的（如报纸、毯子）。如何在空域中去除这些叠加的模式并非显而易见。如果考察这些图像的频域响应图，我们可以发现它们的幅值图清楚地将这些叠加模式显示为干扰高频。我们可以容易地在幅值图上分离和去除这些高频，再通过逆 DFT 得到一幅新图像。新图像上那些高频模式被成功去除了，如图 4-20 所示。

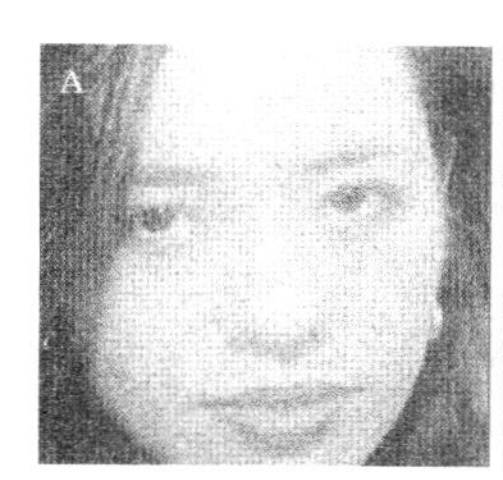

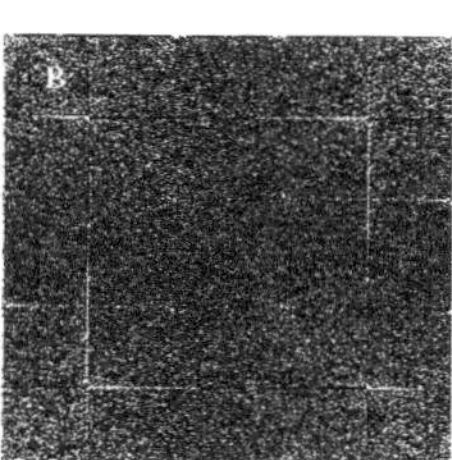

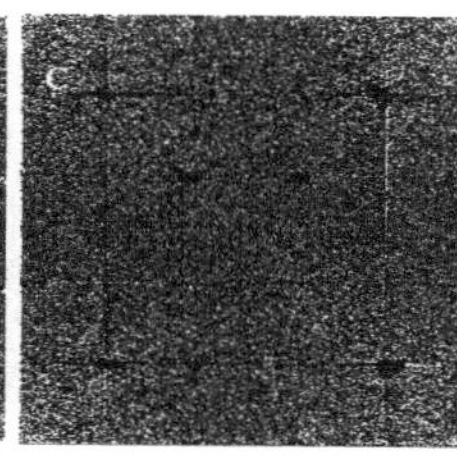

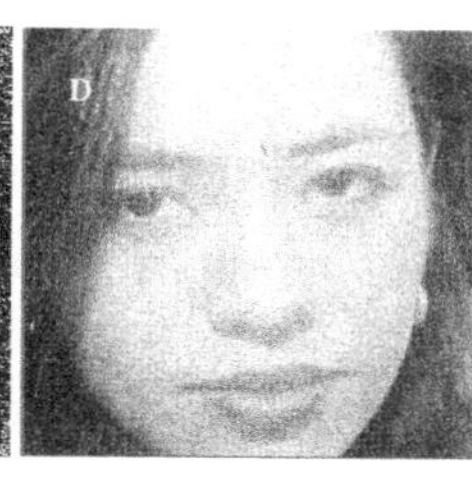

图 4-20 A：一幅叠加了高频模式的原始图像。B：A 中图像的 DFT，白色高频区域对应于那些高频模式。C：在频域中去除干扰频率。D：对 C 中结果应用逆 DFT 得到一幅新图像，其中高频模式被去除了

4.5.3 混叠效应示例

数字图像生成和显示的过程为讨论二维图像中的混叠现象提供了一个非常好的示例。即使我们将用一维图像进行讨论，你也会发现这已经足够了。一幅模拟图像经过采样得到一幅数字图像。这一过程称为采样（Sampling）。使用一个特定大小和强度的光斑（称为像素）显示这些采样点的过程称为重构（Reconstruction）。接下来，我们在频域分析这两个过程，并展示混叠效应是如何产生的。

让我们考虑一个带宽（即最高频率）为f_s的模拟信号。对其进行采样以转变成数字信号的过程可以看成在空域中将它与一个梳状函数相乘。梳状函数是一个将缩放后的脉冲不断重复形成的周期函数（参见图 4-21）。因为一个梳状函数的频域响应是另一个梳状函数，所以采样过程就变成了在频域中与一个梳状函数的卷积。由于信号中的最高频率为f_s，所以至少需要用 $2f_s$的频率进行采样。这意味着梳状函数在空域中的间隔为$\frac{1}{2f_s}$。因为根据对偶性，如图 4-21 所示，梳状函数在频域中的间隔为 $2f_s$。注意，如果梳状函数在频域中的间距大于 $2f_s$（亦即在空域中的间隔小于$\frac{1}{2f_s}$），那么通过频域中的卷积得到的结果将会互相重叠，形成混叠。这也正是奈奎斯特采样定律所指出的。

现在，让我们考虑在显示器上显示一个数字信号的过程。注意，一个像素尽管被看成一个光斑，实际上是通过照明一个有限区域形成的。理想情况下，我们希望这个区域中的光照

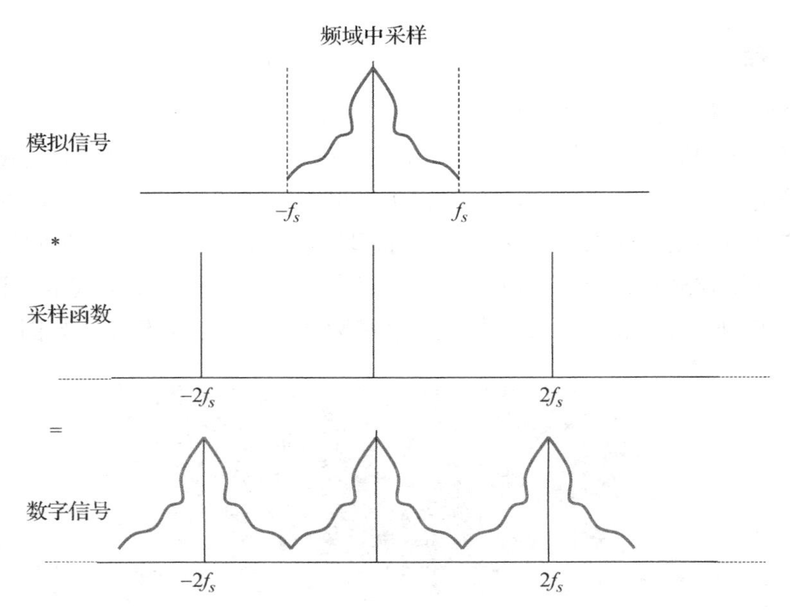

图 4-21　该图展示了在频域中通过与一个梳状函数卷积将一个模拟信号转变成数字信号的过程，其中模拟信号的带宽为f_s

是均匀的，而且在像素的边缘光照急剧消失，然而这在实际中几乎是不可能的。一个像素上的光照一般在中心位置最强，向边缘方向逐渐减弱，在到达其他像素之前最好能够消失。让我们将像素上的光照看成空域中的一个信号，称之为点扩散函数（Point Spread Function，或 PSF）。图像重构的过程就是将空域中的采样信号与 PSF 的核相卷积。如图 4-22，这是频域

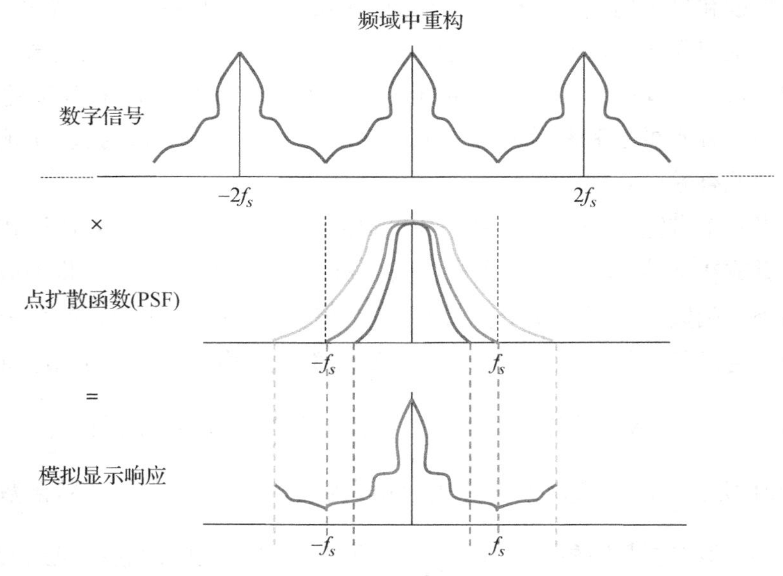

图 4-22　该图展示了在频域中将一个数字信号重构成模拟信号的过程。注意，如果 PSF 的带宽不是理想值f_s，那么就会产生噪声。当 PSF 的带宽过宽时，高频会泄漏（如橙色曲线所示），产生像素化的噪声。当 PSF 的带宽过窄时，高频会被截断，造成信号的模糊（见彩插）

中的乘积。注意，如果 PSF 的带宽（或最高频率）刚好就是 f_s，那么我们可以精确地重构原始图像。然而，如果带宽稍微高了一些（即像素面积更小，且在到达边缘处时变暗），如图 4-22 中的橙色函数所示，重构得到的信号相比于其他信号将会有高频泄漏，形成混叠效应。这一效应通常被称为像素化（Pixelization）。如果带宽稍微低了一些（即像素面积更大，且渗透进了相邻的像素），那么只有一部分频率被重构出来，也就是图像会像经过低通滤波器那样变得模糊。图 4-22 用不同颜色的曲线表示了这三种不同情况下重构出来的信号的带宽。

本章中的大部分概念都以一维的形式介绍，但是它们能帮助我们更好地理解二维情形下的情况。牢牢记住这些概念，并学会运用它们。DFT 可以扩展到更高维，而且被广泛地应用。但是，从理解一维 DFT 到理解高维 DFT 还有一段长路要走。

4.6 对偶性

DFT 最有效的一个方面是它的对偶性（Duality）。尽管对偶性已被理论证明，但是这里我们只介绍这一概念，而不给出证明。直观上，我们可以通过回头检验 DFT 的合成与分析方程（方程 4-3 和 4-5），比较它们之间显著的相似性来理解这一概念。对偶性提供了好几个有趣的性质，它们已经成为信号分析中非常有用的工具。以我们已经掌握的有关 DFT 的背景知识，这一点已经非常直观，接下来，还是让我们在这一节更加深入地理解它。注意，讨论对偶性时，我们只考虑幅值而不考虑相位。正因如此，之前我们已经看到相位信息在频域中研究得并不多。此外，因为时间和空间参数分别是一维和二维信号中常见的自变量，所以它们常被称为时域和空域函数。但是这两个概念可以互用，因为它们指的都是原始空间。对偶空间则是用频域表示。

首先，让我们考虑空域中的三角波函数 δ。我们知道它是可能的最尖锐的信号，由从最平滑的到最尖锐的所有不同的正余弦波组成。因此，它的频域响应是一个常数。现在，考虑时域中的一个常值信号。该信号的频率为 0，因此其频域响应的幅值是在 0 处的一个脉冲。这被称为对偶性——一个脉冲的频域响应是一个常数，而一个常值信号的频域响应是一个脉冲。

接下来，让我们考虑如图 4-23 所示的空域中的一个信号。随着信号在空域中扩展，其频域响应会被压缩，反之亦然。这一点可以直观地进行解释。当信号在空域中被压缩时，它会变得尖锐，也就是高频增加了。因此，在频域中的响应会扩展。事实上，这正是低通滤波的基础。加宽核意味着更小范围的频率能够通过，因此低通滤波的效果更加显著。

根据这一对偶性，我们可以定义一些傅里叶变换对（参见图 4-24）。它们是具体的函数及其在频域的 DFT 幅值响应。比如，高斯滤波器的 DFT 还是一个高斯函数。但是，它们的宽度反向相关。也就是说，当空域中的高斯函数的宽度增加时，它的频域响应的宽度会减小。这就是一个傅里叶变换对。类似地，盒式滤波器的 DFT 是一个 sinc 函数，$\frac{\sin[f]}{f}$，而空域中的 sinc 函数的 DFT 是一个盒式函数，因此它们构成了另一组傅里叶变换

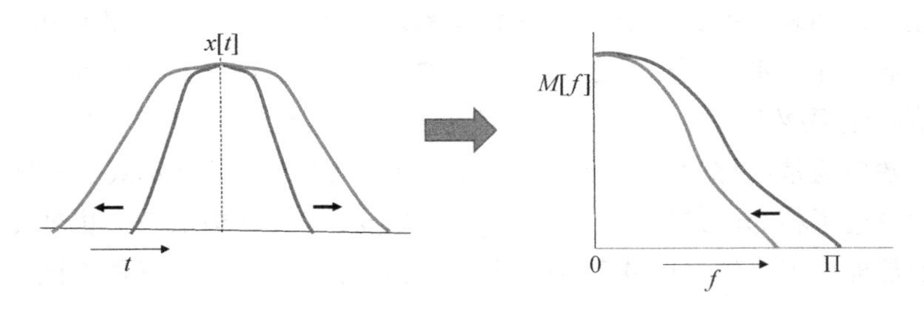

图 4-23　该图展示了对偶性：信号在空域的扩展或压缩会导致其在频域被相应地压缩或扩展

对。sinc 函数是一个随着 f 的增加无限趋近 0 的函数。另一个对偶函数是梳状函数。一个梳状函数的频域响应还是一个梳状函数，只是它们的间隔大小反向相关，类似于高斯函数的对偶性。换句话说，当空域中的梳状函数变得稠密时，它的频域响应会变得稀疏，反之亦然。

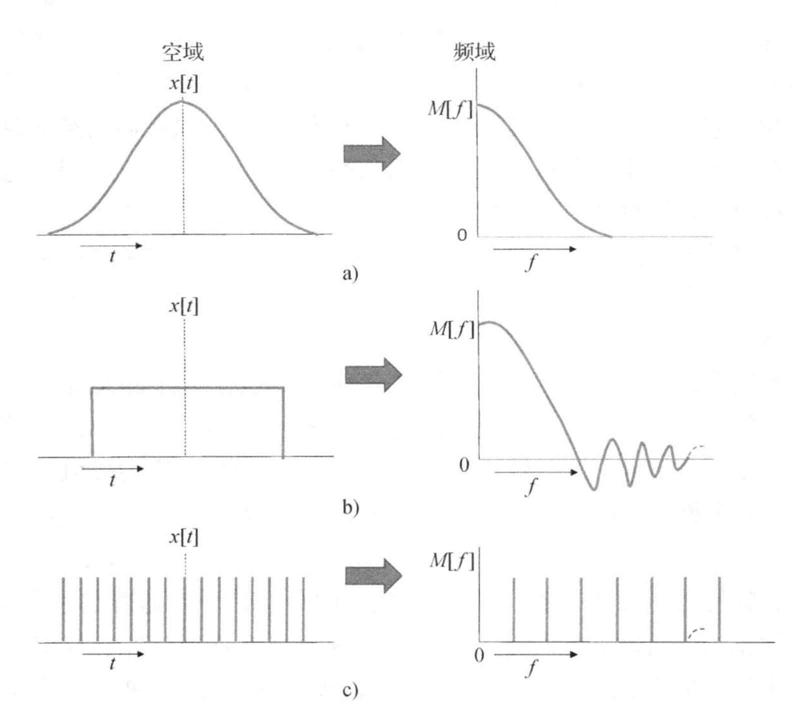

图 4-24　该图自上而下展示了三个傅里叶变换对。a 中高斯函数的傅里叶变换是高斯函数。b 中盒式函数的傅里叶变换是 sinc 函数。c 中梳状函数的傅里叶变换是梳状函数

这些傅里叶变换对能给我们很多启发。回顾一下低通滤波部分的讨论，盒式滤波器并不是最好的低通滤波器。现在是时候解释为什么了。一个理想的低通滤波器是频域中的盒式滤波器，它能够将高于某个阈值的频率完全截断，而只保留该阈值以下的频率。然而，频域中的盒式函数在空域中是 sinc 函数。sinc 是一个无穷函数，无法用有限支撑的数字滤波器实现。因此，理想的低通滤波器是不可能实现的。此外，最常用的低通滤波器是盒式

滤波器（常常通过取图像中一个方形区域内的相邻像素的均值来实现）。注意，盒式函数的频域响应是 sinc 函数。与空域中盒式函数的卷积就等价于与频域中 sinc 函数的乘积。由于 sinc 函数是一个无穷函数，这意味着通过盒式函数的低通滤波，因为与一个无穷函数相乘的缘故，一些高频将总会被保留在滤波后的函数里。由此可见，盒式滤波器实际上并不是理想的，因为它会导致滤波信号中的高频泄漏。现实中，高斯滤波器能为我们提供空域和频域中都最好的结果，因为它只有很少的高频泄漏。然而，高频可以被显著地调制。实际上，在空域中盒式函数与高斯函数的乘积（即频域中 sinc 函数与高斯函数的卷积）被证明是最好的低通滤波器之一，因为它能在不以高频泄漏为代价的情况下削弱对高频的调制。也有更加复杂的滤波器，能够在对高频的调制量与高频的泄漏量之间达到不同的平衡。

有趣的事实

你知道你的耳朵可以自动做傅里叶变换吗？耳朵中有一些纤毛，它们按照特定的不同频率振动。当进入耳朵的声波含有相应的频率成分时，纤毛就会振动。正因如此，我们才能区分不同的声音。

事实上，傅里叶变换是使用最广泛的数学工具之一。它已经被用于研究潜水器与液体相互作用产生的振动、预测地震、判断超远星系的成分、探索宇宙大爆炸的热残余的新物理规律、根据 X 光衍射图发现蛋白质结构、研究乐器的音响效果、改进水循环模型、寻找脉冲星（快速旋转的中子星），以及通过核磁共振理解分子结构等。傅里叶变换甚至已被用于通过分析画作使用的化学药品鉴别伪造的杰克逊·波洛克绘画。这可真是小小数学技巧的大神作啊！

4.7 本章小结

傅里叶分析是一个适用于任意维度的任意函数的数学概念。根据处理的是周期的还是非周期的信号、连续的还是数字的信号，有不同的傅里叶变换。很多专著从数学的角度探究了傅里叶分析——［Tolstov 76，Spiegel 74，Morrison 94］，还有更近期从应用角度探讨的专著［Stein and Shakarchi 03，Folland 09，Kammler 08］。其他专著从电子工程领域信号处理的角度进行了探究，其中大部分都与一维信号相关［Smith 97，Proakis and Manolakis 06］。一些图像处理专著提供了傅里叶分析在数字图像方面应用的认识。本书中，我们努力从图像的谱分析的角度提供了一种并不常见的理解方式。

本章要点

- 离散傅里叶变换
- 频域响应
- 空域/时域响应
- 混叠
- 复共轭
- 采样和重构
- 傅里叶变换的周期性

参考文献

[Folland 09] Gerald B. Folland. *Fourier Analysis and Its Applications (Pure and Applied Undergraduate Texts)*. Pacific Grove, California and Wadsworth & Brooks/Cole Advanced Books and Software, 2009.

[Kammler 08] David W. Kammler. *A First Course in Fourier Analysis.* Cambridge University Press, 2008.

[Morrison 94] Norman Morrison. *Introduction to Fourier Analysis.* John Wiley and Sons, 1994.

[Proakis and Manolakis 06] John G. Proakis and Dimitris K Manolakis. *Digital Signal Processing.* Prentice Hall, 2006.

[Smith 97] Steven W. Smith. *The Scientist & Engineer's Guide to Digital Signal Processing.* California Technical Publishing, 1997.

[Spiegel 74] Murray Spiegel. *Schaum's Outline of Fourier Analysis with Applications to Boundary Value Problems.* Mcgraw Hill, 1974.

[Stein and Shakarchi 03] Elias M. Stein and Rami Shakarchi. *Fourier Analysis: An Introduction.* Princeton University Press, 2003.

[Tolstov 76] Georgio P. Tolstov. *Fourier Series (Dover Books on Mathematics).* Prentice Hall, 1976.

习题

1. 考虑一个长度为 16 的一维信号 x，其中的样本 i 为 $x[i]=2\sin\left(\frac{\pi i}{4}\right)+3\cos\left(\frac{\pi i}{2}\right)+4\cos(\pi i)+5$。
   (a) 数组x_c和x_s的长度分别是多少？
   (b) 给出数组x_c和x_s。
   (c) 将x_c和x_s的表示转换成幅值 M 和相位 θ 的形式，并给出数组 M 和 θ。
2. 考虑用作低通滤波器的空域中的盒式滤波器。
   (a) 它的频域响应是什么？
   (b) 这样的盒式滤波器是理想低通滤波器吗？证明你的结论。
   (c) 频域中的盒式滤波器是理想低通滤波器吗？证明你的结论。
   (d) 高斯滤波器的频域响应是什么？
   (e) 高斯滤波器与空域中的盒式滤波器相比用作低通滤波器时怎么样？证明你的结论。
   (f) 空域中的高斯和 sinc 函数的乘积被认为是理想低通滤波器。给出这一滤波器的频域响应的解析形式。
   (g) 这一滤波器与空域中的高斯滤波器相比如何？证明你的结论。（提示：利用频域响应图分析其优缺点。)

3. a是高菲的图像。对其沿着水平方向进行光滑可以得到图像b。考虑c和d中的幅值响应，其中一个对应于a，另一个对应于b。试将它们相互配对，并说明原因。

a)

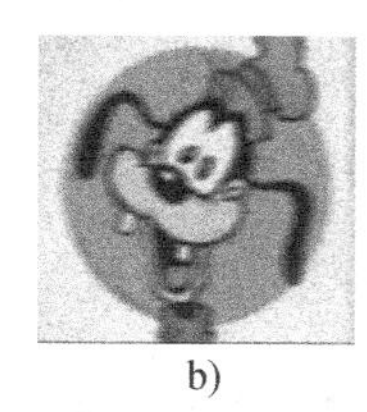
b)

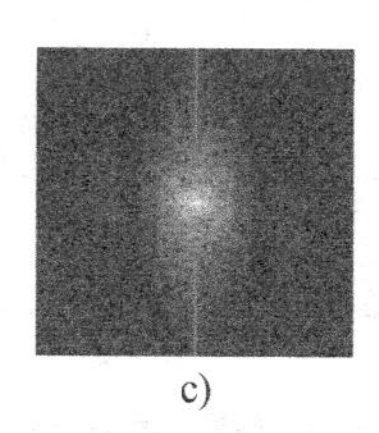
c)

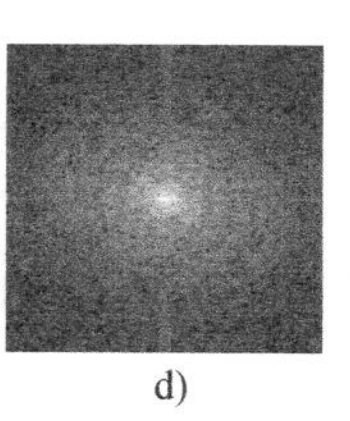
d)

4. 你想将一个带宽为120Hz的模拟信号离散化。你的显示器的采样频率为100Hz。你使用的重构核的带宽为80Hz。

   (a) 为什么你无法使用这一显示器无噪声地采样和重构题中给定的信号?

   (b) 你应该如何处理图像以便无噪声地重构它?

   (c) 重构核会造成什么样的噪声?

   (d) 你应该如何修改重构核以避免这些噪声?

5. a和b为两幅图像，试将c和d中的幅值响应与它们配对，并说明原因。

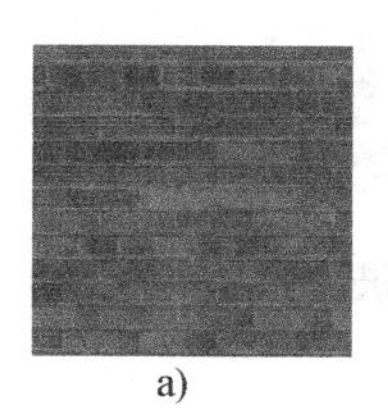
a)

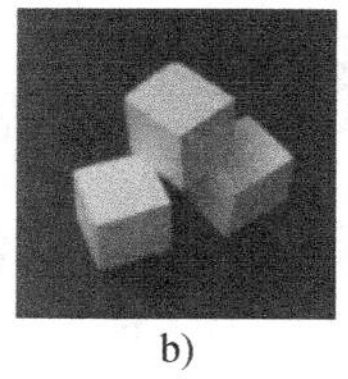
b)

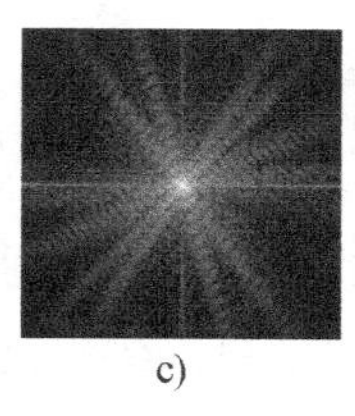
c)

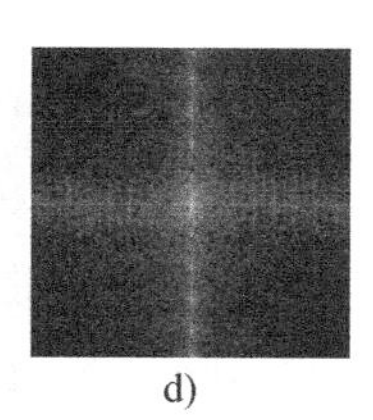
d)

6. 将左侧的图像与右侧的幅值响应配对，并说明原因。

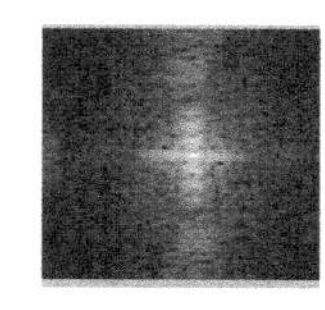

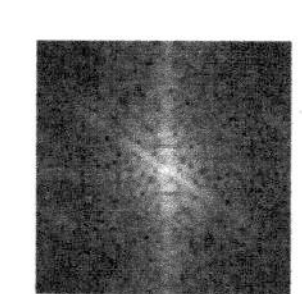

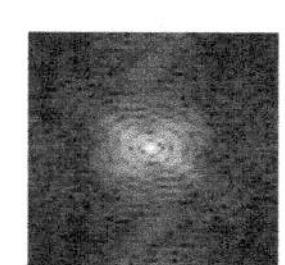

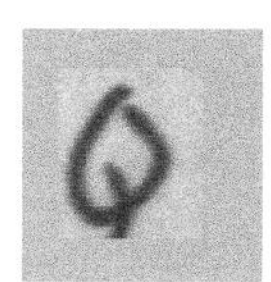

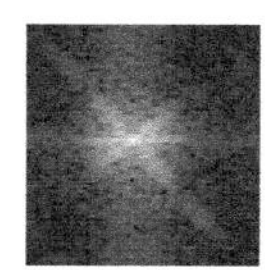

7. 有什么办法可以去除左图中的条状阴影以得到右图？

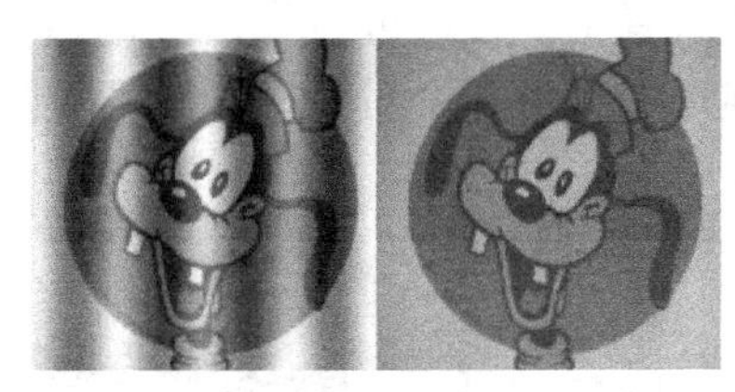

8. 右图是左图的幅值响应，看起来并没有受到周期性的影响。请解释这一现象。

9. a 和 b 为两幅图像，试将 c 和 d 中的幅值响应与它们配对，并说明原因。

a)

b)

c)
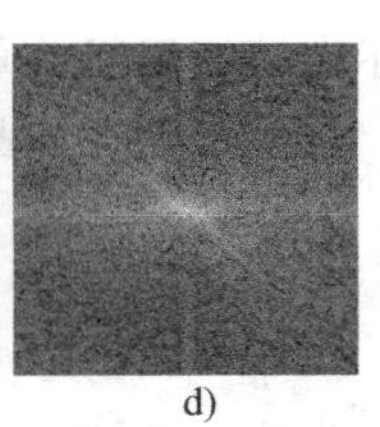
d)

10. 考虑空域中高斯滤波器与盒式滤波器相乘得到的滤波器。它的频域响应是什么？该响应与 sinc 函数相比是更加尖锐还是更加平滑？证明你的结论。

特 征 检 测

图像的特征是指不同于图像中一般区域的那些区域，比如，亮度突然变化而形成的边缘，或者边缘梯度突然变化而形成的角点。本章，我们将讨论如何使用卷积检测这些特征。由于卷积是一种线性滤波，所以基于卷积的滤波器具有尺度、平移不变和可加性等性质。然而，本章中我们还将看到某些特征只能通过更加复杂的非线性滤波才能检测到。

5.1 边缘检测

在我们人类的感知中，边缘具有特殊的重要性。人类大脑皮层中的一些细胞已经被发现具有专门处理边缘检测的能力。边缘能帮助我们理解一个物体的许多方面，包括纹理、光照和形状等。本节我们介绍如何使用计算机检测图像中的边缘。

图 5-1 展示了我们希望实现的边缘检测效果。本节我们将探究实现这一目标的算法，看看我们可以多大程度上实现这一目标。对于人类而言，完成这一任务非常容易。然而，在接下来的章节中，我们将发现这一任务对于计算机而言并不容易，而要开发能达到与人类水平接近的算法尤其困难。

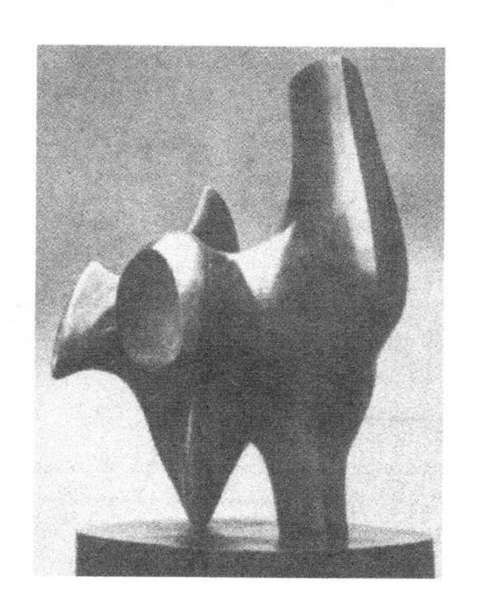

图 5-1 右图展示了人类从左图的物体图像中感知到的显著特征。本章我们会发现如此纯净、清晰的特征检测对于计算机而言还是难以做到的

边缘有多种形成原因（参见图 5-2），电能是深度或表面法线的不连续造成的，也可能是颜色或者光照的明显变化造成的。我们将通过以下两个步骤进行边缘检测。(a) 首先找到边缘部分的所有像素。这些像素被称为边缘子（Edgels）。我们将以一幅图像作为输入，生成一个二值图像作为输出，其中所有的边缘像素被标记为白色，而其他像素被标记为黑色。有时候，我们也会输出一个灰度图像，其中的灰度值表示了边缘的强度，黑色表示完

全没有边缘。(b) 然后我们使用一些方法将这些边缘子聚合成更长的边，有时候我们会使用紧凑的参数化表示形式。

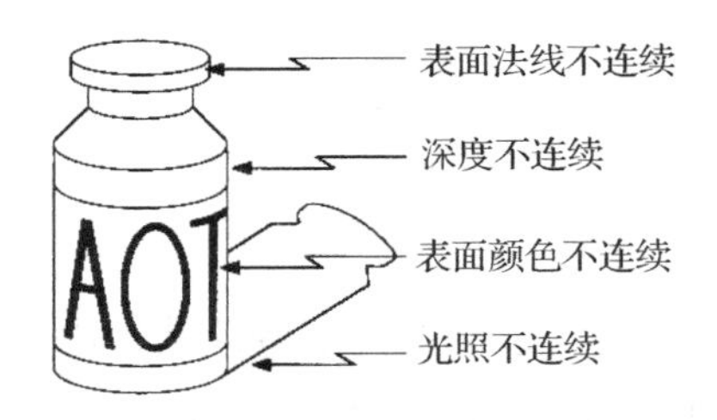

图 5-2　该图一个瓶子的简单图像说明不同类型的边缘以及它们形成的原因

5.1.1　边缘子检测器

本节我们将讨论检测边缘子的不同方法，以及它们的优缺点。最后，我们将探究在不同细节层次上检测边缘的方法。

基于梯度的检测器

让我们更仔细地看一看图 5-2 中的边缘。尽管它们有不同的产生原因，但是有一个共性特征。当亮度在一个或多个像素范围内发生剧烈变化时就会形成边缘，比如图 5-3 中的顶边缘、坡边缘和梯边缘。如果我们将图像看成一个函数，那么函数值的突然变化就会形成边缘子。而函数值的变化可以使用一阶导数度量。因此，如果图像在某个像素处的一阶导数的幅值比较大，那么这个像素就可能是一个边缘子。让我们用二维函数 f 表示图像。f 的梯度是有方向的。我们可以分别沿着 x 和 y 方向计算一个像素处的梯度，然后再将它们组合起来得到图像在该像素处的梯度。

$$\nabla f=\left(\frac{\partial f}{\partial x},\frac{\partial f}{\partial y}\right)=(g_x,g_y) \tag{5-1}$$

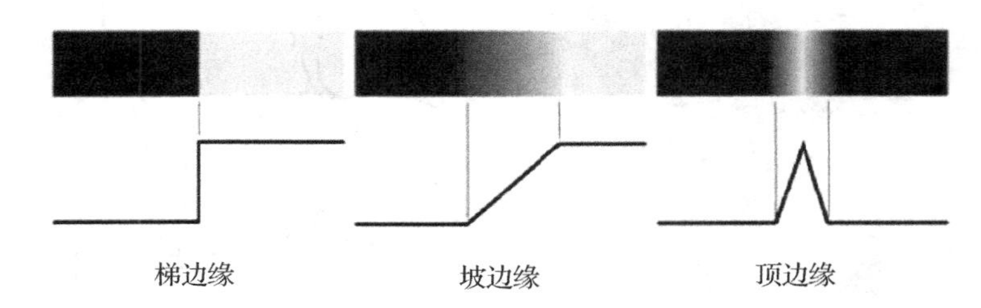

图 5-3　该图展示了一维函数中的三种边缘：梯边缘、坡边缘和顶边缘

如图 5-4 所示，梯度指向灰度值变化最快的方向。实际上，我们可以分别按如下方式量化边缘的方向和强度

$$\theta=\tan^{-1}\frac{g_y}{g_x} \tag{5-2}$$

$$\|\nabla f\|=\sqrt{g_x^2+g_y^2} \tag{5-3}$$

既然我们已经知道如何检测边缘了，下一个问题是该如何计算数字域中的偏导数。为

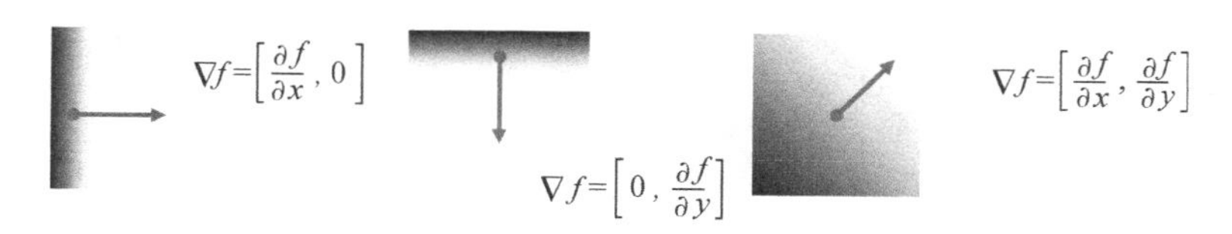

图 5-4 该图展示了偏导数是如何与我们在图像中看到的不同边缘相联系的

此，我们采用有限差分（Finite Differences）的方法。一个像素处的函数值与它右侧（或左侧）相邻像素处的函数值的差即为该像素处的g_x。类似地，其函数值与其上方（或下方）相邻像素处的函数值的差为g_y。

$$g_x=f(x+1,y)-f(x,y) \tag{5-4}$$

$$g_y=f(x,y+1)-f(x,y) \tag{5-5}$$

事实上，我们将此表示成核或者滤波器的形式，如图 5-5 所示。当图像与这样的滤波器卷积时，我们就能得到两幅梯度图像——一个对应 x 方向，另一个对应 y 方向。计算出梯度后，如果某个像素处的边缘强度（方程 5-3）超过一定的值，我们就将该像素检测为边缘子。该选定的值称为阈值，是边缘子检测过程的一个参数。这种通过选择阈值生成二值图像的过程称为阈值化（Thresholding）。阈值化后，除了生成二值图像，我们也可以生成灰度图像，其中边缘根据其方向或者强度使用不同的灰度值表示。此时，灰度值将会编码 θ 或者$\|\nabla f\|$信息。

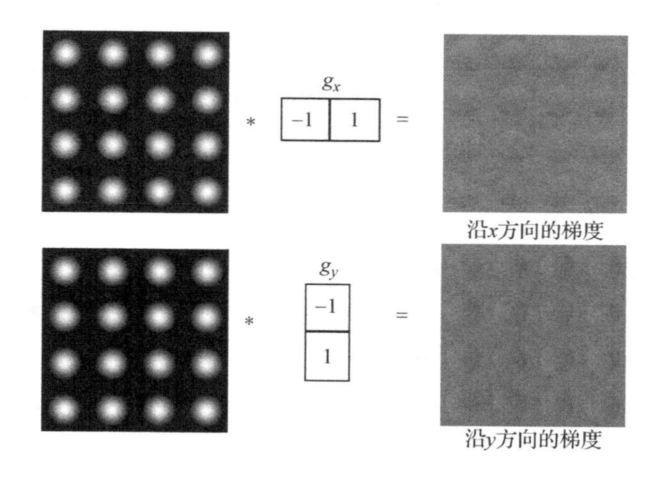

图 5-5 梯度函数可以表示为核或者滤波器，与图像卷积后可以得到两幅图像——沿 x 方向的梯度（上图）和沿 y 方向的梯度（下图）

上述有限差分梯度是最简单的梯度算子，没有考虑图像中的噪声。噪声往往来源于成像设备，可以建模为加在图像中每个像素上的随机值。噪声表现为图像的粗糙程度，当噪声足够高时，包括边缘检测在内的大部分图像处理程序出错的可能性都会增加。图 5-6 展示了在计算有限差分生成梯度图时噪声的影响。随着噪声的增加，图像变得越来越粗糙，这意味着阈值化的结果将开始反映噪声而非图像的内容。提高这些滤波器对噪声的鲁棒性的一种方法是考虑使用更大的邻域。已经有若干这样的滤波器，其中鲁棒性非常好的一个

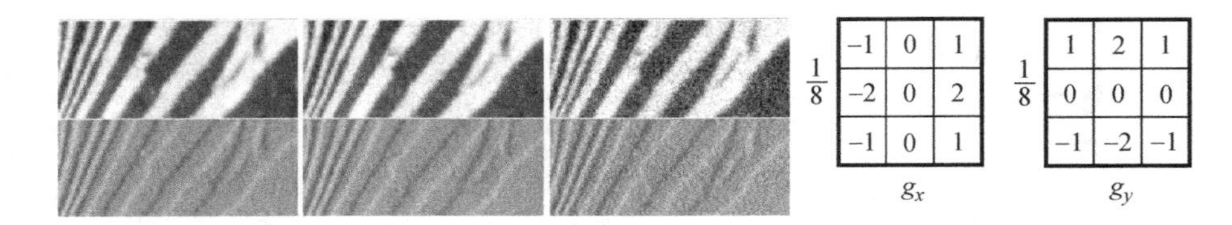

图 5-6　左图：上行从左向右为同样的图像，但是噪声逐渐增加。下行展示了将一个有限差分 x 方向梯度滤波器作用于这些图像的效果。随着噪声的增加，这些图像变得越来越粗糙。右图：x 和 y 方向的 Sobel 梯度算子

是 Sobel 算子（参见图 5-6）。尺度因子 $\frac{1}{8}$ 对边缘子检测没有影响，因为可以通过调整阈值来适应它。使用尺度因子是为了归一化梯度值。图 5-7 展示了 Sobel 算子在一幅图像上的结果，其中像素点的灰度值反映了其所在位置梯度的幅值。

图 5-7　自左向右：原始图像；利用 Sobel 算子得到的梯度图像，其中灰度值表示边缘强度；使用灰度值 64 阈值化得到的边缘子二值图像；使用灰度值 96 阈值化得到的边缘子二值图像。注意，阈值越大，边缘越少

无论如何，噪声为边缘检测带来了严重的问题。一旦噪声超过一定的程度，没有一个算子能够精确地检测边缘子（参见图 5-8）。因此，处理噪声非常重要。最常用的处理方法是首先对图像进行低通滤波以平滑掉图像中的噪声。为此，常常使用高斯滤波器，因为它具有减少高频泄漏的特性。边缘算子之后被应用于平滑后的图像来实现边缘检测。图 5-9 以一维信号为例对此进行了图解。

平滑和梯度滤波可以通过一个滤波器实现。

$$\frac{\partial}{\partial x}(h \star f)=\frac{\partial h}{\partial x} \star f \tag{5-6}$$

这意味着，将梯度滤波器 $\left(\frac{\partial}{\partial x}\right)$ 作用于与低通滤波器 h 卷积后的函数 f 的效果等价于先将梯度滤波器作用于低通滤波器 $\left(\frac{\partial h}{\partial x}\right)$，然后再将得到的新滤波器与 f 卷积。因此，我们可以将高斯低通滤波器的导数作为一个滤波器，再通过该滤波器与图像的卷积得到想要的梯度图像。如图 5-10 所示。

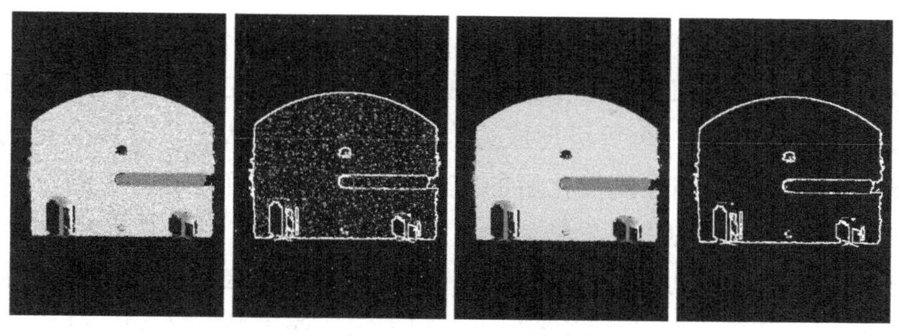

图 5-8 该图展示了使用 Sobel 算子以及灰度值 150 阈值化时噪声对边缘检测的影响。自左向右：原始图像，原始图像上的边缘检测结果，去噪后的原始图像，以及在去噪后图像上的边缘检测结果

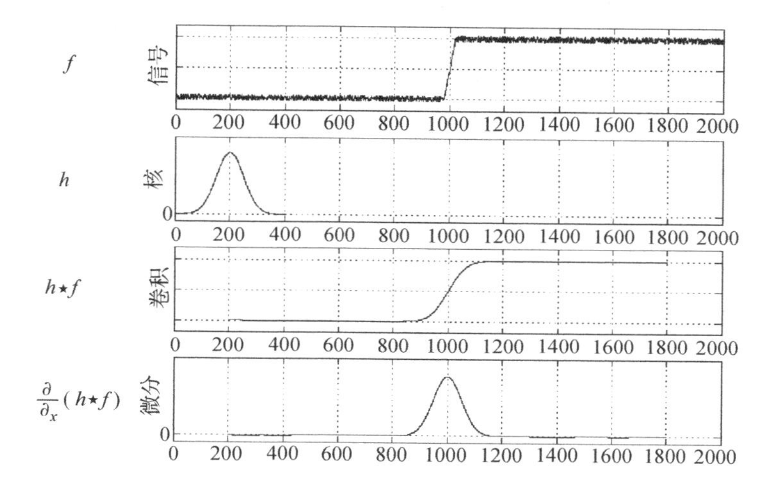

图 5-9 该图展示了噪声函数（f）首先被高斯滤波器（h）光滑得到 $h\star f$，然后再与$g_x=\frac{\partial}{\partial x}$卷积得到$\frac{\partial}{\partial x}$（$h\star f$）

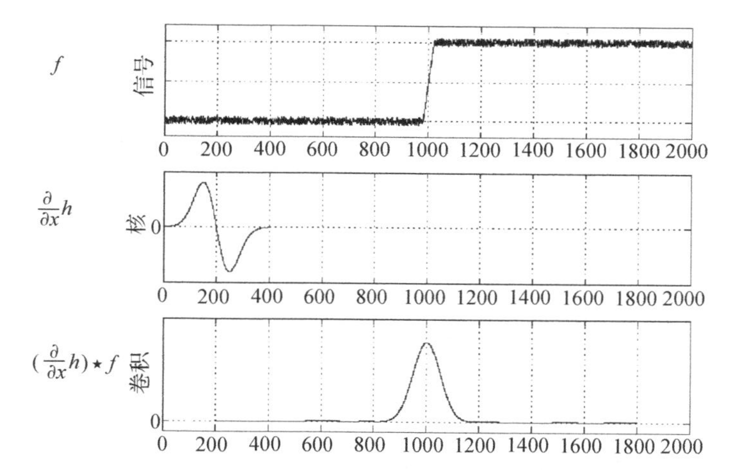

图 5-10 该图展示了噪声函数（f）与高斯函数的梯度$\frac{\partial h}{\partial x}$进行卷积得到$g_x=\frac{\partial h}{\partial x}\star f$

基于曲率的检测器

基于梯度的检测器效果不错，但还是存在两个问题。首先，对于梯边缘和坡边缘（亮度逐渐从一个等级变化到另一个等级形成边缘，而不是突然从一个等级变化到另一个，然后又变回原来的等级），它们在阈值化后的定位能力（即精确确定边缘的位置）不好，这一点对于比较粗的边缘尤其明显。

这是由于，取决于边缘处阶梯或斜坡的平滑程度，梯边缘或坡边缘会在多个相邻像素处产生响应。其次，基于梯度的检测器对于不同方向边缘的响应不同。结果，取决于使用的阈值，基于梯度的检测器可能会漏掉一些边缘，因为所用的阈值对某些方向的边缘比对其他方向的边缘可能会更有利。

基于曲率的边缘检测器缓解了这些问题。这些检测器的基本思想基于这一认识：边缘出现在图像的一阶导数（或梯度）达到最大或最小值的地方。这意味着在边缘位置二阶导数或曲率应该出现过零点（参见图 5-11）。基于曲率的检测器的目标就是检测这些过零点以找到边缘的精确位置，并标出这些像素。这样的边缘检测器常被称为 Marr-Hildreth 边缘检测器，以纪念首先提出它的科学家。该检测器的优点是它对所有不同方向的边缘的响应接近，而且能找到边缘的正确位置。

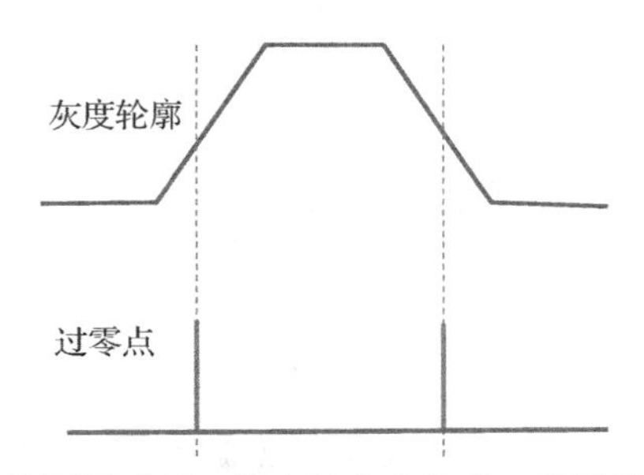

图 5-11　该图展示了一维空间中边缘的二阶导数的过零点

二维函数的曲率等于它在两个正交方向上的曲率的和

$$\nabla^2 f=\frac{\partial^2 f}{\partial x^2}+\frac{\partial^2 f}{\partial y^2} \tag{5-7}$$

对于数字数据，某个像素位置处 x 方向的曲率可以使用有限差分计算得到。像素（x，y）处的曲率等于（x，y）和（$x+1$，y）处的梯度g_x和g_{x+1}的差，即

$$g_x-g_{x-1}=f(x+1,y)-f(x,y)-(f(x,y)-f(x-1,y)) \tag{5-8}$$

$$=f(x+1,y)-2f(x,y)+f(x-1,y) \tag{5-9}$$

如果我们使用同样的有限差分梯度计算垂直方向的曲率，并将它与上述水平方向的曲率相加，那么所得的曲率算子将会包含像素本身及其左、右、上、下四个近邻像素（即四连通邻域）。类似地，如果也考虑对角像素，基于有限差分的曲率计算公式将会包含像素周围的全部八个近邻像素（称为八连通邻域）。因此得到的滤波器称为拉普拉斯算子，如图 5-12 所示。图像与拉普拉斯算子卷积后，过零点位置的像素被标记为边缘像素。为了找到过零点，卷积结果图像首先被阈值化，以保留接近 0 的值。然后检查每个被标记的像

素的近邻，如果其中同时出现正值和负值，那么相应的像素位置就是过零点。

在应用拉普拉斯算子前，同样需要将图像与高斯函数进行卷积以降低噪声的影响。图像先与高斯函数卷积再与拉普拉斯算子卷积的结果等价于将图像只与由高斯函数同拉普拉斯算子卷积形成的滤波器进行一次卷积的结果。这样的滤波器称为高斯的拉普拉斯（Laplacian of Gaussian 或 LoG）算子（参见图 5-13）。然而，这样做便不能再使用不同大小的高斯函数和拉普拉斯函数。

0	−1	0
−1	4	−1
0	−1	0

−1	−1	−1
−1	8	−1
−1	−1	−1

图 5-12 仅考虑四个垂直方向的相邻像素（左图）和考虑全部八个相邻像素（右图）的拉普拉斯算子

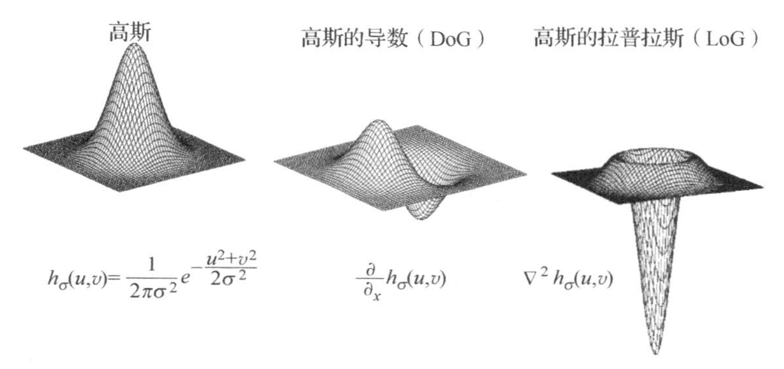

图 5-13 该图展示了一个二维高斯滤波器、它的导数和一个 LoG 滤波器，以及它们对应的方程。对这些函数采样即可得到我们讨论过的用于边缘检测的滤波器

LoG 算子的同样效果常常可以通过将高斯滤波器与三角波函数相减得到（注意这不同于将三角波函数与高斯滤波器相减得到的高通滤波器）。这是因为这样的滤波器的形状直观上与 LoG 滤波器的非常相似。图 5-14 展示了基于曲率的检测器在一幅图像上的结果。

图 5-14 原始图像（左图），以及使用基于曲率的检测器（中图）和 Canny 边缘检测器（右图）检测得到的边缘

然而，基于曲率的检测器对于薄边缘在精确定位边缘位置方面并没有优势（参见图5-15）。薄边缘是由于亮度值从一个等级变换到另一个，然后又变回与原来等级接近的亮度形成的（不同于亮度只是从一个等级变化到另一个的坡边缘）。如图5-15所示，对于薄边缘，在同样的边缘处会检测到两个过零点。这一现象常常会导致假边缘。阈值化的参数也会造成一些边缘无法检测到。这些没被检测到的边缘被称为漏检的边缘。在图5-14中我们可以清晰地看到这一点，大部分边缘有重影，同时还有一些假边缘。

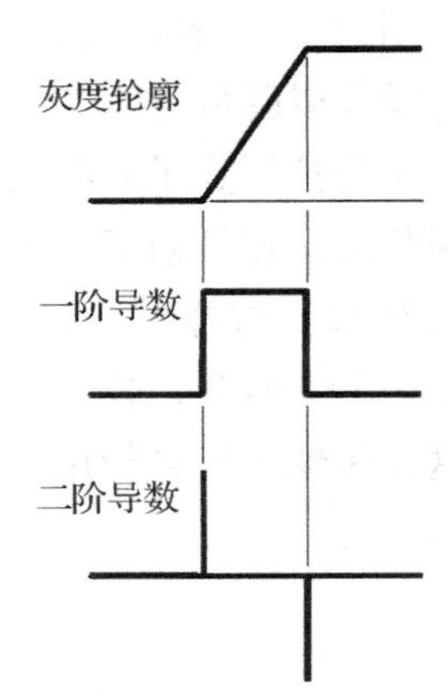

图5-15　该图展示了在单像素位置过零点可能并不会出现，因而无法提供精确的边缘定位

Canny 边缘检测器

Canny 边缘检测器努力缓解基于梯度和基于曲率的检测器所面临的所有问题。Canny 首先总结了一个最优的边缘检测器应该具备的性质，然后设计一种能满足这些性质的方法。根据 Canny 的总结，一个最优的边缘检测器应该满足好的检测（Good Detection）、好的定位（Good Localization）和最小响应（Minimal Response）等性质。好的检测是指滤波器应该只对边缘而不对噪声响应，从而可以尽量少地出现假边缘。好的定位是指检测到的边缘尽量接近边缘的真实位置。最小响应则是指在边缘的正确位置只有一个单点响应。在这些不同目标之间需要达到一种平衡。真实图像都会受到噪声的影响，因此平滑或低通滤波可以改进边缘检测效果，但是会有损精确定位和最小响应。事实上，我们目前讨论过的方法都存在不精确检测和不精确定位的问题。

名人轶事

大卫·考特尼·马尔（1945～1980）是一名英国神经科学家和心理学家。他被认为在重燃人们对计算神经科学的兴趣方面发挥了重要作用。他综合了心理学、人工智能和神经生理学领域的成果，开创了新的视觉处理模型。Marr-Heldrith 边缘检测器是他的标志性成果之一，该成果由马尔与他的学生埃伦·希尔德雷思设计。马尔和希尔德雷思建模了人脑中的边缘检测操作，首先由相邻的最小值和最大值检测细胞检测，它们的响应再由邻近位置的过零点检测细胞通过一个逻辑与操作综合到一起。根据这一模型进行边缘检测的 Marr-Heldrith 算子最早于1980年被提出。有趣的是，科学家休伯尔和威泽尔在我们的视觉处理流程中发现了所有这些预测细胞的存在，尽管那已是马尔去世之后的事。神经节细胞中一个称为侧抑制的过程会执行卷积操作。大脑皮层中的单细胞对神经节细胞发出的最大值和最小值作出响应。最后，在这些单细胞附近的复杂细胞已发现发挥着过零点检测的功能。因此，Marr-Heldrith 边缘检测器是与我们人

类大脑最接近的一种检测器。马尔因为白血病在35岁时便英年早逝。他的成果被汇编成了专著《视觉：对人类表示和处理视觉信息的计算学考察》。该专著在1979年夏即已大体完成，在马尔逝世后的1982年出版，并在2010年再版。计算机视觉领域最负盛名的奖项之一，马尔奖，就是为了纪念他而设立的。埃伦·希尔德雷思现在是卫斯理学院的一名教授，还在继续研究人类视觉的计算模型。

基于以上目标，Canny提出了一种四步法：（a）使用低通滤波器抑制噪声，（b）计算梯度幅值和方向图，（c）对梯度幅值图使用非极大值抑制，（d）运用迟滞和连通分析检测边缘。

第一步，图像首先被高斯滤波器低通滤波。然后，使用标准的Sobel算子计算梯度强度和方向。此时，我们已经实现了好的检测与好的定位，但是尚未实现最小响应。为了确保最小响应，我们采用非极大值抑制技术。边缘的确切位置在梯度达到极大值的地方。根据这一原理，如果在某个标记像素处，梯度的强度没有达到极大值，那么它就应该被抑制掉。每一个标记像素可能是边缘的一部分，根据考虑的是四连通还是八连通邻域，具有四个或八个方向中的一个。计算所得的梯度p被设置为这些值中的一个。对于具有相同方向的两个近邻，如果它们的梯度强度超过了p，那么p的梯度将被抑制（设为0）。将这样的操作应用于每一个标记像素，我们就能实现最小响应，使得每个边缘被检测为单像素。

最后，通过迟滞分析去除条纹。当前一步的输出在某个阈值的上下波动时，边缘就会发生破碎，从而形成条纹。在迟滞分析中，我们使用两个阈值L和H，且$L<H$。如果某个像素处的梯度高于H，该像素将被标记为强边缘像素，而梯度低于L的像素被认为并非边缘像素，因而不会被标记。梯度值介于L和H之间的像素被认为是弱边缘像素，作为候选的边缘像素，再由后续的连通分析进行评估。如果一个弱边缘像素至少与一个强边缘像素相连通，那么它将会被认为是一个强边缘的延续，因而被标记为边缘像素。通过这种方法，我们可以去除假的短边缘，因为我们假设边缘是较长的线。图5-16展示了这一过程的不同步骤。图5-14比较了Canny边缘检测器和基于梯度的Marr-Heldrith边缘检测器。

图5-16 该图展示了Canny边缘检测器的不同步骤。自左向右：原始图像，梯度幅值图，非极大值抑制后的图像，应用迟滞分析后的最终图像

名人轶事

John F. Canny（约翰·坎尼）是一名澳大利亚科学家，他现在是加利福尼亚大学伯克利分校电子工程与计算机科学系的教授。他因为设计了最有效的边缘检测器而闻名于世，并因此获得了 1987 年的 ACM Doctoral Dissertation and Machtey 奖。他还因为 1983 年在人工智能大会上发表的一篇最具影响力的论文获得了 2002 年美国人工智能学会经典论文奖。Canny 在机器人和人类认识学领域也有很多开创性的贡献，并因此而闻名。

值得注意的是，每一种边缘检测器都依赖于一些参数，包括所使用的高斯滤波器的大小（通常由噪声的强度决定）、选择的阈值和考虑的是四连通还是八连通的领域等。这些参数的不同取值可能会产生非常不同的结果。如图 5-17 所示。这就是我们对本章展示的结果不能完全相信的原因。这些结果是在精心挑选的参数值下得到的。因此，我们相信这些结果公平地反映了不同方法的优缺点，但是它们的确可以通过调整参数得到与想要的结果接近的结果。

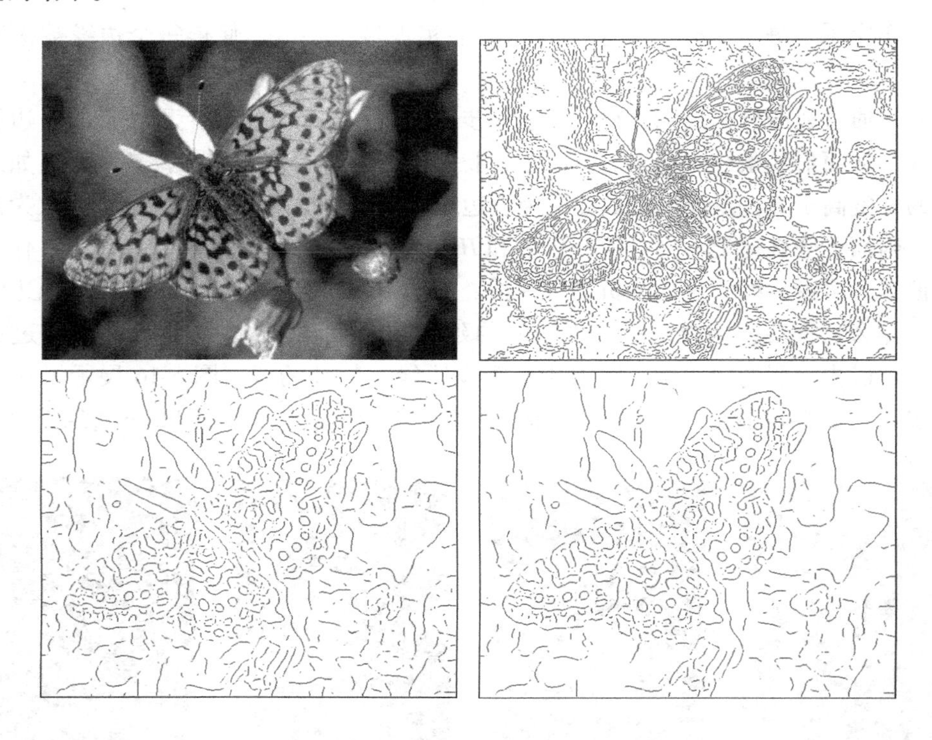

图 5-17 该图显示了尺度和阈值的影响。上方右侧和下方左侧的图分别展示了使用较小和较粗的尺度对上方左侧的图片实行边缘检测的效果。下方右侧的图与左侧的图相比使用了同样的尺度但是阈值更高

5.1.2 多分辨率边缘检测

图像中的边缘可能有不同的分辨率，或粗或细，或尖锐或平滑。较大范围内的亮度变化（即图像亮度比较平滑的变化）形成低分辨率边缘，而较小范围内的亮度变化形成高分辨率边缘。认知方面，较低分辨率的边缘比较高分辨率的边缘对于检测物体、光照以及它们相互间的交互更加重要。然而，由非常缓慢变化的坡形成的低分辨率边缘不会被检测到，除非图像被低通滤波去除高频，并用少很多的像素点重新采样，以使同样的边缘成为梯边缘或尖锐得多的坡，从而更容易被检测到。图 5-18 展示了这一效果，其中图像被用逐步变宽的核低通滤波，而变宽的核意味着能通过的频带更窄，再对这些低通滤波后的图像进行边缘检测。这就是我们所说的多分辨率（Multi-Resolution）边缘检测。

图 5-18 该图展示了多分辨率边缘检测在两幅不同图像上的效果。这些图像被越来越宽的高斯核低通滤波（对于车轮图像按照顺时针方向，对于雕塑图像按照自左向右的方向），然后进行边缘检测。随着核变宽，细小的边缘消失了，而较粗的边缘仍然留着

在讨论不同边缘检测器时，我们也顺便讨论了用于去噪的低通滤波的作用。然而，这并非使用低通滤波或平滑的唯一原因。它更大的作用在于多分辨率边缘检测，建立边缘图像金字塔，其中每一层给出一个特定分辨率下的边缘。随着层次的增加，低通滤波器核的大小也增加，逐步形成低通滤波的图像（与高斯金字塔类似）。随着在更高的金字塔层中图像变得越来越模糊，更高分辨率的边缘（亦即更细小尺度的边缘）将会消失。而较低分辨率的边缘（即较粗尺度的边缘）在不同层次上都能被保留。有一些边缘在认识上更加显著，对于人类感知作用更大。但是，如图 5-18 所示，不同类型的边缘可以通过改变分辨率和阈值参数检测到。

下一个问题是找到多分辨率边缘图金字塔的不同层中的对应边缘有多容易。结果表明，这远比我们想象的要复杂，主要是因为同样的边缘在金字塔的不同层中被检测到的位置会略有不同。然而，人类可以以远好于 Canny 检测器的精度做到这一点。要证明这一点，你只需观察图像几秒钟，便能轻易地检测到它们之间的对应关系，至少对于较大尺度的边缘可以做到。Witkin 的一个开创性工作表明边缘检测中的多分辨率操作在人类大脑中

是以连续的方式而非离散的方式进行的。边缘在这些连续层次上的特征具有一些可被预测的模式。这些模式最重要的特点有：（a）随着尺度变粗，边缘的位置会发生平移，但是平移不会很大也不会间断；（b）两个边缘可以合并成更粗尺度的边缘，但较粗尺度的边缘不会分解成两个边缘。这些模式特点被人类用来确定不同层次边缘的对应关系。由于在计算机中实现接近连续尺度的边缘几乎是不可能的，所以自动确定不同层次上的对应边缘仍然是一个挑战。

5.1.3　边缘子聚合

边缘检测器产生位于边缘上的边缘子。下一步是将这些边缘子组合成更长的边缘的集合。这看起来没什么难的，只需要从一个像素开始追踪那些边缘即可。但是这只在理想情况下成立。正如你在前几节看到的例子那样，边缘子并不能被完美地检测到。一条边的某些部分可能会缺失，而在本来没有边缘的地方可能会检测出一些小的边缘。结果使得聚合边缘子要复杂得多。有两种聚合方法。一种运用局部边缘连接法跟踪出长边缘，另一种使用全局边缘连接法将多个边缘子划分为同一条边缘。

通过局部聚合的路径跟踪

在检测边缘子的过程中，几乎所有的边缘检测器都会产生有关边缘子的幅值和方向的信息。局部边缘连接法通常从任意一个边缘点开始，然后将其局部邻域中的像素添加到具有类似方向和幅值的边缘集中。这样做的基本前提是具有类似性质的相邻边缘子很可能属于同一条边。新加进来的边缘子的邻域被依次处理。如果边缘子不满足条件，那么我们便已到达一条边的终点，因而停止跟踪。然后从不属于已经发现的边缘集的边缘子中选择一个作为新的起点，重复上述跟踪过程。当所有边缘子都已连接成一条边或者都已经尝试连接过，算法结束。

局部边缘连接法中的基本过程包括对一系列边缘子的跟踪与遍历。有分支的边缘按照类似于树遍历中的广度优先或深度优先的方法处理。局部聚合方法的一大优点是它们能被用于发现任意曲线。概率方法也可以用来通过全局松弛标记法实现更好的边缘检测。图5-19展示了连接边缘的一个例子，其中连接后的每一条边用不同的，但不总是唯一的，颜色显示。

通过霍夫变换的全局聚合

连接边缘的另一种方法是确定图像中的参数化边（如直线和圆、抛物线那样的参数化曲线），这样我们不但可以找到边缘，还可以以一种更加紧凑的方式表示它们，这种紧凑的表示方式可以用于其他一些目的，比如找出如何将一幅图像缩放或旋转后生成另一幅图像。这种表示方式也被称为边缘或图像的向量化表示。计算这种向量化表示的最常用的方法是使用一种称为霍夫变换（Hough Transform）的基于投票的方法。

为了理解这一点，假设我们希望在边缘子图像中找到直线。考虑图像中能够出现的所有不同直线的集合。如图5-20所示，这些直线中只有一小部分会通过点（x，y），更多的直线并不会经过点（x，y）。霍夫变换的第一步是找出通过（x，y）的直线集合。经过（x，y）的直线可以用方程 $y=mx+b$ 表示，其中 m 和 b 分别为直线的斜率和截距。满足给定坐标（x，y）的方程的 m 和 b 的所有取值的集合定义了经过（x，y）的所有直线的集合。

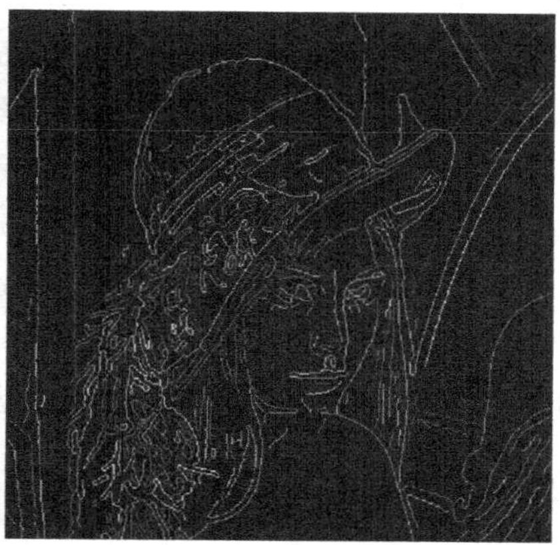

图 5-19 该图展示了局部边缘聚合的效果。左图：原始图像。右图：使用 Canny 边缘检测器检测边缘子，再通过局部聚合连接这些边缘子得到的图像。连接后的每条边使用不同的颜色显示，但是颜色不一定是唯一的（见彩插）

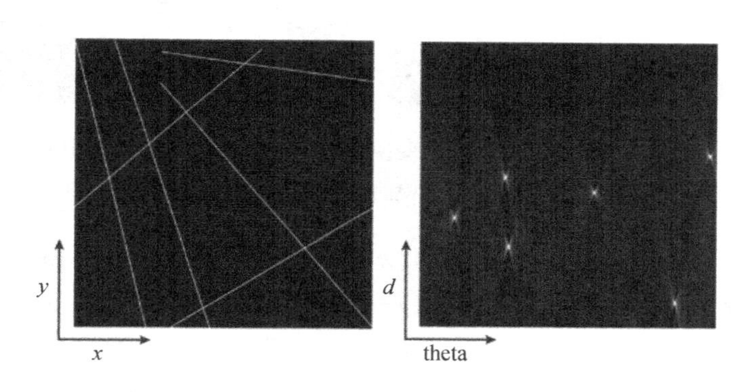

图 5-20 这些图解释了对偶空间。左图：检测为边缘子的图像空间 (x,y) 中的不同直线。右图：对应的投票后的霍夫空间。注意极大值的数目等于图像中的直线的数目

现在让我们考虑由 m 和 b 张成的二维空间。图像空间中经过 (x, y) 的每条直线由特定的斜率和截距定义，因此可以表示为 (m,b) 张成的空间中的一个点。比如，x 轴是一条斜率和截距都等于 0 的直线。所以，在 (m,b) 空间中，它将被表示为原点 $(0,0)$。直线方程可以写成

$$b=y-mx \tag{5-10}$$

因此，对于一个已知的 (x, y)，上式将形成 (m,b) 空间中的一条直线，表示了通过点 (x, y) 的所有直线的集合。换句话说，(m,b) 空间（为了纪念其发明者被称为霍夫空间）是 (x, y) 的对偶空间，因为 (x, y) 空间中的一个点表示 (m,b) 空间中的一条线，反之亦然。

我们将采用下述方法确定参数化的边缘。对于每一个检测到的边缘子 (x, y)，我们将对通过该边缘子的所有直线在 (m,b) 空间中进行投票，也就是由 $-b=mx-y$ 决定的直线。当边缘图像中确实出现了直线 $y=mx+b$ 时，该直线上的所有边缘子将投票给 (m,b)

空间中的同一个点（m,b）。因此，一条边缘的出现对应于（m,b）位置的大量投票。在所有边缘子投票结束后，我们便可以在（m,b）空间中找出极大值点，并根据这些极大值点计算出斜率和截距，进而得到检测到的直线的参数化方程。然而，竖直线的 m 为无穷大，因而在（m,b）空间很难处理。因此，我们使用直线的极坐标形式，其中直线由它到原点的距离（d）以及与 x 轴的夹角（θ）表示。这种情况下，霍夫空间由（d,θ）而不是（m,b）定义。图 5-21 展示了一个简单的边缘子图像的图像空间及其对偶的霍夫空间。我们将霍夫空间可视化为一幅灰度图像。图中有五个极大值（用白色亮斑表示），代表了图像中的五条直线。图中也展示了用霍夫变换检测直线的结果。

图 5-21　该图展示了边缘检测后使用霍夫变换得到的一幅图像（左图）中的直线（右图）。注意由于阈值化的误差，可能会检测出一些假的边缘（比如右图中的左侧位置）

类似的技术也可以用于检测其他参数化对象，比如圆和抛物线。参见图 5-22。让我们考虑这样一种情况。一个圆的方程定义为$(x-c_x)^2+(y-c_y)^2=r^2$，其中（c_x，c_y）为圆心，r 为半径。相应的霍夫空间为由（c_x，c_y，r）张成的三维空间。因此，为了找到图像中的圆，我们需要在这样的三维空间中统计投票和寻找极大值。此外，$r=\sqrt{(x-c_x)^2+(y-c_y)^2}$ 是一个二次曲线，所以，图像空间中的一个点对应于霍夫空间的一个二次曲线。

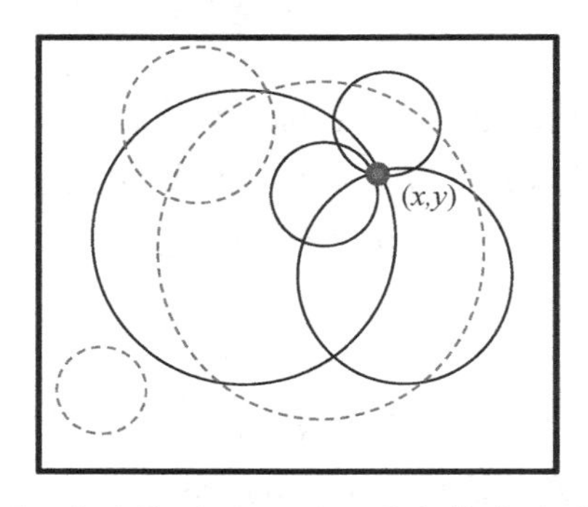

图 5-22　该图展示了一个边缘子（x，y）。蓝色线表示通过（x，y）的一些可能的圆，而红色线表示了一些不通过（x，y）的圆（见彩插）

5.2　特征检测

特征通常是指有别于其周围区域的一个或一组像素。本章截至目前关注的是边缘特征。虽然特征常常可以由能被边缘检测器检测到的多条直线的交点形成，本节我们将探究用于一般特征检测的一些非线性算子。我们要讨论的第一个非线性算子称为 Moravec 算子，它衡量一幅图像在一个点附近的自相似度。那么什么是自相似度呢？对于一个像素点（x，y），自相似度是指覆盖了（x，y）的那些图像块之间有多相似。图像中的大部分像素点都具有较高的自相似度。边缘上的像素在边缘垂直方向上不相似，而角点在任意方向上都不相似。事实上，特征一般是一个覆盖该点的邻域图像块变化很大的点。

下一个问题是该如何计算自相似度。图 5-23 给出了一个例子。在该例子中，我们计算A_5的自相似度。我们将像素A_5周围的 3×3 的邻域作为一个图像块 A，其中包括像素$A_1...A_9$。让我们考虑另一个与 A 重叠的 3×3 的图像块，记之为 B。共有九个这样的邻域图像块，其中的一个在图 5-23 中用绿色显示。A 和 B 之间的相似度定义为

$$S_{AB}=\sum_{i=1}^{n}(A_i-B_i)^2 \tag{5-11}$$

		B1	B2	B3	
	A1	A2 B4	A3 B5	B6	
	A4	A5 B7	A6 B8	B9	
	A7	A8	A9		

图 5-23　该图展示了自相似度算子。A_5 属于用红色显示的 3×3 的图像块。另外两个邻域图像块分别用蓝色和绿色显示。A 和 B 区域中对应像素点也被标示了出来，它们的平方差反映了自相似度（见彩插）

如果我们将 A 的全部九个邻域图像块的相似度相加，所得结果是对 A 与其所有邻域图像块的相似度的一个估计。如果我们按照类似的方法计算图像中每个像素的自相似度，那么在所得的自相似度图像中的极大值点是角点。

Moravec 算子还存在一些局限性。如果存在单像素的噪声，那么 Moravec 滤波器也会对其产生响应。Moravec 对边缘也有响应。此外，该滤波器不是各向同性的（Isotropic）。这意味着，图像被旋转后，像素点的分类也会发生改变。因此，如图 5-24 所示，该算子不具有旋转不变性。

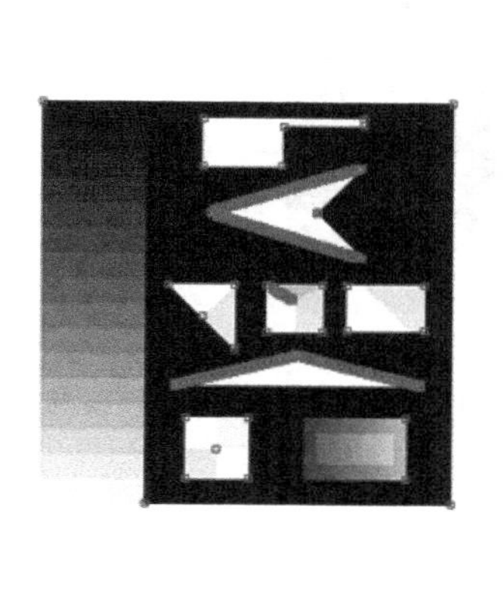

图 5-24　该图展示了图像方向被旋转 30 度前后 Moravec 滤波器检测到的特征（用红色显示）。大量不同的像素点被检测成了角点（见彩插）

为了缓解这一问题，Harris & Stephens-Plessey 角点检测器被提了出来。图 5-25 展示

了该角点检测器的结果。该方法首先生成梯度图像g_x和g_y。然后，每个像素（u，v）附近的曲面的几何特征可以用下述矩阵定义

$$A = \sum_u \sum_v w(u, v) \begin{pmatrix} g_x(u, v)^2 & g_x(u, v)g_y(u, v) \\ g_x(u, v)g_y(u, v) & g_y(u, v)^2 \end{pmatrix} \tag{5-12}$$

其中，$w(u, v)$ 是随到（u，v）的距离而减小的权重。该矩阵的两个特征值，$\boldsymbol{\lambda}_1$ 和$\boldsymbol{\lambda}_2$，与（u，v）处的主曲率成正比。如果这两个特征值都很小，那么（u，v）位置没有特征。如果两者中的一个比较大，那么（u，v）处存在一条边。只有当两个特征值都比较大时，（u，v）处有一个角点。如图 5-26 所示。有趣的是，可以理论证明，如果 w 是高斯的，那么该角点检测器是各向同性的，即旋转不变的。

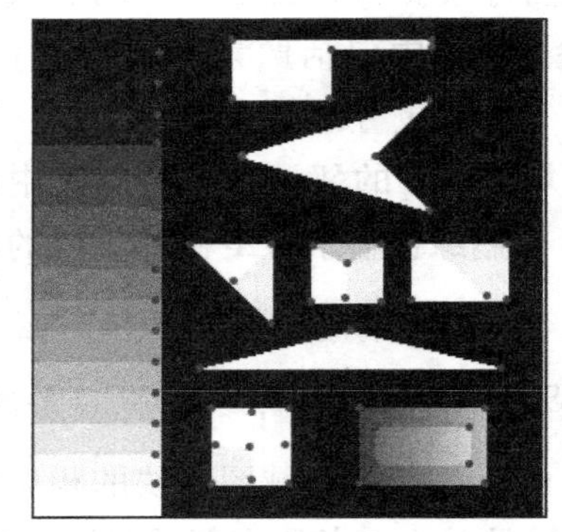

图 5-25 该图展示了 Harris & Stephens-Plessey 角点检测器的结果，角点在图中用圆点显示

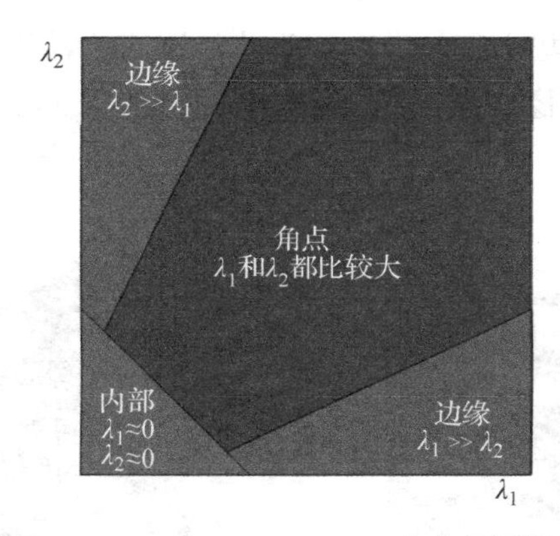

图 5-26 该图展示了 Harris & Stephens-Plessey 角点检测器是如何根据两个特征值$\boldsymbol{\lambda}_1$ 和$\boldsymbol{\lambda}_2$ 的大小来检测角点的

5.3 其他非线性滤波器

现在让我们讨论一些并不是用于特征检测的非线性滤波器。你将会理解到这样的滤波器可以如何应用于其他领域。

为此，我们首先介绍中值滤波器（Median Filter）。该滤波器与均值滤波器或盒式滤波

器那样的线性滤波器非常相似。在盒式滤波器中，一个像素邻域内所有像素的均值被用来代替该像素处的值。盒式滤波器能够对函数进行有效的平滑，因而常常被用于去噪。在中值滤波器中，像素值将被其邻域内所有像素的中值（而非均值）代替。因为使用了中值，所以中值滤波器是非线性的。

中值滤波器可用于去除离群点，即那些取值明显不同于其邻域点的点。不同应用中的离群点可能是因为不同的设备缺陷造成的。例如，相机的死点会使该点处的像素值总是为 1 或者 0，从而形成离群点。在图像中，这样的离群点即为称作椒盐噪声（Salt and Pepper Noise）的噪声——离群点像素由于系统问题或者常黑或者常白。不同于中值滤波器，均值滤波器能有效去除高斯噪声，但是不能很好处理椒盐噪声，因为均值可能会将局部的椒盐噪声的影响扩散到相邻的像素。然而，中值滤波器处理椒盐噪声要好得多，因为中值通常不会受邻域中的像素值变化的影响。图 5-27 给出了一个例子。

图 5-27 该图展示了一个中值滤波器的效果。自左向右：原始图像；加了椒盐噪声后的图像；使用盒式滤波器或者均值滤波器处理后的噪声图像；中值滤波器处理后的噪声图像。处理后几乎与原始图像完全一样

中值滤波器其实是一种称为顺序滤波器的更加一般化的非线性滤波器的特例。比如，我们可以将像素值替换为邻域像素的最小或最大值，而非中值。它们分别被称为最小值滤波器和最大值滤波器。对于通常的图像（不含椒盐噪声），这些滤波器能起到像腐蚀和膨胀那样的形态学算子的效果。腐蚀能够抑制较大的值，因而会使图像变暗，而膨胀能够将较大值的区域变大，从而使图像变亮。如图 5-28 所示。它们构成了称为形态学算子的一系列图像处理方法的基础。

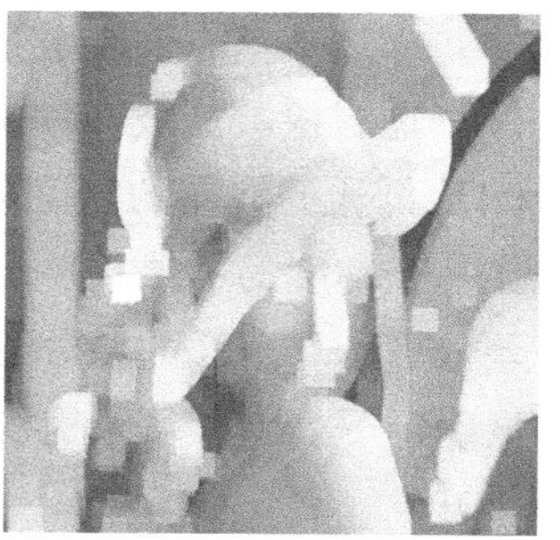

图 5-28 该图展示了最小值（中图）和最大值（右图）滤波器在一幅图像（左图）上分别实现腐蚀和膨胀的效果

5.4 本章小结

特征检测被认为是人类视觉中底层处理的一部分。本章我们讨论了模拟人类视觉的一些基础技术，这些技术的组合能提供复杂得多的特征检测器，其中相对比较流行的有尺度不变特征变换（Scale Invariant Feature Transform，SIFT）[Lowe 04]。这些底层特征检测过程对于后续的图像分割和目标识别非常重要，后者常常需要大量借助学习到的先验知识。读者可以参考 [Forsyth and Ponce 11，Prince 12] 以了解计算机视觉中这些更高层的步骤。

本章要点

边缘检测
Sobel 算子
拉普拉斯算子
Canny 边缘检测器
多分辨率边缘检测
Moravec 算子
角点检测
中值滤波器
腐蚀与膨胀

参考文献

[Forsyth and Ponce 11] David A. Forsyth and Jean Ponce. *Computer Vision: A Modern Approach.* Pearson, 2011.

[Lowe 04] David G. Lowe. "Distinctive Image Features from Scale-Invariant Keypoints." *International Journal Computer Vision* 60:2 (2004), 91–110.

[Prince 12] Simon J. D. Prince. *Computer Vision: Models, Learning, and Inference.* Cambridge University Press, 2012.

习题

1. 检测一幅图像中的边缘时，你可以使用基于曲率的方法 C 或者基于梯度的方法 G。
   (a) 应用方法 C 需要进行一个或者多个卷积操作吗？证明你的答案。
   (b) 应用方法 G 需要进行一个或者多个卷积操作吗？证明你的答案。
   (c) 边缘检测滤波器常常组合低通滤波器和曲率或梯度滤波器。为什么？
   (d) 低通滤波器的宽度会如何影响你能检测到的边缘的分辨率？
2. 在基于梯度的边缘检测算法中，梯度可以用差分来近似。下面列出了三个这样的差分算子。这样的差分可以看成是 $f(x,y)$ 与滤波器的脉冲响应 $h(x,y)$ 的卷积。试确定下列差分算子对应的 $h(x,y)$。
   (a)
$$f(x,y)-f(x-1,y)$$
   (b)
$$f(x+1,y)-f(x,y)$$

(c)

$$f(x+1,y+1)-f(x-1,y+1)+2[f(x+1,y)-f(x-1,y)]+$$
$$f(x+1,y-1)-f(x-1,y-1)$$

3. 考虑一个边缘检测方法生成的二值图像，其中标记了所有的边缘像素。我们可以使用霍夫变换来检测图像中是否有圆。以（a，b）为圆心、c 为半径的圆的方程为 $(x-a)^2+(y-b)^2=c^2$。
   (a) 霍夫空间的维数是多少？
   (b) 写出每个像素（x,y）对应于霍夫空间中的对象的方程。
   (c) 根据该方程推断与每个像素（x,y）对应的霍夫空间中的对象的形状。
4. Harris 角点检测器对下述哪些变换具有不变性：缩放、平移，还是旋转？证明你的答案。
5. 考虑方程 $y=ax^2+bx+c$ 定义的抛物线。
   (a) 霍夫空间的维数是多少？
   (b) 抛物线在霍夫空间中对应的对象是什么？
   (c) 霍夫空间中的对象的方程是什么？
6. 考虑一个 Harris 角点检测器，该检测器的 $M(x,y)$ 是像素（x,y）处的 Hessian 阵。
   (a) 当 $M(x,y)$ 的最大特征值远大于其最小特征值时，（x,y）处的像素是角点吗？证明你的答案。
   (b) $M(x,y)$ 的所有特征值都是正的吗？你在（a）中证明的选择角点的准则对于负特征值也有效吗？
7. 利用卷积的性质解释为什么下式成立？

$$f*\frac{\partial h}{\partial x}=\frac{\partial f}{\partial x}\star h$$

基于几何的视觉计算

第6章

Introduction to Visual Computing: Core Concepts in Computer Vision, Graphics, and Image Processing

几何变换

几何变换一般是指将一个几何实体（如点、线、物体）变换成另一个。几何变换可以在任何维度上进行。比如，一幅二维图像可以通过平移、缩放或者对其每个像素进行不同的变换转变成另一幅图像。又比如，一个三维物体，如立方体，可以转变成一个平行六面体或者一个球。我们将所有这样的变换都称为几何变换。通常，二维图像变换也被称为图像扭曲（Image Warp）。

6.1 齐次坐标

在介绍几何变换之前，我们先介绍有关齐次坐标的重要概念。如图 6-1 的左图所示，图中有一条红线，P'是红线上的一个点。让我们考虑非常简单的一维空间，此时 P'的坐标可以记作 p。让我们进一步考虑更高维的二维空间。在该空间中，假设这条红线位于 $y=1$。从二维空间的原点开始画一条通过点 P'的射线。考虑该射线上的一个点 $P(x,y)$。将一维空间中红线上的点 P'用 x 和 y 表示。根据相似三角形原理，我们有 $p=\frac{x}{y}$。此外，从原点开始的该射线上的任一点可以表示成（kx，ky），其中 $k\neq 0$，而且 p 的取值不会因为 P 在这条射线上的位置的变化而改变。

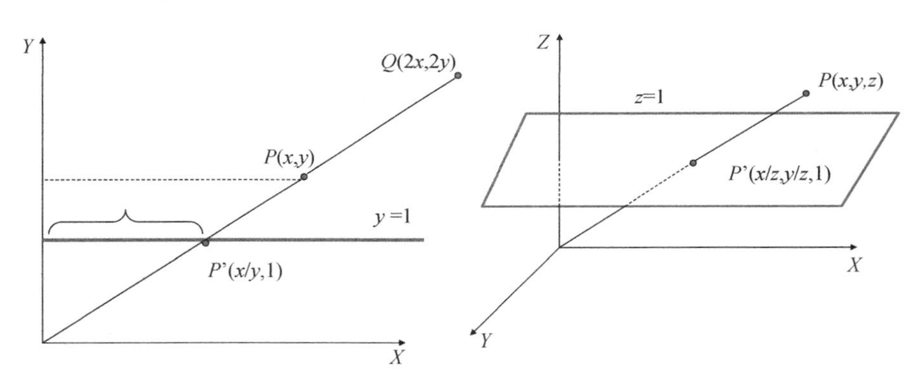

图 6-1　一维（左图）和二维（右图）齐次坐标（见彩插）

图 6-1 左图中，一维世界中的点 P'被嵌入到二维世界中时，可以看成是二维世界中一条射线上所有点的投影，而投影的二维坐标为$\left(\frac{x}{y}, 1\right)$。因此，一维世界中的任何一个点都可以看成二维世界中的一条射线在特定一维世界上的投影，在图 6-1 左图中即为 $y=1$ 的一维世界。这便是所谓一个 n 维点的（$n+1$）维齐次坐标。所以，$\left(\frac{x}{y}, 1\right)$是一维点 P'

的二维齐次坐标。同时，$\left(k\dfrac{x}{y},\ k\right)$指同样的射线，只是投影是在 $y=k$ 平面上。因为它们指向了同样的射线，所以这两个齐次坐标被认为是等价的。

接下来让我们将这一概念扩展到更高维度。参见图 6-1 中的右图。考虑其中红色标示的二维世界以及该平面上的一个点 P'。该点可以看成是三维世界中从原点出发经过 P'的一条射线的投影。基于此，我们可以得到二维点 P'的三维齐次坐标。

将这一概念扩展到三维世界，很明显我们将得到三维点的四维齐次坐标。在齐次坐标表示中，最后一个坐标表示点所在的低维超平面，并不一定是 1。但是，在处理不同对象时，假定它们在同一个超平面上对于我们而言很重要。实现这一点最简单的做法便是归一化齐次坐标。比如，对于四维齐次坐标（x,y,z,w），当 $w\neq1$ 时，我们将它归一化为$\left(\dfrac{x}{w},\ \dfrac{y}{w},\ \dfrac{z}{w},\ 1\right)$。

虽然将点当成高维空间中的射线看起来有些奇怪，但是这并非启发式的做法。直观上，这源于人们对由二维图像恢复三维场景这类计算机视觉问题的考量。在我们人类视觉系统中，三维场景被投射成眼睛视网膜上的图像。我们的大脑将视网膜上的图像中的每一个点看成进入三维世界的一条射线。根据一只眼睛视网膜上的图像，我们无法得到除了射线以外的其他任何信息——我们只能判断哪一条射线包含了某个点，但是不能判断该点在射线上的具体位置。换句话说，我们无法解算出点的深度信息。当我们通过两只眼睛看三维世界中的同一个点时，我们可以从视网膜上的两幅投影图像得到两条不同的射线。这两条射线的交点给出了点在三维世界中的精确位置（深度）。这被称为立体视觉。希望这能够让你相信，是射线在计算机视觉和视觉认知中的重要性激发了前述射线表示方法。

这种表示方法还有其他一些实用优势。本章的所有讨论中，我们都考虑三维世界，并且用四维齐次坐标点表示。首先，让我们想想用三维坐标怎么表示无穷远处的点。唯一的方法便是（∞，∞，∞）。可是这个表示相当无用，因为无穷远处所有点的表示都是这样的，即使它们在相对于原点的不同方向上。然而，使用四维齐次坐标时，无穷远处的点将表示成（$x,y,z,0$），其中（x,y,z）表示了点相对于原点的方向。当我们归一化这一四维齐次坐标以得到三维点时，正如期待的那样，我们将会得到（∞，∞，∞）。根据以上分析，齐次坐标提供了一种表示方向（向量）的方法，并且能够区别点和方向。$w\neq0$ 意味着一个点，而 $w=0$ 意味着一个方向。

本章的剩余部分，我们将点或者向量表示成 4×1 的列向量。所以，一个点 $P=(x,y,z,1)$ 将被写成

$$P=\begin{bmatrix}x\\y\\z\\1\end{bmatrix} \tag{6-1}$$

如果 P 是一个向量而非点，那么最后一个坐标将为 0。

6.2 线性变换

线性变换是一种特殊变换。给定两个点 P 和 Q，变换 $\mathcal{L}$ 被认为是线性的，如果

$$\mathcal{L}(aP+bQ)=a\mathcal{L}(P)+b\mathcal{L}(Q) \tag{6-2}$$

其中，a 和 b 是标量。换句话说，点的线性组合的变换等于变换后的点的线性组合。这一性质不只限于两个点，对于多个点同样成立。

线性变换的含义非常重要。$aP+bQ$ 定义了一个平面，当 $a+b=1$ 时则定义了一条线。线性变换意味着要变换一条线或一个平面，我们并不需要采样其上的所有点，将这些点变换后再连接起来以得到变换后的线或平面。相反，我们只需要变换一些点，再以直线或经过直线的面把它们连接起来。这一点在计算上具有重大影响，因为我们省去了计算大量点的变换的开销，而只需要计算两个变换即可。其次，线性变换还意味着线变换后还是线、面变换后还是面。实际上，这一点可以推广到更高阶的函数。如果我们考虑度为 n 的曲线（例如，直线是度为 1 的函数、圆是度为 2 的函数等等），线性变换不会改变曲线的度。最后，线性变换可以用矩阵乘法表示，其中一个 $a(n+1)\times(n+1)$ 的矩阵表示的变换将齐次坐标表示的 $a(n+1)\times 1$ 列向量转变成另一个列向量。因此，二维空间中的线性变换可以表示为 3×3 的矩阵，三维空间中的线性变换可以表示为 4×4的矩阵。

接下来，我们将讨论三种线性变换：欧氏变换（Euclidean）、仿射变换（Affine）和透视变换（Projective）。欧氏变换保持长度和夹角不变。比如，一个正方形不会因为欧氏变换变成一个矩形。平移和旋转都是欧氏变换。仿射变换保持长度与夹角的比率不变。因此，一个正方形经过仿射变换后可能变成矩形或者菱形，但是不会变成一般的四边形。仿射变换，如剪切和缩放，能保持矩形边的平行性，使得矩形在变换以后仍然是平行四边形。欧氏变换和仿射变换都不能将有限范围内的点变换到无穷远处，反之亦然。要做到这一点，只有使用透视变换。这是什么意思呢？这意味着，通过欧氏变换或仿射变换后，平行线依然平行，相交线依然相交。但是，经过透视变换后，平行线可能会变得相交，反之亦然。这种变换就是我们在相机拍摄的图像中所看到的，比如建筑物边缘的平行线在相机图像中会变得不平行，会在图像内部或者外部的某个称为消失点的地方相交。如图 6-2 所示。

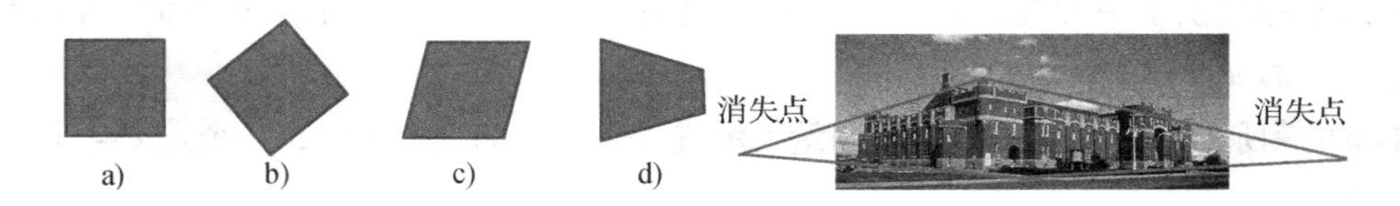

图 6-2　左图展示了不同类型的线性变换。考虑 a 中的正方形对象。b 是一个欧氏变换（夹角和长度保持不变）。c 是一个仿射变换（夹角与长度的比率保持不变）。d 是一个透视变换（平行的会变成不平行的）。右图展示了相机拍摄到的图像的透视变换以及相关的消失点

名人轶事

欧几里得（Euclid），人称几何学之父，是来自于埃及亚历山大的希腊数学家。他生活在公元前300年（距今2000多年前）。他最出名的就是他的专著《几何原本》（Elements），其中收集了在他之前的很多数学家的成果。他所确立的全新的几何体系被称为欧氏几何。当代的二维几何基本上就来自于欧氏几何。《几何原本》包含了13本著作，是迄今为止最具影响、最成功的教材之一。欧几里得证明了找到最大质数是不可能的，因为如果你找到了已知的最大质数，那么将所有已知质数的乘积再加上1，你就能得到一个新的质数。欧几里得的这一证明方法，由于其简洁明了，被普遍认为是经典证明方法中的一种。我们已经知道有数百万的质数，但是直至今日数学家和计算机科学家仍然在不断发现更多的质数。

6.3 欧氏和仿射变换

本节我们将详细探究不同的欧氏和仿射变换。对于每一种变换，我们先从简单的二维情形开始，然后再扩展到三维情形。

6.3.1 平移

平移就像听起来那样简单，它将一个点从一个位置移动到另一个位置。让我们考虑将二维点 $P=(x,y)$ 平移到 $P'=(x',y')$，且满足

$$x'=x+t_x \tag{6-3}$$

$$y'=y+t_y \tag{6-4}$$

用3×1的齐次坐标表示二维点 P 时，它的平移变换的矩阵形式可以写成

$$P'=\begin{bmatrix}x'\\y'\\1\end{bmatrix}=\begin{bmatrix}x+t_x\\y+t_y\\1\end{bmatrix}=\begin{bmatrix}1&0&t_x\\0&1&t_y\\0&0&1\end{bmatrix}\begin{bmatrix}x\\y\\1\end{bmatrix}=\mathcal{T}(t_x,\ t_y)\ P \tag{6-5}$$

注意，因为 P' 的最后一个元素是1，所以矩阵的最后一行必须是（0，0，1）。我们用 $\mathcal{T}$ 表示这个平移矩阵。所有的平移矩阵都具有同样的形式，其中最后一列为平移参数。我们将它表示成 $\mathcal{T}(t_x,t_y)$。我们使用这样的形式表示平移矩阵，其中左上角的子矩阵为单位阵，而平移参数则在最后一列。

每一个变换都有逆变换。所谓逆变换是指将变换后的点 P' 再变回到 P 的变换。直观上，一个平移变换的逆变换就是将它的参数取反后形成的另一个平移变换，即

$$\mathcal{T}^{-1}(t_x,\ t_y)=\mathcal{T}(-t_x,\ -t_y) \tag{6-6}$$

这与数学上的结论是一致的，因为 $x=x'-t_x$，$y=y'-y_t$。我们可以将这样的平移变换推广到三维情形，

$$\mathcal{T}(t_x,t_y,t_z)=\begin{bmatrix}1&0&0&t_x\\0&1&0&t_y\\0&0&1&t_z\\0&0&0&1\end{bmatrix}\tag{6-7}$$

且

$$T^{-1}=T(-t_x,-t_y,-t_z)\tag{6-8}$$

我们可以通过标准的矩阵代数找到 $\mathcal{T}$ 的逆变换以证明上述结论。

6.3.2 旋转

接下来，我们考虑另一个欧氏变换，旋转。同样我们先看一看比较简单的二维旋转。参见图 6-3，其中点 $P=(x,y)$ 旋转了 θ 角度至点 $P=(x',y')$。

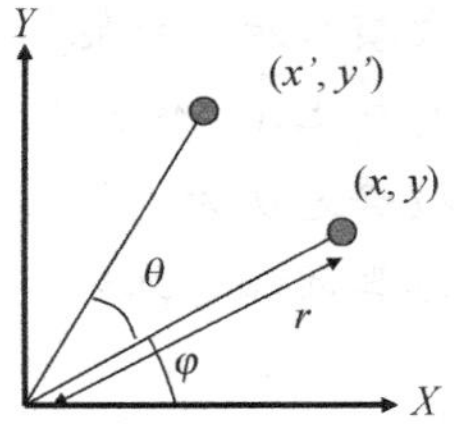

图 6-3 该图展示了点 (x,y) 被旋转 θ 角度至点 (x',y')

用极坐标表示长度为 r、角度为 ϕ 的点 P，

$$x=r\cos(\phi)\tag{6-9}$$

$$y=r\sin(\phi)\tag{6-10}$$

相应的旋转可以用以下方程表示

$$x'=r\cos(\theta+\phi)\tag{6-11}$$

$$=r\cos(\theta)\cos(\phi)-r\sin(\theta)\sin(\phi)\tag{6-12}$$

$$=x\cos(\theta)-y\sin(\theta)\tag{6-13}$$

$$y'=r\sin(\theta+\phi)\tag{6-14}$$

$$=r\sin(\theta)\cos(\phi)+r\cos(\theta)\sin(\phi)\tag{6-15}$$

$$=x\sin(\theta)+y\cos(\theta)\tag{6-16}$$

利用与前文同样的方法，我们可以将旋转矩阵 $\mathcal{R}$ 写成

$$P'=\begin{bmatrix}x'\\y'\\1\end{bmatrix}=\begin{bmatrix}\cos(\theta)&-\sin(\theta)&0\\\sin(\theta)&\cos(\theta)&0\\0&0&1\end{bmatrix}\begin{bmatrix}x\\y\\1\end{bmatrix}=\mathcal{R}(\theta)P\tag{6-17}$$

显然，$\mathcal{R}$ 的逆变换是角度为 $-\theta$ 的旋转，亦即

$$\mathcal{R}(\theta)^{-1}=\mathcal{R}(-\theta)\tag{6-18}$$

将 $-\theta$ 代入 $\mathcal{R}$，我们可以发现 $\mathcal{R}$ 的逆变换矩阵就是它的转置，即

$$\mathcal{R}(\theta)^{-1}=\mathcal{R}(-\theta)=\mathcal{R}(\theta)^{\mathrm{T}}\tag{6-19}$$

旋转矩阵的逆变换是它的转置，这一性质非常特殊且有用，且适用于所有的旋转矩阵，即使是在高维空间。

现在让我们将这一概念推广到三维。平面上的旋转可以围绕点进行，而三维旋转是围绕轴进行的。图 6-4 展示了围绕 z 轴的旋转。对于围绕 z 轴的旋转，z 坐标保持不变。旋转对 x 和 y 坐标的影响与在二维 xy 平面上的情况一样。因此，三维旋转可以用下面的方程表示

$$x'=x\cos(\theta)-y\sin(\theta)\tag{6-20}$$

$$y' = x\sin(\theta) + y\cos(\theta) \tag{6-21}$$

$$z' = z \tag{6-22}$$

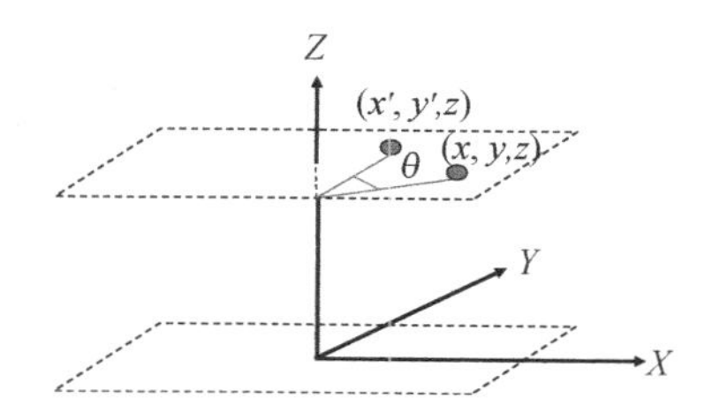

图 6-4　该图展示了点 (x,y,z) 围绕 z 轴旋转至点 (x',y',z)

在三维空间中，我们用旋转轴来区分不同的旋转。围绕 z 轴的三维旋转矩阵为

$$\mathcal{R}_z(\theta) = \begin{bmatrix} \cos(\theta) & -\sin(\theta) & 0 & 0 \\ \sin(\theta) & \cos(\theta) & 0 & 0 \\ 0 & 0 & 1 & 0 \\ 0 & 0 & 0 & 1 \end{bmatrix} \tag{6-23}$$

而它的逆变换为

$$\mathcal{R}_z(\theta)^{-1} = \mathcal{R}_z(-\theta) = \mathcal{R}_z(\theta)^T \tag{6-24}$$

类似地，围绕 y 轴的三维旋转不会改变 y 坐标，而旋转发生在 xz 平面上，相应的旋转矩阵为

$$\mathcal{R}_y(\theta) = \begin{bmatrix} \cos(\theta) & 0 & -\sin(\theta) & 0 \\ 0 & 1 & 0 & 0 \\ \sin(\theta) & 0 & \cos(\theta) & 0 \\ 0 & 0 & 0 & 1 \end{bmatrix} \tag{6-25}$$

你可以尝试写出其围绕 x 轴的旋转矩阵。

6.3.3　缩放

缩放变换将一个点沿着某一个坐标轴方向缩放。图 6-5 给出了一个缩放的例子。下面我们直接介绍三维缩放。将 P 沿着 X、Y 和 Z 轴方向分别按因子 s_x、s_y 和 s_z 缩放为 P' 的方程如下

$$x' = s_x x \tag{6-26}$$

$$y' = s_y y \tag{6-27}$$

$$z' = s_z z \tag{6-28}$$

相应的矩阵形式为

$$P' = \begin{bmatrix} x' \\ y' \\ z' \\ 1 \end{bmatrix} = \begin{bmatrix} s_x & 0 & 0 & 0 \\ 0 & s_y & 0 & 0 \\ 0 & 0 & s_z & 0 \\ 0 & 0 & 0 & 1 \end{bmatrix} \begin{bmatrix} x \\ y \\ z \\ 1 \end{bmatrix} = \mathcal{S}(s_x, s_y, s_z) P \tag{6-29}$$

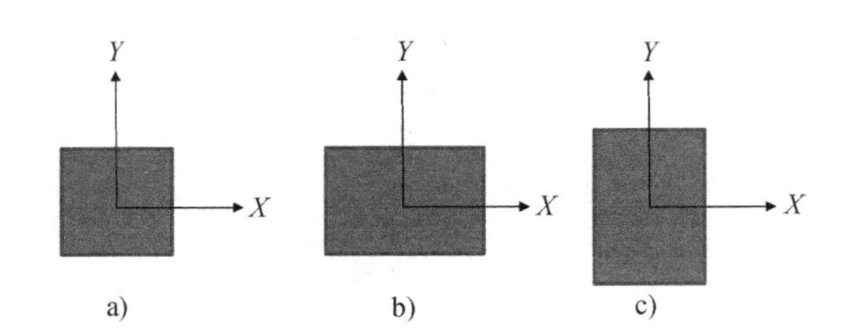

图 6-5　该图展示了缩放的一个例子。a 中的正方形沿着 x 和 y 轴缩放后分别得到 b 和 c 中的矩形

显然，缩放因子构成了缩放矩阵的参数。如果 $s_x=s_y=s_z$，我们称之为均匀（Uniform）缩放。直观地，缩放的逆矩阵是以其缩放因子的倒数作为缩放因子的缩放。我们可以证明

$$\mathcal{S}(s_x,s_y,s_z)^{-1}=\mathcal{S}\left(\frac{1}{s_x},\frac{1}{s_y},\frac{1}{s_z}\right) \tag{6-30}$$

6.3.4　剪切

剪切变换将一个坐标按照与另一个坐标值成比例的量进行平移。图 6-6 给出了二维剪切的一个例子。不同的剪切可以用剪切变换过程中保持不变的坐标来区分。比如，Y 剪切保持 y 坐标不变，而将 x 坐标按照与 y 坐标值成比例的量进行平移。

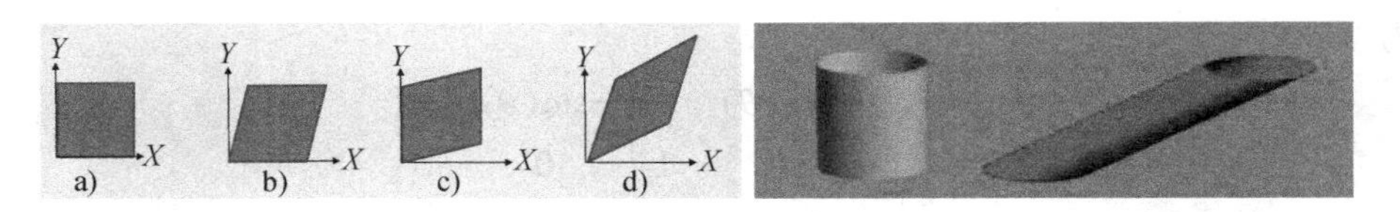

图 6-6　左图展示了二维剪切的一个例子。a 中的正方形经过一个 Y 剪切形成了 b 中的菱形。在 Y 剪切中，y 坐标不会改变，而 x 坐标会发生平移，且平移量与其 y 坐标值成比例。因此，X 轴上的所有点保持不变，因为它们的 y 坐标等于 0。但是随着 y 坐标变大，本例中的 x 坐标向右移动，产生剪切效果。类似地，c 展示了 X 剪切。d 展示了先进行 X 剪切再进行 Y 剪切的结果。此时，唯一不变的点是坐标原点，因为它的 x 和 y 坐标都是 0。注意，如果剪切中的比例值是负数，Y 剪切将会将正方形向左而不是向右移动。右图展示了三维中 Z 剪切的一个例子，其中 Z 是圆柱体的轴

表示 Y 剪切下点 P 到点 P' 的变换的方程如下

$$x'=x+ay \tag{6-31}$$

$$y'=y \tag{6-32}$$

其中，a 是剪切的参数。因此，剪切矩阵为

$$P'=\begin{bmatrix}x'\\y'\\1\end{bmatrix}=\begin{bmatrix}1&a&0\\0&1&0\\0&0&1\end{bmatrix}\begin{bmatrix}x\\y\\1\end{bmatrix}=\mathcal{H}_y(a)\ P \tag{6-33}$$

将剪切推广到三维时，两个坐标需要按照与第三个坐标值成比例的量进行平移。对于

Z 剪切，z 坐标保持不变，而 x 和 y 坐标按照与 z 坐标成比例的量平移，但是具体的比例值可能不同，所以三维剪切矩阵有两个参数。具体地，三维 Z 剪切的矩阵如下

$$P'=\begin{bmatrix}x'\\y'\\z'\\1\end{bmatrix}=\begin{bmatrix}1&0&a&0\\0&1&b&0\\0&0&1&0\\0&0&0&1\end{bmatrix}\begin{bmatrix}x\\y\\z\\1\end{bmatrix}=\mathcal{H}_z(a,b)P \tag{6-34}$$

其中，a 和 b 为剪切矩阵的两个参数。可以证明剪切矩阵的逆矩阵为

$$\mathcal{H}_z(a,b)^{-1}=\mathcal{H}_z(-a,-b) \tag{6-35}$$

6.3.5　一些现象

在结束有关基本欧氏变换和仿射变换的讨论前，我们总结以下一些现象。首先，因为欧氏变换保持长度和夹角不变，所以它们也能保持长度与夹角的比率不变。因此，欧氏变换是仿射变换的子集。欧氏变换常被称为刚体变换（Rigid Body Transformation），因为欧氏变换不会改变物体的形状。

其次，我们讨论过的三维空间中所有的仿射变换矩阵的最后一行都是（0，0，0，1）。这不是偶然的。三维空间中的仿射变换可以表示成四维空间中的线性变换，是所有四维线性变换的一个子集。换句话说，在仿射变换中，我们只能变化 4×4 矩阵中的 12 个参数，而且变换结果仍然在同样的子空间中。这常被描述成某一类变换的自由度。也就是说，三维空间中的仿射变换的自由度为 12。注意，仿射变换的自由度恰好等于仿射变换矩阵中可以变化的参数的个数，这一点则完全是巧合。本章最后我们将深入讨论自由度的问题。

再次，某些点或者线在特定变换下是不变的，亦即它们的位置不会因为变换而改变。例如，原点在三维空间中的缩放和剪切变换中是固定不变的。三维旋转中的旋转轴和二维旋转中的旋转中心点都不会因为旋转变换而改变。这些被称为映射的不动点（Fixed Points of Mappings）。我们可以发现平移变换中是没有不动点的。

最后，平移矩阵不能写成 3×3 的矩阵，而缩放、旋转和剪切都可以。齐次坐标是将三维空间中的平移表达成四维空间中的线性变换的关键。这是我们需要齐次坐标的另一个现实原因。

6.4　变换的串联

我们现在了解了所有基本的仿射变换。下一步是如何运用这些基础知识找出诸如围绕任意轴的缩放或旋转之类的更加复杂的变换的矩阵形式。为此，我们需要学习如何串联不同的变换。

考虑将一个点 P 首先平移，然后再旋转。我们该如何找到变换后的点呢？假设平移后的点为 P'，即

$$P'=\mathcal{T}P \tag{6-36}$$

之后 P' 被旋转得到 P''，即

$$P''=\mathcal{R}P'=\mathcal{R}\mathcal{T}P \tag{6-37}$$

因此，为了综合先平移后旋转的效果，需要首先将两者的变换矩阵根据它们的顺序相乘。当然，乘积的顺序是非常关键的，因为我们知道矩阵乘法不具有交换性，亦即

$$\mathcal{R}\mathcal{T}P \neq \mathcal{T}\mathcal{R}P \tag{6-38}$$

如果不注意变换的顺序，那么就很可能得到非常不准确的变换。另外，从 P'' 得到 P 的逆变换可以通过将两个变换的逆矩阵按照相反的顺序相乘得到，即

$$P=\mathcal{T}^{-1}\mathcal{R}^{-1}P'' \tag{6-39}$$

接下来让我们确定更加复杂的变换的矩阵形式。相应的算法如下。

1. 步骤一：应用一个或多个变换，以便在得到的结果上可以继续应用已知的基本仿射变换。记这些变换组成的集合为 $\mathcal{F}$。
2. 步骤二：应用基本仿射变换 $\mathcal{B}$。
3. 步骤三：应用 $\mathcal{F}$ 的逆变换 $\mathcal{F}^{-1}$ 以消除其影响。
4. 步骤四：因为这些变换是按顺序应用的，所以需要预先与点相乘的矩阵为 $\mathcal{F}^{-1}\mathcal{B}\mathcal{F}$。

让我们继续展示如何通过变换的串联设计更加复杂的变换。

6.4.1　相对于中心点的缩放

让我们考虑将一个边长为 2 个单位长度、左下角顶点恰好在坐标原点的正方形相对于其中心点（1，1）放大 2 倍。如图 6-7 所示。要找到变换后的正方形其实非常直观。但是这里我们将学习如何找出能够实现这一变换的矩阵。

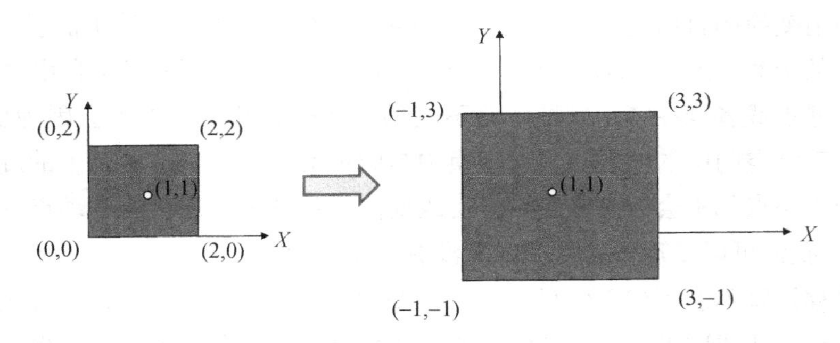

图 6-7　左图为一个边长为两个单位长度且左下角顶点在坐标原点的正方形。右图为左图正方形相对于其中心点放大 2 倍后得到的正方形

1. 步骤一：我们知道缩放不会改变坐标原点的位置。因此，如果想保持正方形的中心点不变，那么首先需要应用的变换是将正方形的中心点平移到坐标原点。图 6-7 中正方形的中心点是（1，1）。所以，能将其平移到坐标原点的变换是 $\mathcal{T}(-1,-1)$。因此，我们需要的 $\mathcal{F}$ 是 $\mathcal{T}(-1,-1)$。
2. 步骤二：将正方形中心点平移至坐标原点后，我们就可以应用所要求的基本仿射变换了，即沿着 X 和 Y 轴方向放大 2 倍。所以，$\mathcal{B}=\mathcal{S}(2,2)$。
3. 步骤三：接下来需要应用 $\mathcal{F}^{-1}=\mathcal{T}(-1,-1)^{-1}=\mathcal{T}(1,1)$ 以消除 $\mathcal{F}$ 的影响。
4. 步骤四：最后串联后的变换为 $\mathcal{T}(1,1)\mathcal{S}(2,2)\mathcal{T}(-1,-1)$。将这些变换完全展开，我们即可根据下式计算出该变换所需的 3×3 矩阵

$$\begin{bmatrix}1&0&1\\0&1&1\\0&0&1\end{bmatrix}\begin{bmatrix}2&0&0\\0&2&0\\0&0&1\end{bmatrix}\begin{bmatrix}1&0&-1\\0&1&-1\\0&0&1\end{bmatrix} \tag{6-40}$$

图 6-8 展示了这些步骤。

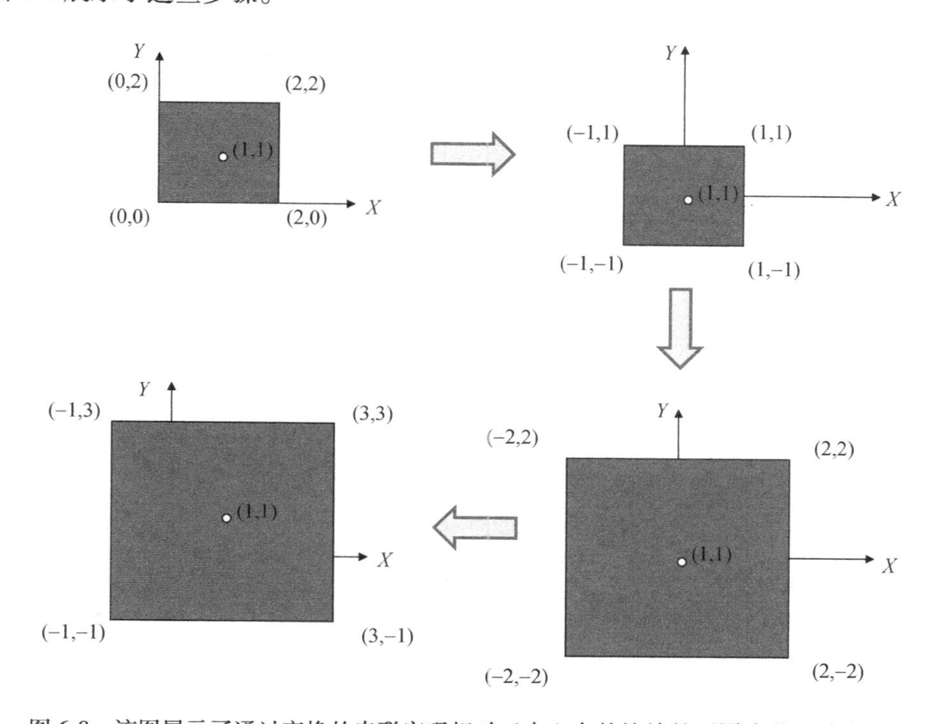

图 6-8　该图展示了通过变换的串联实现相对于中心点的缩放的不同步骤。首先，原始正方形经过（−1，−1）的平移使得其中心点与坐标原点重合。其次，平移后的正方形被放大 2 倍。最后，放大后的正方形按（1，1）被平移回原来的位置以消除早先应用的平移变换的影响

6.4.2　相对于任意轴的旋转

现在让我们考虑一种更加复杂的旋转变换，围绕任意轴而不是三个坐标轴的某一个旋转角度 θ。考虑一个从点（x,y,z）出发，沿着单位向量（a,b,c）的方向的轴。将坐标轴归一化为单位向量非常重要。否则，最终的变换中将会包含缩放因子等于向量模的缩放变换。前文在推导三维旋转矩阵时，我们其实假定了坐标轴是单位向量。

图 6-9 展示了围绕任意轴的旋转。此处的目标是首先将该轴移动到某个位置以便我们能将所需的变换与已知的基本变换关联起来。由于我们已经知道绕着坐标轴进行旋转的变换矩阵，所以第一步应该是设计一个变换 $\mathcal{F}$ 以便将该轴对齐到某个坐标轴。为了不失去一般性，我们将该轴与 **Z** 轴对齐。一旦该轴与 **Z** 轴对齐后，我们就可以将它围绕 Z 轴旋转 θ 角度，即 $\mathcal{B}=\mathcal{R}_z(\theta)$。最后再应用 $\mathcal{F}^{-1}$变换以消除变换 $\mathcal{F}$ 的影响。

让我们看看该如何找出 $\mathcal{F}$，以使得给定的任意轴能与 Z 轴对齐。如图 6-9 所示。

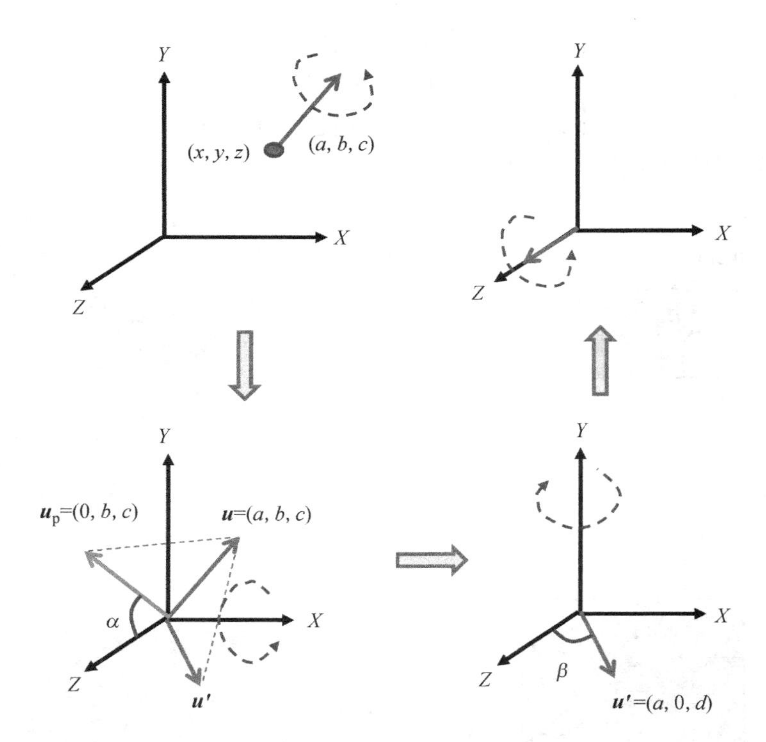

图 6-9　该图展示了从点（x,y,z）出发的指向向量（a,b,c）的某个轴，以及它为了与 Z 轴对齐所经过的旋转。首先，该轴被平移至坐标原点。然后，它围绕 X 轴旋转 α 角度以使其位于 XZ 平面上。之后，它围绕 Y 轴旋转 β 角度后与 Z 轴重合（见彩插）

首先，将其平移（$-x$，$-y$，$-z$），使得向量的起点移动到坐标原点。相应的平移变换是 $\mathcal{T}(-x,-y,-z)$。此时，任意轴变成了单位向量（a，b，c）。我们将再分两步将该向量与 Z 轴对齐：首先将向量围绕 X 轴旋转至 XZ 平面，然后在 XZ 平面上围绕 Y 轴将其旋转至与 Z 轴重合。这里涉及的旋转角度（围绕 X 轴的 α 和围绕 Y 轴的 β）又该是多少呢？一旦我们确定了旋转角度，那么前一个旋转就是 $\mathcal{R}_x(\alpha)$，后一个旋转就是 $\mathcal{R}_y(\beta)$。因此

$$\mathcal{F}=\mathcal{R}_y(\beta)\mathcal{R}_x(\alpha)\mathcal{T}(-x,-y,-z) \tag{6-41}$$

据此，我们可以得到 $\mathcal{F}^{-1}$ 为

$$\mathcal{F}^{-1}=\mathcal{T}(x,y,z)\mathcal{R}_x(-\alpha)\mathcal{R}_y(-\beta) \tag{6-42}$$

所以，完整的变换 $\mathcal{F}^{-1}\mathcal{B}\mathcal{F}$ 应该是

$$\mathcal{T}(x,y,z)\mathcal{R}_x(-\alpha)\mathcal{R}_y(-\beta)\mathcal{R}_z(\theta)\mathcal{R}_y(\beta)\mathcal{R}_x(\alpha)\mathcal{T}(-x,-y,-z) \tag{6-43}$$

$$=\mathcal{T}(x,y,z)R_x(\alpha)^{\mathrm{T}}\mathcal{R}_y(\beta)^{\mathrm{T}}\mathcal{R}_z(\theta)\mathcal{R}_y(\beta)\mathcal{R}_x(\alpha)\mathcal{T}(-x,-y,-z) \tag{6-44}$$

根据上述变换公式，我们可以进一步确定旋转矩阵 $\mathcal{R}_x(\alpha)$ 和 $\mathcal{R}_y(\beta)$。首先考虑 $\boldsymbol{u}$ 在 YZ 平面上的投影 $\boldsymbol{u}_p$，如图 6-9 中的蓝色向量所示。该投影可以通过将 $\boldsymbol{u}$ 的 x 坐标设为 0 得到，亦即 $\boldsymbol{u}_p=(0,\ b,\ c)$。将 $\boldsymbol{u}$ 相对于 X 轴旋转到 $\boldsymbol{u}'$ 需要的角度 α 与将 $\boldsymbol{u}_p$ 旋转到 XZ 平面上所需要的角度相同。假设 $\sqrt{c^2+b^2}=d$，我们有 $\sin(\alpha)=\dfrac{b}{d}$ 和 $\cos(\alpha)=\dfrac{c}{d}$，因此

$$\mathcal{R}_x(\alpha)=\begin{bmatrix}1 & 0 & 0 & 0\\ 0 & \frac{c}{d} & -\frac{b}{d} & 0\\ 0 & \frac{b}{d} & \frac{c}{d} & 0\\ 0 & 0 & 0 & 1\end{bmatrix} \tag{6-45}$$

将 $\boldsymbol{u}$ 和 $\mathcal{R}_x(\alpha)$ 相乘，我们可以得到 $\boldsymbol{u}'=(a,0,d)$。下一步，我们需要找出矩阵 $\mathcal{R}_y(\beta)$。由于 $\boldsymbol{u}'$ 已经在 XZ 平面上了，所以矩阵 $\mathcal{R}_y(\beta)$ 的计算相当直接。又因为 $\boldsymbol{u}$ 是单位向量，所以我们有 $\sin(\beta)=\frac{a}{\sqrt{a^2+d^2}}$ 和 $\cos(\beta)=\frac{d}{\sqrt{a^2+d^2}}$，其中 $\sqrt{a^2+d^2}=\sqrt{a^2+b^2+c^2}=1$。据此，

$$\mathcal{R}_y(\beta)=\begin{bmatrix}d & 0 & -a & 0\\ 0 & 1 & 0 & 0\\ a & 0 & d & 0\\ 0 & 0 & 0 & 1\end{bmatrix} \tag{6-46}$$

最后将方程（6-45）和（6-46）中的旋转矩阵代入方程（6-44），我们就可以得到所需的完整变换了。

6.5 坐标系

在本章的所有讨论中，我们假设我们有一个参考系，即一个正交的坐标系。对于 n 维世界，这样的正交坐标系由 n 个正交的单位向量 $\boldsymbol{u}_1$，$\boldsymbol{u}_2$，…，$\boldsymbol{u}_n$ 和一个坐标系原点 R 组成。当考虑三维世界时，我们将会有三个向量 $\boldsymbol{u}_1$、$\boldsymbol{u}_2$ 和 $\boldsymbol{u}_3$。令每个向量 $\boldsymbol{u}_i$ 以齐次坐标表示为（$\boldsymbol{u}_{ix}$，$\boldsymbol{u}_{iy}$，$\boldsymbol{u}_{iz}$，0），而原点 R 为(R_x，R_y，R_z，1)。在标准坐标系 $X=(1,\ 0,\ 0,\ 0)$，$Y=(0,\ 1,\ 0,\ 0)$ 和 $Z=(0,\ 0,\ 1,\ 0)$ 中，点 P 的坐标（a_1，a_2，a_3）可以根据它在 $\boldsymbol{u}_1$、$\boldsymbol{u}_2$ 和 $\boldsymbol{u}_3$ 坐标系中的坐标表示成坐标轴和原点的线性组合，

$$P=a_1\boldsymbol{u}_1+a_2\boldsymbol{u}_2+a_3\boldsymbol{u}_3+R \tag{6-47}$$

其矩阵形式的表示为

$$P=(\boldsymbol{u}_1\quad \boldsymbol{u}_2\quad \boldsymbol{u}_3\quad R)\begin{bmatrix}a_1\\ a_2\\ a_3\\ 1\end{bmatrix}=\begin{bmatrix}u_{1x} & u_{2x} & u_{3x} & R_x\\ u_{1y} & u_{2y} & u_{3y} & R_y\\ u_{1z} & u_{2z} & u_{3z} & R_z\\ 0 & 0 & 0 & 1\end{bmatrix}\begin{bmatrix}a_1\\ a_2\\ a_3\\ 1\end{bmatrix}=\boldsymbol{M}_uC_u \tag{6-48}$$

其中，$\boldsymbol{M}_u$ 表示定义了坐标系的矩阵，C_u 为 P 在 $\boldsymbol{M}_u$ 定义的坐标系中的坐标。这是一种非常重要的关系。现在我们可以发现即便是坐标系也可以用矩阵定义。对于分别由向量（1，0，0，0）、（0，1，0，0）和（0，0，1，0）定义的 X、Y 和 Z 轴，坐标系原点为 $\boldsymbol{R}=(0,\ 0,\ 0,\ 1)$，而表示该坐标系的矩阵实质上是一个单位阵，即 $\boldsymbol{M}_u=\boldsymbol{I}$。

坐标系变换

坐标系可用作参考系。把它们想象成在告诉其他人你家的地址时所用的参考点。你可

能会这么说，在大学附中那里左转，然后马上右转就可以到我们家了。可是，当你使用完全不同的参考点时，比如乔氏超市，你会这么说，在乔氏超市那里马上右转，然后第二个路口左转。随着参考点的改变，你家相对于参考点的坐标也会改变。这并不意味着你搬家了——你家还在它原来的位置——只是你介绍的去你家的路线因为参考点的改变而不一样了。

当使用多个坐标系时，类似的情况也会发生。点 P 在不同的坐标系中的坐标并不一样，虽然它的真实位置还是一样的。让我们考虑另一个由向量 $\boldsymbol{v}_1$、$\boldsymbol{v}_2$ 和 $\boldsymbol{v}_3$ 以及原点 Q 构成的坐标系。假设点 P 在该坐标系中的坐标为 (b_1, b_2, b_3)，即

$$P=(\boldsymbol{v}_1 \quad \boldsymbol{v}_2 \quad \boldsymbol{v}_3 \quad Q)\begin{bmatrix} b_1 \\ b_2 \\ b_3 \\ 1 \end{bmatrix}=\begin{bmatrix} v_{1x} & v_{1y} & v_{1z} & Q_x \\ v_{2x} & v_{2y} & v_{2z} & Q_y \\ v_{3x} & v_{3y} & v_{3z} & Q_z \\ 0 & 0 & 0 & 1 \end{bmatrix}\begin{bmatrix} b_1 \\ b_2 \\ b_3 \\ 1 \end{bmatrix}=\boldsymbol{M}_v C_v \tag{6-49}$$

根据方程（6-48）和（6-49），我们有 $\boldsymbol{M}_u C_u=\boldsymbol{M}_v C_v$。因此，在已知点 P 在第一个坐标系中的坐标 C_u 的前提下，同样的点 P 在新坐标系中的坐标 C_v 可以如下计算得到

$$C_v=\boldsymbol{M}_v^{-1}\boldsymbol{M}_u C_u \tag{6-50}$$

接下来，让我们仔细考虑一下用于变换坐标系的矩阵 $C_v=\boldsymbol{M}_v^{-1}\boldsymbol{M}_u C_u$。这个矩阵表示的是什么样的变换呢？以一个坐标系中的原点处的点 P 为例，它在另一个坐标系中的坐标为（5，0，0）。从点 P 的一个版本到另一个版本，即（0，0，0）到（5，0，0），我们需要将点 P 平移 5 个单位。从点 P 的角度看（假设点 P 保持不动），其坐标同样的改变可以通过将坐标系沿着 X 方向平移 -5 个单位得到。这一变换过程可以看成是将一个坐标系进行变换以使它与另一个坐标系重合。

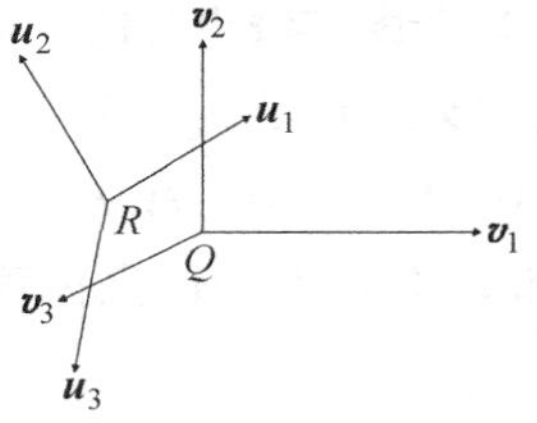

图 6-10　该图展示了 $\boldsymbol{M}_u$ 和 $\boldsymbol{M}_v$ 两个坐标系

根据同样的概念，将坐标从一个变成另一个的矩阵 $\boldsymbol{M}$ 可以看成是将一个坐标系变成另一个坐标系的变换。现在让我们看看什么样的变换可以用来将一个坐标系转变成另一个。图 6-10 展示了 $\boldsymbol{M}_u$ 和 $\boldsymbol{M}_v$ 两个坐标系。将这两个正交坐标系对齐所需要的变换包括一个将两者的坐标原点对齐的平移和一个将两者的坐标轴对齐的旋转，分别记为平移矩阵 $\mathcal{T}_c$ 和旋转矩阵 $\mathcal{R}_c$，

$$\mathcal{R}_c=\begin{bmatrix} r_{11} & r_{12} & r_{13} & 0 \\ r_{21} & r_{22} & r_{23} & 0 \\ r_{31} & r_{32} & r_{33} & 0 \\ 0 & 0 & 0 & 1 \end{bmatrix} \quad \mathcal{T}_c=\begin{bmatrix} 1 & 0 & 0 & t_1 \\ 0 & 1 & 0 & t_2 \\ 0 & 0 & 1 & t_3 \\ 0 & 0 & 0 & 1 \end{bmatrix} \tag{6-51}$$

方程（6-50）中的坐标变换矩阵 $\boldsymbol{M}=\boldsymbol{M}_v^{-1}\boldsymbol{M}_u$ 可以根据上述两个方程得到，即

$$\boldsymbol{M}=\mathcal{R}_c\mathcal{T}_c \tag{6-52}$$

让我们更详细地看一看矩阵 $\mathcal{R}_c$ 和 $\mathcal{T}_c$，并计算它们的乘积。这里我们介绍一种不同的

矩阵表示方法。用 $\boldsymbol{R}$ 表示 $\mathcal{R}_c$ 左上角的 3×3 矩阵，$\boldsymbol{T}$ 表示由 3×1 列向量（t_x，t_y，t_z）^{T} 定义的平移向量，$\boldsymbol{I}$ 是一个 3×3 的单位矩阵，$\boldsymbol{O}$ 是 1×3 的行向量（0，0，0）。利用这些符号，$\mathcal{R}_c$ 和 $\mathcal{T}_c$ 可以写成

$$\mathcal{R}_c=\left[\begin{array}{c|c}\boldsymbol{R} & \boldsymbol{O}^{\mathrm{T}}\\ \boldsymbol{O} & 1\end{array}\right]\mathcal{T}_c=\left[\begin{array}{c|c}\boldsymbol{I} & \boldsymbol{T}\\ \boldsymbol{O} & 1\end{array}\right] \tag{6-53}$$

这是将一个矩阵用若干个子矩阵的形式表示的方法。子矩阵的大小必需保证能得到矩阵的正确维数。比如，$\boldsymbol{R}$ 的大小为 3×3，$\boldsymbol{O}^{\mathrm{T}}$ 为 3×1，$\boldsymbol{O}$ 为 1×3，而 1 就是一个维数为 1×1 的标量，此时得到的 $\mathcal{R}_c$ 的维数为 4×4，与一个三维旋转矩阵的维数吻合。

两个矩阵的乘法也可以用子矩阵的形式表示，

$$\boldsymbol{M}=\mathcal{R}_c\mathcal{T}_c=\left[\begin{array}{c|c}\boldsymbol{RI}+\boldsymbol{O}^{\mathrm{T}}\boldsymbol{O} & \boldsymbol{RT}+\boldsymbol{O}^{\mathrm{T}}\\ \boldsymbol{OI}+\boldsymbol{O} & \boldsymbol{OT}+1\end{array}\right]=\left[\begin{array}{c|c}\boldsymbol{R} & \boldsymbol{RT}\\ \boldsymbol{O} & 1\end{array}\right] \tag{6-54}$$

可以证明所有子矩阵乘法的维数是一致的。回到 $\boldsymbol{M}$ 的组成，我们可以发现它是由一个旋转矩阵和一个平移矩阵构成的。本书后续部分，我们将使用这种子矩阵表示方法学习相机标定中的矩阵 $\boldsymbol{M}$ 的分解。

让我们再看另外一个问题。如何用尽量少的信息构造正交坐标系？假定坐标系原点在（0，0，0）。给定一个单位向量 $\boldsymbol{u}_1$。有没有一种方法可以找到能与 $\boldsymbol{u}_1$ 一起构成一个坐标系的另外两个正交的单位向量 $\boldsymbol{u}_2$ 和 $\boldsymbol{u}_3$？实际上，这非常简单。首先，通过 $\boldsymbol{u}_1$ 与 X、Y 和 Z 轴中的任意一个的叉乘得到 $\boldsymbol{u}_2$，比如 $\boldsymbol{u}_2=\boldsymbol{u}_1\times\boldsymbol{u}_x$，其中 $\boldsymbol{u}_x$ 是沿着 X 方向的单位向量。显然，$\boldsymbol{u}_1$ 和 $\boldsymbol{u}_2$ 相互正交。然后，通过 $\boldsymbol{u}_3=\boldsymbol{u}_1\times\boldsymbol{u}_2$ 得到第三个向量。显然，$\boldsymbol{u}_3$ 与 $\boldsymbol{u}_1$ 和 $\boldsymbol{u}_2$ 都正交，所以它们构成了一个坐标系。如图 6-11 所示。

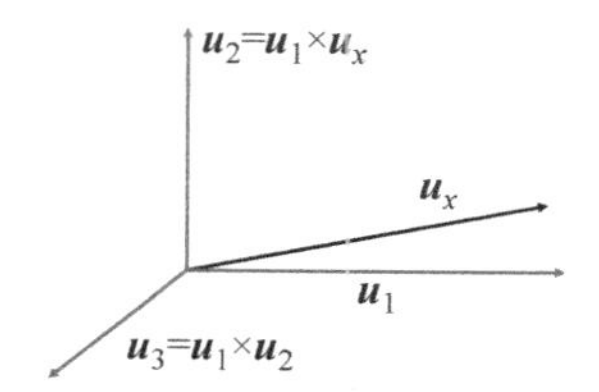

图 6-11　该图展示了如何由单个向量 $\boldsymbol{u}_1$ 构造一个三维坐标系

最后，再次考虑矩阵 $\boldsymbol{M}=\boldsymbol{M}_v^{-1}\boldsymbol{M}_u$。假设图 6-10 中所示的这两个坐标系具有相同的坐标系原点。此时，$\boldsymbol{M}_u$ 和 $\boldsymbol{M}_v$ 都是旋转阵，而且 $\boldsymbol{M}_v^{-1}$ 就是 $\boldsymbol{M}_v^{\mathrm{T}}$。进一步假设 v_1、v_2 和 v_3 是标准的 X、Y 和 Z 坐标轴，我们有 $\boldsymbol{M}_v=\boldsymbol{M}_v^{\mathrm{T}}=I$。现在考虑这样一种情形，以标准 XYZ 坐标系作为一个坐标系，同时使用 $\boldsymbol{u}_1$、$\boldsymbol{u}_2$ 和 $\boldsymbol{u}_3$ 定义另一个原点在同样位置的坐标系。将这个坐标系变换成 XYZ 坐标系所需的变换为 $\boldsymbol{M}=\boldsymbol{I}\boldsymbol{M}_u=\boldsymbol{M}_u$。有趣的是，当 $\boldsymbol{u}_1$、$\boldsymbol{u}_2$ 和 $\boldsymbol{u}_3$ 已知时，这个变换矩阵可以简单地将它们代入下式得到

$$\boldsymbol{M}_u=\begin{bmatrix} & \boldsymbol{u}_1 & & \\ & \boldsymbol{u}_2 & & \\ & \boldsymbol{u}_3 & & \\ 0 & 0 & 0 & 1\end{bmatrix} \tag{6-55}$$

让我们将这一情形与之前寻找围绕任意轴的旋转矩阵的情形联系起来。我们将任意轴移到坐标系原点后，可以使用另一种方法找到能将 $\boldsymbol{u}$ 与某个坐标轴对齐的变换矩阵。我们可以令 $\boldsymbol{u}=\boldsymbol{u}_3$，并通过 $\boldsymbol{u}_2=\boldsymbol{u}_3\times(1,0,0)$ 和 $\boldsymbol{u}_1=\boldsymbol{u}_3\times\boldsymbol{u}_2$ 构造一个坐标系。然后便可以将这些向量代入方程（6-55）得到将 $\boldsymbol{u}$ 和 Z 轴对齐的旋转矩阵。这个矩阵与通过方程（6-41）的 $\mathcal{R}_y(\beta)\mathcal{R}_x(\alpha)$ 得到的完全等价，而且由 $\boldsymbol{M}_u^{\mathrm{T}}$ 得到的逆矩阵与根据方程（6-42）的 $\mathcal{R}_y(\beta)^{-1}\mathcal{R}_x(\alpha)^{-1}$得到的也完全一样。换句话说，我们可以利用任意轴定义一个坐标系，而这个坐标系的正交轴中的某一个将能计算 α 和 β 定义相应的旋转矩阵。

6.6　串联的性质

我们已经学习了坐标系和变换的串联，现在将探究他们之间的一些关系。之前我们已经了解到变换的串联可以用矩阵乘法表示，而矩阵乘法不满足交换律，所以串联变换的顺序对于能否得到预期的变换结果至关重要。

虽然矩阵乘法不满足交换律，但是它们满足结合律。为了理解这种结合律的含义，让我们考虑两个不同的变换——-$\mathcal{T}_1$ 和 $\mathcal{T}_2$，以及一个点 P。这里的变换可以是任意的线性变换，因而可以用矩阵表示。根据结合律，我们有

$$\mathcal{T}_1\mathcal{T}_2P=(\mathcal{T}_1(\mathcal{T}_2P))=((\mathcal{T}_1\mathcal{T}_2)P) \tag{6-56}$$

上述方程表明矩阵乘法从左向右进行还是从右向左进行并不重要，也就是说可以先将 $\mathcal{T}_1$ 和 $\mathcal{T}_2$ 相乘，再将结果与 P 右乘，也可以先将 $\mathcal{T}_2$ 和 P 相乘，再将结果与 $\mathcal{T}_1$ 左乘，两者将得到同样的结果。因此，只要它们的顺序不变，矩阵乘法按右乘还是左乘执行并不重要。尽管这看起来并没有什么特别的考虑，但是它却有着极深的几何意义。

全局和局部坐标系

变换 $\mathcal{T}_1\mathcal{T}_2P$ 对点 P 进行变换，无论按照左乘还是按照右乘来实现，结果都是一样的。然而，中间步骤的几何意义依赖于实现的时候采取的是左乘还是右乘。

本章截至目前为止，我们采用左乘来实现变换的串联，也就是先将 $\mathcal{T}_2$ 和 P 左乘，然后再将其结果与 $\mathcal{T}_1$ 左乘。执行每一步时，我们都假定坐标系保持不变。因此，在不同变换之间，坐标系始终是全局的。这通常更易于理解，因为我们一般都会采用一个标准的参考系。

然而，右乘也有一种解释。它意味着坐标系自身在变换。因此，将 $\mathcal{T}_1$ 和 $\mathcal{T}_2$ 右乘意味着我们首先对坐标系应用变换 $\mathcal{T}_1$，然后再对变换后的坐标系应用变换 $\mathcal{T}_2$，最后再将点 P 放置在变换后的坐标系中。在这种情况下，坐标系对于每个变换都是局部的，而且在一个变换和另一个变换之间会发生改变。

按照全局或者局部坐标系的方式实现变换对最终结果并无影响。参见图 6-12，其中我们考虑二维空间中的变换 $\mathcal{RTP}$ 作用在一个目标上的效果。我们按照全局和局部坐标系的方法实现了这一变换，得到的结果是一样的。

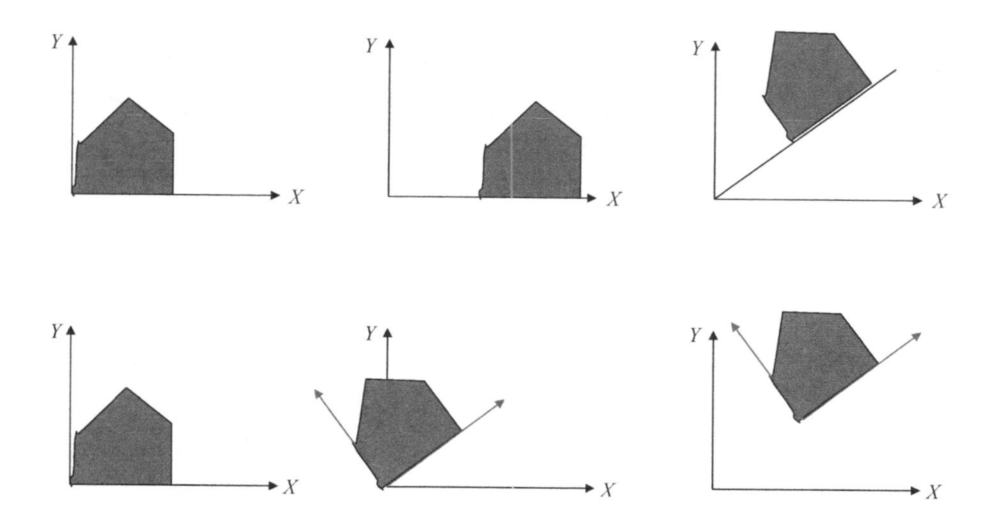

图6-12 考虑二维空间中的变换 $\mathcal{RTP}$ 作用在一个目标上的结果。上行展示了按照全局坐标系（左乘）实现这一变换的效果。这种情况下，目标先被平移，再被旋转。下行展示了按照局部坐标系（右乘）实现这一变换的效果。此时，坐标系首先相对于其自身进行了旋转，目标的位置此时也会改变，因为它相对于局部坐标系没有变。其后，坐标系又相对于其自身进行了平移。变化的坐标使用红色显示。注意，目标最终的位置是一样的，这是因为矩阵乘法满足结合律（见彩插）

6.7 透视变换

我们已经介绍完仿射变换，本节我们介绍透视变换。透视变换是最一般的线性变换，它将点 $P=(x, y, z, w)$ 变成点 $P'=(x', y', z', w')$。透视变换使用下式表示

$$\begin{bmatrix} x' \\ y' \\ z' \\ w' \end{bmatrix} = \begin{bmatrix} p_{11} & p_{12} & p_{13} & p_{14} \\ p_{21} & p_{22} & p_{23} & p_{24} \\ p_{31} & p_{32} & p_{33} & p_{34} \\ p_{41} & p_{42} & p_{43} & p_{44} \end{bmatrix} \begin{bmatrix} x \\ y \\ z \\ w \end{bmatrix} \tag{6-57}$$

透视变换与其他变换最重要的不同之处在于它能将有限远的点变成无穷远的点。这一特点的意义在于非平行线可能会变成平行线，反之亦然。但是它并不会改变曲线的次数。因此，一条直线不可能变成一条曲线。一个圆则可能变成一个椭圆（没有一个点变成无穷远点）、甚至一条抛物线（部分点变成了无穷远点），但是不可能变成一个三次多项式。请参见习题中的问题自己证明这一点。

我们面临的最常见的透视变换与相机有关。相机将世界中的三维物体投影到二维图像平面上得到图像。最基本的相机模型是针孔相机（Pin-Hole Camera），它将相机当成一个简单的针孔（Pinhole）。想象一个某个面上有一个洞的盒子，与有洞的面相对的另一面作为像平面。此时我们便得到了一个如图6-13所示的针孔相机。这里，O 表示针孔。根据透视变换，从三维点 A、B 和 C 过来的光线通过 O 与其后的像平面分别相交于A'、B'和 C'。

注意到下面这一点很重要：这样的透视变换会根据物体到针孔的距离改变成像的大小。比如，物体 B 和 C 在像 B' 和 C' 上高度相同。然而，在三维空间中 B 的大小是 C 的 2 倍，但是到针孔的距离也是 C 的 2 倍。此外，同一条光线上的多个点在像平面上的像相同，因而它们的深度信息已经丢失了。下一章我们将详细讨论相机的透视变换。

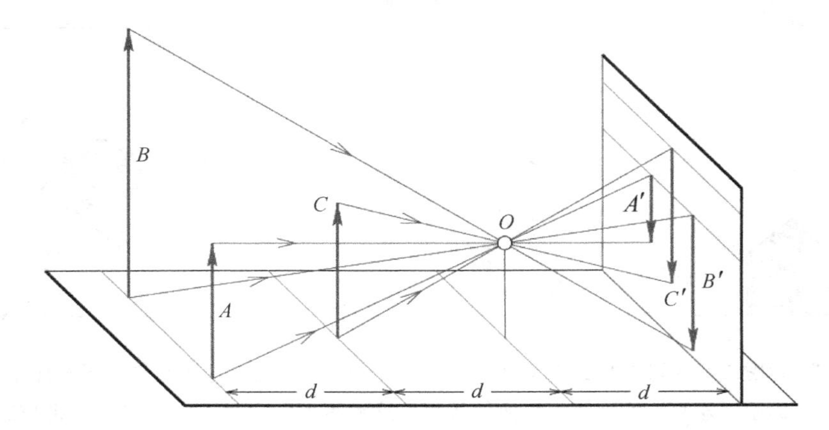

图 6-13　该图展示了一个针孔相机，其中 O 为针孔。光线从三维点 A、B 和 C 出发，穿过 O，与其后的像平面相交形成相应的二维图像 A'、B' 和 C'。

6.8　自由度

自由度是指变换中能够改变的参数的个数。以二维刚体变换为例。使用齐次坐标时，它可以表示成一个 3×3 的矩阵。所以我们常将它称为 3×3 齐次变换。在刚体变换中，目标只能发生平移（2 个参数）和旋转（1 个参数）。因此，刚体变换矩阵的自由度是 3。该矩阵的最后一列为平移参数，左上方的 2×2 的矩阵则使用旋转参数填充。虽然刚体变换矩阵中有 6 个元素可以改变，但是它们并不是完全独立的。所以，刚体变换矩阵的自由度为 3，尽管其中可以变化的元素有 6 个。

变换矩阵的自由度不可能大于矩阵中受变换影响的元素的数目。让我们考虑用 3×3 矩阵表示的二维仿射变换。因为仿射变换允许缩放和剪切，所以看起来除了刚体变换的三个参数外，我们会有额外的四个参数可以控制（缩放和剪切各有 2 个参数）。所以，二维仿射变换有 7 个自由度。然而，它的变换矩阵中只有 6 个参数受影响，因此它的自由度应该是 6。更深入分析，我们会发现旋转可以通过缩放和剪切的组合实现。比如，x 坐标可以变换成 $ax+by$，其中 a 是缩放因子，b 是剪切因子。但是，它们与旋转角度的余弦和正弦类似。所以，旋转的自由度可以被缩放和剪切参数吸收，从而使得二维仿射变换的自由度只有 6。

从矩阵计算的角度，加载在矩阵上的任意约束都会降低它的自由度。比如，一个自由度为 7 的矩阵，满足特殊的约束条件——这个矩阵是秩亏的（即矩阵行列式等于 0），那么秩每损失 1，将会导致自由度减少 1。下一章介绍有关基于几何的视觉计算时，我们将讨论几种不同情况下的自由度，以更好地理解这一概念。

6.9　非线性变换

不对非线性变换进行讨论，本章就是不完整的。任何改变曲线次数（如将直线变换成曲线）的变换称为非线性变换。相机镜头引起的畸变就是非线性变换的一个很好的例子。它是由相机镜头造成的变形叠加上三维到二维的透视变换的结果。图 6-14 以棋盘和建筑物为例展示了这样的畸变。

图 6-14　左边的两幅图展示了因非线性镜头畸变引起的直线变成曲线的情况。右边的两幅图展示了颜色管理中一个立方体三维色域（左图）的非线性变换（右图）

非线性变换无法通过简单的矩阵乘法实现。典型地，需要对物体上的点进行采样，再对每一个点进行变换，然后对变换后的点进行曲面拟合得到一个新的曲面作为变换后的物体。这样的变换在诸如建模、表面设计、颜色管理与仿真等应用中非常常见。本书中，我们大部分时候关注的是线性变换。

有趣的事实

Geometry（几何）这个词来自希腊语 Geo 和 Metria 的单词组合，其中 Geo 意思是地球，Metria 的意思是测量。几何学是前现代数学的两个领域之一，另一个是研究数字的领域（算术）。关于几何学开端的最早记录可以追溯到早期的人类文明，他们是发现了钝角三角形的印度河流域文明（现在的印度和巴基斯坦一带）和公元前 3000 年的古巴比伦（现在的伊朗境内）文明。古埃及早在公元前 3000 年就在使用几何原理，在各种公式中使用方程近似计算圆的面积。古巴比伦人或许已经掌握了计算面积和体积的一般规则。他们计算圆的周长为直径的三倍，圆的面积为周长平方的十二分之一，这些方法在将 π 近似为 3 时是正确的。古希腊哲学家和数学家毕达哥拉斯生活在公元前 500 年前后，因为毕达哥拉斯定理[⊖]闻名于世，该定理将直角三角形的三条边按 $a^2+b^2=c^2$ 的关系联系起来。锡拉库扎的阿基米德生活在公元前 250 年前后，他在几何学的历史中扮演了非常重要的角色，曾经提出一种计算不规则形状物体的体积的方法。

欧洲走出中世纪的时候，在伊斯兰图书馆中发现的有关几何学的希腊和伊斯兰著作被从阿拉伯语翻译成拉丁语。欧几里得的《几何原本》中的几何学的严谨推导方法

⊖ 也称作勾股定理、商高定理、百牛定理，最早于公元前一千多年由数学家商高提出。——编者注

被重新学习，同时，兼具欧几里得（欧氏几何）和伽亚谟（代数几何）风格的几何学也得到持续发展，包括勒内·笛卡儿（1596~1650）和皮埃尔·德·费马（1601~1665）的解析几何和吉拉德·笛沙格（1591~1661）的透视几何。

6.10 本章小结

本章我们介绍了构成计算机视觉和图形学基础的几何变换。矩阵为我们提供了一个正式的框架，可用于处理这些领域中困难的几何问题。这些方向中更高级的概念可以参考其他计算机视觉教材［Faugeras 93］，或计算机图形学教材［Hughes et al. 13，Shirley and Marschner 09］。

本章要点

齐次坐标	变换的串联
线性变换	坐标系
欧氏变换	坐标系变换
刚体变换	构造坐标系
仿射变换	全局和局部坐标系
透视变换	非线性变换
自由度	

参考文献

[Faugeras 93] Olivier Faugeras. *Three-dimensional Computer Vision: A Geometric Viewpoint.* MIT Press, 1993.

[Hughes et al. 13] John F. Hughes, Andries van Dam, Morgan McGuire, David F. Sklar, James D. Foley, Steven K. Feiner, and Kurt Akeley. *Computer Graphics: Principles and Practice (3rd ed.).* Addison-Wesley Professional, 2013.

[Shirley and Marschner 09] Peter Shirley and Steve Marschner. *Fundamentals of Computer Graphics*, Third edition. A. K. Peters, Ltd., 2009.

习题

1. 考虑下面的矩阵（注意：$\sqrt{2}/2=0.707$）。

$$\begin{bmatrix} 0.707 & 0 & 0.707 & 0 \\ 0 & 2 & 0 & 0 \\ -0.707 & 0 & 0.707 & 0 \\ 0 & 0 & 0 & 1 \end{bmatrix} \tag{6-58}$$

该矩阵实现了什么样的变换？在局部坐标系中这个变换的顺序是什么？

2. 观察下图。给出能够将正方形 $ABCD$ 变换成正方形 $A'B'C'D'$ 的一个矩阵或者矩阵的乘积。如果将同样的变换作用于正方形 $A'B'C'D'$ 会怎么样？

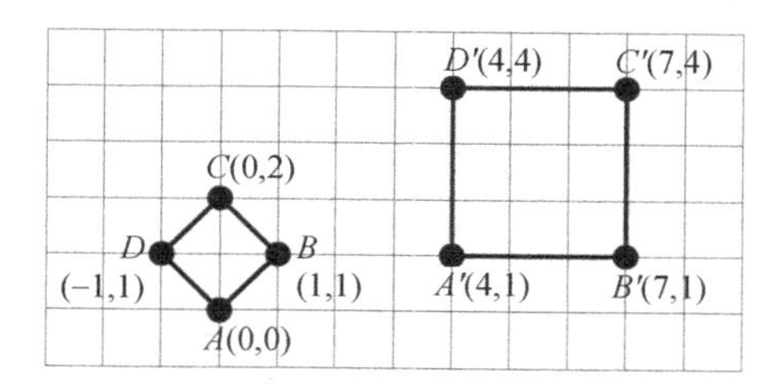

3. 考虑顶点为 $A=(0,\ 0)$，$B=(2,\ 0)$，$C=(2,\ 1)$ 和 $D=(0,\ 1)$ 的二维矩形 $ABCD$。我们希望通过一个二维变换将它变成一个平行四边形 $ABEF$，其中 $E=(4,\ 1)$，$F=(2,\ 1)$。
   (a) 我们需要哪种变换？
   (b) 实现这一变换的 3×3 矩阵 $\boldsymbol{M}$ 是什么？
   (c) 如果要将 $ABEF$ 进一步变换成平行四边形 $A'B'E'F'$，其中 $A'=(1,\ 2)$，$B'=(3,\ 2)$，$E'=(5,\ 3)$，$F'=(3,\ 3)$，我们还需要什么其他的变换 N？
   (d) 用 $\boldsymbol{M}$ 和 $\boldsymbol{N}$ 表示的能将 $ABCD$ 转变成 $A'B'E'F'$ 的最终的串联后的变换矩阵是什么？
4. 推导出能将目标沿着位于（5，5，5），方向由向量 $\boldsymbol{u}=(1,\ 2,\ 1)$ 定义的轴放大 3 倍的变换矩阵。
5. 以下矩阵在应用于 4×1 齐次坐标时分别表示什么变换？

$$\begin{bmatrix}1&0&0&0\\0&1&0&0\\0&0&1&0\\0&0&1&0\end{bmatrix}\begin{bmatrix}1&0&p&-p(1+r)\\0&1&q&-q(1+r)\\0&0&1+r&-r(1+r)\\0&0&1&-r\end{bmatrix} \tag{6-59}$$

6. 考虑以下 3×3 的变换

$$\boldsymbol{T}=\begin{bmatrix}2a&a&a\\a&a&0\\2a&a&a\end{bmatrix} \tag{6-60}$$

它是欧氏变换、仿射变换还是透视变换？证明你的答案。

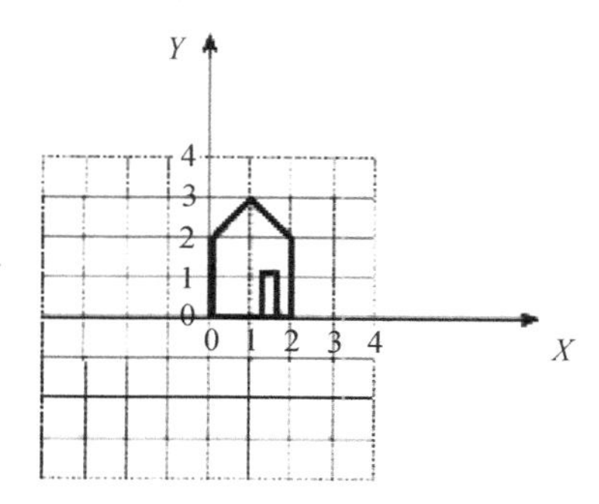

7. 考虑上图中的房屋。假设纸面为 XY 平面，Z 轴垂直纸面向外。画出经过下列局部

坐标系变换后的房屋：$\mathcal{T}$（1，0，0）、$\mathcal{R}_z$（90）、$\mathcal{T}$（0，2，0）。

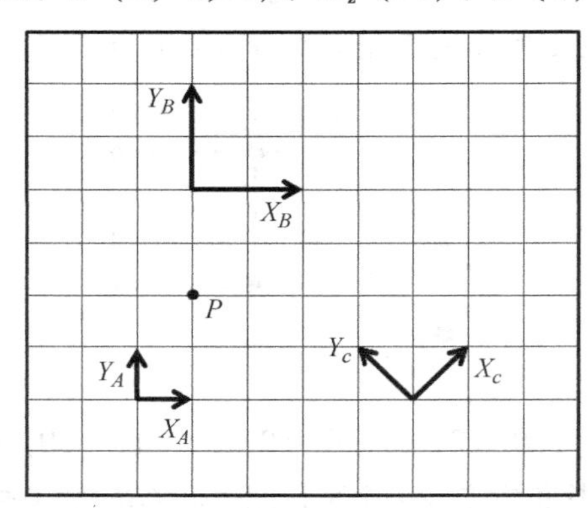

8. 在上图的二维空间中，考虑点 P 和三个不同的坐标系 A、B 和 C。P 在这些坐标系中的坐标分别是什么？将坐标系 A 中的齐次坐标转变到坐标系 B 中的 3×3 矩阵是什么？从坐标系 C 变换到坐标系 A 的 3×3 矩阵又是什么？
9. 三维齐次仿射变换的自由度是多少？证明你的答案。三维透视变换的自由度又是多少？
10. 考虑下述矩阵

$$\begin{bmatrix} a & 0 & p & x \\ 0 & b & q & y \\ 0 & 0 & 1 & z \\ 0 & 0 & 0 & 1 \end{bmatrix} \tag{6-61}$$

该矩阵中包含的基本变换有哪些？它们的参数是什么？

11. 考虑将点（x,y,w）变成点（x',y',w'）的 3×3 的透视变换 $\boldsymbol{M}$。其逆变换 $\boldsymbol{M}^{-1}$ 为

$$\begin{bmatrix} 2 & 1 & 0 \\ 1 & 1 & 0 \\ 2 & 1 & 1 \end{bmatrix} \tag{6-62}$$

（a）展示该透视变换将圆 $x^2+y^2=1$ 变成抛物线的过程。变换得到的抛物线的方程是什么？

（b）考虑两条平行线 $4x+y=5$ 和 $4x+y=3$。展示上述透视变换将这两条平行线转变成相交的直线的过程。转换后的两条相交线的方程是什么？

提示：注意，我们关注的是$\frac{x'}{w'}$和$\frac{y'}{w'}$，而且 $w=1$。

12. 在三维空间中，证明 $\boldsymbol{R}_z(\theta_1)\boldsymbol{R}_z(\theta_2)=\boldsymbol{R}_z(\theta_2)\boldsymbol{R}_z(\theta_1)$。该等式表明围绕坐标轴的旋转具有什么样的性质？证明 $\boldsymbol{R}_z(\theta_1+\theta_2)=\boldsymbol{R}_z(\theta_1)\boldsymbol{R}_z(\theta_2)$，并利用这一性质说明围绕由 $\boldsymbol{R}_a$ 表示的任意轴的旋转具有如下性质：$\boldsymbol{R}_a(\theta_1+\theta_2)=\boldsymbol{R}_a(\theta_1)\boldsymbol{R}_z(\theta_2)=\boldsymbol{R}_a(\theta_2)\boldsymbol{R}_z(\theta_1)$。

针孔相机

上一章提及的针孔相机模型是目前为止相机最流行的模型。针孔相机被建模成一个封闭的盒子，盒子的一面被针刺了一个小孔。场景中任一点射出的光线只能通过这个小孔进入盒子，在盒子的另一面形成一个倒立的像。成像的面因此被称为像平面。如图6-13所示，形成的图像是由穿过针孔的光线与像平面相交产生的。针孔相机的优点是场景中的所有点，无论它到针孔的距离有多远，都会在像平面上形成清晰的图像。相机的景深是指场景中能被相机清晰成像（不模糊）的点的深度范围。针孔相机具有无限大的景深。然而，针孔相机对光线的利用率很差——只有非常少的光线能够穿过针孔。因此，镜头被用来提高相机对光线的利用率。这样得到的相机不再具有无限大的景深，但是对于其景深范围内的所有点——也就是相机能够聚焦成像的深度范围内的点——仍然按照针孔相机的原理成像。本章我们首先建立针孔相机的数学模型，然后从实际相机的角度出发讨论针孔相机模型的偏离对成像的影响。

7.1 针孔相机模型

图7-1给出了针孔相机模型的示意图。像平面被移到了场景一侧，以避免成像倒立。在实际相机中，这一点为实际应用中所使用的复杂镜头系统所证实。假设O为相机投影的中心点，主轴与Z轴平行。像平面到O的距离为f，且与主轴垂直（与XY平面平行）。f称为相机的焦距。为了找到三维点$P=(X, Y, Z)$在相机像平面上的像，在P和O之间作一条直线，这条直线与像平面的交点即为P的像，记其在像平面上的坐标为$P_c=(u,v)$。

首先，我们推导将三维点P映射到其二维投影点P_c的函数。考虑像平面的原点（0，0）位于像平面与主轴的交点，通过相似三角形

$$\frac{f}{Z}=\frac{u}{X}=\frac{v}{Y} \tag{7-1}$$

我们可以得到

$$u=\frac{fX}{Z} \tag{7-2}$$

$$v=\frac{fY}{Z} \tag{7-3}$$

使用P_c的齐次坐标，我们进一步得到

$$\begin{bmatrix} u \\ v \\ w \end{bmatrix}=\begin{bmatrix} f & 0 & 0 \\ 0 & f & 0 \\ 0 & 0 & 1 \end{bmatrix}\begin{bmatrix} X \\ Y \\ Z \end{bmatrix} \tag{7-4}$$

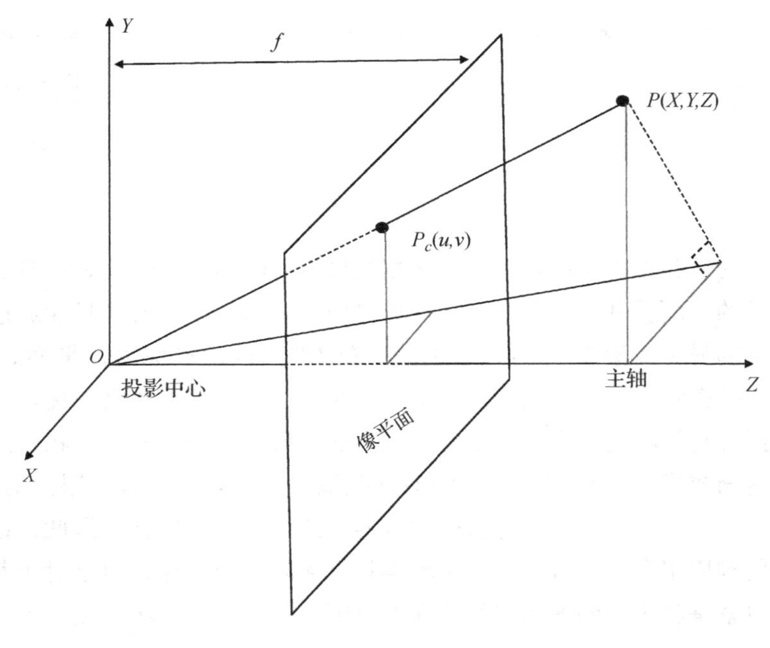

图 7-1　针孔相机

我们可以验证上述方程产生的点实际上为 $P_c=(u,v,w)=\left(\frac{fX}{Z},\frac{fY}{Z},1\right)$。注意，$P$ 并不是用齐次坐标表示的。

有趣的事实

早期的照相机被称为相机暗盒（Camera Obscura），如图 7-2 所示，它本质上就是一个针孔相机，被艺术家广泛用于通过跟踪它们拍摄的图像来创作油画。一名阿拉伯物理学家，Ibnal-Haytham，被认为发明了第一台相机暗盒。他于公元 1021 年发表了第一部光学著作。在相机胶卷发明之前，人们没有办法保存形成的图像，除了跟踪它别无他法。很多人努力开发摄像方法，包括 19 世纪初的 Nicphore Nipce、19 世纪 30 年代的 Louis Daguerre 和 Henry Fox Talbot 与 19 世纪 70 年代的 Richard Leach Maddox。

图 7-2　左图：一位正在使用相机暗盒的 18 世纪的艺术家。右图：1900 年的布朗照相机

最终，1889年George Eastman首先使用了胶卷。同年，他研发的第一台相机（称为“柯达”）开始正式销售。利用预装的胶卷，它只能拍摄100幅照片。1900年，Eastman借助布朗相机使他向面向大众的市场更进了一步。布朗相机是一种简单廉价的盒式相机，首次提出了‘快照’的概念。布朗相机非常流行，其各种型号直至20世纪60年代还在销售。1925年，时任莱茨研发负责人的Oskar Barnack将第一款35毫米相机也就是莱卡相机进行了商业化。这便是早期的消费级胶卷相机，直到20世纪90年代后期仍在使用。

这定义了一种理想情况，其中相机的像平面平行于 XY 平面，原点在像平面与主轴的交点处。接下来，我们对这一理想情况引入一些新参数，建立新的相机模型。假设像平面的原点并不在 Z 轴与像平面的交点。此时，我们需要将 P_c 平移到期望的原点位置。假设该平移为（t_u，t_v），我们可以如下计算（u，v）

$$u=\frac{fX}{Z}+t_u \tag{7-5}$$

$$v=\frac{fY}{Z}+t_v \tag{7-6}$$

这可以用类似于方程7-4的形式写成

$$\begin{bmatrix}u\\v\\w\end{bmatrix}=\begin{bmatrix}f&0&t_u\\0&f&t_v\\0&0&1\end{bmatrix}\begin{bmatrix}X\\Y\\Z\end{bmatrix} \tag{7-7}$$

上述方程中，P_c 的单位为英寸。而在相机图像中，我们需要使用像素为单位。为此，我们需要知道相机的分辨率（Resolution）或像素密度（每英寸像素数）。当像素是正方形的时候，u 和 v 方向具有相同的分辨率。然而，对于更一般的模型，我们假设像素是矩形的（而非正方形的），在 u 和 v 方向的分辨率分别为 m_u 和 m_v 像素/英寸（ppi）。为了以像素为单位表示 P_c，它的 u 和 v 坐标需要分别乘以 m_u 和 m_v，即

$$u=m_u\frac{fX}{Z}+m_ut_u \tag{7-8}$$

$$v=m_v\frac{fY}{Z}+m_vt_v \tag{7-9}$$

也可以写成

$$\begin{bmatrix}u\\v\\w\end{bmatrix}\begin{bmatrix}m_uf&0&m_ut_u\\0&m_vf&m_vt_v\\0&0&1\end{bmatrix}\begin{bmatrix}X\\Y\\Z\end{bmatrix}=\begin{bmatrix}\alpha_x&0&u_o\\0&\alpha_y&v_o\\0&0&1\end{bmatrix}P=\boldsymbol{K}P \tag{7-10}$$

上述方程中的 $\boldsymbol{K}$ 仅依赖于相机的内部参数，如焦距、主轴、像素尺寸和分辨率。它们被称为相机的内参。如果像平面并不是标准的矩形，亦即像平面的轴不正交，那么 $\boldsymbol{K}$ 还将包含一个扭曲参数 s，

$$K=\begin{bmatrix}\alpha_x & s & u_o\\ 0 & \alpha_y & v_o\\ 0 & 0 & 1\end{bmatrix} \tag{7-11}$$

注意 $\boldsymbol{K}$ 是一个 3×3 的上三角矩阵，通常被称为相机的内参矩阵（Intrinsic Parameter Matrix）。

现在考虑这样一种情况：相机的投影中心不在（0，0，0），主轴并不是 Z 轴，像平面虽然垂直于主轴但是与 XY 平面不平行。此时，我们需要一个变换矩阵，以使得相机的投影中心与（0，0，0）重合，主轴与 Z 轴重合，像平面的 u 轴与 X 轴对齐（或像平面的 v 轴与 Y 轴对齐），亦即像平面与 XY 平面平行。该变换首先通过平移将投影中心移到原点，然后再通过旋转使主轴和 Z 轴对齐。假设平移为 $\boldsymbol{T}$（T_x，T_y，T_z），使主轴与 Z 轴重合的旋转矩阵为 3×3 矩阵 $\boldsymbol{R}$。利用子矩阵乘法的形式，我们可以得到如下的 3×4 变换矩阵

$$\boldsymbol{E}=(\boldsymbol{R}\mid \boldsymbol{RT}) \tag{7-12}$$

$\boldsymbol{E}$ 被称为外参矩阵（Extrinsic Parameter Matrix）。注意，由于使用了平移，我们也需要使用齐次坐标表示 P。因此，将 P 转变成 P_c 的完整的变换矩阵为

$$P_c=\boldsymbol{K}(\boldsymbol{R}\mid \boldsymbol{RT})P=(\boldsymbol{KR}\mid \boldsymbol{KRT})P=\boldsymbol{KR}(\boldsymbol{I}\mid \boldsymbol{T})P=\boldsymbol{C}P \tag{7-13}$$

其中，3×4 矩阵 $\boldsymbol{C}$ 常被称作相机标定（Camera Calibration）矩阵。这里，P 用四维齐次坐标（X，Y，Z，1）表示，由 P_c 推导出的 $\boldsymbol{C}P$ 使用三维齐次坐标（u，v，w）表示。因此，在相机像平面上投影的精确二维位置可以通过归一化三维齐次坐标$\left(\frac{u}{w},\ \frac{v}{w},\ 1\right)$得到。内参矩阵的自由度为 5（2 个为投影中心的位置，2 个为像素在两个方向上的大小，1 个为扭曲因子），而外参矩阵的自由度为 6（平移和旋转各有 3 个）。所以 $\boldsymbol{C}$ 的自由度为 11。可以证明这意味着 $\boldsymbol{C}$ 右下角的元素始终等于 1。

7.1.1　相机标定

本节我们介绍如何找到特定相机的 $\boldsymbol{C}$（也就是 $\boldsymbol{C}$ 中的 11 个参数），如何对它进行分解以得到相机的内参和外参。这一过程称为相机标定（Camera Calibration）。相机标定的第一步是找到对应关系（Correspondences）。对应关系定义为三维点与它们在相机像平面上对应的二维投影。如果三维点 P_1 对应于相机坐标系中的 P_{c1}，那么

$$P_{c1}=\boldsymbol{C}P_1 \tag{7-14}$$

或者

$$\begin{bmatrix}u_1\\ v_1\\ w_1\end{bmatrix}=\boldsymbol{C}\begin{bmatrix}X_1\\ Y_1\\ Z_1\\ 1\end{bmatrix} \tag{7-15}$$

归一化的二维相机坐标$\left(\frac{u_1}{w_1}, \frac{v_1}{w_1}\right)$记为（$u_1'$，$v_1'$）。这样的归一化是确保所有对应关系位于同样的二维平面上的关键。

为了找到 $\boldsymbol{C}$，我们需要找到 $\boldsymbol{C}$ 中的 11 个未知数。设 $\boldsymbol{C}$ 中的行为 $\boldsymbol{r}_i$，$i=1$，2，3，即

$$\boldsymbol{C}=\begin{bmatrix}\boldsymbol{r}_1\\ \boldsymbol{r}_2\\ \boldsymbol{r}_3\end{bmatrix} \tag{7-16}$$

因为我们已知一组对应关系 P_1 和 P_{c1}，所以我们有

$$u_1'=\frac{u_1}{w_1}=\frac{\boldsymbol{r}_1\cdot P_1}{\boldsymbol{r}_3\cdot P_1} \tag{7-17}$$

$$v_1'=\frac{v_1}{w_1}=\frac{\boldsymbol{r}_2\cdot P_1}{\boldsymbol{r}_3\cdot P_1} \tag{7-18}$$

据此，我们得到两个线性方程

$$u_1'(\boldsymbol{r}_3\cdot P_1)-\boldsymbol{r}_1\cdot P_1=0 \tag{7-19}$$

$$v_1'(\boldsymbol{r}_3\cdot P_1)-\boldsymbol{r}_2\cdot P_1=0 \tag{7-20}$$

上述方程中的未知数是 $\boldsymbol{r}_1$、$\boldsymbol{r}_2$ 和 $\boldsymbol{r}_3$ 中的元素。每一组三维与二维的对应关系决定两个线性方程。为了求解这 11 个参数，我们需要至少 6 组这样的对应关系。为了更好的精度，通常需要远多于 6 组的对应关系，从而形成过约束的线性方程组，利用线性回归方法求解这一方程组即可得到 $\boldsymbol{C}$ 中的 11 个参数。对应关系可以通过关键点或者标记点得到。标记点被设置在三维场景中已知的三维位置处。它们在图像上的坐标可以手工标注，或者通过图像处理技术自动找到对应的二维位置。

求解出 $\boldsymbol{C}$ 后，下一步便是将它分解成内参和外参部分。由于

$$\boldsymbol{C}=(\boldsymbol{KR}\mid\boldsymbol{KRT})=(\boldsymbol{M}\mid\boldsymbol{MT}) \tag{7-21}$$

其中 $\boldsymbol{KR}=\boldsymbol{M}$，我们可以将 $\boldsymbol{C}$ 的左侧 3×3 子矩阵作为 $\boldsymbol{M}$。接下来，我们使用 RQ 分解将 $\boldsymbol{M}$ 分解成两个 3×3 矩阵 $\boldsymbol{M}=\boldsymbol{AB}$，其中 $\boldsymbol{A}$ 是上三角矩阵、$\boldsymbol{B}$ 是正交矩阵（即 $\boldsymbol{B}^{\mathrm{T}}\boldsymbol{B}=\boldsymbol{I}$）。这里，$\boldsymbol{A}$ 对应于 $\boldsymbol{K}$，$\boldsymbol{B}$ 对应于旋转 $\boldsymbol{R}$。记 $\boldsymbol{C}$ 的最后一列为 $\boldsymbol{c}_4$。根据前述方程，我们可以如下计算得到 $\boldsymbol{T}$

$$\boldsymbol{MT}=\boldsymbol{c}_4 \tag{7-22}$$

$$\boldsymbol{T}=\boldsymbol{M}^{-1}\boldsymbol{c}_4 \tag{7-23}$$

至此，我们得到了相机的内参和外参。

7.1.2 三维深度估计

上一节我们介绍了如何根据给定的三维和二维对应关系对相机进行标定。本节，我们将介绍如何根据一个以上标定好的相机估计场景的三维位置（深度）。换句话说，给定每个相机的P_c和 $\boldsymbol{C}$，即利用标定好的相机拍摄的三维世界的二维图像，我们将估计点在三维空间中的确切位置。假设一个位置未知的三维点 P 的齐次坐标为（X，Y，Z，W），

它在由矩阵 $\boldsymbol{C}_1$ 定义的相机的像平面上的像的齐次坐标为 $P_{c1}=(u_1,v_1,w_1)$。注意w_1 可能不等于 1。

有趣的事实

1900 年，George R. Lawrence 制造了一个重达 900 磅的巨大的照相机，也是当时世界上最大的照相机，售价 5000 美元（相当于当时一栋大房子的价钱）。这个巨大的照相机需要 15 个成年男性来移动和操作。Chicago&Alton 铁路公司委托一位摄影师为该公司的宣传册 *The Largest Photograph in the World of the Handsomest Train in the World*（世界最美火车的最大相片）拍摄了公司火车的最大的相片（底片尺寸为 8′×4.5′）。

我们知道

$$P_{c1}=\begin{bmatrix}u_1\\v_1\\w_1\end{bmatrix}=\boldsymbol{C}_1\begin{bmatrix}X\\Y\\Z\\W\end{bmatrix} \tag{7-24}$$

在相机坐标系中检测到的对应的二维图像点为 $\left(\frac{u_1}{w_1},\frac{v_1}{w_1}\right)=(u'_1,v'_1)$。记标定矩阵 $\boldsymbol{C}_1$ 的行为 $\boldsymbol{r}_i^{C_1}$，$i=1$，2，3，根据方程（7-24），我们得到如下两个线性方程

$$u_1'(\boldsymbol{r}_3^{C_1}\cdot P)-\boldsymbol{r}_1^{C_1}\cdot P=0 \tag{7-25}$$

$$v_1'(\boldsymbol{r}_3^{C_1}\cdot P)-\boldsymbol{r}_2^{C_1}\cdot P=0 \tag{7-26}$$

因此，我们可以根据每一个相机得到关于 P 的两个线性方程。我们需要求解 P 的四个未知数 X，Y，Z，W。所以我们需要至少两个具有不同标定矩阵的相机（也就是不同位置的两个相机）才能得到 P 的三维位置。这些相机将为我们提供所谓的双目线索或视差。此外，值得注意的是，我们还需要找到同一个三维点在第二个相机像平面上的投影点才能计算出 P。找到同一个三维点在两个或多个相机的像平面上的投影点的问题常被称为匹配问题（Correspondence Problem）。由于图像上巨大的搜索空间，匹配问题被认为是一个非常难的问题。在缺少先验知识的情况下，第二个相机的像平面上的每一个像素点都可能是 P 的二维投影点。

你可能会觉得我们人类有时可以只用一只眼睛感知深度。如果像上面介绍的那样至少需要两个相机（也就是两只眼睛）才能估计出深度的话，这怎么可能呢？人类就算只有一只眼睛也能感知深度，这一点并不完全正确，也没有完全错误。事实上，人类单眼感知深度的能力是因为眼球运动（通过支撑眼角膜的肌肉的运动得到的线索）和单目线索（眼球向内或向外移动得到的线索）。然而，相机并不具备这样的能力，所以使用单个相机进行深度估计是不可能的。通过下面的实验，可以发现在没有双眼的情况下，我们感知到的深度是不精确的。与一位朋友面对面坐着，每个人闭上一只眼睛，同时从左

向右抬起右臂，将食指指向左侧，然后尝试让彼此的食指指尖完全接触。再在睁开双眼的情况下做同样的尝试。通过这样的实验，你将理解到深度感知在正确判断你朋友指尖的精确位置方面的重要性。在缺少单目或眼球运动线索时，为了获得更高的精度，常常需要使用两个以上的相机（称为立体视觉装备），通过奇异值分解求解这些相机得到的过约束线性方程组。

7.1.3 单应性

单应性是指受限情况下两个相机在观察某个平面上的同一个点时相互位置与方向之间的数学关系。这一关系在无须对相机进行标定的情况下便可以容易地得到，如图 7-3 所示。假定平面 π 上有一个点 P_π，平面的法向量用 $\boldsymbol{N}=(a,b,c)$表示，从而

$$(\boldsymbol{N} \quad 1) \cdot P=0 \tag{7-27}$$

其中 P 是平面上的任一点。令标定矩阵 $\boldsymbol{C}_1$ 和 $\boldsymbol{C}_2$ 定义两个相机。不失一般性，我们假设 P_π 所在的世界坐标系的原点位于 O_1，亦即 C_1 的投影中心。假设 P_π 在相机 $\boldsymbol{C}_1$ 和 $\boldsymbol{C}_2$ 上的投影点分别为 P_π^1 和 P_π^2。因此，

$$P_\pi^1=\begin{bmatrix} u_1 \\ v_1 \\ w_1 \end{bmatrix}=\boldsymbol{C}_1 \cdot P_\pi \tag{7-28}$$

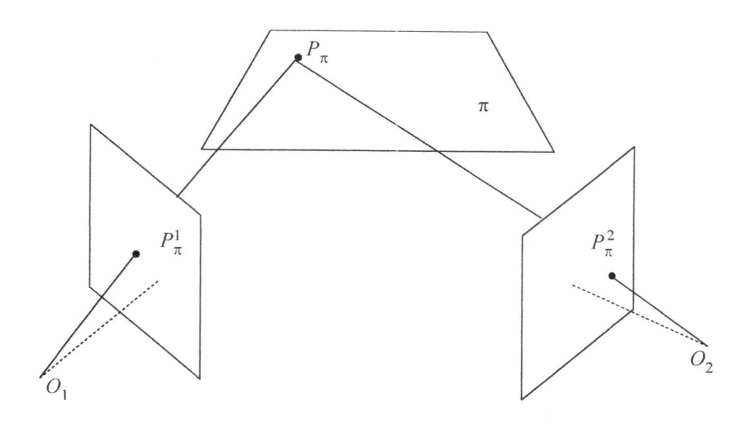

图 7-3 两个相机之间通过一个平面的单应性

即点 P_π 位于三维空间中的射线$(u_1, v_1, w_1, 0)^{\mathrm{T}}$上。假设该点位于该射线上距离 τ 处，我们有

$$P_\pi=\begin{bmatrix} u_1 \\ v_1 \\ w_1 \\ \tau \end{bmatrix}=\begin{bmatrix} P_\pi^1 \\ \tau \end{bmatrix} \tag{7-29}$$

因为 P_π 满足平面方程，根据方程 7-27 我们可以得到 τ 为

$$\tau = -\boldsymbol{N} \cdot P_{\pi}^{1} \tag{7-30}$$

所以

$$P_{\pi} = \begin{bmatrix} u_1 \\ v_1 \\ w_1 \\ \tau \end{bmatrix} = \begin{bmatrix} \boldsymbol{I} \\ -\boldsymbol{N} \end{bmatrix} P_{\pi}^{1} \tag{7-31}$$

注意，$\boldsymbol{I}$ 是 3×3 矩阵，$\boldsymbol{N}$ 是 1×3 矩阵。所以，$(\boldsymbol{I}-\boldsymbol{N})^{\mathrm{T}}$ 是 4×3 矩阵。

令 $\boldsymbol{C}_2=(\boldsymbol{A}_2\boldsymbol{a}_2)$，其中 $\boldsymbol{A}_2$ 是 3×3 矩阵，$\boldsymbol{a}_2$ 是 3×1 向量，我们有

$$P_{\pi}^{2} = \boldsymbol{C}_2 \cdot P_{\pi} \tag{7-32}$$

$$= (\boldsymbol{A}_2 \quad \boldsymbol{a}_2) \begin{bmatrix} \boldsymbol{I} \\ -\boldsymbol{N} \end{bmatrix} P_{\pi}^{1} \tag{7-33}$$

利用子矩阵乘法，我们得到一个 3×3 的矩阵 $\boldsymbol{H}$。该矩阵称为单应变换，满足

$$P_{\pi}^{2} = (\boldsymbol{A}_2 - \boldsymbol{a}_2\boldsymbol{N}) \ P_{\pi}^{1} = \boldsymbol{H}P_{\pi}^{1} \tag{7-34}$$

其中，$\boldsymbol{a}_2$ 为 3×1 矩阵，$\boldsymbol{N}$ 为 1×3 矩阵。因此，$\boldsymbol{a}_2\boldsymbol{N}$ 为一个 3×3 矩阵，将其从 3×3 矩阵 $\boldsymbol{A}_2$ 中减掉可以得到 $\boldsymbol{H}$。由此可见，$\boldsymbol{H}$ 是一个 3×3 矩阵，能将一个相机图像与另一个相机图像联系起来，所以被称为单应变换。利用这一变换矩阵，一个相机的图像可以变换成另一个相机的图像。对于两个相机观察到的场景为一个平面时的特殊情形，我们可以直接将一个相机的图像与另一个相机的图像联系起来，而无须进行严格的相机标定。

单应性是一种二维透视变换，所以含有 8 个自由度，而且变换矩阵 $\boldsymbol{H}$ 的右下角元素为 1。因此，计算 $\boldsymbol{H}$ 时未知数有 8 个。利用方程 7-33，根据每一组对应关系，我们得到两个线性方程。为了计算 $\boldsymbol{H}$ 中的 8 个未知数，我们只需要 4 组对应关系。然而，一般总是建议使用远多于 4 组的对应关系来构造过约束的线性方程组，以得到 $\boldsymbol{H}$ 的更加鲁棒的估计值。

现在让我们考虑另外一个场景，其中两个相机的位置相同（即投影中心相同），方向不同。这种情况下，这两个相机的外参仅相差一个由 3×3 矩阵表示的旋转，而它们的标定矩阵通过一个 3×3 逆矩阵相关联，因此满足单应性。这是全景图像生成中的常见情形。这种应用中，相机通常被固定在三脚架上或者手持，然后围绕一个固定的投影中心旋转，拍摄多张图像。每一个相机位置可以通过单应变换与另一个相机位置相关联。尽管每一幅图像的视场较小，但是多幅图像拼接后可以得到一个大得多的视场，拼接后得到的图像常常被称作全景图（Panorama）。这一应用中，相邻图像通常有比较大的重叠。这些重叠区域中的共性特征相互匹配（手工或者使用自动方法实现），然后用于估计相邻相机位置间的单应变换。利用该单应变换可以将图像转换到某个相机位置的参考坐标系中，最终拼接成一幅全景图。如图 7-4 所示。其中的重叠区域经柔和处理（相关方法将在第 11 章详细介绍）后形成平滑的色彩过渡。

图 7-4 通过单应变换拼接在一起的三幅图像（上行）形成全景图（下行）。红色边框标记的是原始图像，蓝色边框标记的是从非矩形全景图中分割出来的一个矩形区域（见彩插）

名人轶事

乔治·伊士曼（1854 年 7 月 12 日～1932 年 3 月 14 日）是一位美国革新者和企业家，他创立了伊士曼柯达公司，普及了胶卷的使用，使其成为了摄像的主流。胶卷还是 1888 年发明的电影的基础。伊士曼是乔治·华盛顿·伊士曼和玛丽亚·伊士曼夫妇最小的孩子，出生在他父母于 1849 年购买的位于纽约 Waterville 的农场。虽然他 8 岁以后进入了罗切斯特的一所私立学校，但是他主要还是自学成才。19 世纪 40 年代早期，他父亲在当时因为工业化的快速发展而成为美国最早的新兴都市之一的纽约罗切斯特创办了一所商业学校，伊士曼商学院。由于他父亲的健康状况每况愈下，他们放弃了农场，于 1860 年举家迁到了罗切斯特。1862 年五月他父亲终因脑部疾病离世。为了生存和负担乔治的求学，他母亲参与了董事会。他二姐小时候得了脊髓灰质炎，19 世纪 70 年代后期乔治十六岁的时候他二姐也去世了。年轻的乔治早早地离开了学校，开始工作养家。随着伊士曼在摄影商业上获得成功，他发誓回报艰辛抚养他成人的母亲。他是一个大慈善家，资助建立了很多机构，其中最著名的有伊士曼音乐学院，罗切斯特大学的牙科与药学学院，罗切斯特理工学院（RIT），麻省理工学院在查尔斯河畔第二个校园中的一些建筑和南塔斯基吉以及汉普顿的传统黑人大学。在他生命中的最后两年，伊士曼饱受脊柱疾病的痛苦折磨。1932 年 3 月 14 日，伊士曼朝自己的心脏开枪自杀，留下一张便笺写道

“致我的朋友们：我的工作已经完成了，还等什么呢?”。乔治·伊士曼的故居，现为摄影与电影国际博物馆，已经被认定为国家历史遗迹。

7.2 实际相机的一些考虑

由于只有少量光线能通过针孔，针孔相机对光线的利用率极低。因此，如图 7-5 所示，实际相机的设计并不会严格按照针孔相机的理想模式。它由称为光圈的一个圆形的孔洞构成，光线经过光圈进入相机。这通常用一个大小可以调节的膜片实现，其大小用半径 a 表示。通过调节光圈的大小，可以控制进入相机的光线的量（参见图 7-6）。光圈后面是可以将光线聚焦在其后的传感器上的镜头。用 f 表示镜头的焦距。考虑三维场景中到镜头距离为 f 的一个点。镜头将由该点出发的光线收集并聚焦在传感器上形成清晰的像（如图 7-5 中的蓝色线所示）。对于聚焦的图像，这样的相机与针孔相机一样，而且先前章节中介绍的模型也都成立。本节剩余部分，我们讨论场景中那些不能聚焦的部分造成的问题。

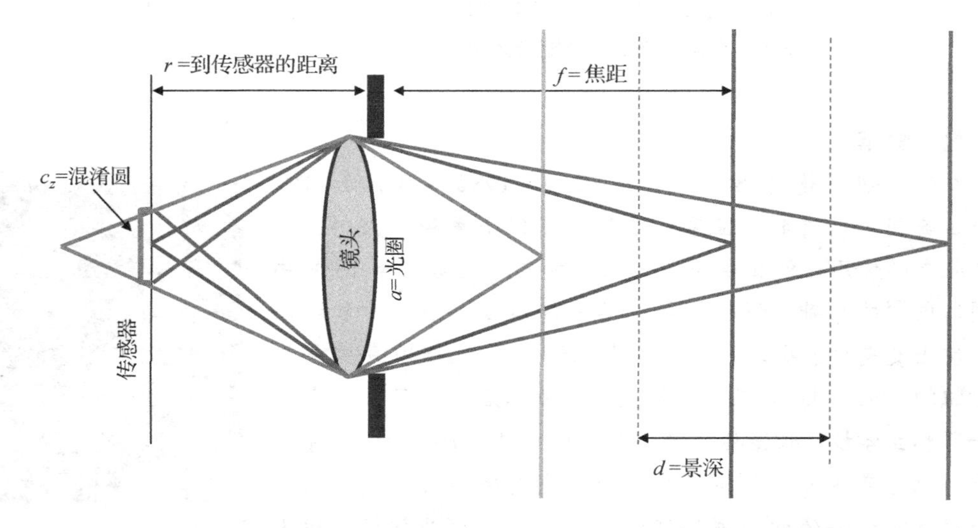

图 7-5 该图展示了实际相机使用一个称为光圈的开孔让光线进入相机，再使用一个镜头将光线聚焦（见彩插）

考虑图 7-5。用 r 表示传感器到镜头的距离。考虑位于深度 z 处的一个点，该点要么比 f 还远，要么比 f 还近，如图 7-5 中的红色和绿色光线所示。注意，这些光线聚焦在传感器之前或者之后。结果，它们无法在像平面上形成清晰的图像，而是形成了一个模糊的圆，称为混淆圆（Circle of Confusion）。将深度 z 处的一个点的混淆圆的半径记为c_z。根据薄透镜方程，我们可以得到

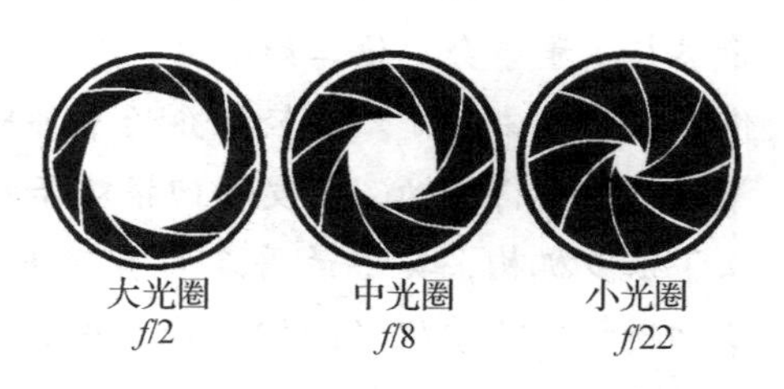

图 7-6 该图展示了如何通过一个膜片改变光圈开孔的大小

$$c_z = ar\left(\frac{1}{f} - \frac{1}{z}\right) \tag{7-35}$$

其中 a 是镜头前光圈的大小。如果 c_z 比像素 p 小，图像看起来就是聚焦的。可以证明满足 $c_z < p$ 的深度范围为（$f-d$）到（$f+d$），其中 $d = \frac{pf^2}{pf - ar}$。从（$f-d$）到（$f+d$）的这一深度范围称为相机的景深。

接下来，让我们看看光圈和焦距这些参数将如何影响相机拍摄的图像。首先看看相机的光圈减小时会怎样。由于c_z 与光圈大小成正比，所以随着光圈变小，混淆圆也会变小。这意味着，在像素大小保持不变时，距离大于 f 处的点形成的混淆圆在像素范围以内，所以相机的景深将会增加。这与针孔相机模型是吻合的，因为在针孔相机模型中，随着光圈大小趋近于 0，针孔相机的景深趋向于无穷大。通常，光圈表示为焦距的分数形式。比如，光圈为 f2 意味着光圈大小是 $f/2$。这种方式表示的光圈通常被描述成 f-数。典型的 f-数有 f2、f4、f8、f16、f2. 8、f5. 6、f11 等。图 7-7 展示了不同光圈的效果。

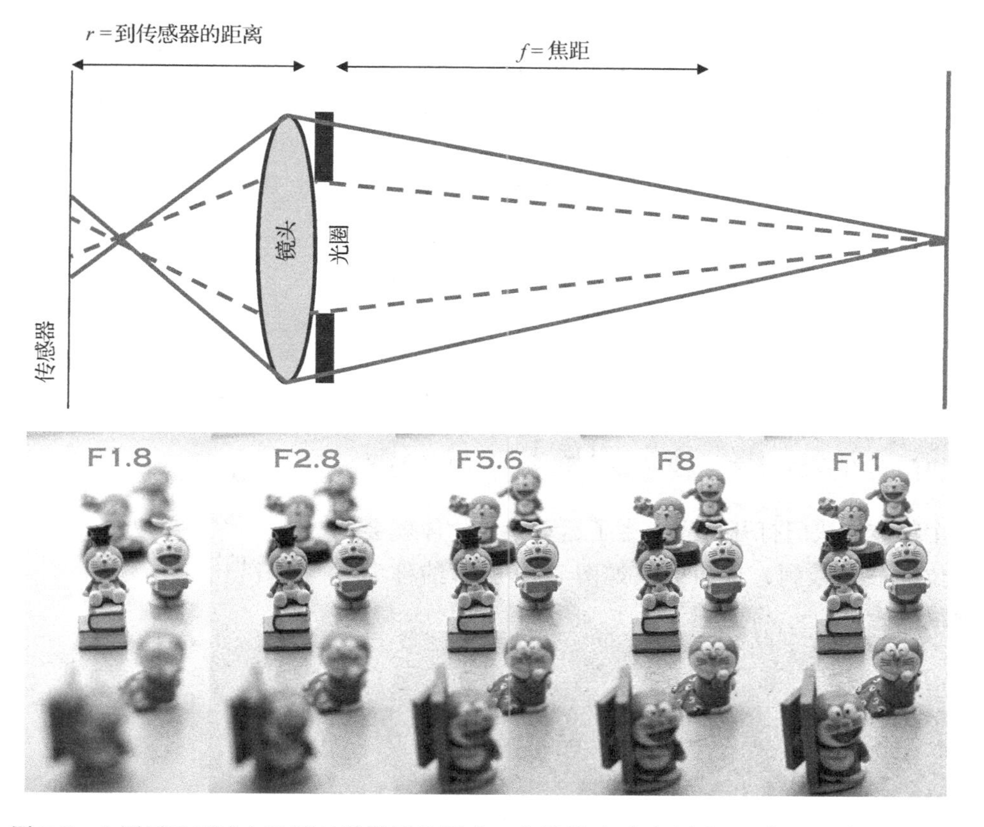

图 7-7 上图展示了减小光圈对混淆圆的影响。实线展示了对应图 7-5 中的原始光圈的情况，虚线展示了光圈变小后的情况，其中混淆圆也变小了。下图展示了改变相机光圈时拍摄的图像，自左向右光圈越来越小（见彩插）

现在，让我们看看随着镜头焦距的改变会发生什么。随着焦距减小，方程（7-35）

中的$\frac{1}{f}$变大，因而 c_z 也变大。因此，相机的景深变小。图 7-8 展示了这一效果。图中也展示了焦距和光圈对景深的综合影响效果。

图 7-8　左侧三幅图像展示了焦距对景深的影响。注意，随着焦距变大，景深也变大。右侧三幅图像展示了较小光圈产生的同样效果。注意，对于同一个焦距，光圈越小，景深越大

焦距的变化对相机能够拍摄的视场大小也有影响。焦距越大，视场越小。为了理解这一点，让我们回顾图 7-9 中所示的针孔相机。假设像平面在不同焦距 f_1、f_2 和 f_3 上移动，且 $f_1<f_2<f_3$。当传感器大小固定时，随着焦距变大，视场——通过投影中心和通过传感器边缘点的光线之间的夹角——变小。因为这样的效果，随着焦距变大，图 7-8 中的花朵显得更大。

最后，我们讨论实际相机的另一个参数——快门速度（Shutter Speed）。相机的传感器需要暴露在光线中一段时间才能成像。这一曝光时间由快门控制。当我们听到相机咔嚓一声时，快门打开，并保持一段时间以使传感器曝光，然后再关闭。

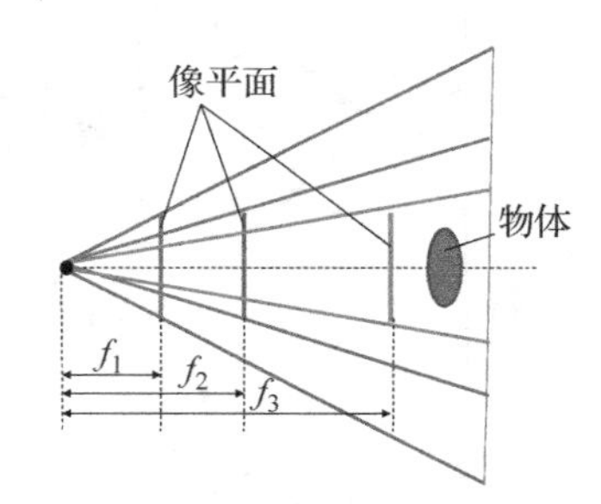

图 7-9　该图展示了传感器大小保持不变时焦距对视场大小的影响

快门打开的时间对进入相机的光线量有线性影响。通常，快门会打开数分之一秒（如$\frac{1}{30}$和$\frac{1}{60}$）。如果场景中的某个物体在快门打开期间发生了运动，该物体就会在多个位置被拍摄到，从而形成如图 7-10 所示的称为运动模糊的效果。

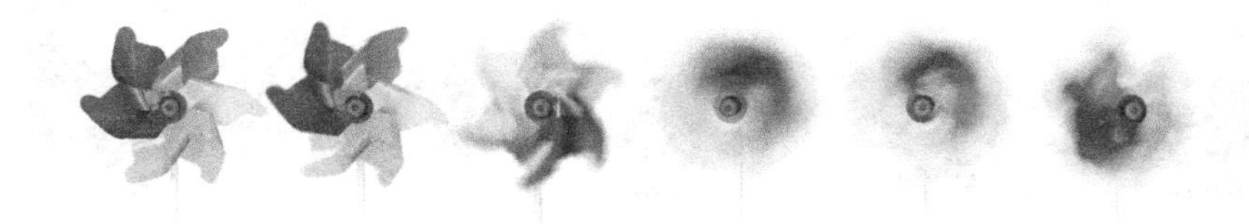

图 7-10　该图展示了运动模糊。最左侧的彩色风车处于静止状态，从左向右风车转得越来越快，最右侧风车转得最快。使用同样快门速度的相机拍摄这些风车，可以发现风车转得越快，运动模糊越严重

7.3 本章小结

本章我们介绍了针孔相机的基础模型及其在三维深度重建和基于单应性的建模等中的应用。关于这一模型的更多数学知识可以参见三维计算机视觉领域的经典著作［Faugeras 93］。关于立体视觉重建和相机标定方面可以参见［Szeliski 10］。如果想了解实际相机的更多细节，可以学习一门有关计算摄影的课程——［Lukac 10］提供了有关这一方向的深入论述。

本章要点

针孔相机	焦距
相机内参和外参	光圈
相机标定	景深
深度估计或重建	快门速度
立体相机对	运动模糊
单应性	视场

参考文献

[Faugeras 93] Olivier Faugeras. *Three-dimensional Computer Vision: A Geometric Viewpoint.* MIT Press, 1993.

[Lukac 10] Rastislav Lukac. *Computational Photography: Methods and Applications,* First edition. CRC Press, Inc., 2010.

[Szeliski 10] Richard Szeliski. *Computer Vision: Algorithms and Applications.* Springer-Verlag New York, Inc., 2010.

习题

1. 考虑下述 3×4 的相机矩阵

$$\boldsymbol{C}=\begin{bmatrix}10 & 2 & 11 & 19\\ 10 & 5 & 10 & 50\\ 5 & 14 & 2 & 17\end{bmatrix} \tag{7-36}$$

   以及用齐次坐标表示的三维点 $X=(0,2,2,1)^{\mathrm{T}}$。

   (a) 该点 X 在三维空间中的笛卡儿坐标是多少？

   (b) 该点 X 在相机的像平面上的投影点的笛卡儿坐标是多少？

2. 考虑焦距为 5mm 的一个理想针孔相机。每个像素的大小为 0.02mm×0.02mm，像平面上的主轴点位于（500，500）。像素坐标以像平面的左上角为（0，0）。

   (a) 该相机的 3×3 的相机标定矩阵 $\boldsymbol{K}$ 是什么？

   (b) 假设世界坐标系与相机坐标系已经对齐（即两者的原点和坐标轴方向均重合），而且原点就在相机的针孔处，表示相机坐标系与世界坐标系之间的刚体变换的 3×4 外参矩阵是什么？

(c) 综合前两个问题的答案，计算场景中的点（100，150，800）在相机像平面上的投影坐标。

3. 一个相机被固定在一个平桌的上方。一个投影仪也固定在桌子上方，并向桌面投射一股窄光束，形成桌面图像上的一个可见点。桌面的高度可以精确控制，但是相机、投影仪和桌子的位置都不知道。当桌面高度分别为 50mm 和 100mm 时，桌面上的光点在图像上的像素坐标分别为（100，250）和（140，340）。
   (a) 利用该特定场景下的透视相机模型，给出表示桌子高度的世界坐标（x）和表示光点位置的图像坐标（u，v）之间的关系的一般化的公式。公式中使用齐次坐标和包含变量的投影矩阵。
   (b) 针对上述第一个桌面高度，利用上一个问题的答案，写出由这一观察形成的显式方程。该变换矩阵的自由度是多少？
   (c) 为了求解透视相机模型中的未知参数，我们需要多少种桌面高度及其对应的图像？
   (d) 相机标定后，给定一个新的未知桌面高度及其对应的图像，桌面高度有唯一解吗？如果有，请给出相关的方程。如果没有，请简要说明原因。
   (e) 假设每幅图像中，我们只度量了光点的 u 像素坐标，此时相机还可以标定吗？如果可以，我们需要多少个桌面高度？如果不可以，简要说明原因。
4. 假定相机矩阵为 $\boldsymbol{C}=\boldsymbol{K}[\boldsymbol{r}_1\boldsymbol{r}_2\boldsymbol{r}_3 t]$ 的一个相机，其中 $\boldsymbol{K}$ 是内参矩阵，$\boldsymbol{r}_1$、$\boldsymbol{r}_2$ 和 $\boldsymbol{r}_3$ 表示旋转矩阵的列。令 π 是 $Z=0$ 处的 XY 平面。我们知道该平面上的任意一个点 P 可以通过单应变换 $\boldsymbol{H}$ 与相机像平面上的点 P' 联系起来，即 $P'=\boldsymbol{H}P$。试证明 $\boldsymbol{H}=\boldsymbol{K}[\boldsymbol{r}_1\boldsymbol{r}_2 t]$。
5. 考虑全景图像生成的应用，其中相机被固定在三脚架上，旋转拍摄多张用于生成全景图的图像。该图像序列中相邻的两幅图像可以通过单应变换相关联吗？如果可以，在什么条件下可以？
6. 四个投影仪在 2×2 的网格上平铺开来，形成一堵平墙上的平铺显示屏。投影仪相互之间有一些重叠。联系一个投影仪中的像素（x,y）和另一个中的像素（x',y'）的矩阵的最低维数是多少？验证你的答案。
7. 可以控制到达传感器的光线量的实际相机中的两个参数是什么？应该如何根据场景的因素选择控制光线量的参数？
8. 运动冻结是选择正确快门速度的一种技术，它可用于运动物体的拍摄，可以使运动物体在图像中呈静止或冻结状态。假设我们需要冻结以下物体的运动：移动的汽车、公园中慢跑的人、沙滩上散步的人和快速行驶的火车。有四个快门速度可以使用：$\frac{1}{125}$、$\frac{1}{250}$、$\frac{1}{500}$和$\frac{1}{1000}$。我们应该为每个物体选择哪一个快门速度呢？
9. 考虑三维场景中的一条参数化直线 $P_0+\alpha(P_1-P_0)$，以及随着 α 由 0 到 1 变化在这条直线上移动的点 P。证明该点在相机标定矩阵上的投影将收敛于一个消失点。

10. 相机的内参和外参矩阵是仿射、欧氏还是透视变换？验证你的答案。我们知道相机标定矩阵是一个透视变换矩阵，那么是内参和外参矩阵中的哪一个使得相机标定矩阵是透视变换的呢？证明你的答案。
11. 相机标定矩阵是一个 3×4 的矩阵，它的逆矩阵是不存在的。从根据单个相机拍摄的二维图像重建三维几何信息的角度，这一现象有什么几何解释呢？
12. 试解释为什么侧面像中的眼睛看起来会跟着你转？从观察者和图像之间的单应性关系的角度给出你的答案。

对极几何

上一章我们学习了如何使用两个或多个相机重建场景的几何信息。这常常被认为是计算机视觉中最重要的目标之一。场景重建是实现场景自动理解的一个基础步骤。只有在重建出场景的基本几何信息后，我们才可能从更多的角度深入理解场景，比如理解场景中的物体，它们的运动以及与场景中其他元素的交互——所有这些也都与人类认知中的更高层次有关。

对极几何定义了拍摄同一个场景的多个相机之间的几何约束关系。它使得我们可以在处理诸如运动估计和三维深度重建之类的重要视觉任务时能够简化共性问题（比如寻找匹配）。即便是相对简单的约束条件也能使得如此困难的问题变得可以解决。本章我们将介绍对极几何的基本概念。让我们从定义本章将会使用到的符号开始。

8.1 背景

考虑由两个齐次坐标表示的点 $A(x,y,t)$ 和 $B(u,v,w)$ 定义的直线，如图 8-1 所示。这两个点在 $Z=1$ 决定的二维平面上的投影点对应的归一化齐次坐标为$A'=\left(\frac{x}{t},\ \frac{y}{t}\right)$ 和 $B'=\left(\frac{u}{w},\frac{v}{w}\right)$。假设$A'$和 B'之间的直线为M_l，如图 8-1 中红色线所示，则平面 OAB 的法向量为

$$B\times A=\begin{bmatrix} yw-tv \\ tu-xw \\ xv-yu \end{bmatrix} \tag{8-1}$$

M_l 上的任一个点应该是平面 OAB 上的点 $P=(p,q,r)$ 的投影。因此，P 满足上述法向量定义的平面方程

$$p(yw-tv)+q(tu-xw)+r(xv-yu)=0 \tag{8-2}$$

而 $B\times A$ 给出了平面 OAB 的方程的系数。换句话说，P 满足下述方程

$$p^{\mathrm{T}}\begin{bmatrix} yw-tv \\ tu-xw \\ xv-yu \end{bmatrix}=P^{\mathrm{T}}(B\times A)=0 \tag{8-3}$$

接下来，考虑平面 $Z=1$ 上由归一化齐次坐标 $A'=\left(\frac{x}{t},\frac{y}{t},1\right)$ 和 $B'=\left(\frac{u}{w},\frac{v}{w},1\right)$ 形成的直线M_l。该直线的斜率 m 和截距 c 为

$$m=\frac{tv-yw}{tu-xw} \tag{8-4}$$

$$c=\frac{yu-xv}{tu-xw} \tag{8-5}$$

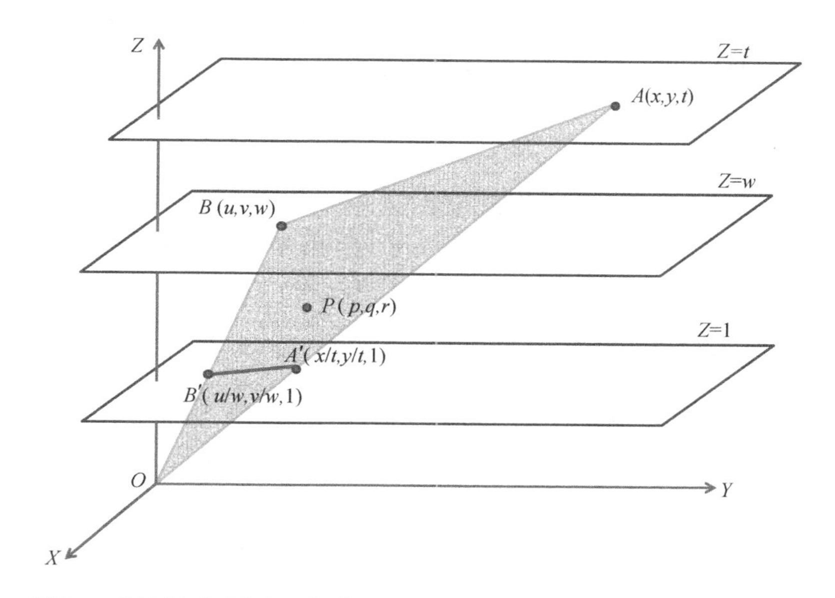

图 8-1　该图展示了齐次坐标表示的两个二维点 A 和 B，以及位于平面 OAB 上的点 P 如何与 A 和 B 相关联

因此，M_l 的方程为

$$(tv-yw)x_l+(xw-tu)y_l+(yu-zw)=0 \tag{8-6}$$

其中，(x_l, y_l) 是 M_l 上的二维点，用归一化齐次坐标表示为 $(x_l, y_l, 1)$。以上方程还可以写成

$$(x_l \quad y_l \quad 1)\begin{bmatrix} yw-tv \\ tu-xw \\ xv-yu \end{bmatrix}=(x_l \quad y_l \quad 1)\ (B\times A)=0 \tag{8-7}$$

由此可见，$B\times A$ 既定义了直线M_l 的方程的系数，也定义了平面 OAB 的方程的系数，这取决于我们使用的是归一化齐次坐标还是未归一化的齐次坐标。在处理对极几何约束时，我们将会在很多地方有效使用这一事实。此外，我们也将使用直线的系数矩阵表示直线本身。因此，当我们定义一条直线 l 为

$$l=\begin{bmatrix} a \\ b \\ c \end{bmatrix} \tag{8-8}$$

时，我们指的是可以根据上述方程推导出来的斜率为$-\frac{a}{b}$、截距为$-\frac{c}{b}$的直线 l。本章剩下的部分将会频繁使用这一符号。

注意以下关系

$$B\times A=\begin{bmatrix} yw-tv \\ tu-xw \\ xv-yu \end{bmatrix}=\begin{bmatrix} 0 & w & -v \\ -w & 0 & u \\ v & -u & 0 \end{bmatrix}\begin{bmatrix} x \\ y \\ t \end{bmatrix}=[B]_X A \tag{8-9}$$

左侧矩阵是一个元素仅由 B 的坐标决定的特殊矩阵，因此也被称为 $[B]_X$。注意 $[B]_X$ 是一个反对称矩阵，即 $[B]_X=-[B]_X^{\mathrm{T}}$。因为 P 满足方程（8-3），以下方程也成立

$$P^{\mathrm{T}}([B]_X A)=0 \tag{8-10}$$

事实上，还可以证明

$$P^{\mathrm{T}}([B]_X A)=(A^{\mathrm{T}}[B]_X^{\mathrm{T}})P=0 \tag{8-11}$$

需要特别注意的是矩阵的维度，上述结果是一个 1×1 的标量。此外，$[B]_X$ 的行列式为 0，而所有 2×2 的子矩阵的行列式不等于 0。所以，$[B]_X$ 是一个秩为 2 的矩阵。

8.2　多视几何中的匹配

考虑用于立体视觉深度重建的两个相机 C_1 和 C_2（参见图 8-2）。令它们的投影中心为 O_1 和 O_2，像平面分别为I_1 和I_2。线段 O_1O_2 称为基线（Baseline）。为了实现立体视觉重建，基线长度不能等于 0，亦即 $O_1\neq O_2$。让我们考虑一个三维点 P，它在 C_1 和 C_2 上的投影点分别为 p_1 和 p_2。接下来，让我们看看这一几何设置有什么规律。

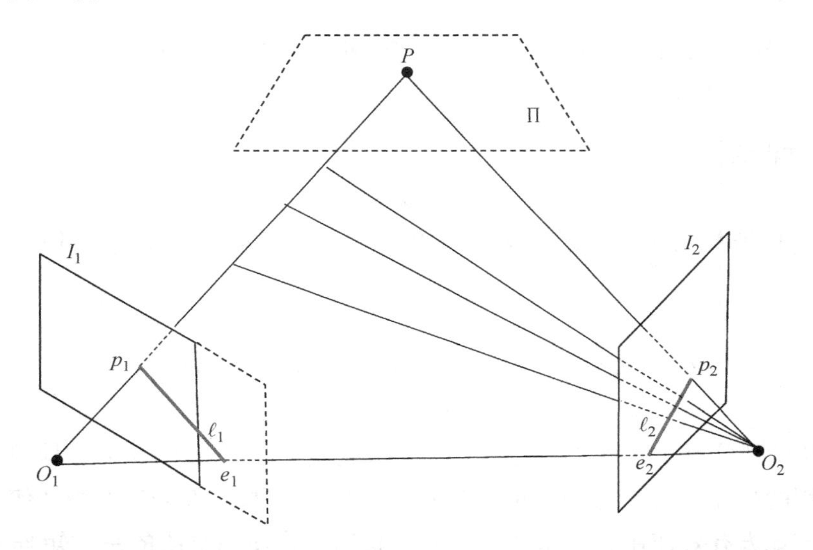

图 8-2　该图展示了寻找一个双相机系统中的对极约束的设置。其中两个相机的投影中心为 O_1 和 O_2，像平面为I_1 和I_2。两者都在观察三维点 P。该点在两个相机上的投影点分别为 p_1 和 p_2。e_1 和 e_2 为两个相机的极点，而 l_1 和 l_2 是可用于寻找三维点 P 的匹配的极线

1. PO_1O_2 形成一个平面。当三维点 P 的位置改变时，该平面会围绕基线 O_1O_2 旋转，从而也发生变化。
2. 光线 O_2P 上的点的投影点落在 C_1 的极线 l_1 上。类似地，O_1P 上的点的投影点在 C_2 的极线 l_2 上。
3. 连接 O_1O_2 的直线与像平面I_1 和I_2 分别相交于点 e_1 和 e_2。它们被称为极点（Epipole）。注意，极点并不一定落在相机的物理成像平面上，有可能会落在像平面的延伸部分，就像 C_1 的情形。

4. 直线 l_1 和 l_2 分别由 e_1p_1 和 e_2p_2 决定，称为极线（Epipolar Line）。注意，尽管平面 PO_1O_2 会随着 P 的位置的变化而变化，但是极点不会变化，因为基线 O_1O_2 不变。因此，所有的极线都通过像平面上的极点。

问题是为什么这些规律很重要呢？以上这些规律及其相应的约束条件的重要性体现在它们能减小在使用标定好的立体视觉相机对时匹配的搜索空间。由于我们考虑的是标定好的相机，每一个相机的位置可以投影到另一个相机的像平面上从而得到极点 e_1 和 e_2。当我们在相机 C_1 中检测到特征 p_1（P 的投影点）时，它的匹配必定在直线 $e_2p_2=l_2$ 上。所以，在寻找它的匹配时我们只需要在直线 l_2 上搜索，而不需要在整幅图像上搜索。这样一来，我们寻找匹配的搜索空间从二维退化成了一维，这大大降低了我们计算场景中点的深度的复杂度。如图 8-3 所示。接下来的章节，我们将学习将匹配搜索空间从二维降到一维的数学基础。为此，我们需要首先了解基础矩阵的概念。

图 8-3 上行左图中标注的特征落在右图中的极线上，而这些极线可用于寻找匹配特征。下行展示了立体视觉相机对拍摄的两幅图像以及其上的极线。注意，两幅图像的极点都在图像物理范围之外

8.3 基础矩阵

基础矩阵 $\boldsymbol{F}$ 是一个 3×3 的矩阵，能够帮助我们找到相机 C_2 的极线 l_2，在这条极线上有相机 C_1 图像上的点 p_1 对应的匹配点 p_2。接下来，我们将证明 l_2 就是 $\boldsymbol{F}p_1$。

为了定义相机的基础矩阵，我们使用如图 8-2 中的设置。令 $p_1=(x_1,y_1,t_1)$ 和 $e_1=(u,v,w)$。根据 8.1 节中的推导，我们知道由端点 e_1 和 p_1 定义的极线 l_1 为

$$l_1 = [e_1]_X p_1 = \begin{bmatrix} 0 & w & -v \\ -w & 0 & u \\ v & -u & 0 \end{bmatrix} \begin{bmatrix} x_1 \\ y_1 \\ t_1 \end{bmatrix} = \boldsymbol{L} p_1 \tag{8-12}$$

其中，$\boldsymbol{L}=[e_1]_X$。根据上一章介绍的概念，我们知道，由于 l_1 和 l_2 共面，所以存在一个3×3的单应变换或者说一个二维仿射变换 $\boldsymbol{A}$，可以将 l_1 映射到 l_2。因此，

$$l_2 = \boldsymbol{A} l_1 \tag{8-13}$$

$$= \boldsymbol{A}\boldsymbol{L} p_1 \tag{8-14}$$

$$= \boldsymbol{F} p_1 \tag{8-15}$$

令 $p_2=(x_2, y_2, t_2)$。因为 p_2 在极线 l_2 上，所以它满足直线方程

$$p_2^{\mathrm{T}} l_2 = p_2^{\mathrm{T}} \boldsymbol{F} p_1 = 0 \tag{8-16}$$

此处，$\boldsymbol{F}$ 关联了两个匹配点 p_1 和 p_2，被称为基础矩阵。因为 $\boldsymbol{A}$ 和 $\boldsymbol{L}$ 都是 3×3 矩阵，所以基础矩阵 $\boldsymbol{F}$ 也是一个 3×3 矩阵。而且 $\boldsymbol{L}$ 的秩为 2，$\boldsymbol{A}$ 的秩为 3，所以 $\boldsymbol{F}$ 的秩为 2。$\boldsymbol{A}$ 作为一个单应变换，其自由度为 8。与秩为 2 的矩阵 $\boldsymbol{L}$ 相乘后，得到的 $\boldsymbol{F}$ 还满足另外一个约束条件 $\det(\boldsymbol{F})=0$。这一点使得 $\boldsymbol{F}$ 的自由度减少 1，所以其自由度为 7。

有趣的事实

对极几何据说是由 von Guido Hauck 于 1883 年首先发现的。他写了好几篇有关三幅图像上的点和线之间的三线性关系的论文。Hauck 并没有在他的工作中深入地理论分析这些三线性关系，这一点直到 20 世纪 90 年代才借助三焦点张量得以完成。他更多地专注于利用这些关系由两张给定的图像生成第三张（在计算机视觉中常被称为三焦点迁移）。这一概念是计算机图形学中 20 世纪 90 年代发展起来的基于图像的渲染领域的基石。1863 年，Hesse 在解答法国数学家 Michel Chasles 提出的一个极具挑战性的问题时也对对极几何进行了一定的探索。这个挑战性的问题是给定 7 组匹配点，画两条满足单应性关系的二维直线，使得匹配的直线与匹配点一致。

8.3.1　性质

我们可以将基础矩阵 $\boldsymbol{F}$ 的性质总结如下。

1. $\boldsymbol{F}$ 是一个秩为 2、自由度为 7 的矩阵。
2. 点 p_1 和 p_2 所在的极线 l_1 和 l_2 分别为

$$l_2 = \boldsymbol{F} p_1 \tag{8-17}$$

$$l_1 = \boldsymbol{F}^{\mathrm{T}} p_2 \tag{8-18}$$

3. 两个匹配点 p_1 和 p_2 通过下式相关联

$$p_2^{\mathrm{T}} \boldsymbol{F} p_1 = 0 \tag{8-19}$$

或

$$p_1^{\mathrm{T}} \boldsymbol{F}^{\mathrm{T}} p_2 = 0 \tag{8-20}$$

当使用的是上述两个方程中的第二个时，$\boldsymbol{F}^{\mathrm{T}}$ 也可能是基础矩阵。

4. 极点与 $\boldsymbol{F}$ 的关系为

$$\boldsymbol{F}e_1=\boldsymbol{F}^{\mathrm{T}}e_2=0 \tag{8-21}$$

此时，你或许会想单应性变换和基础矩阵都是3×3矩阵，都定义了两个立体视觉相机的约束条件。那么，它们之间有什么区别呢？注意，给定一个相机中的某个点，单应性变换能够帮助我们找到它在另一个相机中的对应点。因此，单应性变换将一个点映射到另一个点。单应性变换要求这一约束关系是因为需要一个更加严格的场景构成，其中要么 C_1 和 C_2 有共同的投影中心，要么所有的三维点在一个平面上。另一方面，基础矩阵只是定义了一条直线，这条直线上有另一个相机的点的匹配点。由此可见，基础矩阵将一个点映射到一条线，而不像单应性变换那样将一个点映射到另一个点。

8.3.2 基础矩阵的估计

下一个显而易见的问题是我们应该怎么估计基础矩阵。本节我们将讨论不同相机对的基础矩阵估计方法。

标定好的相机

如果我们有已经标定好的一对立体视觉相机，那么寻找基础矩阵是一件相对容易的事情。假设相机 C_1 和 C_2 的3×4标定矩阵分别为 $\boldsymbol{A}_1$ 和 $\boldsymbol{A}_2$，我们有

$$p_1=\boldsymbol{A}_1P \tag{8-22}$$

因为 $\boldsymbol{A}_1$ 不是一个方阵，所以它不是可逆的。但是我们可以找到它的伪逆矩阵 $\boldsymbol{A}_1^+$，该伪逆矩阵为4×3矩阵，满足 $\boldsymbol{A}_1\boldsymbol{A}_1^+=I$，其中 $\boldsymbol{I}$ 是3×3单位阵。可以证明 $\boldsymbol{A}_1^+=(\boldsymbol{A}_1^{\mathrm{T}}\boldsymbol{A}_1)^{-1}\boldsymbol{A}_1^{\mathrm{T}}$。利用这一伪逆矩阵 $\boldsymbol{A}_1^+$，我们可以将方程（8-22）写成

$$P=\boldsymbol{A}_1^+p_1 \tag{8-23}$$

据此，P 在第二个相机中的投影点 p_2 可以表示成

$$p_2=\boldsymbol{A}_2P \tag{8-24}$$

$$=\boldsymbol{A}_2\boldsymbol{A}_1^+p_1 \tag{8-25}$$

极线 l_2 可以用它的端点 e_2 和 p_2 定义，同样根据方程8.18，可以表示成

$$l_2=e_2\times p_2=[e_2]_X\boldsymbol{A}_2\boldsymbol{A}_1^+p_1=\boldsymbol{F}p_1 \tag{8-26}$$

因此，$\boldsymbol{F}$ 可以根据上述方程得到，即

$$\boldsymbol{F}=[e_2]_X\boldsymbol{A}_2\boldsymbol{A}_1^+ \tag{8-27}$$

事实上，可以证明 $\boldsymbol{A}_2\boldsymbol{A}_1^+$ 是一个满秩的3×3矩阵，而且就是方程8.14中定义的单应变换 $\boldsymbol{A}$。

第一个相机已对齐至世界坐标系

接下来，我们进一步简化相机设置。假设相机 C_1 位于世界坐标系的原点位置，且已与世界坐标系的轴对齐。记 C_1 的内参矩阵为 $\boldsymbol{K}_1$。据此，$\boldsymbol{A}_1$ 为

$$\boldsymbol{A}_1=\boldsymbol{K}_1(\boldsymbol{I}\mid\boldsymbol{O}) \tag{8-28}$$

其中，I 是3×3单位矩阵，$\boldsymbol{O}$ 是 $(0, 0, 0)^T$。此外，$\boldsymbol{A}_1^+$ 为

$$A_1^+ = \begin{bmatrix} K_1^{-1} \\ O \end{bmatrix} \tag{8-29}$$

令 C_2 的平移、旋转和内参矩阵分别为 $\boldsymbol{T}$、$\boldsymbol{R}$ 和 $\boldsymbol{K}_2$。C_2 的标定矩阵 $\boldsymbol{A}_2$ 为

$$\boldsymbol{A}_2 = \boldsymbol{K}_2(\boldsymbol{R} \mid \boldsymbol{T}) = (\boldsymbol{K}_2\boldsymbol{R} \mid \boldsymbol{K}_2\boldsymbol{T}) \tag{8-30}$$

根据以上方程，我们可以发现单应变换矩阵 $\boldsymbol{A}$ 为

$$\boldsymbol{A} = \boldsymbol{A}_2\boldsymbol{A}_1^+ = \boldsymbol{K}_2\boldsymbol{R}\boldsymbol{K}_1^{-1} \tag{8-31}$$

现在让我们考虑 O_1 在I_2 上的投影点 e_2，它可以如下计算得到

$$e_2 = \boldsymbol{A}_2 \begin{bmatrix} 0 \\ 0 \\ 0 \\ 1 \end{bmatrix} = (\boldsymbol{K}_2\boldsymbol{R} \mid \boldsymbol{K}_2\boldsymbol{T}) \begin{bmatrix} 0 \\ 0 \\ 0 \\ 1 \end{bmatrix} = \boldsymbol{K}_2\boldsymbol{T} \tag{8-32}$$

因此，根据方程 8-27，我们可以推导出基础矩阵 $\boldsymbol{F}$ 为

$$\boldsymbol{F} = [e_2]_X \boldsymbol{A}_2\boldsymbol{A}_1^+ \tag{8-33}$$

$$= [\boldsymbol{K}_2\boldsymbol{T}]_X \boldsymbol{K}_2\boldsymbol{R}\boldsymbol{K}_1^{-1} \tag{8-34}$$

这表明，当使用更加简化的标定相机设置时，即其中一个相机已与世界坐标系对齐时，找到基础矩阵会变得更加容易。

8.3.3　仿前置双眼的相机设置

接下来，我们探究一种非常具体的相机设置，即类似于人类的前置双眼的设置（不是类似于兔子那样的位于两侧的双眼）。这种情况下，假设两个相机的内参矩阵相同，即 $\boldsymbol{K}_1 = \boldsymbol{K}_2 = \boldsymbol{K}$。这种假设并不是像它看起来那般不可实现。即使是在消费级设备中，同样配置的大部分相机都具有相同的内参矩阵。在考虑前置双眼时，第二个相机的相对方向可以认为只是相对于第一个相机存在一些平移，而没有旋转。因此，这两个相机都具有与坐标轴完全一致的方向，只是其中一个位于原点位置，另一个被平移到了另一个位置。在这些假设下，方程 8-34 可以写成

$$\boldsymbol{F} = [e_2]_X \boldsymbol{K}\boldsymbol{K}^{-1} = [e_2]_X \tag{8-35}$$

现在让我们进一步简化设置，假定平移是沿着 X 轴的，也就是与人类双眼的设置完全一样。此时，极点 e_2 将会在 X 轴的无穷远处。因此，$e_2 = (1,\ 0,\ 0)^{\mathrm{T}}$

$$\boldsymbol{F} = [e_2]_X = \begin{bmatrix} 0 & 0 & 0 \\ 0 & 0 & -1 \\ 0 & 1 & 0 \end{bmatrix} \tag{8-36}$$

让我们再考虑相机 C_1 和 C_2 上的两个匹配点（x_1，y_1）和（x_2，y_2）。将上述基础矩阵代入方程 8-19 可以得到

$$(x_2 \quad y_2 \quad 1) \begin{bmatrix} 0 & 0 & 0 \\ 0 & 0 & -1 \\ 0 & 1 & 0 \end{bmatrix} \begin{bmatrix} x_1 \\ y_1 \\ 1 \end{bmatrix} = 0 \tag{8-37}$$

或

$$(0 \quad 1 \quad -y_2)\begin{bmatrix} x_1 \\ y_1 \\ 1 \end{bmatrix}=0 \tag{8-38}$$

或

$$y_1-y_2=0 \tag{8-39}$$

由此可见，在这种设置下，极线成了光栅线（即平行于 X 轴），而极点在无穷远处。匹配点位于两幅图像中相同的光栅线上，所以找到它们非常容易，如图 8-4 所示。

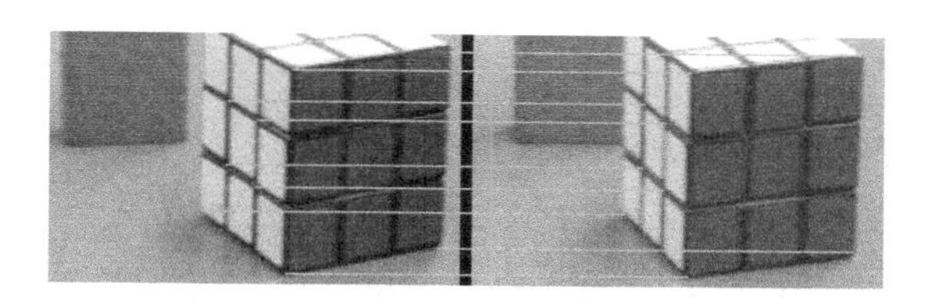

图 8-4 该图展示了前置双眼的情形，以及位于相同光栅线上的匹配点（如图中绿色直线所示）

未标定相机

我们经常会遇到相机没有标定的情况。问题是，在不知道相机标定矩阵的情况下，我们应该怎样计算基础矩阵呢？

为此，让我们考虑相机 C_1 和 C_2 的图像上通过手工或者自动软件检测到的两个匹配点特征（x_1，y_1）和（x_2，y_2）。这两个点满足方程 8-19，因此有

$$(x_2 \quad y_2 \quad 1)\begin{bmatrix} f_1 & f_2 & f_3 \\ f_4 & f_4 & f_6 \\ f_7 & f_8 & f_9 \end{bmatrix}\begin{bmatrix} x_1 \\ y_1 \\ 1 \end{bmatrix}=(x_2 \quad y_2 \quad 1)\ \boldsymbol{F}\begin{bmatrix} x_1 \\ y_1 \\ 1 \end{bmatrix}=0 \tag{8-40}$$

其中，f_1，…，f_9表示基础矩阵 $\boldsymbol{F}$ 中的元素。根据上述方程，我们可以得到如下的线性方程

$$x_1x_2f_1+x_1y_2f_4+x_1f_7+x_2y_1f_2+y_1y_2f_4+y_1f_8+x_2f_3+y_2f_6+f_9=0 \tag{8-41}$$

检测到的每一对匹配点都将得到一个线性方程。因此，只要有足够多的匹配点，我们就可以估算出 $\boldsymbol{F}$。虽然 $\boldsymbol{F}$ 的自由度为 7，但是我们可以发现它含有受这 7 个自由度影响的 8 个参数。所以，我们需要至少 8 对匹配点才能通过上述方法估算 $\boldsymbol{F}$。在本章的后续部分，我们将介绍如何将 $\boldsymbol{F}$ 应用于不同情况下的不同目的。

8.4 本质矩阵

本质矩阵 $\boldsymbol{E}$ 定义为归一化相机的基础矩阵。所谓归一化相机，顾名思义，是指坐标被归一化了的相机。归一化相机的内参矩阵 $\boldsymbol{K}$ 是单位阵，即 $\boldsymbol{K}=\boldsymbol{I}$。对于两个归一化的匹配点 $\hat{p}_1$ 和 $\hat{p}_2$，8.3.1 节中介绍的关于基础矩阵的所有性质都适用于本质矩阵，其中最有用的几条性质是

$$l_2=\boldsymbol{E}\hat{p}_1 \tag{8-42}$$

$$l_1=\boldsymbol{E}^{\mathrm{T}}\hat{p}_2 \tag{8-43}$$

$$\hat{p}_2^{\mathrm{T}}\boldsymbol{E}\hat{p}_1=0 \tag{8-44}$$

$$\hat{p}_1^{\mathrm{T}}\boldsymbol{E}^{\mathrm{T}}\hat{p}_2=0 \tag{8-45}$$

归一化过程消除了表示像素大小的两个缩放因子。由此可见，$\boldsymbol{F}$ 的自由度减少了 2 个，得到 $\boldsymbol{E}$。所以，$\boldsymbol{E}$ 的自由度为 5。

由于任何一对相机都可以简化成这样的情形，其中 C_1 与世界坐标系的轴对齐，C_2 进行相对于 C_1 的平移 $\boldsymbol{T}$ 和旋转 $\boldsymbol{R}$，所以我们可以通过将 $\boldsymbol{K}_1=\boldsymbol{K}_2=\boldsymbol{I}$ 代入方程 8.34 推导出本质矩阵 $\boldsymbol{E}$ 为

$$\boldsymbol{E}=[\boldsymbol{T}]_X\boldsymbol{R} \tag{8-46}$$

因为 $\boldsymbol{R}$ 和 $[\boldsymbol{T}]_X$ 都是对称阵，所以我们可以得到 $\boldsymbol{E}^{\mathrm{T}}$ 为

$$\boldsymbol{E}^{\mathrm{T}}=([\boldsymbol{T}]_X\boldsymbol{R})^{\mathrm{T}}=\boldsymbol{R}^{\mathrm{T}}[\boldsymbol{T}]_X^{\mathrm{T}}=\boldsymbol{R}[\boldsymbol{T}]_X \tag{8-47}$$

根据以上方程，我们也可以看出 $\boldsymbol{E}$ 具有 5 个自由度。由于 $\boldsymbol{E}$ 依赖于自由度分别为 2 和 3 的 $\boldsymbol{R}$ 和 $\boldsymbol{T}$，所以 $\boldsymbol{E}$ 的自由度为 5。

8.5 整流

所谓整流过程是指，我们通过一对立体视觉相机拍摄图像，并应用合适的变换来仿真前置双眼和匹配点位于光栅线上的情形。本节我们将学习如何对两个归一化的未标定相机的图像进行整流。

不失一般性，我们可以假设这两个归一化相机中的一个与世界坐标系对齐，另一个相对于第一个相机进行了 $\boldsymbol{T}$ 平移和 $\boldsymbol{R}$ 旋转。根据前一节中的方程，这两个归一化相机中的匹配点可以通过本质矩阵相关联。然而，由于相机没有标定，我们并不知道 $\boldsymbol{R}$ 和 $\boldsymbol{T}$ 的值。不过我们可以像 8.3.3 节中估计未标定相机的基础矩阵那样通过一组归一化的匹配点估计本质矩阵。

由于 $\boldsymbol{E}$ 与 $\boldsymbol{R}$ 和 $\boldsymbol{T}$ 具有方程 8-46 和 8-47 定义的关联关系，如果我们能根据估算出的 $\boldsymbol{E}$ 计算出 $\boldsymbol{R}$ 和 $\boldsymbol{T}$，我们就可以对第二个归一化相机的像平面进行合适的变换，将相机的配置转换成前置双眼的模式，亦即两个相机之间仅存在沿着 X 轴的平移。这一过程称为整流（Rectification）。整流后，匹配点位于两幅图像的光栅线上，因而非常容易检测。

那么，我们可以如何根据估算的本质矩阵找到第二个相机的旋转和平移矩阵呢？为此，我们首先对 $\boldsymbol{E}$ 进行奇异值分解，得到

$$\boldsymbol{E}=\boldsymbol{U}\sum\boldsymbol{V}^{\mathrm{T}} \tag{8-48}$$

注意，$\boldsymbol{U}$ 和 $\boldsymbol{V}$ 是正交阵，所以它们的转置就是它们的逆矩阵。定义矩阵 $\boldsymbol{W}$ 为

$$\boldsymbol{W}=\begin{bmatrix}0 & -1 & 0\\ 1 & 0 & 0\\ 0 & 0 & 1\end{bmatrix} \tag{8-49}$$

满足 $\boldsymbol{W}^{-1}=\boldsymbol{W}^{\mathrm{T}}$。

可以证明如上定义的 $\boldsymbol{U}$、$\boldsymbol{V}$、$\boldsymbol{W}$ 和 $\sum$ 组合后可以得到 $\boldsymbol{R}$ 和 $\boldsymbol{T}$ 的满足方程（8-46）和（8-47）的四组不同解。这些解罗列如下。

解 1：
$$R=UW^{-1}V^{T}\quad [T]_X=VW\Sigma V^{T} \tag{8-50}$$
解 2：
$$R=UWV^{T}\quad [T]_X=VW^{-1}\Sigma V^{T} \tag{8-51}$$
解 3：
$$R=UWV\quad [T]_X=V^{T}W^{-1}\Sigma V^{T} \tag{8-52}$$
解 4：
$$R=UW^{-1}V\quad [T]_X=V^{T}W\Sigma V^{T} \tag{8-53}$$

让我们验证其中的第一个解，将它代入方程（8-47）有

$$R\ [T]_X=UW^{-1}V^{T}VW\Sigma V^{T} \tag{8-54}$$
$$=UW^{-1}V^{-1}VW\Sigma V^{T} \tag{8-55}$$
$$=U\Sigma V^{T} \tag{8-56}$$
$$=E^{T} \tag{8-57}$$

这正是本质矩阵。类似地可以证明，上述四个解都满足方程（8-47）。我们使用这种情况下 E^{T} 的方程，因为它表示的矩阵能够将第二个相机（也就是我们需要整流的相机）上的匹配点关联到第一个相机的极线上。

图 8-5 中，上述四个解表示的第二个归一化相机用绿色表示，而第一个相机（与世界坐标系对齐的相机）用红色表示。有趣的是，尽管四者都是理论上合理的解，其中只有一个是实际可行的，也就是图 8-5a 中的那个，其中用黑色表示的成像点位于红色和绿色相机的前方。而在图 8-5b 中，成像点在两个相机的后方，在图 8-5c 和 8-5d 中，则位于其中一个相机的后方。实际上，在图 8-5b 和 8-5c 中，成像点在基线的后方，这一现象常被称为极限反转（Baseline Reversal）。在使用这样的解进行整流后，两幅图像上的所有极线都将会是水平线，如图 8-6 所示。

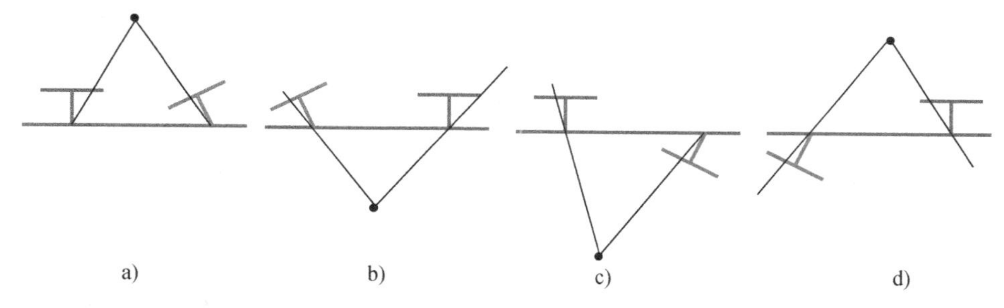

图 8-5　该图展示了对第二个相机（用绿色表示）进行整流变换时其位置的四个解，整流后红色和绿色相机一起构成前置双眼的设置。每个相机使用符号“T”形符号表示，“T”的底部表示投影中心，顶端的直线则表示像平面（见彩插）

图 8-6　该图展示了整流效果。左侧两幅图像没有整流，结果对应于左图中特征的极线不是水平的。中间图像经过整流后得到右侧图像，此时极线成为了水平线。左右两侧的图像一起被称为整流后的图像对

8.6　应用对极几何

本节我们介绍对极几何的一些应用。特别地，在处理未标定相机时，对极几何提供了一些能用于求解诸如深度之类的场景几何参数的约束关系。

8.6.1　根据视差恢复深度

根据视差恢复深度是对极几何最重要的应用之一。本节我们将正式推导根据视差恢复深度所需的方程。

考虑图 8-7 中用两个实线圆表示的人类前置双眼。首先我们介绍对应点（Corresponding Point）的概念。它不同于我们之前提及的匹配点（Correspondence）。对应点是指将两只眼睛平移至重合位置时能够完全重合的点。有趣的是，场景中位于距离眼睛特定半径的圆上的三维点可以成像为双眼中的对应点。如图 8-7 中的左图所示。这个圆被称为两眼视界或同视点（Horopter）。不在两眼视界中的点无法成像为左右眼中的对应点，如图 8-7 中的右图所示，其中这些点的成像用黄色和红色表示。这些点的深度可以根据它们在双眼中的投影点与用黑色表示的注视点的投影点之间的距离之差进行解算。这一距离差称为视差（Disparity）。

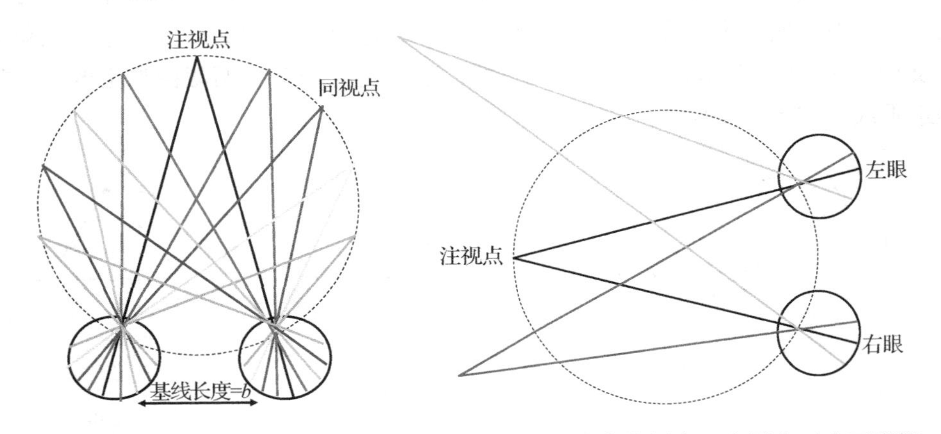

图 8-7　左图展示了同视点，即成像为左右眼中的对应点的圆点。右图中不在两眼视界中的点无法成像为左右眼中的对应点（见彩插）

现在，让我们将视差的概念应用于整流图像，看看如何用视差恢复图像中物体的三维深度。参见图 8-8，该图展示了整流后的两个归一化相机，它们的像平面和视场分别用浅灰色粗实线和点线表示。因为这两个相机是归一化相机，所以它们的焦距相同，记为 f。它们的投影中心分别记为 O_1 和 O_2。三维点 P 在两个相机中的投影点分别在 L 和 R，假定主光轴中心就在像平面的中心，则这两个投影点在各自像平面上的坐标分别为 $-l$ 和 r。b 为基线长度，亦即 O_1 和 O_2 之间的距离。三角形 PLR 和 PO_1O_2 为相似三角形。因此，我们有

$$\frac{b}{Z}=\frac{b+r-l}{Z+f} \tag{8-58}$$

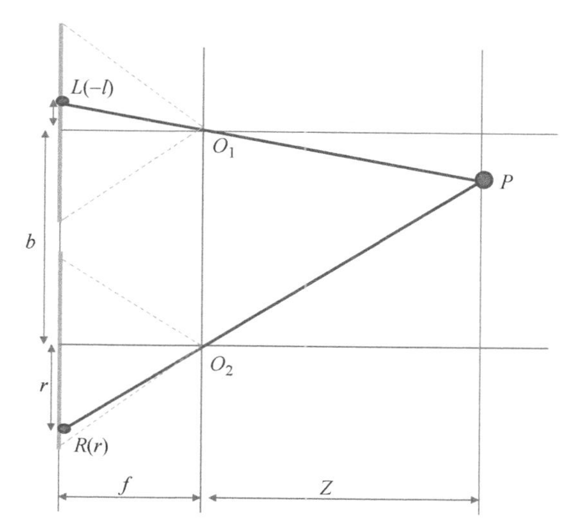

图 8-8 该图展示了拍摄三维点 P 的一对整流后的立体视觉相机

将视差正式定义为（$r-l$），根据以上方程，我们可以得到

$$Z=b\frac{f}{d} \tag{8-59}$$

由于 b 和 f 为常数，我们可以发现不同点的深度与视差成反比，因此可以根据整流图像解算出来。注意，即使基线长度和焦距未知，我们仍能在一定的比例因子范围内恢复出深度（即一定的比例常数）。也就是说，我们可以恢复场景中物体之间的相对深度，如图 8-9 所示。

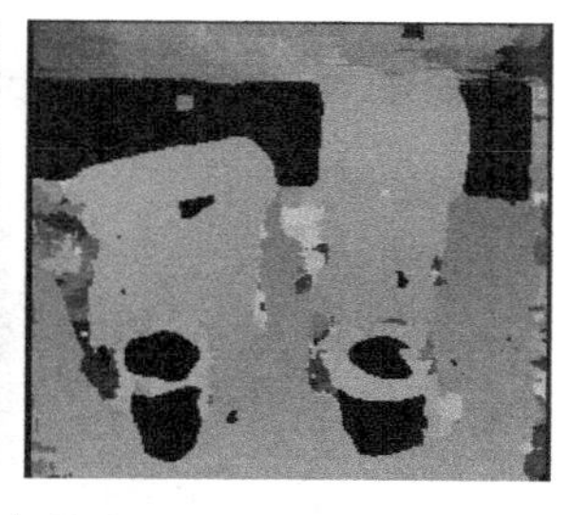

图 8-9 该图展示了两幅整流图像（左图），以及根据它们恢复的深度（右图）

8.6.2 根据光流恢复深度

我们关注的下一个应用是根据光流恢复深度。考虑单独一个相机，它的主光轴与 Z 轴对齐，可以沿着 Z 方向移动。考虑该相机在 Z 轴上的两个不同位置，第一个位置在原点，第二个在距离原点 t 的位置。该相机对应这两个位置的标定矩阵 $\boldsymbol{A}_1$ 和 $\boldsymbol{A}_2$ 分别为

$$\boldsymbol{A}_1=\boldsymbol{K}\ [\boldsymbol{I}\mid O] \tag{8-60}$$

$$\boldsymbol{A}_2=\boldsymbol{K}\ [\boldsymbol{I}\mid T_z] \tag{8-61}$$

其中，$T_z=(0,\ 0,\ t)^{\mathrm{T}}$。由于相机的内参不会因为相机移动而改变，所以内参矩阵 $\boldsymbol{K}$ 保持不变。假设同一个点在这两个相机位置上的投影点分别为 $p_1=(x_1,y_1,1)^{\mathrm{T}}$ 和 $p_2=$

$(x_2,y_2,1)^{\mathrm{T}}$。让我们考虑如下的 $\boldsymbol{K}$

$$\boldsymbol{K}=\begin{bmatrix} f & 0 & 0 \\ 0 & f & 0 \\ 0 & 0 & 1 \end{bmatrix} \tag{8-62}$$

对于一个三维点 (X, Y, Z)，我们有

$$(x_1, y_1) = \boldsymbol{K}\ [\boldsymbol{I} \mid O] \begin{bmatrix} X \\ Y \\ Z \\ 1 \end{bmatrix} \tag{8-63}$$

类似地，

$$(x_2, y_2) = \boldsymbol{K}\ [\boldsymbol{I} \mid T_z] \begin{bmatrix} X \\ Y \\ Z \\ 1 \end{bmatrix} \tag{8-64}$$

将 $\boldsymbol{K}$ 的值代入方程，并将它们展开，我们可以得到

$$x_1-x_2=\frac{t}{Z}x_2 \tag{8-65}$$

$$y_1-y_2=\frac{t}{Z}y_2 \tag{8-66}$$

上述方程定义了同一个点的投影点从一个相机位置到另一个相机位置发生的偏移量，称为光流（Optical Flow），如图 8-10 所示。根据以上方程，我们可以观察到以下有用的结论。

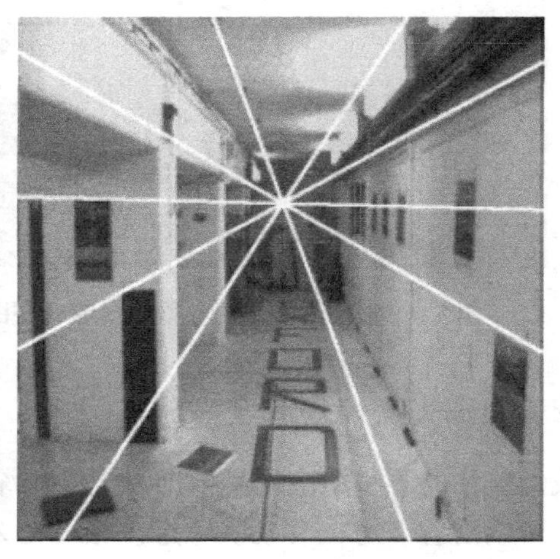

图 8-10　该图展示了当相机移入走廊时，从左图到右图的光流线。注意，墙上距离相机较近的相框和地板上距离相机较近的字母发生的偏移比远处的相框和字母的更大

1. 首先，当 $z=\infty$ 时，$p_1=p_2$。因此，距离相机非常远的三维点在两幅图像中的投影点保持不变。该点被称为延伸焦点（Focus of Expansion）。
2. 随着 Z 增加，同一个点从一个相机位置到另一个相机位置的投影点的偏移量减小。

这意味着，较远处的点的投影点的偏移量要小于较近处的点的投影点的偏移量。

3. 随着 t 增加，偏移量也增加。因此，更大的相机运动将产生更大的光流。

至此，如果我们有两个位置拍摄的图像，而且能够利用对极几何找到它们之间的匹配点，那么我们就可以解算出光流。如果我们知道相机的运动量 t，就能根据光流信息解算出点的深度 Z。这种通过运动的相机解算深度的方法称为根据运动恢复结构（Structure From Motion）。

8.7 本章小结

对极几何探究了适用于基于视差的几何重建的基本几何约束。本章的大部分内容中，我们假设已知一些参数，比如根据运动恢复结构中的运动量 t。所有这些技术也可以用于并不知道这些参数的未标定的情况。然而，那将涉及很多凸优化的知识，超出了本书的范围。[Szeliski 10] 中详细讨论了与有更多未知参数的深度恢复有关的高等概念。

即便是在高维空间，对极几何也有深厚的数学含义。本书中，我们考虑二维相机和实用的标定场景，尽量让论述实用、简单。希望深入学习对极几何的读者可以参考数学著作 [Hartley and Zisserman 03]。对极几何是计算机图形学中基于图像的渲染领域的基石，这一点 Leonard Mcmillan 在他开创性的论文 [Mcmillan and Bishop 95] 中首先进行了深入研究，其后二十年间大量的相关研究成果被总结在 [Shum et al. 07] 中。实现本章中讨论的两种应用的数学技巧被大大简化了，略去了很多基本原理。读者可以参考 [Hartley and Zisserman 03] 以了解这些方法更多的细节论述。

本章要点

- 极点和极线
- 基础矩阵
- 本质矩阵
- 归一化相机
- 整流
- 双目视觉中的视差
- 根据视差恢复深度
- 光流
- 根据运动恢复结构

参考文献

[Hartley and Zisserman 03] Richard Hartley and Andrew Zisserman. *Multiple View Geometry in Computer Vision.* Cambridge University Press, 2003.

[Mcmillan and Bishop 95] Leonard Mcmillan and Gary Bishop. "Plenoptic Modeling: An Image-based Rendering System." In *Proceedings of the 22nd Annual Conference on Computer Graphics and Interactive Techniques (SIGGRAPH)*, pp. 39–46, 1995.

[Shum et al. 07] Heung Yeung Shum, Shing Chow Chan, and Sing Bing Kang. *Image Based Rendering.* Springer, 2007.

[Szeliski 10] Richard Szeliski. *Computer Vision: Algorithms and Applications.* Springer-Verlag New York, Inc., 2010.

习题

1. 为什么对极约束在立体视觉匹配中有用（即寻找两幅图像间的对应点）？图像整流后极点和极线会有什么变化吗？在立体视觉匹配之前先进行图像整流有什么好处呢？
2. 给定图像 1 中的一个点 $p=(x,y)$，以及基础矩阵

$$F=\begin{bmatrix}0 & 1 & 0\\ 1 & 0 & -1\\ 0 & 1 & 0\end{bmatrix} \tag{8-67}$$

   (a) 推导出图像 2 中对应的极线的方程。利用你的结果计算对应于点（2，1）和（-1，-1）的极线方程。
   (b) 利用你在前一个问题中得到的两条极线的方程计算图像 2 的极点。一般地，我们可以如何从任意一个基础矩阵 $\boldsymbol{F}$ 得到极点？（提示：该问题的解答需要用到线性代数的概念。）
   (c) 图像 2 中的点与它们在图像 1 上对应的极线之间的关系可以用基础矩阵的转置 $\boldsymbol{F}^{\mathrm{T}}$ 刻画。利用这一事实，为基础矩阵 $\boldsymbol{F}$ 计算图像 1 中的极点。
   (d) 下列点中哪个是第一个相机的极点？（ⅰ）（0.5，0.5），（ⅱ）（1，1），（ⅲ）（1，0），（ⅳ）（-1，0）。
   (e) 下列点中哪个是第二个相机的极点？（ⅰ）（0.5，0.5），（ⅱ）（1，1），（ⅲ）（1，0），（ⅳ）（-1，0）。
   (f) 考虑第一个相机中的点（0.5，0.5）。该点在第二个相机中的匹配点所在的极线的斜率和截距是多少？
   (g) 假定这两个相机的焦距分别为 1 和 2，像素为正方形像素，主光轴中心位于像平面的中心，而且没有扭曲。找出这两个相机之间的本质矩阵。
3. 考虑立体视觉装置中的一对相机，它们相对于世界坐标系的旋转和平移分别为 $\boldsymbol{R}_1$、$\boldsymbol{R}_2$、$\boldsymbol{T}_1$ 和 $\boldsymbol{T}_2$。它们的内参矩阵为单位阵。根据这些矩阵，写出本质矩阵和基线长度的表达式。
4. 前端安装了一个相机的汽车通过一座直桥，桥的终点有醒目的建筑物，两侧等间距地标记了一些点，标记点之间的间距已知。考虑这一过程中相机拍摄的两幅图像。延伸焦点处出现的是场景中哪一个三维位置？假设你能够检测出每个标记点从一幅图像到另一幅图像的移动量，你可以怎么计算出汽车的速度？
5. 考虑一个固定的场景，以及一对前置立体视觉相机。当相机的基线长度变大时，三维点在拍摄到的图像中的视差会如何变化？证明你的答案。
6. 我们希望利用 k 个标定好的相机估算一个立方体的边长，但是我们并不知道这些相机的外参（相机的内参则是已知的）。假设每一个相机都可以看到立方体同样的 m 个顶点，而且没有匹配问题。为了估算立方体的边长，我们需要多少个相机、多少个顶点？（注意：一个立方体只有 8 个顶点，所以 $m\leqslant 8$。）如果有不止一个答案，把它们都写出来。如果无解，说明原因。

基于辐射度的视觉计算

光　　照

本章我们讨论有关光照的知识。光学也常被称作辐射度学（Radiometry）。我们将介绍不同的辐射度量，以及它们是如何应用于视觉计算的。我们还将由辐射度学引出摄像测量学，后者是指人类视觉系统以及人类认知学中的光学科学。

9.1 辐射度学

辐射度学将光看成是能量的一种传输形式，因此使用国际单位制中的能量单位焦耳（Joule，记为 J）来表示光。光的能量与光源有关，通常取决于光源的位置、光的传播方向和光的波长 λ。这种表示既符合将光的最小单位定义成光子或量子的粒子学说，也符合将光看成沿着特定方向传播的波的波动学说。波长 λ 的单位为纳米（nm）。光在折射率为 n 的介质中以速度 c_n 传播。光的频率 f 定义为

$$f=\frac{c_n}{\lambda} \tag{9-1}$$

它不会像 c_n 和 λ 那样变化。一个光子携带的能量也不会发生变化，定义为

$$q=\frac{hc_n}{\lambda} \tag{9-2}$$

其中 $h=6.63\times10^{-34}$J 是普朗克常数（Planck's constant）。

光谱能量（Spectral Energy）是一个密度函数，定义了光子能量在波长 λ 附近宽度为 $\Delta\lambda$ 的一个极小区间内的密度。注意，由于光的粒子特性，某个波长处的光谱能量是一个量子值（零或者非零），但是它在某个波长区间中的密度却是非量子值的形式。这就好比空间中某个位置要么有人要么没有人，但是一个地区的人口密度一定不是一个量子值。因此，最好将光谱能量理解成连续值，即便是在一个很小的区域内也不要理解成离散的颗粒形式。具体地，光谱能量 ΔQ 定义为

$$\Delta Q=\frac{\Delta q}{\Delta\lambda} \tag{9-3}$$

且单位为 $\mathrm{J\,(nm)^{-1}}$。

光谱功率（Spectral Power）是一个我们更感兴趣的概念。它定义为无穷小时间间隔 Δt 内的光谱能量，即 $\frac{\Delta Q}{\Delta t}$，单位为 $\mathrm{W\,(nm)^{-1}}$。想象如下的一个相机：光谱响应区间为 $\Delta\lambda$，快门打开 Δt 时间。该相机就能够测量光谱功率。

辐照度（Irradiance）H 定义为单位面积上的光谱功率，即

$$H=\frac{\Delta q}{\Delta A\Delta t\Delta\lambda} \tag{9-4}$$

其中，ΔA 可以理解成测量光谱功率的感光元件与观测平面平行的相机的感光元件面积。辐照度的单位为 Wm^{-2} $(nm)^{-1}$或 $Js^{-1}m^{-2}$ $(nm)^{-1}$。辐照度刻画了照射（Incident 或 Hitting）到单位面积上的光谱功率，也可以用于刻画单位面积上射出或者反射（Leaving 或 Reflected）的光谱功率，后者常被称为辐射出射度，记作 E。

辐照度仅反映了照射到某个位置的光的多少，而不考虑光的方向。辐照度可以理解成相机前加装了锥形限光器使得相机测量的光的方向仅为 $\Delta\sigma$ 时相机测量到的光的数量。因此，辐射亮度定义为单位方向上的辐照度，即

$$R=\frac{\Delta H}{\Delta\sigma}=\frac{\Delta q}{\Delta A\Delta t\Delta\lambda\Delta\sigma} \tag{9-5}$$

单位为 Wm^{-2} $(nm)^{-1}$ $(sr)^{-1}$或 $Js^{-1}m^{-2}$ $(nm)^{-1}$ $(sr)^{-1}$，其中 sr 表示国际单位制中立体角的单位球面度。球面度类似于平面角的单位弧度。沿着空间中的直线，弧度不会改变。这是一个非常有用的特性。考虑加装了角度为 σ 的锥形限光器的相机，用该相机测量从距离 d 处照射一个平面的光。记锥形限光器包含的圆形区域的面积为 ΔA。如果我们将距离增加 k 倍到 kd，被测量的区域的面积将会增加 k^2 倍，然而，测量到的光也将会按比例k^2 衰减（因为光的强度与距离成反比），从而保持测量到的辐射亮度不变。此处，我们假定相机的感光元件与被测量的平面平行。换句话说，被测量平面的法向量与感光元件垂直。当感光元件被旋转 θ 角度后，测量到的区域将从圆形变成椭圆形，面积也增大到 $\Delta A\cos(\theta)$。此时，辐射亮度定义为

$$R=\frac{\Delta H}{\Delta\sigma}=\frac{\Delta q}{\Delta A\cos\theta\Delta t\Delta\lambda\Delta\sigma} \tag{9-6}$$

与辐照度类似，辐射亮度也分为入射到某个点的辐射亮度和由某个点反射出的辐射亮度。前者称为场辐射亮度（Field Radiance）L_f，而后者称为表面辐射亮度（Surface Radiance）L_s，相应的定义公式为

$$L_s=\frac{\Delta E}{\Delta\sigma\cos\theta} \tag{9-7}$$

$$L_f=\frac{\Delta H}{\Delta\sigma\cos\theta} \tag{9-8}$$

辐射亮度是最基本的辐照度量量。根据一个表面的辐射亮度 R_f，我们可以推导出该表面所有其他的辐照度量量。比如，辐照度可以根据场辐射亮度计算为

$$H=\int_{\forall k}L_f(\mathrm{k_i})\cos\theta\mathrm{d}\sigma \tag{9-9}$$

其中k_i为入射光方向，可以在由表面上点的法向量定义的球面坐标系中表示成（θ，ϕ），且与可微的立体角 $\mathrm{d}\sigma$ 相关。再比如，假设L_f在所有方向上都是常数，我们将辐照度计算中的 $\mathrm{d}\sigma=\sin\theta\mathrm{d}\theta\mathrm{d}\phi$ 替换成

$$H=\int_{\phi=0}^{2\pi}\int_{\theta=0}^{\frac{\pi}{2}}L_f\cos\theta\sin\theta\mathrm{d}\theta\mathrm{d}\phi \tag{9-10}$$

$$=\pi L_f \tag{9-11}$$

注意，在很多辐照度量量的计算中都会出现常数 π，这实际上是由我们计算立体角的方式

造成的。我们将单位球的面积定义为 π 的倍数，而非 1 的倍数。类似地，我们可以使用公式 $\int_{\forall x} H(x)\,dA$ 计算入射到一个表面的光谱功率，其中 x 是表面上与一个可微面积 dA 相关的点。

9.1.1　双向反射分布函数

双向反射分布函数或 BRDF 提供了一种描述我们每天面对的世界的正式方法——从不同角度观察被光从不同方向照射的物体时，我们会看到不一样的物体。多个世纪以来，画家和摄影师们一直在探究不同条件下的树木和田野的外观，积累了有关“物体看起来究竟应该是什么样的”的丰富知识——而这些知识不是别的，正是 BRDF 相关的知识。

接下来，我们给出表面上某点 P 处的 BRDF 的正式定义。假设点 P 处的法向量为 n，被来自方向 k_i 的光照射。亦即将光源放置在方向 k_i 上。记点 P 处的入射辐照度为 H。假设沿着观测方向 k_o 反射出的辐射亮度为 L_s。如图 9-1 所示。BRDF 定义为 L_s 与 H 的比率，即

$$\rho(k_i,\ k_o)=\frac{L_s}{H} \tag{9-12}$$

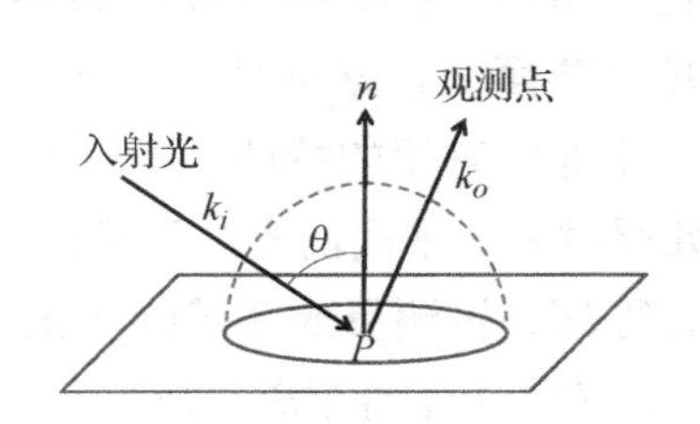

图 9-1　该图展示了表面上 P 点处的 BRDF $\rho(k_i,\ k_o)$ 相关的法向量，入射光方向 k_i 和观测方向 k_o

根据这一定义可以发现，BRDF 刻画了入射光方向为k_i时，沿着观测方向 k_o反射的光所占的比重。注意，k_o和k_i都是三维空间中的方向，可以表示成球面坐标中的两个角度值。假设用（θ_i，ϕ_i）表示 k_i，（θ_o，ϕ_o）表示K_o，那么 BRDF 可以表示成一个四维函数（θ_i，ϕ_i，θ_o，ϕ_o）。此外，注意到ρ 是辐射亮度与辐照度之间的比值，所以它的单位是$(\mathrm{sr})^{-1}$。

有向半球反射

有一个简单的问题：“入射光有多少部分被反射了？”根据能量守恒原理，这个数值显然介于 0 和 1 之间。我们是否可以通过 BRDF 回答这一问题呢？给定沿着方向 k_i 的入射光，被反射部分所占的比重应该等于射出辐照度（或出射辐射亮度）与射入辐照度之间的比值。因此，有向半球反射 $D(k_i)$等于出射辐射亮度 E 与辐照度 H 的比值，即

$$D(k_i)=\frac{E}{H} \tag{9-13}$$

根据方程（9-12）

$$L_s(k_o)=H\rho(k_i,k_o) \tag{9-14}$$

而根据方程（9.8）中辐射亮度的定义

$$L_s(k_o)=\frac{\Delta E}{\Delta\sigma_o\cos\theta_o} \tag{9-15}$$

综上，

$$H\rho(k_i,k_o)=\frac{\Delta E}{\Delta\sigma_o\cos\theta_o} \tag{9-16}$$

变换该方程中不同项的位置，我们可以得到沿着方向 k_o 反射的入射光的比例 E/h 等于

$$\frac{\Delta E}{H}=\rho(k_i,k_o)\Delta\sigma_o\cos\theta_o \tag{9-17}$$

所以，

$$D(k_i)=\frac{E}{H}=\int_{\forall k_o}\rho(k_i,k_o)\cos\theta_o \mathrm{d}\sigma_o \tag{9-18}$$

理想的漫反射表面称为朗伯体（Lambertian），在不同观察方向上具有相同的 BRDF。换句话说，朗伯体的表观与视角无关。尽管朗伯体这样的表面实际上并不存在，但是很多表面粗糙的物体常被建模成朗伯体。对于一个 $\rho=C$ 的朗伯体，其表面的双向半球反射为

$$D(k_i)=\int_{\forall k_o}C\cos\theta_o \mathrm{d}\sigma_o \tag{9-19}$$

$$=\int_{\phi_o=0}^{2\pi}\int_{\theta_o=0}^{\frac{\pi}{2}}C\cos\theta_o\sin\theta_o \mathrm{d}\theta_o \mathrm{d}\phi_o \tag{9-20}$$

$$=\pi C \tag{9-21}$$

因此，$D(k_i)=1$ 的完美反射朗伯体表面的 BRDF 等于$\frac{1}{\pi}$。

9.1.2　光传播方程

根据上述方程，我们可以得到一个简单的光传播方程。该方程能描述多个不同方向的光源照射下光是如何通过表面或物体传播的。对于沿着方向 k_i 和一个很小的立体角 $\Delta\sigma_i$ 的辐射亮度 L_i，它相应的辐照度为 $L_i\cos\theta_i\Delta\sigma_i$，其中 θ_i 是 k_i 和 n 之间的夹角。因此，沿着方向 k_o 入射的辐射亮度在方向 k_i 上产生的出射辐射亮度 ΔL_o 为

$$\Delta L_o=\rho(k_i,k_o)L_i\cos\theta_i\Delta\sigma_i \tag{9-22}$$

当考虑来自所有不同入射方向（即所有可能的 k_i）的辐射亮度时，出射方向 k_o 上的总辐照度为

$$L_s(k_o)=\int_{\forall k_i}\rho(k_i,k_o)L_f(k_i)\cos\theta_i \mathrm{d}\sigma_i \tag{9-23}$$

该方程被称为渲染方程或光传播方程。它是构建各种或简单或复杂的光照模型的基石。

9.2　光度学与色彩

每一个辐射度学性质都有一个对应的光度学性质，后者直观地反映了人类能够多大程度上运用这一性质。光度学量都与人类认知学相关。比如，色彩就是一个我们一直在用的光度学量。它是我们生活的一部分，以至于我们只有在失去辨识色彩的能力时才会意识到它的存在。一个因为事故而丧失了色彩辨识能力的人会痛苦地惊呼“我的狗看起来是灰色的，番茄汁是黑色的，而彩色电视成了灰不溜秋的！”色彩不仅让我们的生活丰富多彩，还为我们提供了大量的信息。自然界为我们提供了辨别不同物体或现象的多种信息，其中很多都与色彩有关。例如，香蕉成熟的时候会变黄，黎明的时候天空会变红，

等等。

色彩刺激（Color Stimuli）是指从世界中的任一点出发进入人眼的辐射度量量（通常为辐射亮度）。光度学和彩色视觉中与此相关的一个重要参数是波长 λ。可见光谱对应的波长介于 400 纳米和 700 纳米之间。图 9-2 展示了色彩中的可见光谱部分。一个光源（或一个物体）会选择性地射出（或反射）某些波长的光。我们人类对色彩的感知结果由两个因素决定，光度学中也一样。第一个因素是物体选择反射的光的波长。但它并不是决定我们看到的物体的颜色的唯一因素。另一个重要因素是我们的眼睛对不同波长的响应情况。这种响应以及因此而形成的对色彩的认知因物种而异，甚至在同一物种的不同个体之间也会有差异。这就是为什么色彩常常被看成是一种感知，而不是现实。

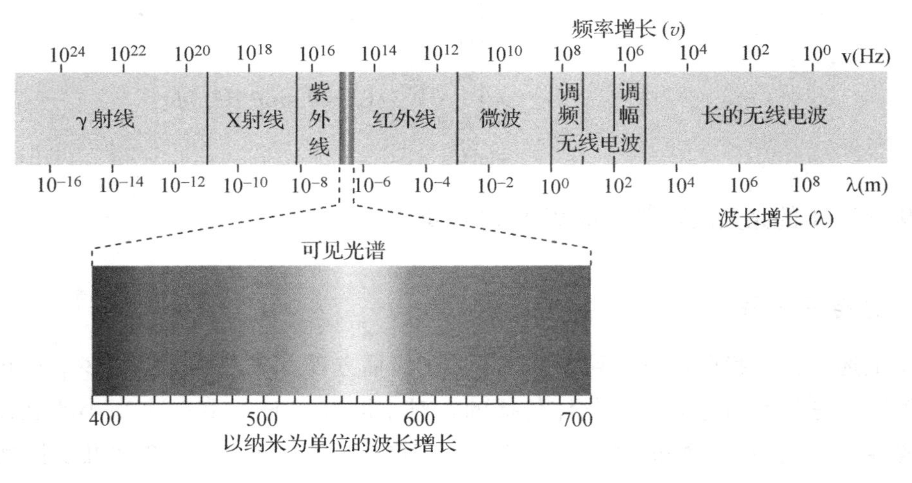

图 9-2　该图展示了可见光谱以及它相对于不可见光谱的位置（见彩插）

让我们从一个场景中的光照开始。一个场景中通常有一些光源。这些光源发出不同波长 λ 的光。函数 $I(\lambda)$ 表示相应的光谱。类似地，场景中一个物体反射不同波长的光，相应的反射光谱为 $R(\lambda)$。因为物体对光照的反射率等于出射光与入射光功率的比值，所以本身不是光源的物体的反射率介于 0 和 1 之间。图 9-3 展示了一组光源和一个红

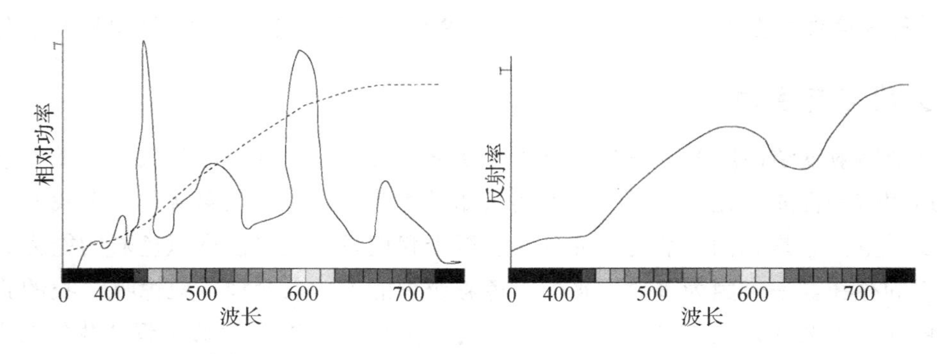

图 9-3　左图：一个氟斑灯（实线）和一个钨丝电灯泡（点线）的光谱（$I(\lambda)$）。右图：一个红苹果的反射光谱（$R(\lambda)$）（见彩插）

苹果的光谱。

一个物体被一个光源照射时，物体反射出的不同波长的光等于 $I(\lambda)$ 和 $R(\lambda)$ 的乘积。因为这就是引起我们视觉响应的光谱，所以我们称之为色彩刺激（Color Stimuli）或色彩信号，记为 $C(\lambda)$，即

$$C(\lambda)=I(\lambda)\times R(\lambda) \tag{9-24}$$

如图 9-4 所示。这个物理量描述了单位波长单位立体角单位面积上的功率（Wm^{-1}（$nm)^{-1}$（$sr)^{-1}$）。因此，色彩刺激本质上是一种辐射亮度。

图 9-4 展示了不同类型的色彩刺激。仅有一种波长的光称为单色的（Monochromatic），例如激光束。含有同等数量的各种波长的光称为无色的（Achromatic）。白天的阳光就近似于无色的。含有不同数量的不同波长的光称为多色的（Polychromatic）。绝大部分时候我们处理的都是多色光。人造的或者自然的色彩刺激中的绝大部分都是具有平滑光谱的多色光。

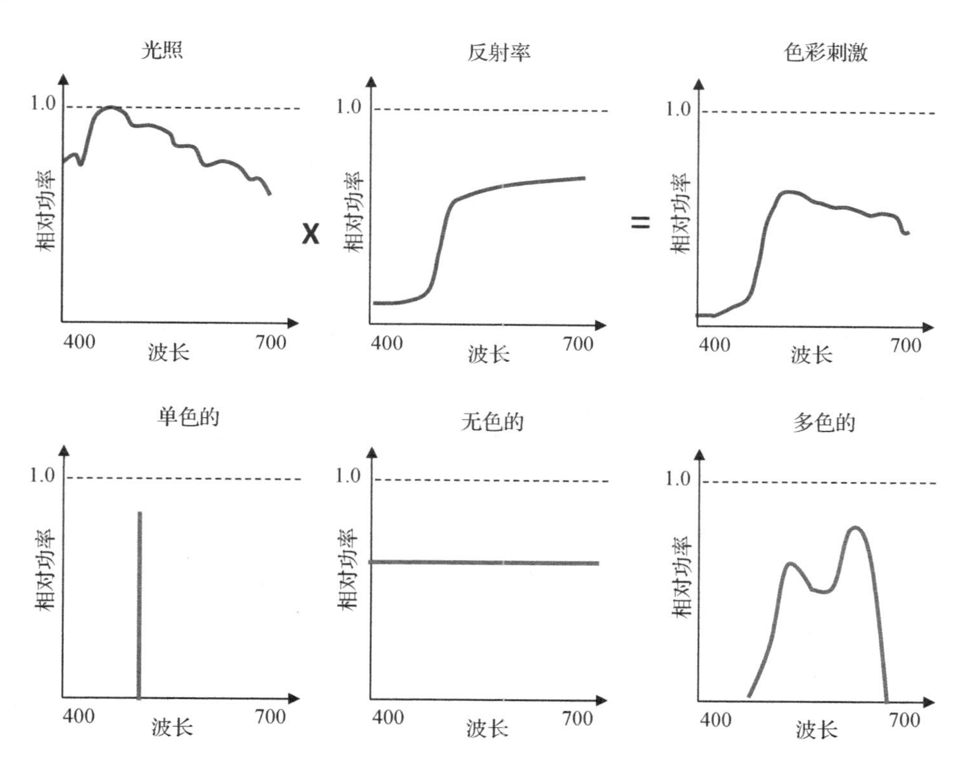

图 9-4　上行：光源光谱与反射光谱的乘积形成了色彩刺激。下行：自左向右分别为单色的、无色的和多色的三种类型的色彩刺激

9.2.1　CIE XYZ 色彩空间

有趣的是，我们感知到的色彩与色彩刺激并不一样。我们的眼睛有三个传感器（生物学上通常称为视锥），它们具有区分不同波长的光的能力。1939 年，国际照明委员会（International Commission on Illumination，简称 CIE）在色彩科学家们早期研究

成果的基础上提出了人眼中三个传感器的标准光谱响应。让我们用 $\bar{x}(\lambda)$、$\bar{y}(\lambda)$ 和 $\bar{z}(\lambda)$ 分别表示这些光谱响应。如图 9-5 所示，将色彩刺激与这些光谱响应相乘就可以得到我们感知到的光谱。感知到的光谱的强度等于图中曲线下方的面积，可以通过对曲线的积分计算得到。这三个面积值衡量了每个传感器的色彩刺激强度，称为 *XYZ* 三色刺激值

$$X = \int_{\lambda} C(\lambda)\bar{x}(\lambda)\,\mathrm{d}\lambda = \sum_{\lambda=400}^{700} C(\lambda)\bar{x}(\lambda) \tag{9-25}$$

$$Y = \int_{\lambda} C(\lambda)\bar{y}(\lambda)\,\mathrm{d}\lambda = \sum_{\lambda=400}^{700} C(\lambda)\bar{y}(\lambda) \tag{9-26}$$

$$Z = \int_{\lambda} C(\lambda)\bar{z}(\lambda)\,\mathrm{d}\lambda = \sum_{\lambda=400}^{700} C(\lambda)\bar{z}(\lambda) \tag{9-27}$$

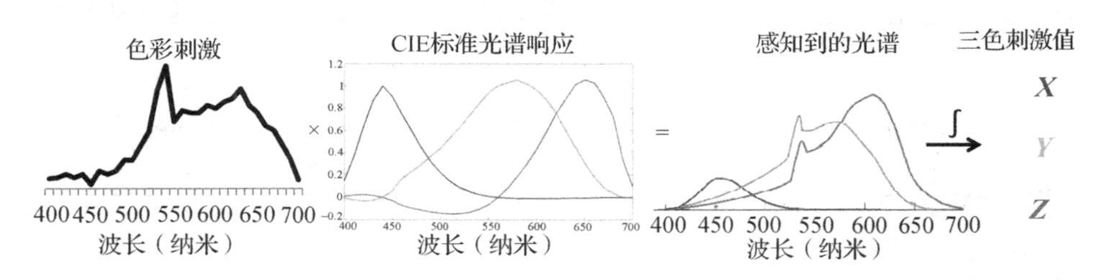

图 9-5　色彩刺激与 CIE 标准光谱响应——$\bar{x}(\lambda)$（红色）、$\bar{y}(\lambda)$（绿色）和 $\bar{z}(\lambda)$（蓝色）——的乘积即为感知到的光谱。每一个感知到的光谱的强度等于这些光谱曲线下方的面积，亦即对这些曲线的积分结果。通过这样的积分，我们可以得到一个色彩刺激的 *XYZ* 三色刺激值，而这些值衡量了我们的大脑是如何感知这个色彩刺激的（见彩插）

这些值的单位是什么呢？人眼的响应使用每瓦特流明来衡量。流明（Lumen，简写为 lm）是对光源产生的光能的衡量。以灯泡为例，通常使用它们消耗的功率（即瓦特）和产生的有用光能（即流明）来标识。lm/W 值越大，说明灯泡的效率越高。人眼的响应也类似，只是与光的波长有关。因此，*X*、*Y* 和 *Z* 的单位为 $(\mathrm{lm/W})(\mathrm{W/m^2sr}) = \mathrm{lm/(m^2sr)}$。注意，因为我们对波长求了积分，所以最终结果的单位中不再含有 nm。单位立体角上一个流明被定义为一个坎德拉（Candela，简写为 cd）。因此，三色刺激值的单位是 $\mathrm{cd/m^2}$。

人类大脑通常是借助这样得到的三个数值而不是光谱辨识颜色的。而这三个数值也为我们提供了研究色彩刺激和感知的一种比直接使用光谱更好的范式。注意，就像几何坐标系那样，*XYZ* 三色刺激值提供了定义色彩的一种三维空间。任何一种颜色都可以表示成这个三维空间中的一个点。然而，由于 *XYZ* 值本质上是曲线下方的面积，所以两种不同的光谱有可能得到同样的 *XYZ* 值。这样的两种光谱在人眼中将会形成同样的色彩感知，因而在 XYZ 空间中对应同一个点。对应相同 *XYZ* 值的多个光谱称为条件等色（Metamer），而这一现象称为同色异谱（Metamerism）。同色异谱对于伪装非常有帮助。在色彩复原时，比如说打印的时候，我们需要做的只是产生原始颜色的条件等色，也就是具有相同 *XYZ* 值的颜色，而无须要求光谱是完全一样的。因此，CIE XYZ 空间被广泛应用于人类感知方面的研究，而极少用于真实色彩光谱的研究。

接下来我们进一步分析一下这个XYZ空间。首先，因为物理上并不存在负的光，所以XYZ空间中只有正的象限（即X、Y和Z值都为正的象限）才有意义。因此，我们只关注XYZ空间中的第一象限。其次，即便是在XYZ空间的第一象限，有一些XYZ三色刺激值对应的光谱并不存在，因而它们也是没有意义的。例如，没有一个光谱能仅在三个传感器中的某一个上产生响应，也就是形成（1，0，0）的XYZ值。这是因为三个传感器对光的响应区域具有非常大的重叠。没有对应的真实物理光谱的XYZ值称为虚色。实际上，XYZ空间中有很大一部分对应的是虚色，也就是不存在真实物理光谱的三色刺激值。换句话说，真实的色彩或光谱只是XYZ空间第一象限的一个子集。20世纪著名的色彩科学家芒塞尔（Munsell）在发现真实色彩在XYZ空间中形成如图9-6所示的锥状体方面发挥了重要作用。

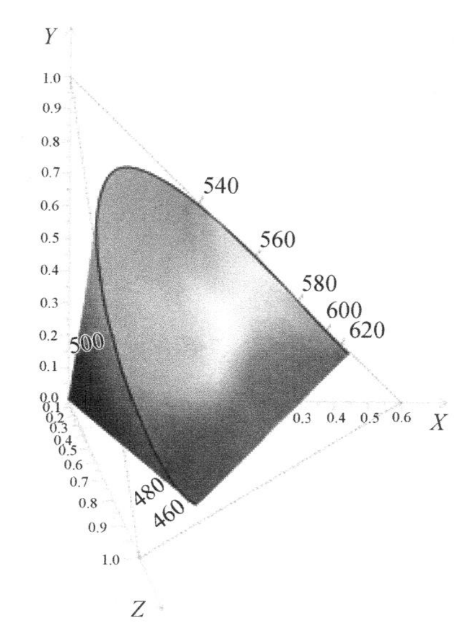

图9-6 该图展示了真实色彩在CIE XYZ空间中形成的锥状体（见彩插）

名人轶事

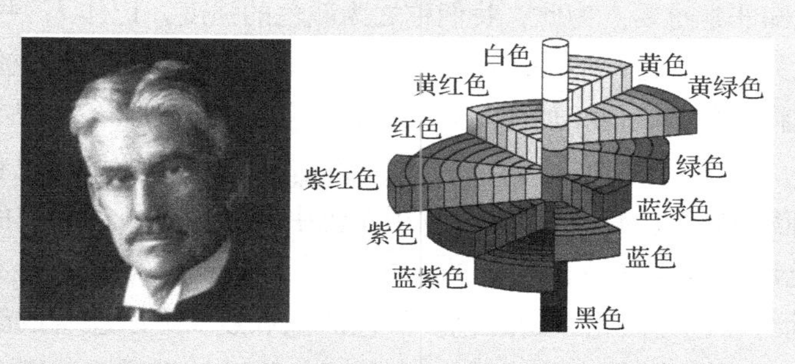

艾伯特·亨利·芒塞尔（Albert Henry Munsell）是一位美国画家、艺术教师。他是世界上第一个尝试建立能够精确描述色彩的数字系统的人。他提出了芒塞尔色彩系统，这一系统激发了首个科学色序系统，亦即CIE XYZ色彩空间。作为一个艺术家，芒塞尔发现颜色的名称有很大的歧义，因而决心创建一个能赋予颜色有意义的标记的系统。为此，他发明了全世界第一个光度计，以及一个称为旋转陀螺的授权设备，借助该设备可以测量颜色和颜色的变化。芒塞尔色彩系统在艺术与科学之间架起了一座必要的桥梁，它既为科学家们对色彩的研究和使用提供了足够的结构化体系，同时又为没有科学背景的艺术家们提供了一种选择和比较颜色的简易工具。芒塞尔系统实质上创建了交流颜色的一种方法。他还提出了色度和亮度的概念。芒塞尔考察了色彩与光源之间的关系，发现光源对感知到的色彩有巨大的影响。根据这一发现，他最终构建了日光下观察到的色彩的标准，可以用于色彩的精确评估。1858至1918年间，芒塞尔在有生之年完成了三部著作，每一部都是色彩科学中的最经典著作——*A Color Notation*

(1905)、*Atlas of the Munsell Color System*(1915)和*A Grammar of Color: Arrangements of Strathmore Papers in a Variety of Printed Color Combinations According to The Munsell Color System*(1921),其中最后一部是在他死后才出版的。1871年,他建立了芒塞尔色彩公司。该公司现在叫作芒塞尔色彩实验室,坐落于罗切斯特理工学院,是色彩科学领域最好的研究机构。

9.2.2 CIE XYZ 空间的认知结构

我们已经介绍了如何根据色彩刺激光谱推导出三色刺激值,但是尚不清楚不同颜色在CIE XYZ空间中是如何分布的。比如,灰色位于该空间中的什么位置?随着色彩亮度的增加,它在空间中的变化轨迹是什么样的?由于缺少对颜色在CIE XYZ空间中的分布的认知,即便给定一个颜色在该空间中的坐标,我们也并不能确定这一颜色看起来是怎样的。

为了发现色彩在该XYZ空间中的认知结构,我们需要首先研究用于描述色彩的所有认知参数以及它们与色彩对应的光谱的数学性质之间的关联。我们常常发现一种颜色比另一种更亮或更暗。应该如何理解颜色的明暗呢?直观上,颜色的明暗可以看成眼睛感知到的颜色的能量,可以用眼睛对光谱的响应函数加权后的曲线$C(\lambda)$下方的面积表示。因此,$X+Y+Z$可以很好地度量到达眼睛的总能量。尽管在色彩科学中并没有这一度量的专门名称,但是它对于色彩认知非常重要。为此,我们称之为颜色的强度,记作I,并且$I=X+Y+Z$。本书不会介绍色彩的另一种理论,那种理论按照人脑中更高层次的处理方式解释人脑对色彩的认知,实际上就是将三色刺激值相加作为对颜色总能量的估计,而这一估计值依赖于能量在不同波长上的分布。另一方面,色彩的三色刺激理论处理的正是眼睛对色彩的认知。

色调h可以理解成颜色的多彩性,可以用颜色中包含的波长经它们的相对功率加权后的平均值表示。色调值对应的波长代表的颜色定义了光谱在人眼中产生的主导感受。比如,大部分人会觉得粉色是淡化了的红色。颜色的饱和度s可以理解成颜色中包含的白色(或无色)的总量。一个颜色中的白色成分越多就会显得越不鲜明。因此,颜色的饱和度与它的光谱相对于色调的标准差成反比。单色相对于色调的标准差为0,所以它们的饱和度为100%。在单色中不断地加入白色成分可以得到不断降低的饱和度等级。当饱和度降低到0%时,我们就会得到最不饱和的无色。图9-7用不同的颜色光谱展示了这些概念。

在XYZ空间中,我们用X和Y占I的比例作为色度坐标x和y定义颜色的色调和饱和度,即

$$x=\frac{X}{I}=\frac{X}{X+Y+Z} \tag{9-28}$$

$$y=\frac{Y}{I}=\frac{Y}{X+Y+Z} \tag{9-29}$$

注意$z=1-x-y$是Z占I的比例,可以根据色度坐标计算得到。因此,色度坐标去除了XYZ空间中的一个维度,构成了一个二维空间。这个二维空间称为色度图。利用本书介绍的几何变换知识,我们可以发现方程9-29定义了XYZ空间中的一个点到方程$X+Y+Z=k$定义

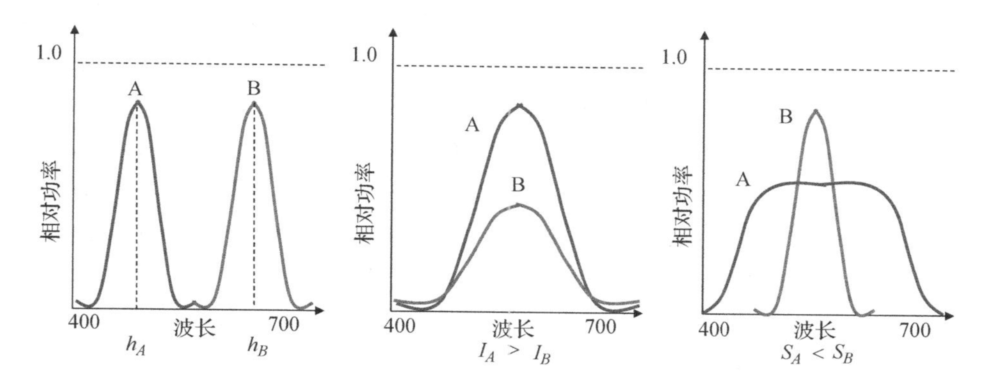

图 9-7 该图展示了颜色的性质与它对应的光谱的性质之间的关联。左图：A 和 B 的面积相同（即亮度相同），但是两者包含的主要波长不同，因此两者的色调不同。中图：A 和 B 色调相同，亮度不同。右图：A 和 B 色调相同，饱和度不同

的平面上的透视投影。这个平面的法向量为（1，1，1）。一个三维点（X，Y，Z）的透视投影定义为从坐标原点到该三维点的射线与投影平面（比如上述例子中法向量为（1，1，1）的平面）相交处的二维点。注意根据 k 值的不同可以定义多个这样的投影平面。但是因为色度坐标定义了一个取值范围在 0 和 1 之间的归一化坐标系，投影的位置总是一样的。图 9-6 中的灰色边界表示的三角形就是一个这样的平面。

考虑从原点到三维点（X，Y，Z）的一条射线，其上的任一点可以用坐标（kX，kY，kZ）表示。注意，不管 k 的值是多少，（kX，kY，kZ）的色度坐标都是一样的。因此，该 3D 射线上的所有点都投影到色度图上的同一个点——也就是具有同样的色度。这些点对应的颜色之间不一样的是它们的强度 I。因此，上述投影过程去除了颜色的强度信息，而只保留了它们的色度信息。从原点出发的每一条射线定义了 XYZ 空间中的一条等色度线。

虽然一个颜色在 XYZ 空间中的三维坐标唯一地定义了这个颜色，但是它并不能帮助我们建立起对这种颜色的想象。就算我们知道了一个颜色的三维坐标，比方说（100，75，25），我们也无法想象出这个颜色的色度。然而，如果我们使用（Y，x，y）表示方法，比如一个颜色为（75，0.5，0.28），我们可以马上想象出它在色度图中的位置，进而知道这个颜色应该是红色区域中的一个颜色。因此，大部分设备的说明书会采用（Y，x，y）表示方法。实际上，（X，Y，Z）和（Y，x，y）表示方法是可以完全互换的，也就是说，我们可以根据一种表示计算出另一种表示。

当看到无色时，我们眼睛的预期响应又是什么样的呢？直观上，人脑根据三个锥细胞受激发的相对差异来决定颜色——也就是三色刺激值之间的相对差异。当三个值都一样时，人脑将会认为颜色中包含了同等数量的各种波长，因而感受到的是无色。换句话说，对于无色，$X=Y=Z$，且$(x,y)=\left(\frac{1}{3},\frac{1}{3}\right)$。因此，包括原点（$X=Y=Z=0$）处的黑色到无穷远处的白色在内的所有灰色都位于由三维 XYZ 空间原点出发的射线上，该射线上的所有点都投影到同一个色度坐标$\left(\frac{1}{3},\frac{1}{3}\right)$，我们将其称为色度图上的白点（White Point），

记为 W。注意，我们还需要将色彩空间限制在有限值范围以内。为此，我们可以将 Y 的最大值归一化为明确的白色，通常用理想散射的反射物的亮度表示。通过这一方法，我们可以将物理颜色构成的空间限制在如图 9-6 所示的锥形区域中。

类似地，将物理颜色的色度坐标画在色度图上可以得到如图 9-8 所示的结果，这些结果符合我们的直观理解。首先，锥状区域在图 9-6 中的三角形平面上的投影会形成如图 9-8 所示的马蹄形区域。其次，x 值越大意味着 X 所占的比重越高，也就是说较长波长的强度较高，因而相应的颜色偏红。类似地，y 值越大意味着中等波长越多，因而颜色偏绿。当 x 和 y 值都较小，也就是 z 值较大时，Z 所占的比重最高，这意味着较短波长的强度更高，因而相应的颜色偏蓝。

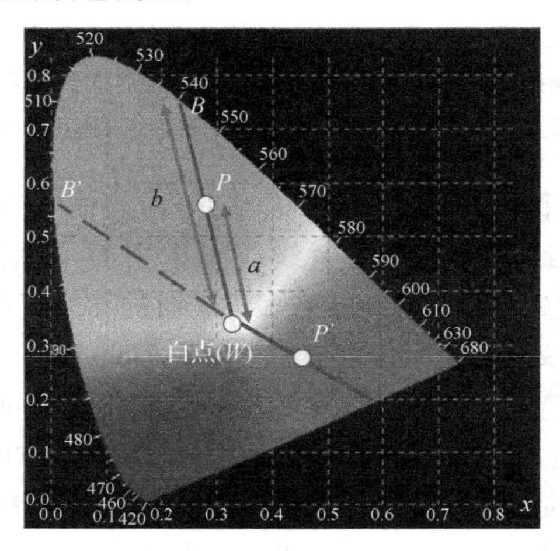

图 9-8　该图展示了色度图以及不同颜色在图上的位置。颜色 W 中 X、Y 和 Z 的比例相同，在色度图上的坐标为 $\left(\frac{1}{3}, \frac{1}{3}\right)$。颜色 P 的色调由主导波长 B 定义，也就是直线 WP 与光谱边界的交点。对于另一个颜色 P'，WP' 与非光谱边界相交。因此，P' 的色调由互补的波长 B' 定义，也就是 WP' 的反向延长线与光谱边界的交点。一个颜色的饱和度等于该颜色到 W 的距离与 W 到该颜色的主导波长 B 或互补主导波长 B' 的距离的比值（见彩插）

有趣的事实

这幅曲线图展示了人眼中的短波 S 锥、中波 M 锥和长波 L 锥的真实敏感度。注意 M 曲线和 L 曲线非常接近，而且人眼中的 S 锥的数量要远少于 M 锥和 L 锥。这些曲线与图 9-5 中的标准观察者函数明显不同。这是因为这些曲线是从心理学的角度测量的，而在设计标准观察者函数的时候，生物学家们还不具备相应的测量手段。但是，LMS 空间可以通过一个线性变换转换到 XYZ 空间。

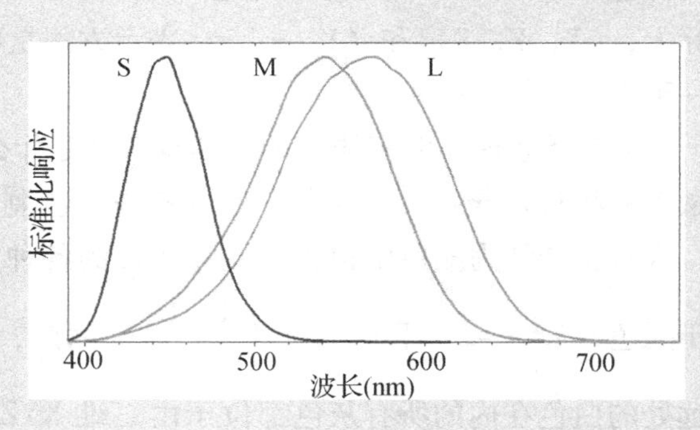

注意在色度图上所有的单色都在外围。这被称为色度图的光谱边界。它就像将介于400到700之间的波长放在了边界上。马蹄状的两端由一条直线相连。这条直线边界上表示的波长又是多少呢?

为了回答这一问题,让我们回顾一下可见光谱(图9-2)。虽然紫色是一个我们经常看到的颜色,但是它却没有对应的波长。另外,颜色的色调在不同波长之间平滑地变化。蓝色可以缓慢地变换成青色直至绿色,而后又可以慢慢地变成黄绿色直至黄色,最后还可以逐渐变成橙色直至红色。因此,青色可以看成是蓝色与绿色的混合,介于蓝色和绿色之间。类似地,橙色介于黄色和红色之间。但是,紫色在哪里呢?难道紫色不应该在长波长的红色与短波长的蓝色之间从而形成可见光颜色的一个完整的环形表示吗?紫色正是这样在色度图上呈现为那条直线边界的。这条直线边界上的色彩无法用单一一个波长表示,因而我们将这条边界称为色度图的非光谱边界。

让我们考虑图9-8上所示的色度图上的颜色 P。连接 W 和 P,并反向延长与色度图的边界相交于 B。B 处颜色的波长被认为是颜色 P 的主导波长(Dominant Wavelength)。主导波长是由 P 激发感知到的单色波长,是对色调的认知特性的一个估计。如果我们考虑颜色 P' 而非 P,在寻找它的主导色调时,我们将会遇到边界的非光谱部分,因而无法找到相应的波长。这种情况下(亦即颜色为紫色时),主导色调是没有定义的。相反,我们连接 W 和 P',并将其反向延长得到 B'。相应的波长称为互补波长(Complementary Wavelength),也就是说,当 P' 的主导波长不存在时,它与互补波长的叠加将得到中性的 W。

色度图中任一个颜色的饱和度定义为 P 到白点的距离与通过 P 从 W 到边界的线段的长度之间的比值。图9-8中颜色的饱和度为 $\frac{a}{b}$。注意,如果 P 是单色色,那么它与 B 是一样的。因此,$a=b$,而饱和度为1或100%。这符合单色色的特性。另一方面,如果 $P=W$,那么 $a=0$,饱和度为0%,这也符合无色色的特性。

最后,让我们考虑颜色的另一个属性,亮度(Luminance)或Y。它被定义为感知到的颜色的明亮程度(Perceived Brightness)。以同样强度的两个不同颜色——蓝色与绿色——为例。蓝色的Z值更高,而绿色的Y值更高。虽然这两个颜色的强度相同,但是几乎所有人都会觉得绿色要比蓝色更亮。这是由于人眼对中等波长(Y)相比于其他波长更加敏感。而这一现象则是由于进化造成的,因为人类需要对身边的绿色特别敏感才能更好地在陆地上生存。这也是为什么亮度Y在认知任务中非常重要。例如压缩图像的时候,Y被完全保留,而另两个通道却被大幅下采样。

9.2.3 认知一致色彩空间

CIE XYZ空间能完美适用于颜色比较的应用。比如,叠加两个投影仪投出来的图像,需要匹配它们的颜色,为此只需要确保它们投影图像的重叠区域中的像素点的颜色的 XYZ 值相同。然而,对于另外一些应用,颜色之间的认知距离更加重要。

认知距离是什么意思呢?它代表了将一个颜色变化成另一个颜色的过程中,需要变化多少我们才无法区分这两个颜色。为了认识颜色的认知距离的重要性,我们看一个图像压缩的例子。压缩一个图像的时候，我们往往需要对颜色做一些轻微改变以便于压缩。这一过程会将颜色移离它们在色彩空间中的原始位置。但是我们希望移动的距离刚刚好，以使得人眼看不出引起的图像变化，而且压缩后的图像与原始图像尽量接近。原始的和压缩后的图像的颜色之间的距离能反映出这些图像在认识上有多接近，因而可用来评估不同的压缩技术。在这样的应用中，颜色之间的距离非常重要。

然而，CIE XYZ 色彩空间并不是认知一致的。该色彩空间中不同区域中同样的距离并不意味着认知上同样的差异。认知一致的色彩空间中，如果我们在色度图上某个颜色 P 的周围画一个几何形状表示与该颜色无法区分的所有颜色的集合，那么这个形状应该是一个圆形，而且该圆的大小与 P 的位置无关。但是根据 CIE 1939 XYZ 色彩空间定义的色度图并不是这样的。科学家 MacAdam 在色度图上为不同的颜色绘制了这样的几何形状，如图 9-9 所示。由图可见，这些几何形状都是椭圆形的，而且椭圆形的形状和大小随着颜色位置的改变而改变。这一现象表明我们区分不同绿色的能力远远不如区分不同紫色或不同黄色的能力。而区分不同蓝色的能力可能是最强的。

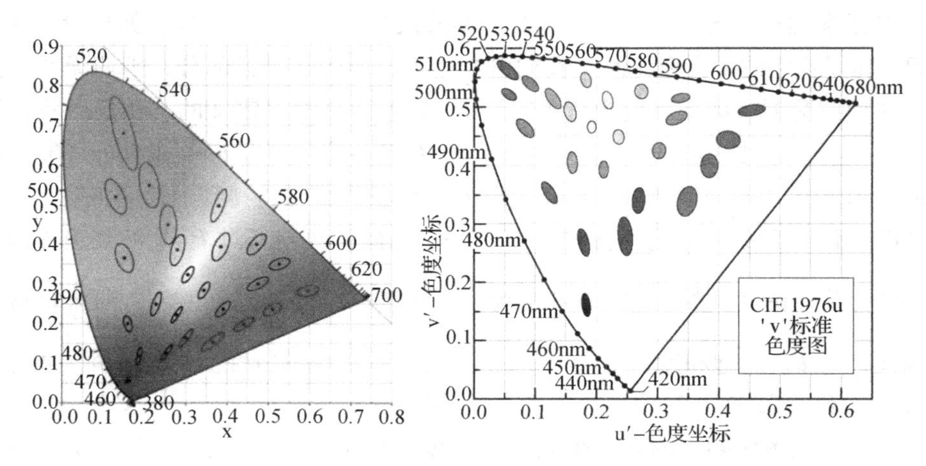

图 9-9　该图展示了画在 CIE 1939 色度图（左图）和 CIE 1976$u'v'$图（右图）上的 MacAdam 椭圆。人眼是无法区分每一个椭圆中的颜色的

针对这一问题，在 1964 年以及随后的 1976 年，认知一致的色彩空间（比如 CIE LUV 和 CIE Lab）被设计出来，它们通过对色度坐标的非线性变换实现认知一致。图 9-9 展示了设计于 1976 年的 CIE LUV 色彩空间。该空间中的认知距离比 CIE 1939 的要一致得多，但还是不够理想。最流行的认知一致色彩空间是更晚才被设计出来的 CIE Lab。CIE Lab 空间由 CIE XYZ 空间发展而来，其中欧氏距离达到 3 的颜色就可以被区分开。如果你的应用只涉及色彩匹配，那么没有比古老的 CIE XYZ 空间以及由它推演得到的色度图更有用的了。

有趣的事实

你知道认知距离的概念在认知科学领域中得到了很好的研究吗？长期以来，人们一直想知道我们能够忍受（或者说无法察觉）的视觉刺激差异是多大。比如，你在搬运一本很重的书时，如果给你增加一本只有 20 页的薄书，你极有可能根本察觉不到。但是，如果搬运的也是一本 20 页的书，你一定会察觉到新增的书。因此，相比于刺激的绝对变化值，刺激的相对变化值更加重要。在前一种情况中，刺激物（也就是书）的重量相对于原来的重量改变得很少，而在后一种情况中，刺激物的重量却翻了一倍。事实上，根据认知科学中著名的韦伯定律（Weber's Law），我们感知差异的能力（更正式的称呼为差异阈值）直接与刺激物的量成比例。该比例值在不同的认知中并不一样，但是已经发现 10%是一个很好的经验值。在我们感知灰度范围时就遵循这一规律。我们对暗灰度值的变化比对亮灰度值的变化更敏感。这也是为什么我们的显示器中 $\gamma>1.0$。采用 $\gamma>1.0$ 能够帮助我们在低通道值上获得比在高通道值上更好的分辨率。

9.3　本章小结

渲染方程首先在 1986 年计算机图形学的两个开创性的工作中提出——[Immel et al. 86] 和 [Kajiya 86]。James Arvo 博士在 [Arvo and Kirk 90] 中的开创性工作推动了它在图像合成中的普遍应用。色彩是视觉计算中最具有混淆性的几个概念之一，这主要是因为色彩的漫长历史，以及它在从艺术、绘画、物理、视觉、人类认知、视频处理和压缩直到图像处理、计算机视觉和图像学等各种领域中以不同方式进行的广泛应用。[Stone 03] 是理解色彩的各种不同视角的一本出色的实用手册。[Reinhard et al. 08] 对色彩进行了更加详细而正式的介绍。

本章要点

- 辐射测量和光度学
- 辐射度和辐照度
- 双向反射分布函数
- 散射光
- 高光
- Phong 光照模型
- 可见光谱
- 色彩刺激
- 同色异谱
- 三色刺激值
- CIE XYZ 空间
- 色度坐标和色度图
- 强度、色调和饱和度
- 认知距离

参考文献

[Arvo and Kirk 90] James Arvo and David Kirk. "Particle transport and image synthesis." *SIGGRAPH Computer Graphics*, pp. 63–66.

[Immel et al. 86] David S. Immel, Michael F. Cohen, and Donald P. Greenberg. "A Radiosity Method for Non-diffuse Environments." *SIGGRAPH Computer Graphics* 20:4 (1986), 133–142.

[Kajiya 86] James T. Kajiya. "The Rendering Equation." *SIGGRAPH Computer Graphics* 20:4 (1986), 143–150.

[Reinhard et al. 08] Erik Reinhard, Erum Arif Khan, Ahmet Oguz Akyz, and Garrett M. Johnson. *Color Imaging: Fundamentals and Applications.* A. K. Peters, Ltd., 2008.

[Stone 03] Maureen C. Stone. *A Field Guide to Digital Color.* A K Peters, 2003.

习题

1. 颜色 $C_1=(X_1,Y_1,Z_1)$ 和 $C_2=(X_2,Y_2,Z_2)$ 的光谱分别为 $s_1(\lambda)$ 和 $s_2(\lambda)$。令光谱 s_1 和 s_2 的乘积形成的颜色为 s_3，即 $s_3(\lambda)=s_1(\lambda)\times s_2(\lambda)$。对应于 s_3 的 XYZ 坐标，记作 C_3，是（X_1X_2，Y_1Y_2，Z_1Z_2）吗？通过计算证明你的答案。

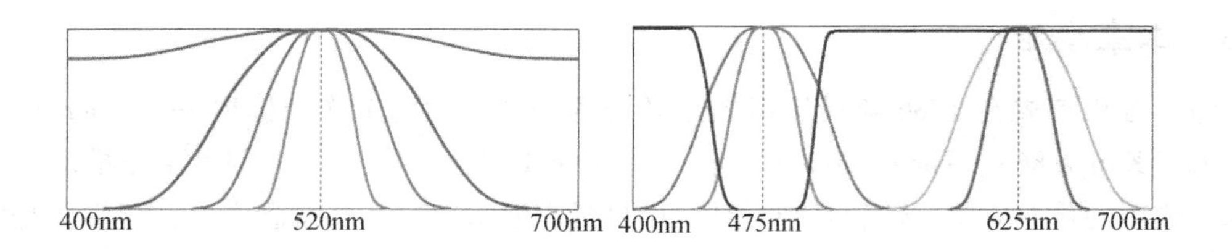

2. 考虑上图左侧的四个光谱，它们的颜色只是为了区分不同的曲线（见彩插），并不是它们被看到的颜色。
   (a) 这些颜色的主导波长之间有什么关系？
   (b) 这些颜色的饱和度之间有什么关系？
   (c) 这些颜色在色度图上到白点的距离之间有什么关系？
   (d) 这些颜色的强度 $I=X+Y+Z$ 之间有什么关系？
   (e) 这些颜色的色度坐标位于一个几何形状（如圆或抛物线）上。这个几何形状是什么样的？
   (f) 这些颜色的 CIE XYZ 坐标位于一个几何形状（如圆或抛物线）上。这个几何形状是什么样的？
3. 考虑上图右侧的光谱，它们的颜色只是为了区分不同的曲线，并不是它们被看到的颜色。
   (a) 蓝色光谱最可能是哪一个光谱的互补色？
   (b) 哪些光谱的色度坐标在同一条直线上？
   (c) 如果橙色和粉色光谱的色度坐标分别为（0.1，0.1）和（0.6，0.3），这两种颜色的和形成的颜色的色度坐标最可能是什么？
4. 将下图中右侧的物体与左侧最可能的色彩光谱相连。

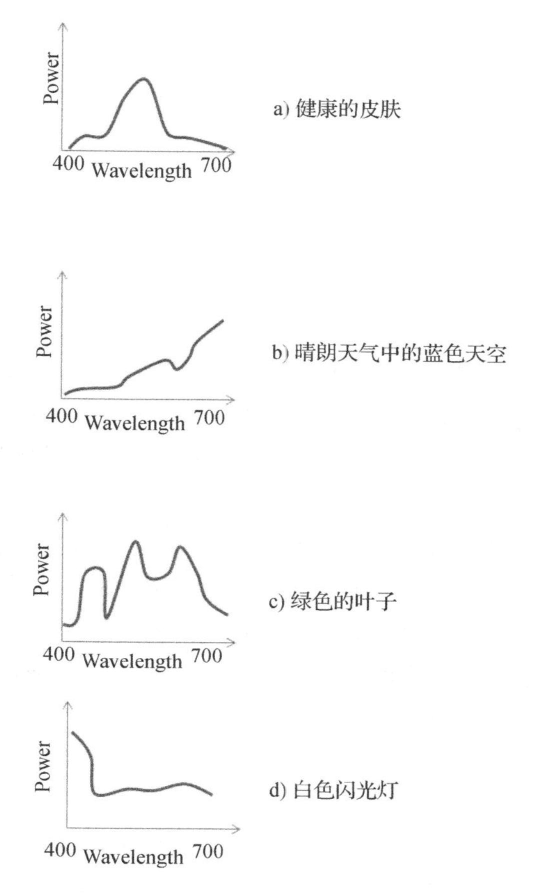

5. 考虑一个朗伯体。它的 BRDF 有多少维？简要介绍一个能测量朗伯体的 BRDF 的硬件装置及算法。
6. 使用分光辐射度计测量中心为 P 的一块表面。表面的半径为 2mm。光线由 45 度方向照射过来，且角度覆盖范围为 20 度。测量到的能量为每纳米 200 瓦特。P 处的辐射度和辐照度是多少？
7. 打开教室中的投影仪后，你发现它投出来的主要是黑色与紫色。你检查出连接基色 R、G 和 B 的电线中有一根坏了。坏掉的究竟是哪一根呢？为什么？

色彩还原

前一章介绍了色彩后，你或许会好奇：XYZ 色彩空间有什么用呢？为了理解这一点，我们需要了解什么是色彩还原。任何一个设备生成的图像，例如数码相机拍摄的图像，投影仪投出来的图像，或者打印机打印出来的图像，这些都是对色彩的还原，或者是从物理场景进行的还原（比如相机拍摄的图像），或者是从其他设备进行的还原（比如打印机打印相机拍摄的图像）。色彩还原的质量可以用生成的图像与原始图像或场景之间的接近程度来衡量。这里的接近程度既可以定量也可以定性评估。

根据将两种或者多种颜色混合成一种新颜色的方法，色彩还原系统可以分成两种类型——加性或者减性。学习绘画的时候，孩子们会学到红色、蓝色和黄色是基色。然而，在图像处理中我们学过基色是红色、蓝色和绿色。那么，矛盾在哪里呢？很显然，艺术老师和图像处理教材都没有错。这里的差异实际上源于颜色有两种混合方法——加性（Additive）和减性（Subtractive）。在加性色彩混合中，红色、绿色和蓝色是基色，而在减性色彩混合中，青色、品红色和黄色是基色，而且为了简单起见，减性色彩混合中的这三种基色常被说成是蓝色、红色和黄色。

在减性色彩混合中，一个表面的颜色取决于它反射某些波长和吸收其他波长的能力。当用颜料或者染料在一个表面上涂色时，该表面会根据颜料或者染料反射及吸收光线中的不同波长的能力形成新的反射特征。比如一个表面被涂上了反射波长为570~580纳米的黄色颜料，另一个表面被涂上了反射波长为440~540纳米的青色颜料。当我们将这两种颜料混合后，只有这两种颜料都不会吸收的波长才会被反射，因而会形成绿色。黄色吸收了产生蓝色感知的波长，而青色吸收了产生红色感知的波长，所以，留下的就是绿色感知的波长。在这种色彩混合中，波段之间通过组合吸收光线的不同材料而相互抵消，因此被称为减性色彩混合（简称减色混合）。正如你可能已经发现的，减性色彩混合得到的颜色由两个光谱的交集决定。黄色、青色和品红之所以被当做减性色彩混合的基色，是因为它们是产生所有不同颜色所需要的最小颜料集合。染料和油墨通常遵循减性色彩混合，所以用它们生成的图像就是减性色彩还原的结果。

加性色彩混合系统通过将不同的波段相加实现色彩混合，因而被称为加性色彩混合（简称加色混合）。不同颜色叠加形成的颜色的光谱等于它们各自光谱的和，这和我们人眼看颜色是一样的，而诸如相机和投影仪之类的设备都遵循加性色彩混合。

让我们更正式一些地介绍加性色彩混合。用S_1和S_2分别表示图10-1中红色和蓝色曲线代表的颜色的光谱。当它们进行加性混合时，得到的光谱$S(\lambda)$为S_1与S_2在每一个波长上各自相对功率的和，也就是紫色曲线表示的光谱。因此，$S(\lambda)=S_1(\lambda)+S_2(\lambda)$。然而，在表示像绘画那样的减性色彩混合的光谱时，特定波长处的x值表示的是绘画反射了

x%的光、吸收了（$1-x$）%的光。相应的曲线是光谱反射曲线（取值介于 0 和 1 之间），也就是入射光谱中被绘画材料反射的部分。因此，将两幅绘画相叠加时，只有两者都不吸收的部分会被反射，相应的光谱就是这两者的反射光谱与入射光谱的乘积，如图 10-1 中绿色曲线代表的光谱。

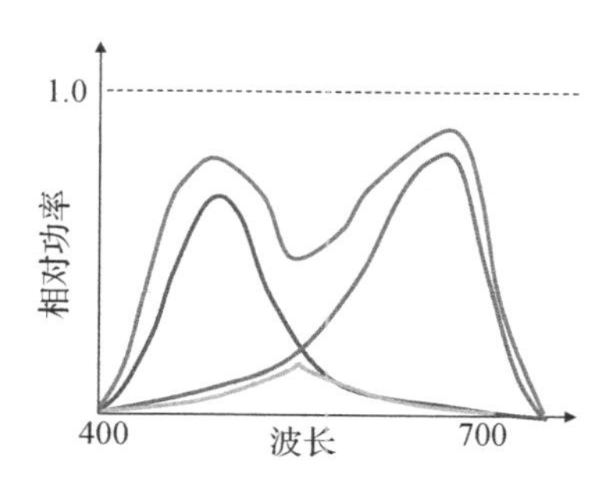

图 10-1 蓝色和红色曲线展示了两种不同的颜色光谱，而紫色和绿色曲线表示的光谱分别是它们的加性和减性混合结果（见彩插）

10.1 加性色彩混合的建模

在 XYZ 色彩空间中建模加性色彩空间和色彩混合比较容易。两个颜色进行加性混合时，混合后颜色的 XYZ 值就等于这两个颜色各自 XYZ 值的和。换句话说，两个颜色（X_1，Y_1，Z_1）和（X_2，Y_2，Z_2）的加性混合结果等于它们的向量和（X_1+X_2，Y_1+Y_2，Z_1+Z_2）。

以两个颜色 $C_1=(Y_1,x_1,y_1)$ 和 $C_2=(Y_2,x_2,y_2)$ 为例。混合它们的最简单方法就是将它们分别转化成（X，Y，Z）格式，再进行相加，得到 $C_s=(X_s,Y_s,Z_s)=(X_1+X_2,Y_1+Y_2,Z_1+Z_2)$，最后再转换回（$Y$，$x$，$y$）格式，亦即

$$Y_s=Y_1+Y_2 \tag{10-1}$$

$$x_s=\frac{X_1+X_2}{X_1+X_2+Y_1+Y_2+Z_1+Z_2} \tag{10-2}$$

$$y_s=\frac{Y_1+Y_2}{X_1+X_2+Y_1+Y_2+Z_1+Z_2} \tag{10-3}$$

考虑 x_s 的方程（10-3），我们有

$$x_s=\frac{X_1+X_2}{I_1+I_2}=\frac{x_1I_1}{I_1+I_2}+\frac{x_2I_2}{I_1+I_2}=x_1\frac{I_1}{I_1+I_2}+x_2\frac{I_2}{I_1+I_2} \tag{10-4}$$

对 y_s 进行同样的处理，我们可以得到

$$(x_s,y_s)=(x_1,y_1)\frac{I_1}{I_1+I_2}+(x_2,y_2)\frac{I_2}{I_1+I_2} \tag{10-5}$$

注意，上述方程相比方程（10-3）为我们提供了更多的信息。它表明 C_s 的色度坐标是 C_1 和 C_2 的色度坐标的凸组合。因此，新颜色 C_s 在色度图中必定位于（x_1，y_1）和（x_2，y_2）之间的线段上。它还表明 C_s 在该线段上的具体位置仅由它的强度决定。比如，当 C_1 是蓝色，C_2 是红色时，C_s 就是紫色，而且如果 I_1 远大于 I_2，它将会是接近蓝色的紫色，位于

(x_1, y_1) 和 (x_2, y_2) 之间的线段上接近 C_1 的一侧。而当I_2 更大时，它将会是接近红色的紫色。这为我们提供了用（Y, x, y）表示直接进行色彩相加的另一种方法，无须转换成（X, Y, Z）表示——将亮度相加，求色度坐标按照每种颜色的强度加权后的凸组合。对于 n 种不同颜色的和，相应的公式为

$$Y_s = \sum_{i=1}^{n} Y_i \tag{10-6}$$

$$(x_s, y_s) = \sum_{i=1}^{n} (x_i, y_i) \frac{I_i}{\sum_{i=1}^{n} I_i} \tag{10-7}$$

因此，新颜色的色度坐标由 C_1 和 C_2 的强度而非亮度决定。不少色彩科学中都有这样一种误解，认为色度需要按照亮度的比例而不是总的强度进行混合。这一基本错误导致无法通过按实验装置混合一种或多种加性色彩来实现色彩匹配，而需要考虑采用更加复杂的认知一致色彩空间。事实上，通过对模型参数的正确推导，我们可以证明只用 XYZ 色彩空间就可以进行完美的色彩匹配。

10.1.1　设备的色域

方程 10-7 提供了一种有趣的视角。该方程表明少数几种颜色的凸组合可以形成大量不同的颜色。我们需要至少三种颜色以还原色度图中足够大的区域，这三种颜色的凸组合形成的颜色的色度坐标位于它们在色度图上构成的三角形区域内。这三种颜色称为设备的基色，而它们色度坐标构成的三角形区域称为设备的二维色域。这样的三基色通常位于蓝、红和绿色区域，以便能够覆盖色度图中足够大的区域。这就是为什么我们现在看到的大部分设备都具有如图 10-2 所示的红、绿和蓝三种基色。为了增加色域，现在的一些设备也被设计成有超过三种基色。

以具有三种基色的设备为例，其三基色通常是红色、绿色和蓝色。假设每个通道的输入值i_r、i_g和i_b已被归一化到 0 到 1 范围。如图 10-2 所示，每个基色在最大强度时的 XYZ 坐标为 $R=(X_r,Y_r,Z_r)$，$G=(X_g,Y_g,Z_g)$和$B=(X_b,Y_b,Z_b)$。这意味着，如果我们仅改变一个通道，比如红色通道，同时保持其余两个通道为 0，那么还原出来的颜色的 XYZ 值将沿着由 $i_r=0$ 的点 O 指向 $i_r=1$ 的点 R 的向量 $\boldsymbol{OR}$ 变化。而当我们同时改变多个通道的输入时，还原色的 XYZ 值形成的变化轨迹等于向量 $\boldsymbol{OR}$、$\boldsymbol{OG}$ 和 $\boldsymbol{OB}$ 按各自输入值缩放后的向量和。换句话说，由输入 $C=(X,Y,Z)$还原出的颜色 $I_p=(i_r,i_g,i_b)$为

$$C=(X,Y,Z)=O+i_r(R-O)+i_g(G-O)+i_b(B-O) \tag{10-8}$$

$$=i_r(X_r,Y_r,Z_r)+i_g(X_g,Y_g,Z_g)+i_b(X_b,Y_b,Z_b) \tag{10-9}$$

i_r、i_g 和 i_b 由 0 变化到 1 时形成的色彩空间如图 10-2 左图中的平行六面体所示。该空间便是设备能够还原的整个色域，因此被称为设备的三维色域（3D Color Gamut）。实际设备的基色的三色刺激值很好地落在可见光颜色部分，而这些基色如上形成的平行六面体通常都严格地位于可见光色域内。因此，设备通常只能还原我们人眼能够看到的颜色的一部分，而究竟能够还原多少则取决于由 R、G 和 B 坐标给出的设备基色的属性。注意，方程（10-9）可以写成如下的 3×3 矩阵

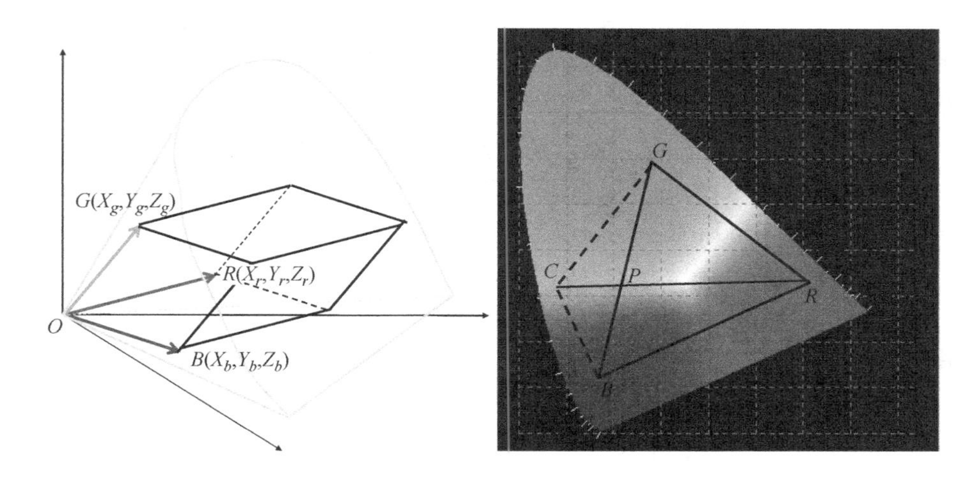

图 10-2 一个线性三基色装置的三维色域（左图）和二维色域（右图）。左侧的三维色域中，$R=(X_r,Y_r,Z_r)$，$G=(X_g,Y_g,Z_g)$，$B=(X_b,Y_b,Z_b)$。黑色三角形 *RGB* 展示了二维色域。三角形 *RGB* 中的任一个颜色可以通过 *R*、*G* 和 *B* 的唯一一种凸组合进行还原，而凸组合的系数由该颜色相对于 *R*、*G* 和 *B* 的重心坐标决定。如果增加另一个颜色 *C* 作为第四个基色，那么二维色域将会由多边形 *RGCB* 表示，也就是 *R*、*G*、*B* 和 *C* 的凸包。注意，这种情况下，色域 *RGBC* 内的颜色 *P* 可以用不同基色的不止一种凸组合还原——一种是 *G* 和 *B* 的凸组合，另一种是 *R* 和 *C* 的凸组合（见彩插）

$$\begin{bmatrix} X \\ Y \\ Z \end{bmatrix} = \begin{bmatrix} X_r & X_g & X_b \\ Y_r & Y_g & Y_b \\ Z_r & Z_g & Z_b \end{bmatrix} \begin{bmatrix} i_r \\ i_g \\ i_b \end{bmatrix} \tag{10-10}$$

$$C=\boldsymbol{MI}_{\mathrm{p}} \tag{10-11}$$

整个色域能够用这样的矩阵 $\boldsymbol{M}$ 表示的设备称为线性设备。该矩阵 $\boldsymbol{M}$ 能够揭示设备的所有颜色特性。而且，如果我们希望生成颜色 C，我们可以根据 $\boldsymbol{I}_p=\boldsymbol{M}^{-1}C$ 求出所需的唯一输入值。因此，色域中的每一个颜色都可以由唯一的输入值组合生成。

向量 ***OR***、***OG*** 和 ***OB*** 与色度图的交点给出了设备的三基色的色度坐标，通过三基色我们可以定义设备能够还原的所有颜色（不考虑强度）。这三个向量在色度图中的交点形成如图 10-2 中黑色三角形 *RGB* 所示的三角形区域。这一区域称为设备的二维色域。

由图 10-2 易见，在色域外额外取一个基色，比如 C，将增大在色度图中覆盖的区域，从而使得二维色域扩大为多边形 *CBRG*。电视机生产商常常利用这一原理增大其色域。然而，这一方法也存在一个缺点。考虑一个颜色 P，由于有四个基色，我们可以通过不止一种方式形成 P，通过组合 G 和 B 或者通过组合 C 和 R。因此，与能够通过基色的唯一组合形成一个颜色的三基色系统不同，四基色系统中形成一种颜色的方式有多种。

在方程（10-9）中，我们假设 O 位于原点（0，0，0）。这意味着，设备产生的黑色（即对应 $I_P=(0,0,0)$ 的输出）实际上不会形成任何光。然而，现有的显示器设备，特别是投影仪，总会有一些光线泄漏，即便在输入（0，0，0）时也会有部分光线泄漏，这常常被称为黑色偏移（Black Offset）。当用（X_l，Y_l，Z_l）坐标表示该黑色偏移时，方程（10-9）可以写成

$$(X,Y,Z)=O+i_r(R-O)+i_g(G-O)+i_b(B-O) \tag{10-12}$$

$$=(X_l,Y_l,Z_l) \tag{10-13}$$

$$+i_r(X_r-X_l,Y_r-Y_l,Z_r-Z_l) \tag{10-14}$$

$$+i_g(X_g-X_l,Y_g-Y_l,Z_g-Z_l) \tag{10-15}$$

$$+i_r(X_b-X_l,Y_b-Y_l,Z_b-Z_l) \tag{10-16}$$

该方程用矩阵的形式可以写成

$$\begin{bmatrix}X\\Y\\Z\end{bmatrix}=\begin{bmatrix}X_r-X_l & X_g-X_l & X_b-X_l & X_l\\Y_r-Y_l & Y_g-Y_l & Y_b-Y_l & Y_l\\Z_r-Z_l & Z_g-Z_l & Z_b-Z_l & Z_l\end{bmatrix}\begin{bmatrix}i_r\\i_g\\i_b\\1\end{bmatrix} \tag{10-17}$$

有趣的事实

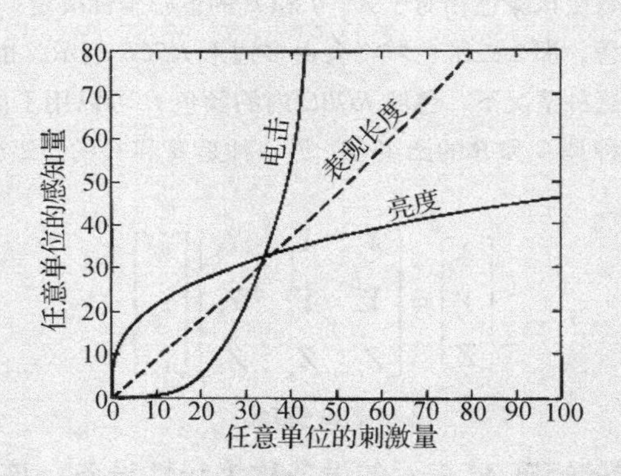

有趣的是，不仅仅是对光的感知，人类的所有感知都遵循幂律。这被称为史蒂芬幂律，以纪念首次发现这一现象的科学家。该定律指出人类感知对输入刺激 I 的响应 R 满足方程 $R=KI^{\gamma}$。当 $\gamma>1.0$ 时，感知是膨胀式的。电击反应就是这样一种形式。当 $\gamma<1.0$ 时，感知是压缩式的，比如我们对亮度的感知。γ 极少会等于 1.0。人类感知的这种膨胀或压缩特性是进化的结果。对亮度感知的压缩特性能够保护我们的眼睛，以免被太阳光灼伤。而对电击反应感知的膨胀特性能够让我们保持警惕，以免刺激太强时造成损伤。

上述矩阵中的参数无法通过设备的产品规格表直接得到。一般而言，它们可以根据其他参数推导出来，其中，第一个参数是标准化的二维色域。一个设备的二维色域通常与某种预定义的标准色域一致，例如 sRGB、HD 和 NTSC（图 10-3）。但是，二维色域并不包含设备能够还原的最低和最高亮度的信息，而只是给出了基色的色调和饱和度，而这些基色可能具有不同的最低和最高亮度。因此，为了使描述更加完整，我们需要有关白点（White Point）和动态范围（Dynamic Range，常被称为对比度）的信息。白点给出了白色

的色度坐标，而动态范围给出了最亮和最暗灰度值之间的比率，亦即白色与黑色之间的比率。白点根据某个预定义的标准指定。白色可以具有不同的色调——略带紫色的、浅蓝色的或微红的。人们已经发现不同文化喜欢不同的白点，因此，标准白色有被定义成 D65（$x=0.31271$，$y=0.32902$）的，也有被定义成 D85 的。注意，动态范围只给出了相对于某个尺度因子的色域，因此，最高亮度（一般对应于白色）需要指明其绝对色域。白色的强度通常用设备的亮度度量。所有这些参数一起定义了 XYZ 空间中的三维色域，以及矩阵 $\boldsymbol{M}$。

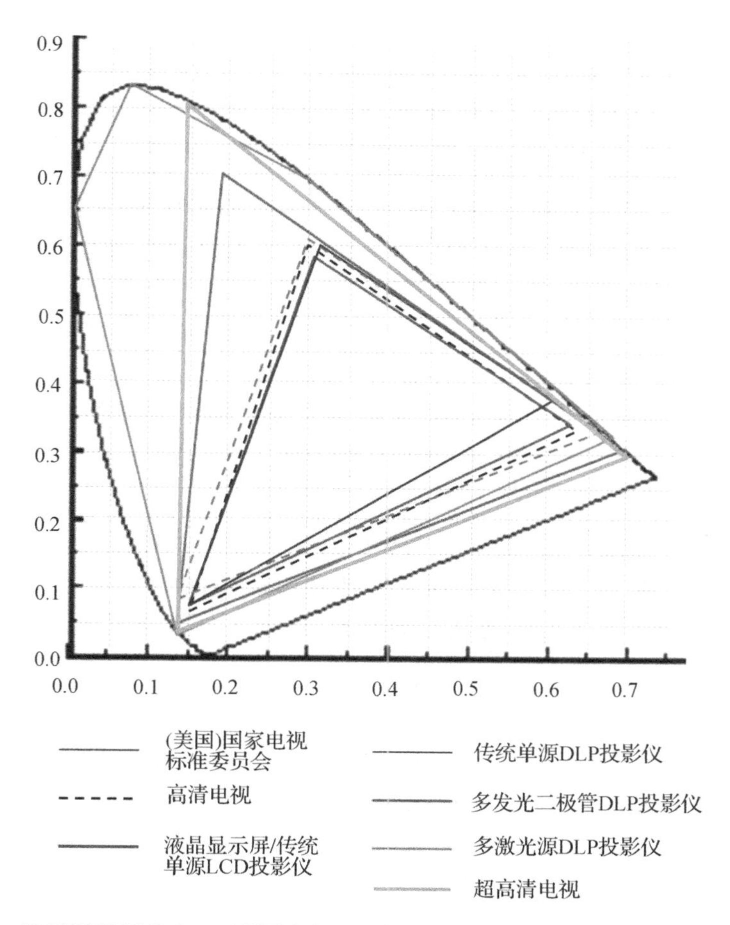

图 10-3　该图展示了现有显示器设备的一些标准色域和实验测量出的色域（见彩插）

10.1.2　色调映射算子

接下来讨论色彩还原装置的另一个重要特性——色调映射算子。当我们将一个通道的输入由 0 逐渐变成 1，而保持另两个通道的输入为 0 时，相应的输出将沿着向量 $\boldsymbol{OR}$、$\boldsymbol{OG}$ 或 $\boldsymbol{OB}$ 变化（图 10-2）。输出结果在这些向量上的运动轨迹可能并不是线性的。实际上，这个轨迹大部分时候都是一个非线性函数，以适应人眼的视觉响应特性。我们称这一函数为 h。例如，人眼对光线的响应就是非线性的，本质上是压缩性的，即人眼被同样强度的

光刺激 k 次时，人眼感知到的强度并没有 k 倍那么多。再比如在相机中，这一函数 $h(i_r)$ 用i_r^γ表示，其中 $\gamma<1.0$。而在显示器中，$\gamma>1.0$，最常见的 $\gamma=2.0$，这是为了补偿相机对 Gamma 值造成的压缩。虽然我们假设所有的通道具有相同的 h，但是不同通道的这些函数可能并不一样。在前数字化时代，一般采用预定义的 γ，那个时候的胶卷相机通常 $\gamma=0.5$，而在显示的时候会采用 $\gamma=2.0$ 来补偿。这一过程因此被称为 Gamma 校正，如图 10-4 所示。

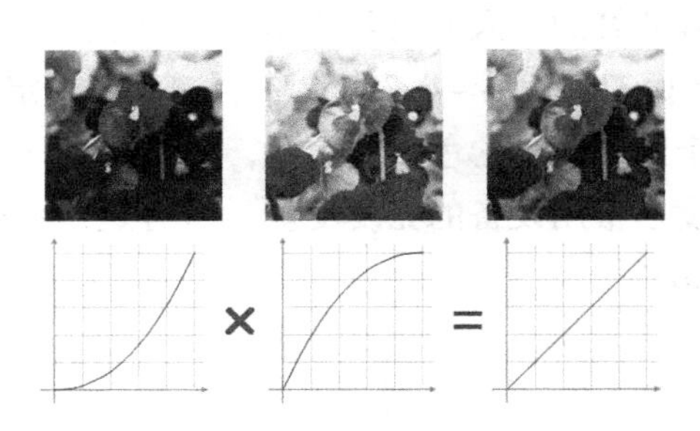

图 10-4 左图对应一种典型的显示设备，其 Gamma 值等于 2.2。中图对应一种采集设备，其 Gamma 值被设置为$\frac{1}{2.2}$以模拟人眼。将中图在右图对应的显示器上显示的结果便是输入对输出的线性响应，如右图所示（见彩插）

让我们考虑更一般化的 Gamma 函数。对于色彩还原设备而言，Gamma 函数不必一定是幂函数，也可以看成设备的一个参数，通过调节该参数可以改变设备的表观。这种更加一般化的 Gamma 函数称为色调映射算子（Tone Mapping Operator）或转移函数（Transfer Function）。如果彩色设备不存在，人类也习惯了黑白设备（更准确地说，应该是灰度设备），转移函数将是控制图像质量的唯一一个函数。现在我们用于控制图像质量的所有术语都源于此，因此它们都和色度映射函数直接相关。

这里的基本假设是色度映射算子是一个单调递增的光滑函数。其中通常有两个控制变量——图像的亮度和对比度。亮度相当于转移函数的偏移量，控制转移函数上下移动；对比度用于控制转移函数的增益。图 10-5 展示了转移函数在一个示例图像上的效果。

彩色显示器刚诞生的时候，人们很自然地为每一个通道设置一个独立的转移函数。这样一来，人们可以更好地控制图像的表观。修改某个通道的色调映射算子使它不同于其他通道的色调映射算子将会在图像上形成独特的色泽，如图 10-6 所示。这一过程常被称为改变色彩平衡（Color Balance）。改变色调映射算子是修改显示设备的色彩平衡的唯一途径。同样的效果可以通过偏移量控制修改不同基色的相对强度来实现。

标准 Windows 电脑的控制面板上的显示菜单中，可以看到三个转移函数，每个对应一个通道。因此，γ 已经成为用户控制设备形成图像的不同视觉和感知结果的一种方法。在笔记本电脑的属性和设置中，我们按不同的方法改变不同通道的 h，甚至可以将 h 改成非指数函数的形式。为了得到最好的还原效果并充分利用介质的动态范围，图像像素的色彩值需要覆盖整个色调域。

10.1.3 强度分辨率

理想的强度分辨率指可见的强度等级的数量。然而，可见性依赖于观察环境，包括环境光的颜色和绝对亮度。简单地讲，强度分辨率可以定义为用于定义每个通道的强度的数

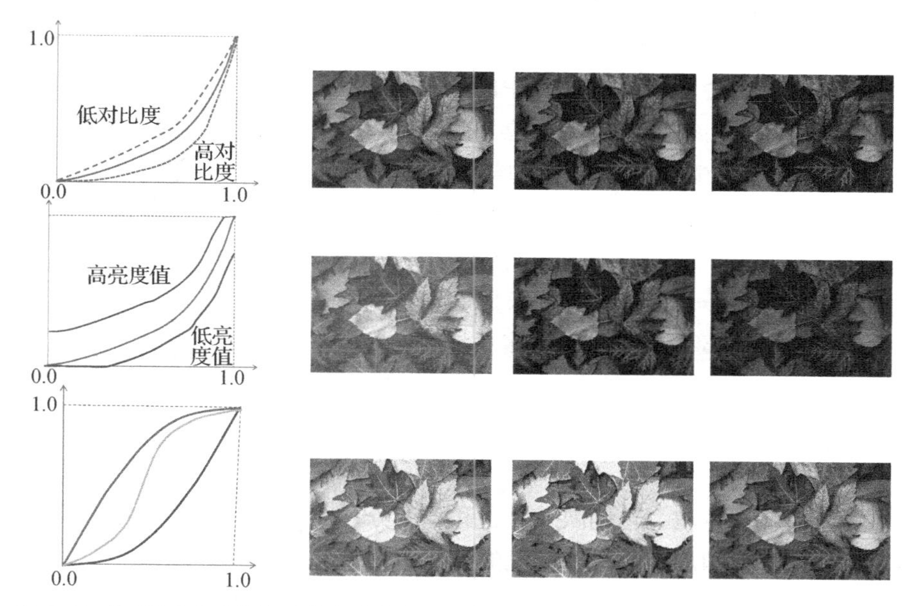

图 10-5 该图展示了转移函数中的亮度和对比度的影响。第一行：增加对比度使得红色曲线的斜率变大。左侧的曲线图为三种不同的对比度，右侧自左向右的三幅图像对应于曲线图中自上而下的三条对比度曲线的效果。第二行：修改亮度值可以使转移函数上下移动。增加亮度意味着使较高亮度值在相同的亮度值达到饱和即趋于稳定，反之亦然。右侧的三幅图像从左到右分别对应于左侧曲线图中自上而下的三条曲线的效果。随着亮度值降低，图像逐渐变暗。特别注意当亮度值稳定地保持在0附近时，对应的最右侧图像中的大部分也都变暗至0。当亮度值变大，以至较高值稳定为1时，图像看起来就像被刷洗过一样，如最左侧图像所示。第三行：同时改变色调映射算子的所有参数形成更加一般化的映射函数的效果——右侧的图像自左向右分别对应于左侧曲线图中自上而下的色调映射算子。以上结果中，三个通道具有相同的转移函数

图 10-6 该图展示了不同通道使用不同的 Gamma 函数时的效果。所有图片中绿色通道保持不变（图10-5第三行中的红色曲线），而红色和蓝色通道按照类似的方法改变。左、中、右三幅图像分别对应于图10-5第三行中红、绿和蓝色曲线。这形成了不同图像中的不同色泽——右侧的两幅图像相比于左侧的图像看起来色调更暖，而最右侧图像比另外两个更偏暗紫色

字化等级的个数。因此，一个 8 位显示器的强度分辨率为 256。不同输入值下的强度分布取决于转移函数。强度分辨率不足时，将会形成如图 10-7 中的轮廓线那样的量化伪影。实际上，每个像素用 8 位表示时，感知上均匀的亮度分布极少会形成这样的轮廓线。然而，感知上均匀的亮度分布意味着等距步长的输入值对应的输出值的步长并不均匀。如果我们想在这样的显示器上实现线性编码，也就是等距步长的输入值对应均匀步长的输出值，那么我们需要更多的比特——10 到 12 位左右——来表示一个像素。

图 10-7　注意该肖像画中平坦的着色区域中的轮廓。这便是由于偏低的强度分辨率造成的泄密量化伪像（见彩插）

10.1.4　显示器示例

显示器是能够体现色域、色调映射算子和强度分辨率等不同性质影响的最常见的设备之一。本节我们从这一角度介绍一些常见的显示器技术。

阴极射线管（CRT）显示器：CRT 显示器用一个电子枪发出的电子射线激发荧光体。不同类型的荧光体被激发后发出红色、绿色和蓝色光。荧光体的颜色与 sRGB 的色域相匹配，但是它们的亮度会随着使用时间变长而逐步降低。此外，由于蓝色荧光体衰减得更快，会造成色彩平衡的变化，使得显示结果看起来泛黄。注意，尽管基色的色调和饱和度在色度图中都没有变化，但是仅仅是它们亮度的衰减也会改变显示出来的颜色。

CRT 显示器的转移函数是一个非线性幂函数，由激发荧光体的电子枪的物理属性决定。它可以用如下的精简形式近似表示

$$I=V^{\gamma}$$

其中 I 是测量到的强度，V 是对应通道输入的输入电压。假设 V_0（黑色）产生的强度不等于零，该方程可以写成

$$I=(V+V_0)^{\gamma}$$

最后，整个曲线可以按照常数因子 k 缩放，得到最一般化的形式

$$I=k(V+V_0)^{\gamma}$$

因此，在 CRT 显示器中，亮度和对比度的控制分别通过改变 k 和 γ 来实现。

液晶显示器（LCD）：LCD 显示器是由一组红色、绿色和蓝色段构成的空间阵列，其中每一个段是液晶材料上的一个有色滤波器，可以调整成透明的。背投的光线可以穿过 LCD 阵列，使得最终的颜色同时取决于背投光线和滤波器。有色滤波器明显不同于有色荧光体。滤波器着色越强（越饱和），透过它的光线就越少，从而使得显示器越暗。反之，滤波器越不饱和，显示器就越明亮，但是色彩也会越不丰富。因此，为了得到明亮且丰富的显示色彩，除了饱和的有色滤波器，还需要非常强的背投光。但是，考虑到功率消耗，我们需要在两者之间达到一种平衡。与 CRT 显示器相比，LCD 显示器的蓝色的饱和度通常要低得多。

LCD 显示器的转移函数一般是线性的。但是，LCD 显示器通常也含有电子，因此它也

能改成传统 CRT 显示器的模式。此外，由于背投光线泄漏，LCD 显示器即便是在输入为零的时候也会从其前端投射出一些光线。尽管这被称为闪光，其实它与黑色偏移是一样的。因此，对于较低的强度，基色的色品会向白点移动。即使消除了闪光，LCD 显示器也会偏离理想的 RGB 模型，这是因为色品在所有的亮度等级上并不是一成不变的。图 10-8 展示了闪光对 LCD 显示器基色色度的影响。

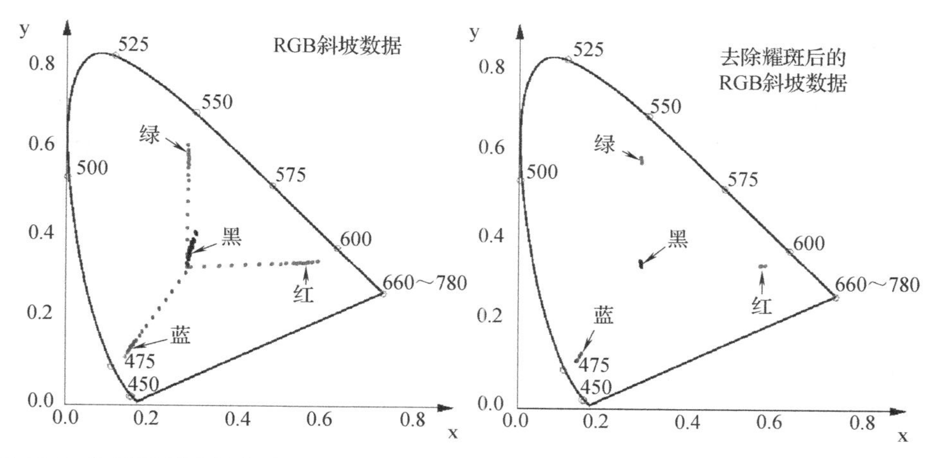

图 10-8 该图展示了闪光对 LCD 显示器基色色度的影响。其中一个通道的输入值在 0 和 1 之间变化，同时其他通道的输入值保持为 0。黑色点表示了在 0 和 1 之间变化时的灰色的色度坐标。左图：有闪光。右图：去除了闪光。注意，有闪光时，这些点图都从黑色偏移色度坐标开始，并且随着输入值变大，沿着直线逐渐移动到通道的色度值，从而降低了黑色偏移在加性组合中的影响。当黑色偏移或闪光被消除后，色度坐标变成了常数（因为随着输入值的改变，只有强度发生变化）

投影显示器： 数字投影仪包含数字化成像组件，比如 LCD 控制板或微镜阵列（DMD），用于对高亮灯泡发出的光线进行调制。大部分 LCD 投影仪和更大的 DMD 投影仪有三个成像元件和一个二色分光元件，后者将灯泡发出的白光分解成红色、绿色和蓝色部分。分解出来的部分再经由一个单独的透镜重新组合后显示。较小的投影仪仅使用一个成像元件和一组可以旋转的滤波器，可以及时将分解后的光线依次显示。一些 DLP（数字光线处理）投影仪还有第四个称为滤光膜的滤波器，在投影灰色光时通过该滤波器得到更亮的灰色。注意，这不同于使用三个以上的基色，因为第四个滤波器的色度坐标还是位于红色、绿色和蓝色滤波器构成的色域中。

10.2 色彩管理

截至目前，我们一直在讨论单个设备。接下来我们考虑多个设备。即使多个设备类型相同、品牌相同，它们的基色也可能明显不一样。特别地，当我们考虑一个包括采集（使用相机）、监视器、显示器和打印等在内的完整成像系统，我们需要确保一个系统中的颜色与它在另一个系统中的相近。你或许已经遇到过这样的情形，在相机的显示屏上看起来很明艳的一幅图像用投影仪投影出来后却很灰暗。又比如，在监视器上看起来非常好的图像打印出来后却像褪色了一样。

色彩管理需要对每个设备的输入进行修改以使得它们的输出相匹配。因为每个设备的基色不同，它们需要不同的输入才能形成同样的输出颜色。而我们的目标是保持多个设备上的颜色相同，实现这一目标的唯一方法便是对每个设备的输入做相应的修改。本节我们将介绍色彩管理的两种基本技术。

10.2.1　色域变换

考虑具有线性 Gamma 值的两个设备，它们的色域由两个不同的矩阵 $\boldsymbol{M}_1$ 和 $\boldsymbol{M}_2$ 决定。假设第一个设备中输入（R_1，G_1，B_1）生成了颜色（X，Y，Z）。我们的目标是找出能够在第二个设备中形成同样颜色的输入（R_2，G_2，B_2）。注意，根据方程 10-10

$$\begin{bmatrix} X \\ Y \\ Z \end{bmatrix} = \boldsymbol{M}_1 \begin{bmatrix} R_1 \\ G_1 \\ B_1 \end{bmatrix} = \boldsymbol{M}_2 \begin{bmatrix} R_2 \\ G_2 \\ B_2 \end{bmatrix} \tag{10-18}$$

而由上述方程，我们可以得到

$$\begin{bmatrix} R_2 \\ G_2 \\ B_2 \end{bmatrix} = \boldsymbol{M}_2^{-1} \boldsymbol{M}_1 \begin{bmatrix} R_1 \\ G_1 \\ B_1 \end{bmatrix} \tag{10-19}$$

因此，如果将第一个设备的输入与矩阵M_2^{-1} M_1 相乘，我们将得到能够在第二个设备中形成同样颜色所需的输入。这一过程称为色域变换。

然而，如图 10-9 所示，色域变换技术存在一些问题。图中显示了两个设备的平行六面体状的色域，一个用黑色表示，另一个用灰色表示。考虑第一个设备的色域中用蓝色点标记出来的颜色。通过色域变换，我们找到能够在第二个设备中形成同样颜色的输入值，并在图 10-9 中用橙色、品红和青色的向量表示。注意，需要生成的颜色并不在第二个设备的色域内，为了生成该颜色，第二个设备的三个基色中的一个需要放大一倍以上。这意味着相应的输入也将在范围之外。因此，生成的颜色在设备的色域之外，无法使用基色的凸组合得到。这样的颜色称为色域外颜色，任一种色域转换都会受这样的问题影响。

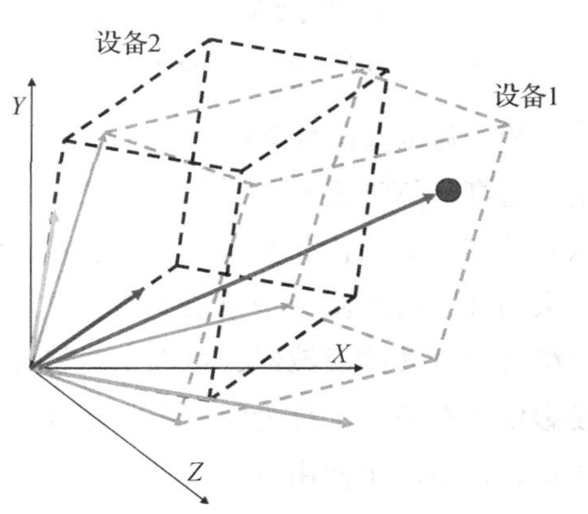

图 10-9　该图展示了色域变换中由于超出色域颜色范围而导致的问题（见彩插）

处理色域外颜色有多种方法，需要根据具体应用选择。一种方法是用色域边界上距离色域外颜色最近的色域内颜色来代替。这可以通过将越界输入限制在 1 或者 0 来实现。这种限制形成了色域外颜色的局部运动，但是只包括能够保持所有色域内颜色表观特征的色域外颜色。该方法对于按钮和滑动条使用单一颜色的 GUI 应用非常有效。

然而，在处理自然图像时，多个色域外颜色可能会对应同一个色域内颜色，从而造成色斑。另一种方法是对所有颜色的位置进行缩放，将色域外颜色都包含到色域内。这可以通过对输入进行适当缩放将越界值变换到1来实现。这种方法能够使颜色整体移动，尽管损失了颜色的明亮度，但是可以得到更好的图像。

10.2.2 色域匹配

色域匹配的目的是完全去除所有的色域外颜色。该方法的核心是找出所有设备都能还原的一个共同的色域。图10-10展示了该方法。图中用红色和蓝色分别标示了两个设备的色域G_1和G_2。记这两个设备的线性矩阵分别为$\boldsymbol{M}_1$和$\boldsymbol{M}_2$。首先，我们找出G_1和G_2的交集$G_1 \cap G_2$，用绿色标示。$G_1 \cap G_2$并不一定是平行六面体。为了用一个矩阵表示共有的色域，我们找出G_c内包含的最大的平行六面体$G_1 \cap G_2$。找到最大的这样的平行六面体是为了增大两个设备都能还原的色域。我们用矩阵$\boldsymbol{M}_c$表示图中用黑色标示的这一色域。

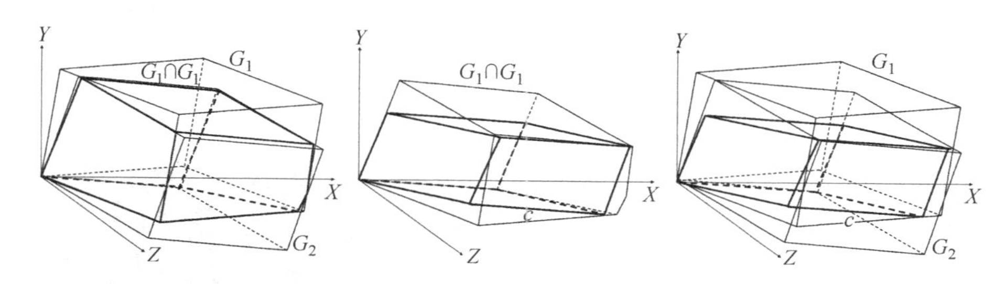

图10-10 该图展示了两个设备的色域匹配过程。两个设备的色域分别用红色和蓝色平行六面体表示。两个色域的交集部分用绿色立方体表示（左图）。该交集包含的最大平行六面体如黑色立方体所示（中图）。最后，红色和蓝色平行六面体通过合适的线性变换转换成黑色立方体（右图）（见彩插）

接下来，我们考虑这一共有色域（R_c，G_c，B_c）中的一个输入G_c。根据方程（10-19），我们可以找出第i个设备的相应输出为

$$\begin{bmatrix} R_i \\ G_i \\ B_i \end{bmatrix} = \boldsymbol{M}_i^{-1} \boldsymbol{M}_c \begin{bmatrix} R_c \\ G_c \\ B_c \end{bmatrix} \tag{10-20}$$

该方法可以轻易推广到n个设备。但是，要找到多个平行六面体的交集以及该交集区域内的最大平行六面体非常耗时。

到此我们仅讨论了仅适用于线性设备的两种非常基础的色彩管理技术。非线性设备（比如基色超过三个的设备）的色域形状更加复杂。诸如Bezier片或样条的复杂几何体可用于处理非线性设备。此外，我们只考虑了内容无关的方法（即不依赖于特定的图像内容）。例如，如果你在处理秋天拍摄的图像，那么图像中的色彩主要是红色、橙色和黄色。此时，你可以修改你的方法以使它能够很好地保持这些颜色，而对于图像中较少出现的其他颜色可以有较大的变化。

10.3 减性色彩混合的建模

我们已经介绍了加性色彩混合。尽管我们用得最多的是加性色彩混合系统，但是基于颜料的系统（如打印机）使用的仍然是减性色彩混合。本节我们将讨论减性色彩混合的一些基本问题。

减性色彩系统的基色一般认为是青色、品红和黄色。青色能够吸收红色，品红能够吸收绿色，而黄色能够吸收蓝色。图 10-11 中的实线展示了这样的颜料或滤波器的理想响应。此处，当我们说黄色的输入为 0.5 时，其实际意思是蓝色的 50%被吸收了。类似地，0.75 的品红输入意味着绿色的 75%被吸收了。考虑到这一点，CMY 系统的一个非常简化的模型可以表示为

$$(C,M,Y)=(1,1,1)-(R,G,B) \tag{10-21}$$

根据这一方程，给定一个减性 CMY 设备的输入，我们可以很容易地计算出其 RGB 输入。然而，问题在于真实的 CMY 滤波器极少会像理想的阻塞滤波器那样。因为颜料不纯，它们常常有很多串扰，而且有灰度不平衡的问题，亦即混合相同比例的不同基色并不能得到中性的灰色。因此，这一简化模型很少成立。

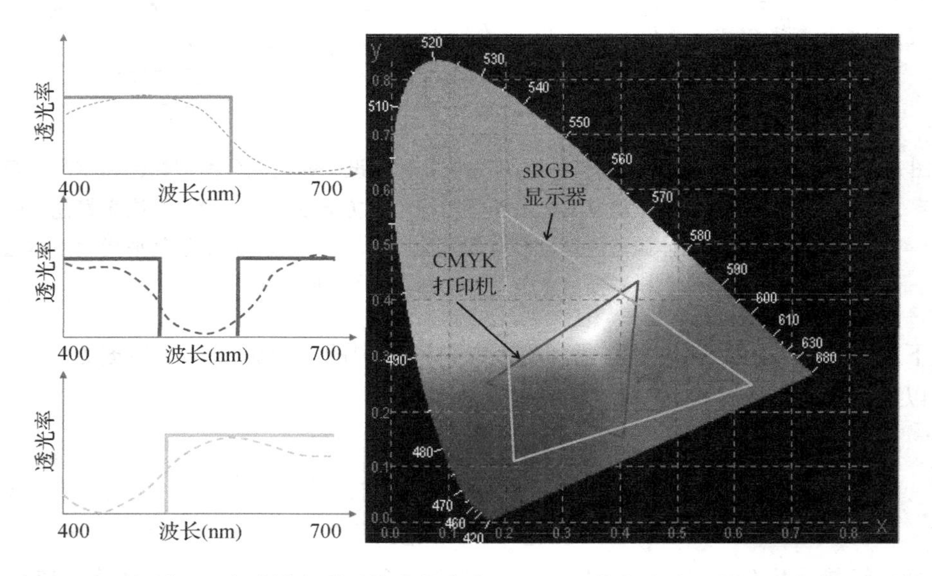

图 10-11 左图：一个减性色彩系统中的青色、品红和黄色滤波器的透光率剖面，其中实线表示理想响应，虚线表示真实响应。右图：一个打印机（CMYK）的减性二维色域，以及一个显示器（标准 RGB，常简称为 sRGB）的加性二维色域（见彩插）

此外，处理纸张上的染料的色彩还有一些其他问题。例如，将青色（C）、品红（M）和黄色（Y）染料逐层叠加，很显然会形成深黑色。但是，由于串扰的缘故，这样得到的黑色的对比度一般都比较差。有时候，在纸张上涂上太多不同基色的染料会造成纸张因太湿而开裂。因此，几乎所有的减性色彩系统都会使用廉价的高对比度黑色染料，以避免纸

张开裂，并降低因使用大量不同基色的染料而造成的成本。这便形成了四基色的CMYK系统，其中K就表示黑色（传统意义上K代表关键颜色——在文字印刷时代，黑色被认为是印刷书本时非常重要的染料。此外，因为B已经被用来表示蓝色，所以按照常规使用K表示黑色）。然而，这也意味着基色之间不再相互独立，因此一个颜色可以通过多种方法得到。这样的设备在出厂时需要精确地校准，以设定生成一个特定颜色所需要的每种基色的分量，而这一过程的不唯一性也使得逆向工程这样的设备非常困难。图10-11对比了常见的打印机的减性色域和显示器的加性色域。注意，减性色域通常要远小于加性色域。

10.4 局限性

需要指出的是，设备生成的图像并不能真正还原人眼实际看到的场景。色彩还原机制的局限性都源于两个基本原因——设备能够获取或还原的亮度范围和颜色（色度坐标）范围通常都比自然界中实际发现的要小。在介绍色度坐标时，我们已经看到了这一点。很显然，任何一个三角形二维色域都无法覆盖色度图上的所有部分，因此，没有哪一个三基色设备能够还原人眼感知到的整个色域。

对于亮度也存在同样的现象。如图10-12上图所示。场景的亮度范围从10^{-2}lm（如有月亮的夜晚树荫区域的亮度）到10^{10}lm（如晴天时天空的亮度）。这一范围非常广，因此在图10-12上图中按对数尺度绘制。人眼对这一亮度范围的响应并不像图中黑色虚线那样。相反，在任一特定时间，人眼仅能感知到这一亮度范围的一小部分——可能只有3到4个数量级。这意味着人眼能够感知到的对比度或动态范围（Dynamic Range）大约为1∶10000。而一个八位的设备能够还原的动态范围通常只有1∶100。

根据场景不同部分的亮度，人眼能够迅速调整到最合适的感知范围，从而获取到最多的信息。我们其实都有这样的体验，特别是当眼睛经历剧烈的适应过程的时候。比如，当我们从一个暗屋子里面走到明亮的户外时，眼睛能够迅速地调整适应新的亮度环境。图10-12上图用不同颜色的曲线展示了人眼对不同亮度等级的灵活适应能力。每条曲线仅在一定的光照范围内保持线性，而在这一范围外就会饱和。给定一个光照等级，在该光照等级范围内具有线性响应的曲线就是人眼对场景的响应曲线。因此，对于图10-12下图中的场景，人眼能调整到较高的亮度范围以获取天空的信息，也能调整到较低的亮度范围以获取诸如房屋、道路和汽车之类的物体的信息。通过组合这些信息，人眼就能形成类似于组合这些目标后的印象图像。本节，我们讨论一些能够克服常见设备相比于人眼所存在的局限性的方法。

10.4.1 高动态范围成像

通过高动态范围成像技术，我们可以模仿人眼的动态范围，生成具有与人眼相似的对比度，甚至与自然界中真实存在的对比度一样高的图像。该技术使用不同的相机配置拍摄图像，从而使得相机的传感器受到不同的光照激发。当激发传感器的光照较多时，我们可以拍摄到场景中偏暗的部分，而其中偏亮的部分将会使传感器过饱和，从而在图像上形成过曝光区域。当激发传感器的光照较少时，我们可以拍摄到场景中偏亮的部分，而其中偏

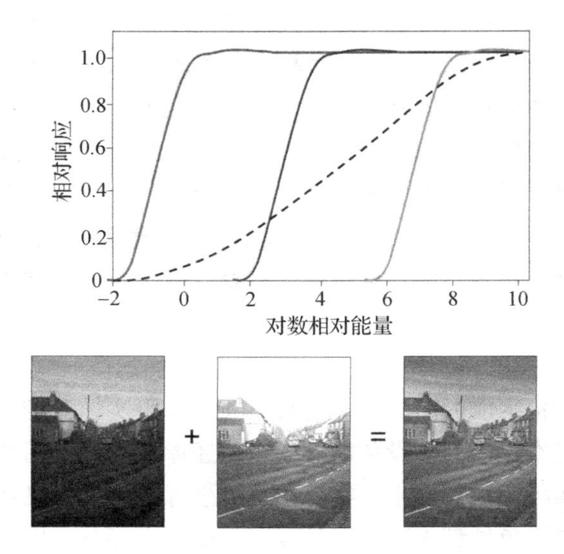

图 10-12　上图：人眼的自适应动态范围。每条曲线展示了不同情况下人眼能够感知的亮度范围，这些范围都远小于自然界中真实存在的亮度的总范围。任何一种情况下，人眼都只在一个较小范围内具有线性响应。虚线展示了假设人眼不具备对不同亮度范围的自适应能力时的假想的响应曲线，其响应范围覆盖了自然界中真实存在的整个动态范围。下图：人眼对场景中的不同部分使用相应的合适动态范围进行处理，以获取场景中的不同信息

暗的部分将会使传感器欠饱和，从而在图像上形成低曝光区域。因此，通过用不同的光照激发传感器拍摄不同的图像，场景中的不同部分就可以被拍摄出来，同时其他区域要么曝光不足，要么曝光过度。但是，将这些不同图像组合后，场景中所有部分的信息都可以被采集到，形成一幅高动态范围图像，该图像的动态范围要远大于我们通过任何一种标准的八位成像设备能够得到的动态范围。

高动态范围成像中的一个很明显的问题是，我们该如何控制激发传感器的光照以得到一幅高动态范围图像？一种方法是改变相机的曝光，这可以通过改变相机的光圈大小或者改变快门速度来实现。快门速度决定相机快门保持打开以使相机传感器接收光照激发的时间。通常我们会采用控制快门的方法，因为快门完全取决于设备。当改变相机光圈时，由于镜头系统的复杂性，传感器中心区域和边缘区域接收到的光照并不一样。实际上，从传感器中心到边缘，不同像素接收到的光照量会稳定下降。这一现象常被称为相机的渐晕效应（Vignetting Effect）。当相机接近于针孔模型时，其渐晕效应在小光圈（$f/8$ 及以下）时最小。而在其他光圈设置下，渐晕效应会非常显著，进而影响每个像素接收到的光照。因此，为了尽量减小不同光圈设置下渐晕效应不同造成的成像精度差异，最好通过改变快门速度而非光圈大小来改变曝光。

现在让我们考虑使用一个相机以 n 种不同的快门速度拍摄一个静态场景。对于第 j 种（$1 \leqslant j \leqslant n$）快门速度，假设快门打开的时间为$t_j$，相机拍摄到的图像中的像素数为 m，第 i 个（$1 \leqslant i \leqslant m$）像素的灰度值为$Z_{ij}$，场景在第 i 个像素处的辐照度为E_i，而相机的转移函数

为f。因此，对于任意的i和j，相机的成像过程可以表示为

$$Z_{ij}=f(E_i t_j) \tag{10-22}$$

假设f是单调、可逆的，上述方程可以改写为

$$f^{-1}(Z_{ij})=E_i t_j \tag{10-23}$$

对该方程的两侧分别取自然对数，我们可以得到

$$g(Z_{ij})=\ln E_i+\ln t_j \tag{10-24}$$

其中$g=\ln f^{-1}$。该方程中，t_j和Z_{ij}已知，E_i和g未知。对每一个像素和每一种快门速度，我们都可以得到这样一个方程，因此一共可以得到包含mn个线性方程的方程组。g是一个八位设备的函数，共有256种不同取值。因此，我们需要根据mn个线性方程求解$m+255$个未知数，这是一个过约束问题，可以使用线性回归的方法求解。为了使得g是单调的，我们可以对方程组增加额外约束条件。我们还可以增加有关曲率的约束条件，以使得g是光滑的。这些方程的解可以得到如图10-13所示的高动态范围图像。

图10-13　上行：使用不同快门速度拍摄的三幅图像。下行左图：根据上行三幅图像恢复得到的高动态范围辐射图。由于该辐射图的对比度非常高，常规的显示器无法显示该图像。因此，我们使用热度图可视化该辐射图，其中蓝色表示低辐射度，红色表示高辐射度。下行右图：通过色调映射算子在常规的八位显示设备上显示该图像的结果（见彩插）

高动态范围图像带来的另一个问题，是我们该如何显示这样的图像呢？高动态范围图像的亮度和对比度范围要比传统八位显示设备的高出多个数量级。围绕这一问题的大量研究设计出了很多复杂的色调映射算子，这些算子常常随着空间位置而变化，能够将高动态范围图像的超大的对比度范围压缩到显示设备能够还原的范围（一般为0到255）。色调映射算子的基本思想是形成随着空间位置而改变的曝光效果，以使得每个区域都能得到合适的曝光而避免欠饱和或者过饱和（见图10-13）。尽管这样的图像看起来并不真实，因为

我们并不习惯于一个真实的相机能够拍摄出这样很亮和很暗的区域都能得到很好曝光的图像，但是它们能够很好地反映图像中每一个区域的信息。

10.4.2　多光谱成像

多光谱成像能够解决三基色色彩还原系统的有限二维色域问题。三基色形成的三角形二维色域很显然无法包含人眼的整个二维色域。事实上，如图 10-3 所示，大多数色彩还原系统并没有高度饱和的基色，因而进一步限制了三基色系统的二维色域。这是由一种基本的物理局限性造成的。饱和基色可以通过窄带宽基色得到，但是这样的窄带宽基色从光线利用的角度来说是效率极低的，因为它们将场景中的大部分光线都过滤掉了，仅保留了非常窄的带宽范围内的光线。因此，饱和基色需要解决平衡光线利用率和较大的二维色域这一基本问题。解决这一问题的一个很显然的方法便是使用超过三个的基色。过去的若干年间，已经有多种使用了 4 到 6 个基色的系统被设计出来。使用超过六个的基色将会导致对空间分辨率等其他属性的损害，从而抵消在二维色域方面的改进。

如图 10-14 所示，考虑用高光谱相机拍摄一个场景中每个像素处的精确光谱。根据这些光谱可以计算出每个像素处的 XYZ 三色刺激值。接下来，我们再用一个六基色相机（RGBCMY）、一个标准 RGB 相机和一个 CMY 相机拍摄同样的场景。这些相机拍摄到的光谱可以通过将其基色的感光度根据拍摄值进行加权线性组合重构得到。重构出来的光谱与高光谱相机拍摄到的实际光谱之间的欧氏距离可以归一化表示成每个像素处的灰度值。灰度值越大表示距离越大，也就是相机拍摄的误差越大。注意，正如预期的一样，随着所使用基色的数目增加，误差降低。此外，CMY 相机的误差远大于 RGB 相机的。这一点符合图 10-14 中所示的 CMY 色域和 RGB 色域，前者要远小于后者。

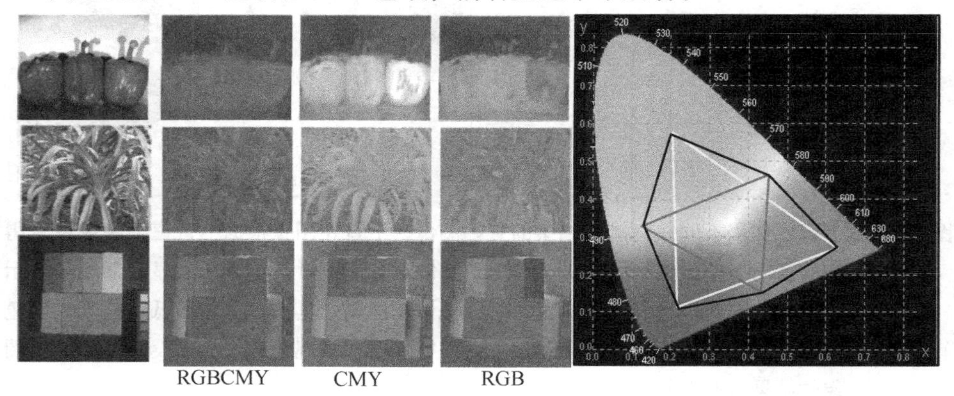

图 10-14　高光谱相机拍摄的场景。该相机能拍摄每个像素处的精确光谱，根据这些光谱我们可以计算出每个像素处的 XYZ 值。左图：高光谱相机拍摄的光谱在标准相机中对应的 RGB 图像。中图：使用六基色相机（RGBCMY）、标准 RGB 相机和 CMY 相机拍摄同样场景的结果。这些相机的基色显示在右侧的色度图中。这三个相机重构出来的光谱与高光谱相机拍摄的实际光谱之间的欧氏距离被归一化表示成每个像素处的灰度值（越亮表示距离越大）。正如预期的一样，六基色相机拍摄到的光谱相比于三基色相机拍摄到的光谱与实际光谱更接近（见彩插）

较低的光线利用率是妨碍显示器精确还原色彩的光谱的主要原因。精确显示光谱需要高度饱和的基色（因此带宽很窄），这样的基色非常亮，因而能够满足显示器所需的光线利用率。到目前为止，为显示器生成这样高亮的饱和基色实际上还办不到。但是，如图10-3中青色多边形所示的六基色激光投影设备未来很有希望实现这一目标，或许就在不久的将来。

有趣的事实

比色标准对于消费者而言极易混淆。NTSC、HDTV和UHDTV这些术语是什么意思？它们的图像质量又如何呢？20世纪40年代时，电视产业面临制定视频信号传输标准的需要，从而形成了有关比色标准的定义。彼时还是黑白电视的时代，因而与传输有关的属性只有图像的空间分辨率，也就是640×480、横纵比为4∶3（屏幕宽度与高度的比）。1953年，彩色电视机诞生，色彩也被加入到标准之中，明确了标准二维色域和白点（如图10-3所示）。这一标准在2010年之前一直是主要标准。2010年前后数字内容的出现引出了HDTV（高清电视）标准的发展。这一标准将分辨率提高到了1920×1080，而且也使色域得到了一定的增大（如图10-3所示）。此时，还诞生了横纵比为16∶9的宽屏电视的概念。近期还有一个称为UHDTV（超高清电视）的新标准，它将分辨率进一步翻倍到3840×2160。然而，我们已经达到了感知HDTV标准电视尺寸分辨率的能力极限。因此，从分辨率的角度而言，UHDTV并不能带来质量上的太大差异。尽管如此，它还是大大拓展了色域，因而可以产生更加鲜明的显示效果。此外，UHDTV标准能够显示高动态范围图像，这一点连同拓展的色域将大大改善电视机的色彩质量。

10.5 本章小结

色彩还原需要结合数学上的精确性与人类感知的局限性和不精确性。它常常需要涉及人类认知学。这使得色彩还原成为人们非常难以取得成功的一门科学或应用。像［Palmer 99］书中有关人类认知学的深奥知识对于这一领域非常有用。从工程角度讲述色彩还原的书有［Hunt 95，Berns et al. 00］。参与发展色彩模型的人员来自生物学、艺术、科学和工程等多个领域，这一方面促进了色彩还原的发展，另一方面也使色彩还原成为一个非常复杂的领域。因此，换个角度理解色彩常常会很有帮助，比如［Livingstone and Hubel 02］。

20世纪90年代后期和21世纪前10年有大量与高动态范围图像有关的工作。这些工作受［Debevec and Malik 97］中有关拍摄HDR图像的早期工作启发。它们引发了利用合适的色度映射算子在传统显示器上显示HDR图像的大量工作［Tumblin and Turk 99，Larson et al. 97，Gallo et al. 09］。新的HDR相机被设计出来［Yasuma et al. 10］。能够准确显示高动态范围的显示器也被设计出来［Seetzen et al. 04］。如今，这样的显示器变得越来越主流，并逐渐在市场上出现。直至今日，HDR成像仍然是一个非常活跃的研究领域［Gupta et al. 13］。Reinhard等人的著作［Reinhard et al. 05］是有关HDR成像流程的非常全面的参考文献。多光谱相机［Yasuma et al. 10，Susanu 09，Shogenji et al. 04］和显示器［Li et al. 15］很早就被研究，但是目前还没有消费级的产品。唯一的成功案例是 RGBW 投影仪，该投影仪除了红色、绿色和蓝色滤波器还有滤光膜，但是只在投影灰色时使用以增加亮度。然而，它的二维色域并没有增加，因为白点依然在 R、G 和 B 形成的色域内。

本章要点

设备的三维或二维色域	动态范围
Gamma 函数	自适应
色彩管理	高动态范围成像
色域变换和匹配	多光谱成像

参考文献

[Berns et al. 00] Roy S. Berns, Fred W. Billmeyer, and Max Saltzman. *Billmeyer and Saltzman's Principles of Color Technology*. Wiley Interscience, 2000.

[Debevec and Malik 97] Paul E. Debevec and Jitendra Malik. "Recovering High Dynamic Range Radiance Maps from Photographs." In *Proceedings of the 24th Annual Conference on Computer Graphics and Interactive Techniques, SIGGRAPH '97*, pp. 369–378, 1997.

[Gallo et al. 09] O. Gallo, N. Gelfand, W. Chen, M. Tico, and K. Pulli. "Artifact-free High Dynamic Range Imaging." *IEEE International Conference on Computational Photography (ICCP).*

[Gupta et al. 13] M. Gupta, D. Iso, and S.K. Nayar. "Fibonacci Exposure Bracketing for High Dynamic Range Imaging." pp. 1–8.

[Hunt 95] R. W. G. Hunt. *The Reproduction of Color*. Fountain Press, 1995.

[Larson et al. 97] G. W. Larson, H. Rushmeier, and C. Piatko. "A Visibility Matching Tone Reproduction Operator for High Dynamic Range Scenes." *IEEE Transactions on Visualization and Computer Graphics* 3:4.

[Li et al. 15] Yuqi Li, Aditi Majumder, Dongming Lu, and Meenakshisundaram Gopi. "Content-Independent Multi-Spectral Display Using Superimposed Projections." *Computer Graphics Forum.*

[Livingstone and Hubel 02] Margaret Livingstone and David H. Hubel. *Vision and Art : The Biology of Seeing*. Harry N Abrams, 2002.

[Palmer 99] Stephen E. Palmer. *Vision Science*. MIT Press, 1999.

[Reinhard et al. 05] Erik Reinhard, Greg Ward, Sumanta Pattanaik, and Paul Debevec. *High Dynamic Range Imaging: Acquisition, Display, and Image-Based Lighting (The Morgan Kaufmann Series in Computer Graphics)*. Morgan Kaufmann Publishers Inc., 2005.

[Seetzen et al. 04] Helge Seetzen, W. Heidrich, W. Stuezlinger, G. Ward, L. Whitehead, M. Trentacoste, A. Ghosh, and A. Vorozcovs. "High Dynamic Range Display Systems." *ACM Transactions on Graphics (special issue SIGGRAPH).*

[Shogenji et al. 04] R. Shogenji, Y. Kitamura, K. Yamada, S. Miyatake, and J. Tanida. "Multispectral imaging using compact compound optics." *Opt. Exp.*, p. 16431655.

[Susanu 09] Peterescu S. Nanu F. Capata A. Corcoran P. Susanu, G. "RGBW Sensor Array." *US Patent 2009/0,167,893.*

[Tumblin and Turk 99] J. Tumblin and G. Turk. "Low Curvature Image Simplifiers (LCIS): A Boundary Hierarchy for Detail-Preserving Contrast Reduction." pp. 83–90.

[Yasuma et al. 10] F. Yasuma, T. Mitsunaga, D. Iso, and S.K. Nayar. "Generalized Assorted Pixel Camera: Post-Capture Control of Resolution, Dynamic Range and Spectrum." *IEEE Transactions on Image Processing* 99.

习题

1. 颜色C_1和C_2的色度坐标分别为（0.33，0.12）和（0.6，0.3）。为了生成色度坐标为（0.5，0.24）的颜色C_3，需要按照什么样的比例混合这两种颜色？如果C_3的强度为 90，C_1和C_2的强度应该是多少？
2. 考虑一个线性显示器，其红、绿和蓝三基色的色度坐标分别为（0.5，0.4），（0.2，0.6）和（0.1，0.2）。红色、绿色和蓝色通道的最大亮度分别为 100，200 和 80cd/m^2。求解将该设备的 RGB 坐标转化成 XYZ 坐标的矩阵。该设备的 RGB 输入（0.5，0.75，0.2）生成的颜色的 XYZ 坐标是什么？
3. 考虑 CIE XYZ 空间中的两个颜色$C_1=(X_1, Y_1, Z_1)$和$C_2=(X_2, Y_2, Z_2)$。设它们的色度坐标分别为（x_1，y_1）和（x_2，y_2）。
   (a) 假设C_1是一个纯的无色色，它的三色刺激值与色度坐标之间满足什么条件？这种情况下，黑色和白色在 XYZ 空间中是否落在连接原点与C_1的射线上？请给出理由。
   (b) 如果$C_2=(50, 100, 50)$，那么（x_2，y_2）的值是多少？
   (c) C_2的主波长是多少？
   (d) 为了生成色度坐标为（7/24，10/24）的颜色，需要将C_1和C_2按照什么比例混合？混合时C_1的强度和亮度应该是多少？
4. 当我们将蓝色颜料与黄色颜料混合时，可以得到绿色。而当我们在黄色上投影蓝色时，会得到棕色。你如何解释这一矛盾现象呢？
5. 考虑使用线性 Gamma 函数的一幅灰度图像。你将如何修改 Gamma 函数以增加图像的对比度？
6. Gamma 函数也称为色度映射算子。考虑一个 8 位显示器（每个通道用一个 8 位整数表示)，它的所有通道上的色度映射算子为i^2，其中 i 为通道的输入。考虑亮度、对比度、色彩分辨率、白点和色调等属性。在下述场景中这些属性中的哪些会改变？

(a) 将所有通道上的色度映射算子改为i^3。

(b) 只将绿色通道上的色度映射算子改为i^3。

(c) 所有通道的位数改为 10 位。

(d) 应用上述所有变化时，这些属性中的哪些保持不变？

7. 色域匹配可以解决色域变换中色域外颜色导致的问题。你觉得色域匹配有哪些负面效果呢？

8. 考虑一个具有 sRGB 色域（RGB 的色度坐标分别为（0.64，0.33），（0.3，0.6）和（0.15，0.06））的投影仪。红色、绿色和蓝色通道的亮度分别为 100、400 和 50lm。该投影仪具有色度坐标为（0.02，0.02）、亮度为 10lm 的黑色补偿。

(a) 给出将该投影仪的输入值转换到 XYZ 空间的矩阵。

(b) 考虑另一个投影仪，这一投影仪除了绿色通道的亮度为 200lm 外，其他参数均与该投影仪相同。给出将这一投影仪的输入值转换到 XYZ 空间的矩阵。

(c) 找出第一个投影仪的一个输入值，该输入值能够在第二个投影仪上产生色域外输出。

(d) 第二个投影仪中的颜色有没有在第一个投影仪的色域外的？试解释你的答案。

9. 考虑具有以下参数的一个显示器。该显示器的二维色域上，其蓝色、绿色和红色基色的色度坐标分别为（0.1，0.1），（0.2，0.6）和（0.6，0.2）。白色的强度为 1000lm。白点为（0.35，0.35）。给出定义该显示器的色彩属性的矩阵 $\boldsymbol{M}$。

光度处理

前一章，我们学习了表示颜色的不同方法。尽管 RGB 表示方法与设备相关，但仍然是最常用的彩色图像表示方法。本章我们将学习用于处理图像颜色的一些基础技术。有两种处理彩色图像的方法。第一种方法假设红色、绿色和蓝色通道分别是一个独立的二维图像，在每个通道上运用类似的处理技术。第二种方法将 RGB 图像转换成一维的亮度（Y）和二维的色度（通过一些线性的或者非线性的色彩空间转换方法），并分别处理亮度和色度，最后再将处理后的图像转换回 RGB 图像。

在应用色调映射算子时，第一种方法因为不会改变颜色之间的相对差异而被广泛使用。对比度增强（Contrast Enhancement）是第二种方法的一个很好的例子，它将亮度的对比度而不是色度的对比度进行增强。不同于独立增强红色、蓝色或绿色通道，只增强亮度同时保持色度不变有利于保持色调，这一点在很多应用中非常重要。类似地，在其他应用中，比如图像压缩，用亮度和色度表示方法对图像进行处理符合人类认知。在人类认知中，亮度更加重要。考虑到这一点，在压缩图像时，对色度通道的压缩可以远高于对亮度通道的压缩。究竟采用哪一种方法处理彩色图像取决于许多因素，例如应用、网络带宽和处理能力。本章我们将介绍不同的技术，并以它们在图像的单个通道上的应用为例，比如亮度通道、红色通道、绿色通道或蓝色通道。应用开发者可以决定究竟将图像分解到哪些合适的通道。

11.1 直方图处理

直方图定义为图像中像素值的概率密度函数。考虑一幅大小为 $m\times n$ 的单通道图像，其总像素数为 $N=m\times n$。每个像素 i 处的取值范围为归一化到 0（黑色）和 1（白色）之间的 p 个离散值。p 由用来表示灰度值的位数决定。比如，用 8 位表示灰度值时，$p=256$。此时，i 可以取 k 个不同值i_k，$1\leqslant k\leqslant 256$。假设图像中灰度值等于$i_k$的像素共有$N_k$个，那么直方图 $h(i_k)$ 定义为

$$h(i_k)=\frac{N_k}{N} \tag{11-1}$$

也就是一个像素的灰度值等于i_k的概率。由于 $h(i_k)$ 是一个概率，$0\leqslant h(i_k)\leqslant 1$，所以 h 是一个概率密度函数。

图 11-1 给出了一些示例图像的直方图。注意，两幅图像的内容可能完全不同，但是它们的直方图却很类似。图 11-2 展示了曝光对图像直方图的影响。曝光决定了拍摄图像时有多少光线进入了相机。当进入相机的光线非常少时，图像中偏暗的区域曝光不足，其

像素值等于 0，导致 $h(0)$ 的值较高。反之，当进入相机的光线非常多时，图像中偏亮的区域曝光过度，其像素值等于 1，导致直方图中 $h(1)$ 处有一个脉冲。图 11-3 展示了对比度对图像直方图的影响。低对比度图像通常不会有接近黑色和接近白色的灰度值。因此，其直方图 $h(i_k)$ 仅在中等灰度值i_k的一个较小范围内取非零值。

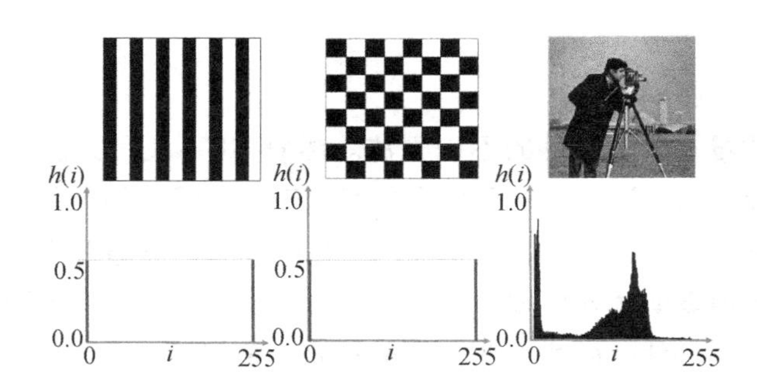

图 11-1 不同图像（上行）及其对应的直方图（下行）。这些图像是单通道灰度图像，其灰度值 i 的范围为 0 到 255。灰度值出现的概率 $h(i)$ 的范围为 0 到 1。注意，左侧与中间的图像的直方图完全一样，而它们看起来是完全不同的图像

图 11-2 曝光（即拍摄图像时进入相机的光线的量）对图像直方图的影响。当图像曝光不足时（左图），其直方图 h 向左偏移，较低的 i 值对应的值 h 较高。当图像曝光过度时（右图），其直方图 h 向右偏移。对于正常曝光的图像，在 0 和 255 处的 h 值不会出现异常

直方图处理的一个常见应用是增强图像的对比度，相应的过程称为直方图拉伸（Histogram Stretching）。正如我们在前文看到的，对于一幅低对比度图像，满足 $h(i_k)\neq 0$ 的像素值范围比较小。对比度拉伸的目的是将每个输入灰度值i_k映射到一个新的灰度值j_k，以使得新直方图中所有像素值的 k 都为正值。

直方图拉伸的第一步是找出累积概率分布函数（Cumulative Probability Distribution Function）H，其中

$$H(i_k)=\sum_{0}^{k}h(i_k)=H(i_k-1)+h(i_k) \tag{11-2}$$

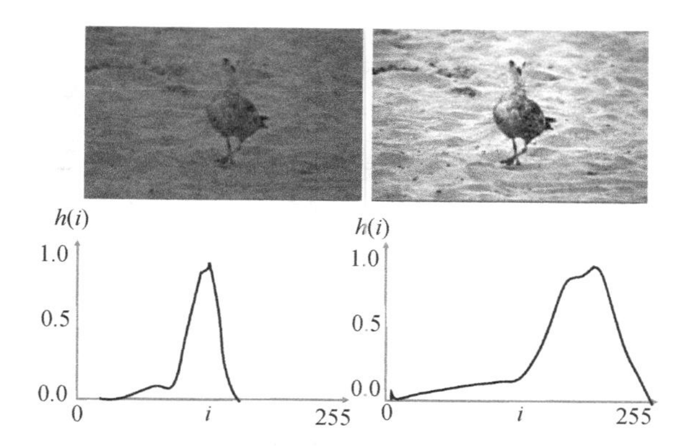

图 11-3 对比度变化对图像直方图的影响。注意，低对比度图像（左图）中缺少非常暗和非常亮的像素，因而其直方图 $h(i_k)$ 仅在灰度值范围的中间部分的较小区域内取正值

$H(i_k)$ 是介于 $H(0)=0$ 和 $H(1)=1$ 之间的单调不减函数。图 11-4 展示了一幅低对比度图像的 H 函数。假设 h 中取非零值的灰度值范围为 d 到 u，其中 $d\leqslant u$，$d>>0$ 且 $u<<255$。因此，对于 $0\leqslant i_k\leqslant d$ 有 $H=0$，而对于所有的 $u\leqslant i_k\leqslant 1$ 有 $H=1$。

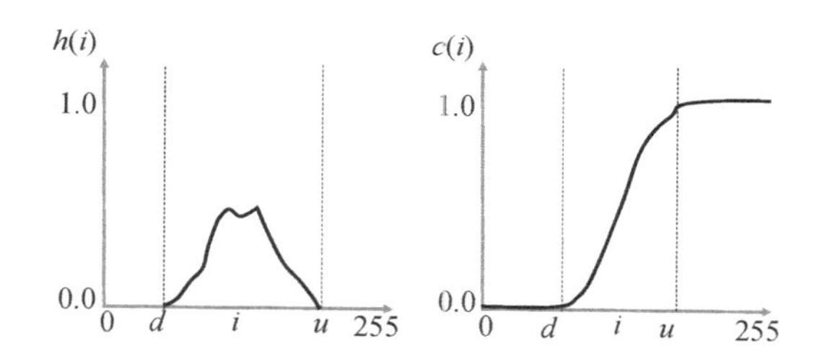

图 11-4 左图为一个直方图 $h(i)$，右图为该直方图对应的累积概率分布 $c(i)$。注意，累积概率分布函数是 0 到 1 范围内的一个单调增函数

为了拉伸直方图以增加图像的对比度，i_k 被映射为 $j_k=H(i_k)$。因此，当 $j_k=0$ 时，$0\leqslant i_k\leqslant d$，而当 $j_k=1$ 时，$u\leqslant i_k\leqslant 1$。介于 d 和 u 之间的所有值被映射到整个 0 到 1 区间内。结果，拉伸后图像的灰度值涵盖了整个 0 到 1 范围，而不仅仅在 d 和 u 之间，因而对比度得到了改进。然而，j_k 完全依赖于 i_k 处 H 的斜率。此外，由于 j_k 只可能取 0 和 1 之间的 $u-d+1$ 个值，所以对比度增强后的图像的直方图也只能在这 $u-d+1$ 个值上取非零值，而不是在 0 和 1 之间的所有 p 值上都能取非零值。图 11-5 展示了通过直方图拉伸增强对比度的结果。直方图拉伸中将 i_k 映射为 j_k 的映射函数在图像上的不同位置都是一样的。因此，我们将该方法称为全局直方图拉伸。直方图拉伸也常被称作直方图均衡。

全局直方图拉伸在每个像素位置都应用同样的映射，这实质上是假设整个图像在不同位置具有相似的对比度。当图像的对比度随着位置而改变时，全局直方图拉伸会导致颜色加深（也称为刻录）或减淡（也称为道奇）的效果。换句话说，图像的一些部分会发生

图 11-5　将左侧图像通过全局直方图拉伸增强对比度，形成右侧图像的结果。下行显示了这两幅图像对应的直方图

曝光过度，而另一些部分又会曝光不足。如图 11-6 所示。自适应直方图拉伸作为全局方法的一个变种，被用来避免这一问题。

图 11-6　左图是一幅对比度随着位置而改变的图像——右上角部分的对比度明显好于图像的其他部分，而左下角部分的对比度则明显差于图像的其他部分。右图为该图经过全局直方图均衡后的结果。很明显，处理后的图像右上角部分出现了曝光过度，而左下角部分出现了曝光不足

考虑一幅对比度随着位置而改变的图像。这种情况下，应该在特定像素（u，v）周围的一个 $P \times P$ 的局部邻域窗口中应用全局直方图拉伸，计算该像素位置（u，v）处的灰度值映射函数。在每个像素处都应用这样的技术，为每个像素根据其 $P \times P$ 邻域内的局部直方图定义的局部对比度计算不同的映射函数，这就是自适应直方图拉伸。此时，同样的灰度值i_k在图像中不同像素位置可能因为局部对比度的差异被映射为不同的值。因此，即使原始图像仅有 d 到 u 范围内的 $u-d+1$ 个不同值，经过自适应直方图拉伸后，它们也可能会被映射到超过 $u-d+1$ 个不同的灰度值。增强后图像的直方图也不会像在全局直方图拉伸中那样稀疏。

很明显，自适应直方图拉伸的效果取决于 P 的值。如图 11-7 所示。如果 P 太小，估算对比度的邻域窗口范围非常小，这会导致大量的噪声。随着邻域窗口的增大，噪声会逐步降低。但是，如果 P 太大，又会出现局部颜色加深或减淡现象。因此，选择合适的邻域窗口大小对于自适应直方图拉伸非常重要。

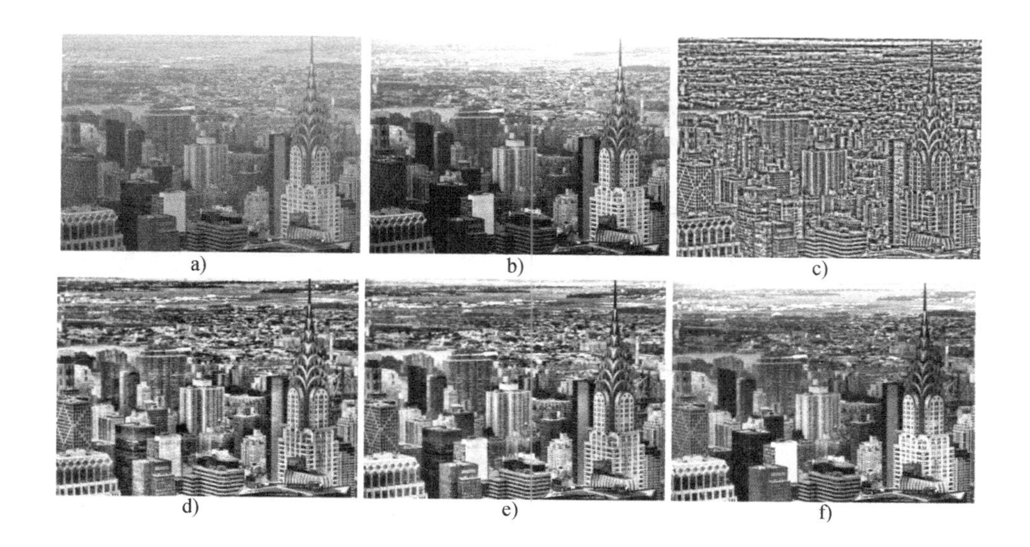

图 11-7 a 为原始图像，b 为全局直方图拉伸后的结果。P 分别为 12、60、100、250 的自适应直方图拉伸结果分别显示在 c、d、e 和 f 中。注意，c、d 和 e 中的噪声明显多于 b。而 f 的窗口大小是经过优化的，它的对比度增强效果要显著好于 b，尤其是在图像中后方的地平线部分，那里的对比度远低于城市部分。还需注意 f 中每个建筑物的对比度增强都是不一样的。但是，f 中的某些部分还是有因为曝光过度引起的颜色加深现象

彩色图像处理

对彩色图像进行直方图处理的方法因具体应用而异。一种选择是对彩色图像的三个通道分别进行同样的直方图处理。但是这样的处理并不能保证色调不变。因此，大部分时候，RGB 图像会首先通过标准 RGB 到 XYZ 的线性变换转换为亮度和色度，找出其色度坐标，然后只对 Y 进行对比度增强，同时保持色度坐标不变。在增强 Y 后，再通过逆变换将图像转换回 RGB 格式。这样的结果被称为色调不变的对比度增强，如图 11-8 所示。如果不能保持色调不变，对比度增强时，场景中的不同部分会出现粉色或者绿色的斑块。

但是，有些情况下色调保持不变的直方图处理并不适用。一个典型的例子是直方图匹配。直方图匹配可以将一幅图像的观感转移到另一幅图像上，而这只有通过同时改变色调和强度才有可能。考虑两幅图像I_h和I_g，它们的直方图分别为 h 和 g。直方图匹配的目标是使得这两幅图像的直方图变成一样。为此，我们首先计算出它们的累积分布函数 H 和 G。然后，对于I_g中的灰度值x_i，我们将它映射到灰度值x_j以使得$G(x_i)=H(x_j)$。通过这样的映射，h 变成与 g 相同，而且I'_g看起来与I_h相似。如图 11-8 所示，其中一幅日落场景图像的色调被通过直方图匹配迁移到了一幅海洋场景的图像上。

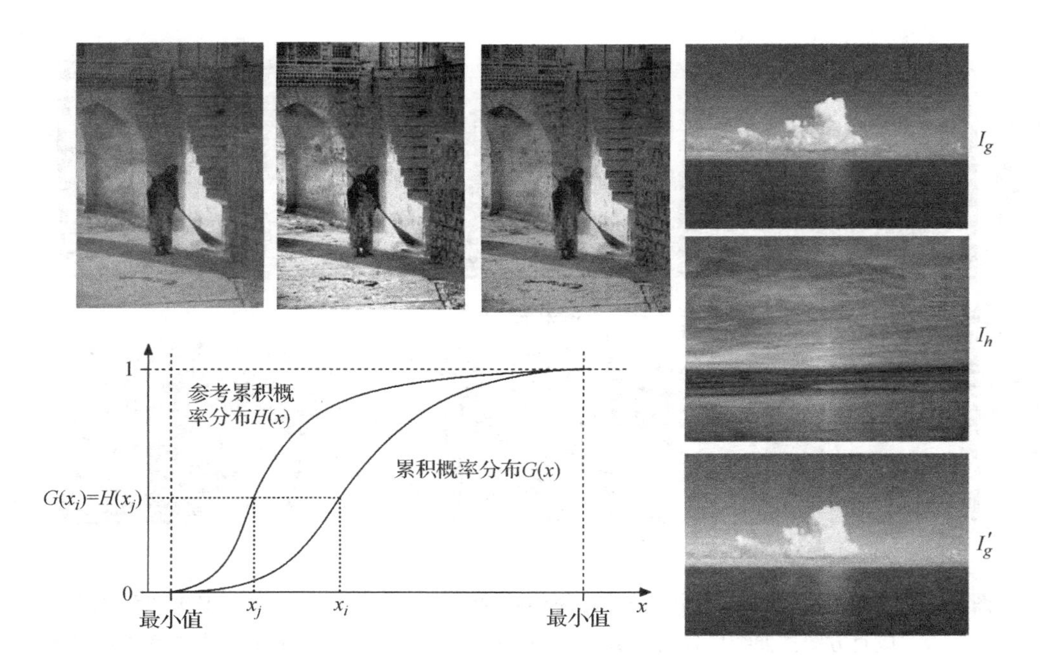

图 11-8　左上方的三幅图像展示了自适应对比度拉伸中处理颜色的两种不同方法。左图：原始图像。中图：对每个通道分别进行自适应直方图拉伸。此时，色调并没有被保持，比如楼梯上方的门的颜色变绿了，而阴影区域的左侧部分和墙的颜色变紫了。此外，注意女士的披肩的颜色也变成了更加饱和的粉色。右图：只对亮度进行自适应直方图拉伸的结果，实现了保持色调不变的对比度增强。然而，这样的结果看起来是否更加真实或是更加舒服，仍然是一个有争议的问题。对于某些情况，更加饱和的粉色和阳光与阴影之间更高的对比度能够使变换后的图像在美学意义上更好。底部的图像展示了直方图匹配的过程。右图中，直方图I_g与I_h的直方图进行了匹配，生成了感觉上像I_h一样的I'_g（见彩插）

11.2　图像融合

融合图像是彩色图像处理的另一个重要应用。本节，我们将讨论实现这一目的的一些方法。图像融合广泛应用于娱乐产业，其中常常需要在捕获的图像或者视频中引入虚拟物体、以前的角色或者艺术效果。

最简单的图像融合技术是使用精灵（Sprite），例如 Photoshop 中的智能剪刀。精灵是指从图像 I 中裁剪出来的部分，可以用 $S \times I$ 表示，其中 S 是称为精灵掩膜的二值图像，该掩膜中用 1 表示包含在精灵中的像素，×表示逐像素乘法。参与合成的每一幅图像都会定义一个精灵。这些精灵经合适的平移和缩放后，按一定的顺序依次重叠放置在不同的层上。图 11-9 展示了一个这样的例子，其中I_1是西雅图市中心的一幅图像，I_2是一幅比尔 · 盖茨的图像。定义两个精灵S_1和S_2，分别从I_1和I_2中裁剪出前景部分以及第三个精灵 S'_1，从 I_1 中裁剪出背景部分。据此定义如下三个层

$$I'_1 = I_1 \times S_1 \tag{11-3}$$

$$I'_2 = I_2 \times S_2 \tag{11-4}$$

$$I'_3 = I_1 \times S'_1 \tag{11-5}$$

通过叠加平移和缩放后的I'_1、I'_2和I'_3可以生成融合图像 I。I'_3提供了作为第一层的背景，即图像 I 中的天空。在该层上叠加比尔·盖茨的图像I'_2，再叠加城市图像I'_1即可得到 I。注意，这里叠加的意思是将I对应精灵中取值为 1 的像素替换掉。然而，这样叠加像素很少能得到想要的效果。比如在图 11-10 中，I_1与精灵S_1相乘后再叠加在I_2上形成了 I。在数学上，该操作可以表达成 $I=I_1S_1+I_2(1-S_1)$。但是，里面的物体看起来并不像是放在棋盘上，而更像是在棋盘上方移动通过。这一问题可以通过图像混合操作来解决。

图 11-9 基于层将两幅图像I_1和I_2使用精灵S_1和S_2进行融合后得到新图像 I

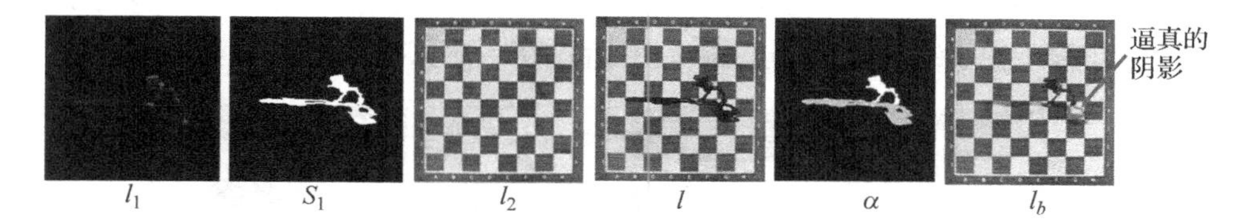

图 11-10 I_1与二值精灵S_1相乘后叠加在I_2上形成 I，在数学上可以表达成 $I=I_1S_1+I_2(1-S_1)$。当S_1被改成阿尔法掩膜 α 时，同样的操作 $I=I_1\alpha+I_2(1-\alpha)$ 可以得到很好的结果，其中物体因为更加逼真的阴影看起来就像是落在了棋盘上一样

11.2.1 图像混合

精灵是二值的，只允许源图像中的像素在融合图像中要么完全保留，要么完全去除。因此，在融合有透明物体，也就是部分背景可以透过前景看到的图像时，精灵并不能得到想要的效果。在融合有皮毛状物体的图像时，由于要生成将前景和背景分离开的精确二值掩膜非常困难，精灵的效果同样不理想。

基于这一点，产生了非二值的更加一般化的精灵掩膜。事实上，作为一种更加一般化的概念，精灵掩膜可以取介于 0 和 1 之间的任意分数值，从而能够用来将图像中的不同部分按照不同的方式减弱。这样的精灵称为阿尔法掩膜（参见图 11-10）。通过与阿尔法掩膜同样的操作 $I=I_1\alpha+I_2(1-\alpha)$，可以得到图像$I_b$，其中物体的阴影的权重取小于 1.0 的值，结果阴影看起来更加真实，而物体看起来就像是放在了棋盘上，而不是在棋盘上方通过。

这一过程称为阿尔法混合。

接下来看看阿尔法掩膜的一些应用。图 11-11 展示了融合存在部分共同水平区域的两幅图像I_1和I_2（图 11-11a 和 b）。第一幅图像I_1中底部的大部分区域是黑色的，而第二幅图像I_2中顶部的大部分区域是黑色的。使用不同的阿尔法掩膜按照方程$I_1\alpha+I_2(1-\alpha)$将这两幅图像进行融合。第一个阿尔法掩膜（图 11-11c）是一个二值掩膜，与精灵掩膜类似，它使用中间位置的一个缝隙，将该缝隙一侧的像素全部赋为I_1，同时另一侧的像素全部赋为I_2，得到的图像（图 11-11d）中沿着中央的分隔线有一条清晰的接缝。第二个阿尔法掩膜（图 11-11e）中，中间接缝下方的非重叠区域中的所有像素被赋为一幅图像，而接缝上方的则赋为另一幅图像，同时重叠区域的所有像素由I_1和I_2按同样的权重 0.5 融合得到。结果图像（图 11-11f）中的接缝变得平滑了，但是仍然可以看到。最后，第三个掩膜（图 11-11g）中，阿尔法的取值由I_1和I_2的重叠区域的两条边界到I_1和I_2的距离决定。为了说明该距离如何影响阿尔法值，我们考虑I_1和I_2的重叠区域中的一个像素。设该像素到重叠区域中I_1和I_2的边界的距离分别为d_1和d_2。注意，随着d_1增大，d_2减小，反之亦然。阿尔法掩膜中赋予该像素的权重为$\alpha=\frac{d_2}{d_1+d_2}$。因此，当$d_1$为 0 时，即该像素靠近$I_1$的边界时，$\alpha=1$，此时所有的贡献均来自$I_1$。$(1-\alpha)$等于 0 意味着$I_2$没有发挥作用。但是，当$d_2=0$，即该像素靠近$I_2$的边界时，$\alpha=0$表明$I_1$没有发挥作用，同时$(1-\alpha)=1$则意味着所有贡献都来自$I_2$。对于介于这两种情况之间的像素，根据它们到$I_1$和$I_2$的边界的相对距离，其$\alpha$介于 0 和 1 之间。注意，利用该阿尔法掩膜得到的图像（图 11-11h）是完全无缝的。使用这样的阿尔法掩膜混合图像可以使得每幅图像在最终图像中的贡献平滑地变化，从而不会产生接缝。

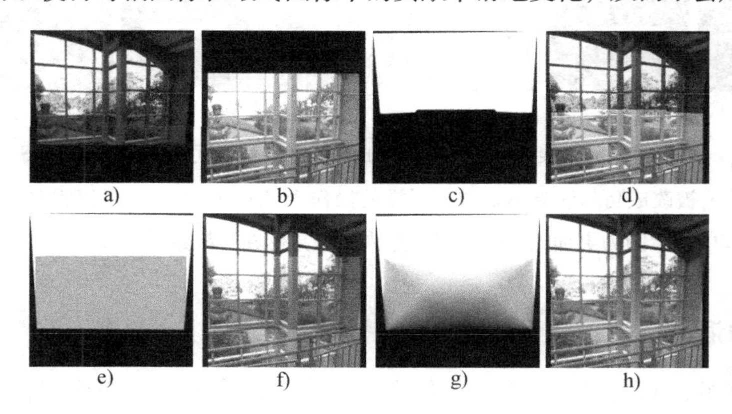

图 11-11　使用 c、e 和 g 中的不同阿尔法掩膜混合 a 和 b 中的两幅图像，相应的结果图像分别显示在 d、f 和 h 中

阿尔法混合过程还可以用于融合彼此相邻摆放的两幅图像。这一过程被广泛应用于诸如全景图像生成和图像合成之类的应用中。图 11-12 给出了一个这样的例子。其目的是组合I_1和I_2，生成一幅左右部分看起来分别像I_1和I_2，且中间无缝过渡的图像。为此，我们采用函数为$I=I_1\alpha+I_2(1-\alpha)$的阿尔法混合，其中$\alpha$为掩膜。考虑一个阶跃函数，其左半部分为黑色（0）、右半部分为白色（1）。假设$I_1\alpha$和$I_2(1-\alpha)$的结果图像分别为I_l和I_r。图像

I_l+I_r的中央部分并没有平滑地从I_1过渡到I_2，这是因为混合是通过阶跃函数实现的。实现平滑过渡的更好方法是在图像的中央选择宽为 w 的区域，并使阿尔法掩膜在这 w 个像素上从 0 平滑变化到 1，就像I'_l和I'_r那样。这一过程称为羽化（Feathering），能够实现平滑得多的混合。

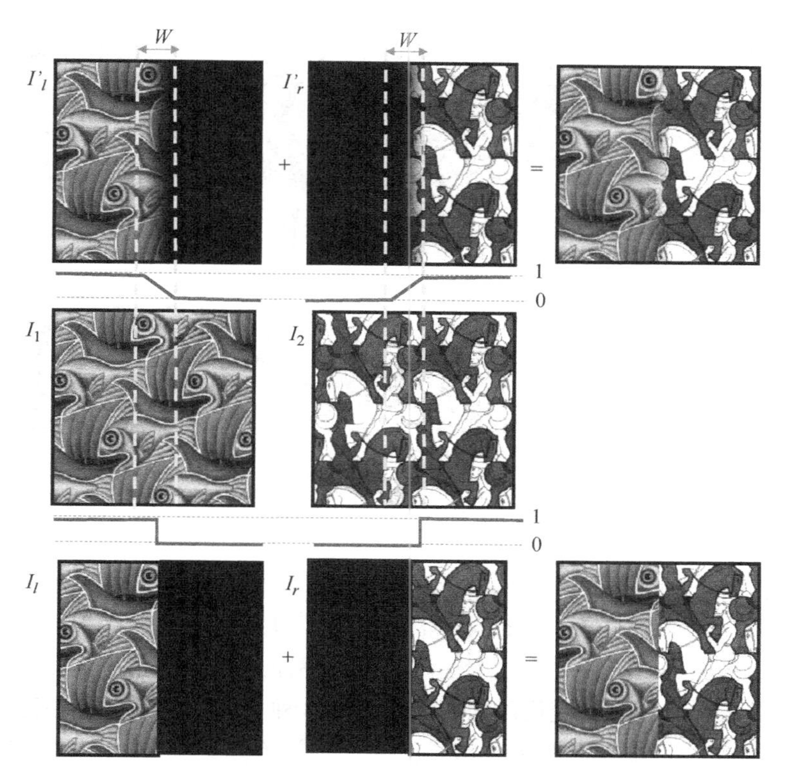

图 11-12 用于混合两幅图像的混合或羽化技术。其目标是混合I_1和I_2形成一幅新图像，新图像的左右两部分看起来分别像I_1和I_2，而且两者之间的过渡区域没有接缝。图像下方显示了阶跃状的混合函数（用来计算阿尔法掩膜），其函数值从 1 减小到 0，变化位置恰好在中间部分，形成的图像为I_l。与它互补的混合函数为（$1-\alpha$），函数值从 0 增大到 1，而且变化位置也恰好在中间部分，生成的图像为 I_r。将I_r和I_l相加得到右下角的混合图像。阶跃函数形成了非常明显的接缝。顶行的图像展示了混合函数在中央宽度为 w 的区域平滑地在 0 和 1 之间过渡的情况，此时生成的混合图像上的接缝已经不再明显，如右上角图像所示

将这样的混合操作应用于彩色图像的最好方法或许是对每个通道分别使用同样的混合函数。因为重叠区域中来自两幅图像的同样位置的像素往往并不具有完全一样的亮度和色度，所以对亮度和色度进行操作并没有太大意义。

羽化效果与两个参数有关：混合宽度和混合函数，如图 11-13 所示。过大的混合宽度会形成鬼影效果，而过小的混合宽度会产生明显的接缝。最优的混合宽度取决于混合区域中特征的大小。事实上，在傅里叶频域中阐述这一问题，可以发现如果特征的大小占一个

倍频程（应该是介于2^i和2^{i+1}个像素），大小为2^{i+1}的最优混合宽度将不会产生任何鬼影效果，但是会在两幅图像间形成一个光滑的接缝。截至目前，我们只讨论了线性减小或线性增大的混合函数，然而这样的函数梯度是不连续的，在从平滑区域向线性区域过渡时会产生称为马赫带（Mach Band）的可见噪声。

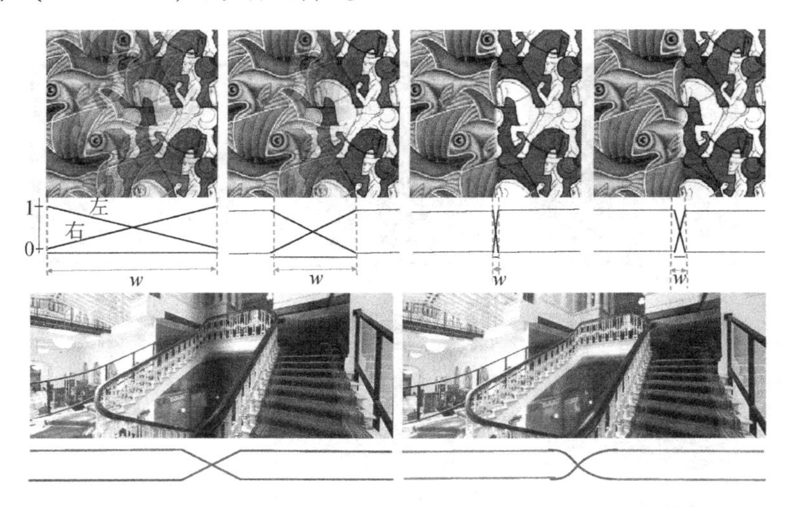

图 11-13　混合宽度（顶行）和混合函数（底行）对羽化效果的影响

如图 11-14 所示，马赫带是由人眼的侧抑制现象引起的，即人眼对于梯度不连续性的感知比一端的实际值高，比另一端的实际值低。图 11-14a 展示了一幅由不同灰度等级构成的阶梯函数形成的图像。然而，在边缘位置，人眼感知到的并不是明显的阶跃，而是在到达下一个灰度等级前先变高再变低的渐变灰度值。这种现象其实只是一种称为马赫带的错觉。在图 11-14b 中，去除一个灰度等级带之后，就没有这种错觉了。该现象可以用人类

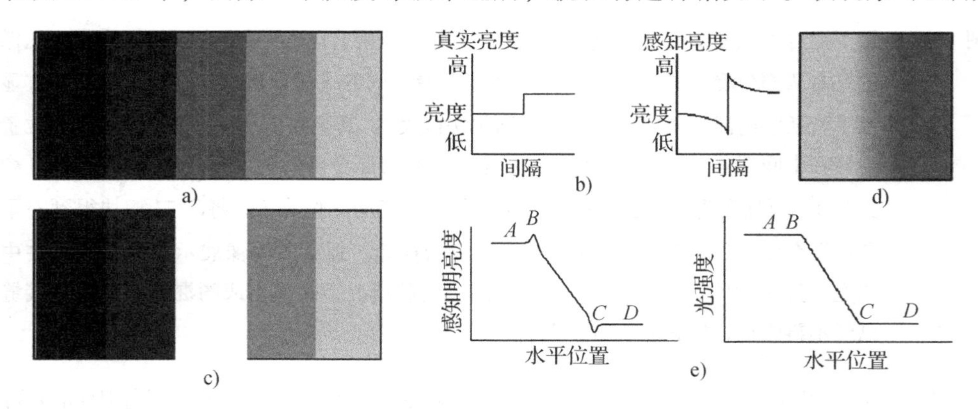

图 11-14　马赫带效应：注意靠近两条灰度带之间的边界处的灰度值比距离边界较远的位置处的看起来更暗或更亮，结果看起来就像一个“帘子”。然而，灰度带的真实值由阶梯函数定义，如 b 中左图所示，从一个灰度等级变化到另一个。“帘子”错觉是由人眼的侧抑制现象引起的，它形成了我们对梯度不连续性的感知，如 b 中右图所示。而当我们去除 a 中的一个带，得到如图 c 的图像，结果并没有出现“帘子”现象。即便是像 d 中那样较小的梯度不连续，同样也能观察到马赫效应，它对人类认知的影响见 e

对梯度不连续性认知的扭曲来解释。在图像混合中，在线性斜坡的梯度不连续处也会出现同样的问题，如图 11-14d 所示。图 11-14e 展示了人类认知的扭曲性。更有助于图像混合的函数是梯度像余弦函数或者样条函数那样连续的函数，如图 11-13 所示。因为这样的函数不存在梯度不连续，所以不会导致马赫带。

有趣的事实

世界上最大的非数字化照片是通过将较小的照片拼接起来得到的。世界上最大的单张非数字化照片拍摄的是位于加利福尼亚州奥兰治县的埃尔托罗海军陆战队空军基地的塔台和跑道。这幅照片高 32 英尺、宽 11 英尺。它是在一架退役的喷气式飞机上拍摄的。为此，这架飞机被改造成了一个巨大的针孔相机。使用的胶卷是覆盖了 20 加仑[⊖]感光乳剂的一块 32 英尺×111 英尺大小的白色棉布，整个曝光过程持续了 35 分钟。为了冲洗这幅照片，使用了连接在两个消防栓上的消防水带。

世界上最长的照相底片有 129 英尺，是由 Esteban Pastorino Diaz 在 2015 年 3 月制作出来的。这张底片的内容是阿根廷布宜诺斯艾利斯主大街的全景，拍摄的时候使用了固定在一辆行驶中的汽车顶部的一架裂隙照相机（这种相机拍摄时从左向右移动，每次拍摄宽为 1 个像素的列）。

综合考虑对混合函数的特征大小和平滑度的约束，混合图像的理想方法是对图像进行多分辨率混合。可以使用拉普拉斯金字塔对图像进行这样的多分辨率分解，金字塔中的每一层提供了一种不同的分辨率，而组合所有层可以恢复原图像。考虑两幅图像I_1和I_2，两者的大小均为$2^N\times2^N$，我们希望混合这两幅图像生成新图像 I。记这两幅图像的拉普拉斯金字塔分别为L_1和L_2——每个有 $\ln(N)$ 层，其中每一层分别记为L_1^k和L_2^k，k 表示金字塔中层的索引，$0\leqslant k\leqslant\ln(N)$。为了实现平滑混合，每层 k 需要使用宽度为w_k的不同混合函数b_k。最常见的b_k是样条函数，它是一个平滑的函数，分辨率（即变大或变小的速度）可调，从而产生不同的w_k。回想一下，拉普拉斯金字塔中每一层上的图像的大小是不同的，第 k 层上的图像大小为 $2(N-k)$。每层上的混合图像形成一个新的拉普拉斯金字塔 L。L 中的图像组合后形成混合图像 I。读者可以参考 Burt 和 Adelson 的著作［Burt and Adelson 83］了解有关这方面的更多知识。图 11-15 给出了一个通过拉普拉斯金字塔实现图像混合的示例。

混合是全景图像生成应用中的常用技术，如图 11-16 所示。此处的目标是利用消费级相机拍摄多个窄视场的图像，再利用这些图像生成一张宽视场的全景图。为此，需要拍摄多张连续的图像，且相邻图像之间有足够的重叠区域。因为相邻的两幅图像间相机发生了运动，所以第一步是将相邻图像进行几何对齐。这可以通过对图像进行几何变换（例如缩放、平移或旋转）实现，使得重叠区域在空间上能够完全重合。下一章我们将介绍更多有关几何变换的知识。相邻图像的重叠区域被混合以实现两者之间的无缝过渡。将拍摄的所有窄视场图像按上述方法混合后即可得到一幅全景图，或者说一张具备宽得多的视场的图像。

⊖ 1 加仑≈3.785 4 升。——编辑注

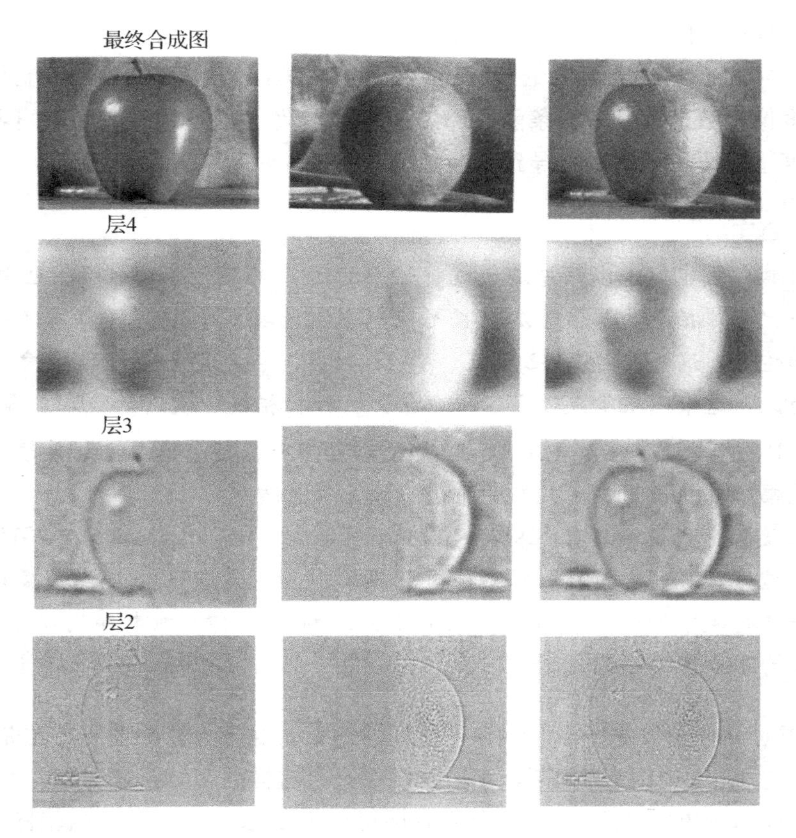

图 11-15 该图展示了通过拉普拉斯金字塔混合两幅图像的效果。左侧两列为使用不同的样条函数混合得到的拉普拉斯金字塔的不同层，能够实现较低分辨率层上混合区域较宽而较高分辨率层上混合区域较窄的效果。这些图像经组合后生成右侧的图像。最右侧一列为生成图像的拉普拉斯金字塔的不同层。组合所有层得到的苹果-橘子图像如右上角图像所示

图 11-16 某个地方的多张连续图像（上行），且相邻图像之间有足够的重叠区域（用相近颜色的矩形框表示）。这些图像经过几何对齐（下行左侧）后将重叠区域彼此完全重合放置。最后，相邻图像的区域通过混合函数进行混合，所有图像混合后的结果经过裁剪后形成一个矩形的全景图（下行右侧）（见彩插）

11.2.2 图像割

混合并不总是实现两幅图像间平滑过渡的最佳方法，特别是在图像的重叠区域中有运动物体时。这种情况下，混合操作会将同一个场景在不同时间拍摄的图像进行混合，产生鬼影噪声，与我们看到的运动模糊非常相似。针对这种情况，我们采用割操作，而非混合操作。割操作是混合操作的互补操作。混合操作中，结果图像中的一个像素可能由多个源图像决定。但是，在图像割中，结果图像中的每个像素均来自唯一一个源图像。因此，当拼接两幅相邻图像时，比如图11-17中的情况，随着拼接从左向右进行，对结果图像中像素产生贡献的也由蓝色图像逐步转换为红色图像。如果这种转换发生的位置刚好满足其左侧来自蓝色图像的像素颜色与其右侧来自红色图像的像素颜色类似，那么得到的组合图像就会是无缝的。这一问题被建模成最小误差边界切割问题。其目标是找到穿过重叠区域的一条切割线，使得切割线上的点的邻域像素点在跨越切割线时的能量转移最小。读者可以参阅 Efros 和 Freeman 的著作［Efros and Freeman 01］了解更多相关细节。

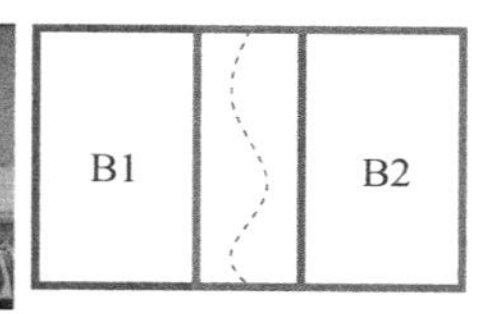

图 11-17 左侧为相互间有很大重叠区域的两幅图像（分别用红色和蓝色矩形表示），它们通过混合的方式进行组合。这两幅图像拍摄过程中，场景中的人和车都发生了移动，结果这些运动物体产生了严重的鬼影。同样的两幅图像通过图像割操作进行组合，可以得到如右侧图像所示的没有噪声的融合结果（见彩插）

11.3 光度立体视觉

本章我们将讨论的最后一个光度处理应用是根据图像中的光照变化计算物体的形状。光照是物体的光度属性的形成原因之一。光度立体视觉是一种不同的光度处理方法，它运用我们在本书前几章学习过的几何处理知识。我们考虑一种简单的光照模型，一个点光源从方向 $\boldsymbol{L}$ 照射物体上法向量为 $\boldsymbol{N}$ 的一个点 P。当 $\boldsymbol{L}$ 和 $\boldsymbol{N}$ 方向一致时，也就是光源刚好在点 P 的正上方时，物体单位面积上照射到的入射光线更多。随着 $\boldsymbol{L}$ 和 $\boldsymbol{N}$ 之间的夹角增大，入射光线减少。可以发现单位面积上入射光线的减少量与 $\cos\theta$ 成正比，其中 θ 是 $\boldsymbol{N}$ 和 $\boldsymbol{L}$ 之间的夹角。因此，P 处的光照由 $\boldsymbol{N}\cdot\boldsymbol{L}$ 决定。为了计算由 P 点反射出来的光照量，我们假设物体是朗伯体，也就是物体朝各个方向反射的光照量相同。记光线的反射率为 ρ，则反射出来的光照量为 $\rho\cdot\boldsymbol{N}\cdot\boldsymbol{L}$。

接下来我们介绍光度立体视觉。为此，让我们考虑利用相机拍摄一个朗伯体的例子。物体和相机的位置都保持不变，物体被其周围不同位置处的 n 个光源照射。记这些光源方向为 $\boldsymbol{L}_1$，$\boldsymbol{L}_2$，…，$\boldsymbol{L}_n$，其中 $\boldsymbol{L}_i$ 为向量（L_i^x，L_i^y，L_i^z）。假定光源强度是统一的。利用位置 P 处的一架相机拍摄物体法向量为 $\boldsymbol{N}=(n^x, n^y, n^z)$、反射率为 ρ 的一个点（p，q）。假设仅用光源$\boldsymbol{L}_i$照射物体表面时，（p，q）处相机拍摄到的反射光照为$R_i(p, q)$。此时，每个像素（p，q）处有

$$R_i = \rho \boldsymbol{N} \cdot \boldsymbol{L}_i \tag{11-6}$$

将该式展开，我们可以得到每个光源$\boldsymbol{L}_i$下每个像素（p，q）处有如下方程成立：

$$R_i - \rho(L_i^x \quad L_i^y \quad L_i^z)\begin{bmatrix} N_x \\ N_y \\ N_z \end{bmatrix} = 0 \tag{11-7}$$

考虑全部 n 个光源，我们有

$$\begin{bmatrix} R_1 \\ R_2 \\ \vdots \\ R_n \end{bmatrix} - \rho \begin{bmatrix} L_1^x & L_1^y & L_1^z \\ L_2^x & L_2^y & L_2^z \\ \vdots & \vdots & \vdots \\ L_n^x & L_n^y & L_n^z \end{bmatrix} \begin{bmatrix} N_x \\ N_y \\ N_z \end{bmatrix} = 0 \tag{11-8}$$

重新组织该式中的不同项，我们可以得到

$$\begin{bmatrix} L_1^x & L_1^y & L_1^z \\ L_2^x & L_2^y & L_2^z \\ \vdots & \vdots & \vdots \\ L_n^x & L_n^y & L_n^z \end{bmatrix}^{-1} \begin{bmatrix} R_1 \\ R_2 \\ \vdots \\ R_n \end{bmatrix} = \rho \begin{bmatrix} N_x \\ N_y \\ N_z \end{bmatrix} \tag{11-9}$$

或者

$$\boldsymbol{L}^{-1}\boldsymbol{R} = \rho \boldsymbol{N} \tag{11-10}$$

其中，$\boldsymbol{L}^{-1}$是非方阵$\boldsymbol{L}$的伪逆矩阵。注意，每个像素（p，q）处的光源方向和强度都是已知的。方程（11-10）中左侧的项也都是已知的。据此，我们计算方程右侧项，得到的向量为物体上该点处的法向量按ρ缩放后的结果。该向量的模为（p，q）处的反射率ρ，相应的单位向量即为法向量$\boldsymbol{N}$。如图 11-18 所示。

上述过程可以计算出任一像素（p，q）处的表面法向量和反射率，但是不包括该像素处的深度。因此，我们下一步需要做的便是找出物体表面相对于相机的深度。考虑如图 11-19中所示的相机坐标系和物体表面。假设点（p，q）、（p，$q+1$）和（$p+1$，q）处的深度值分别为$z_{p,q}$、$z_{p,q+1}$和$z_{p+1,q}$。注意根据光度立体视觉恢复出来的法向量$\boldsymbol{N}=(N_x$，N_y，$N_z)$的切平面可以用向量$\boldsymbol{V}_1$和$\boldsymbol{V}_2$近似表示，假设表面法向量的变化是平滑的，那么有

$$\boldsymbol{V}_1 = (p+1, q, z_{p+1,q}) - (p, q, z_{p,q}) = (1, 0, z_{p+1,q} - z_{p,q}) \tag{11-11}$$

$$\boldsymbol{V}_2 = (p, q+1, z_{p,q+1}) - (p, q, z_{p,q}) = (0, 1, z_{p,q+1} - z_{p,q}) \tag{11-12}$$

因为$\boldsymbol{V}_1$和$\boldsymbol{V}_2$都与$\boldsymbol{N}$垂直，所以我们可以找出两个约束条件。其中第一个约束条件是

$$0 = \boldsymbol{N} \cdot \boldsymbol{V}_1 \tag{11-13}$$

$$= (N_x, N_y, N_z) \cdot (1, 0, z_{p+1,q} - z_{p,q}) \tag{11-14}$$

$$= N_x + N_z(z_{p+1,q} - z_{p,q}) \tag{11-15}$$

类似地,第二个约束条件为

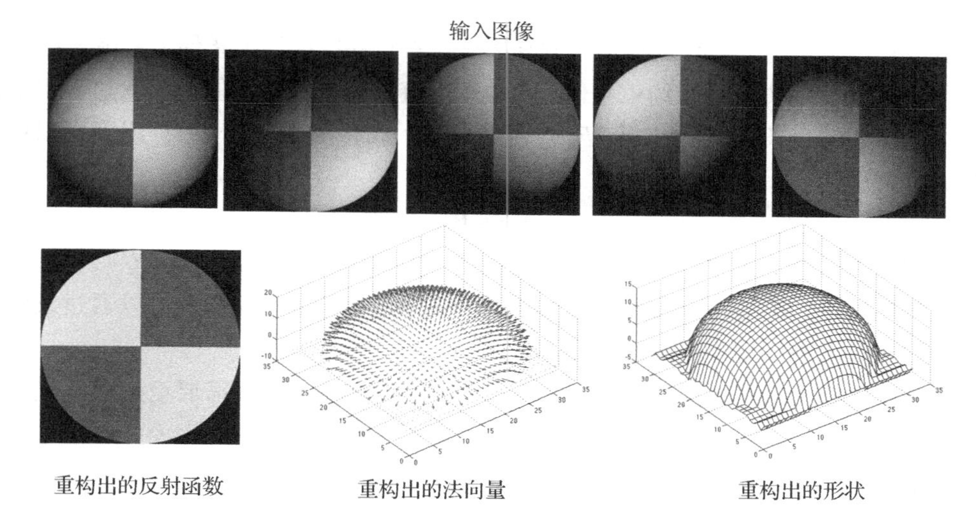

图 11-18 在朗伯体假设下，根据光照重构物体形状的例子。上行为只改变光源位置拍摄到的五幅输入图像。下行为重构出来的反射函数（左图）、法向量（中图）和形状（右图）

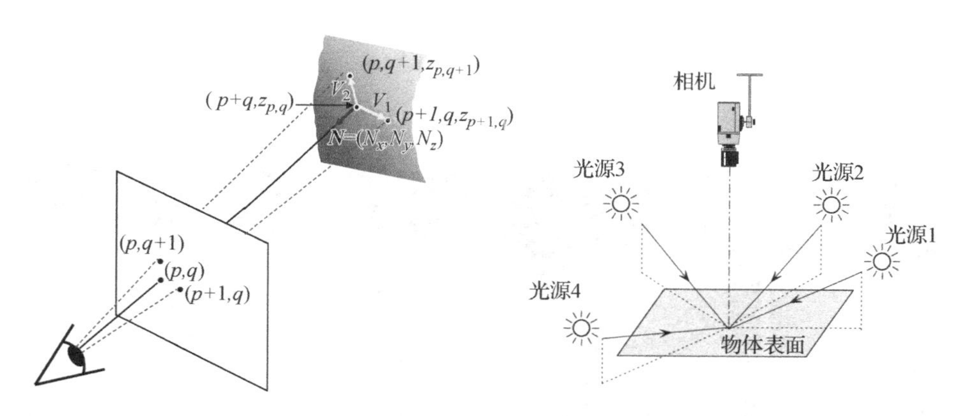

图 11-19 左图：点（p，q）、（p，$q+1$）和（$p+1$，q）处的深度分别为$z_{p,q}$、$z_{p,q+1}$和$z_{p+1,q}$。利用光度立体视觉恢复出来的法向量为$\boldsymbol{N}=(N_x, N_y, N_z)$。右图：光度立体视觉中光源和相机的一种设置，其中包括三个或三个以上不共面的光源和远离物体表面的相机

$$0=\boldsymbol{N}\cdot\boldsymbol{V}_2 \tag{11-16}$$

$$=(N_x,N_y,N_z)\cdot(0,1,z_{p,q+1}-z_{p,q}) \tag{11-17}$$

$$=N_y+N_z(z_{p,q+1}-z_{p,q}) \tag{11-18}$$

这两个约束条件可以合并成

$$\frac{N_x}{N_z}=z_{p,q}-z_{p+1,q} \tag{11-19}$$

$$\frac{N_y}{N_z}=z_{p,q}-z_{p,q+1} \tag{11-20}$$

其中仅有深度值是已知的。

根据上述推导，每个像素点都会影响其邻域像素点深度的约束条件。考虑大小为 $P \times Q$ 的相机图像，假设一共有 C 个约束条件。C 的理论值应该是 $2PQ$，但是因为边界上的点只能有一个这样的约束条件，所以 $C<2PQ$。尽管如此，C 依然远大于 PQ，因而可以构建如下的过约束方程组：

$$\boldsymbol{MZ}=\boldsymbol{B} \tag{11-21}$$

其中，$\boldsymbol{M}$ 是一个大小为 $C \times PQ$、元素值是 1 或者 -1 的矩阵，$\boldsymbol{Z}$ 是大小为 $PQ \times 1$，包含了未知深度值的列向量，$\boldsymbol{B}$ 是同样大小的，包含了已知标量值的列向量。$\boldsymbol{Z}$ 可以通过线性回归或者奇异值分解求解。重构出来的深度值如图 11-18 所示。

上述方程还有几点需要注意。我们需要求解三个未知数，因而需要至少三种光照（即 $n=3$）以重构物体的形状。但是，当光源方向共面时，$\boldsymbol{L}$ 是秩亏的，因而并不能求解出所需的未知数。因此，我们需要至少三种不共面的光源方向。我们还需要的其他假设包括，在世界坐标系中，相机的成像平面与 XY 平面平行，相机和光源远离物体。如图 11-19 所示，当相机或者光源与物体非常近时，光度立体视觉可以得到精确的表面法向量，但是重构出来的深度值并不精确。注意，不同于我们在第 8 章学习的大部分立体视觉方法，光度立体视觉中我们并不需要确定图像间的对应关系，这是因为相机的位置是保持不变的。光度立体视觉中，在处理图像之前，我们需要首先去除相机平移的影响。在计算出表面法向量和反射率后，物体可以使用之前并不存在的光线方向进行照射得到相应的图像，如图 11-20所示。

图 11-20　自左向右依次为：一幅输入图像；重构得到的法向量用 RGB 值编码显示的结果；表面的反照率；重构出来的深度值，深度值越小，显示出来的灰度值越大；同样的物体用不同的虚拟光照照射的结果（见彩插）

11.3.1　阴影处理

光度立体视觉的一个局限源自于阴影。当某个像素点（p，q）在图像 i 的阴影中时，它的重要性应该被降低。为了使这样的置信度能够影响到记录的光照的精度，我们可以对方程（11-8）用记录的像素灰度值进行加权。如此，阴影中的像素点因为强度偏低，所以权重也较小。据此，我们可以得到

$$\begin{bmatrix} I_1 \\ I_2 \\ \vdots \\ I_n \end{bmatrix} - \rho \begin{bmatrix} I_1L_1^x & I_1L_1^y & I_1L_1^z \\ I_2L_2^x & I_2L_2^y & I_2L_2^z \\ \vdots & \vdots & \vdots \\ I_nL_n^x & I_nL_n^y & I_nL_n^z \end{bmatrix} \begin{bmatrix} N_x \\ N_y \\ N_z \end{bmatrix} = 0 \tag{11-22}$$

该方程可以用与之前类似的方法求解，但是得到的法向量更精确。

11.3.2 光照方向计算

光度立体视觉除了计算表面几何信息，还可以计算光源方向。为此，一种方法是在场景中放置一个半径为 r 的铬合金球。该球在不同图像中会在不同位置产生高光，据此即可以计算光源方向。图 11-21 展示了使用同样的光源照射场景中的铬合金球的例子。

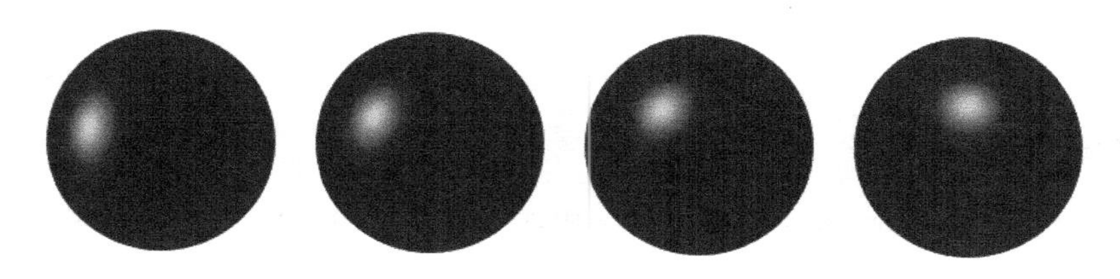

图 11-21 该图展示了用四种不同方向的光源照射场景中的铬合金球时的高光效果

假设检测到的高光的中心位置在（h_p，h_q），而球心在（c_p，c_q）（该球在所有相机拍摄到的图像中位于同样的位置）。设球心的深度值为 0，高光的中心位置的深度值为h_z。据此，我们可以如下计算h_z：

$$h_z = \sqrt{r^2 - (h_p - c_p)^2 - (h_q - c_q)^2} \tag{11-23}$$

进而可以得到高光和球心的三维位置分别为（h_p，h_q，h_z）和（c_x，c_y，0）。

根据以上结果，我们还可以计算球在高光处的法向量 $\boldsymbol{N}$。记视角方向为 $\boldsymbol{V}=(0,0,1)$。入射光$\boldsymbol{L}_i$相对于 $\boldsymbol{N}$ 发生反射，反射后刚好沿着视角方向会形成高光。因此，相对于 $\boldsymbol{V}$ 将 $\boldsymbol{L}$ 进行反射即可得到光源方向。如图 11-22 所示。注意，$\boldsymbol{N}$ 由同样维度的 $\boldsymbol{V}$ 与 $\boldsymbol{L}$ 的和决定。它们沿着 $\boldsymbol{N}$ 的投影为 $\boldsymbol{N}.\boldsymbol{V}$。据此，$\boldsymbol{L}_i$可以由如下的向量和得到：

$$\boldsymbol{L}_i + \boldsymbol{V} = 2(\boldsymbol{N}.\boldsymbol{V})\boldsymbol{N} \tag{11-24}$$

我们可以根据该方程轻易地计算出每一幅图像的光源方向。

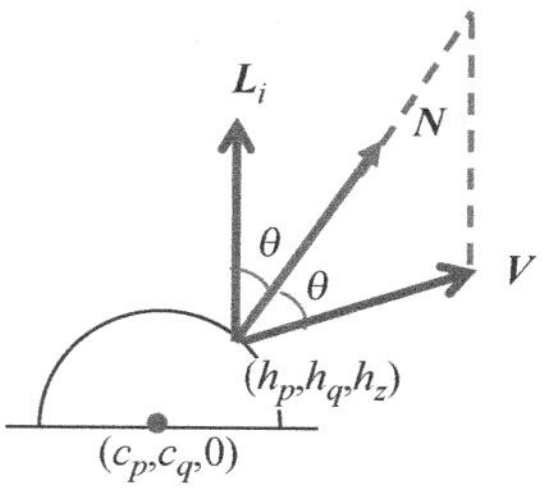

图 11-22 根据场景中放置铬合金球上的高的光估计光源方向

11.3.3 色彩处理

在光度立体视觉中有两种处理色彩的方法。第一种是为每一个通道构造一个方程，得到如下三个方程。

$$L^{-1}I_R=\rho_R N \tag{11-25}$$

$$L^{-1}I_G=\rho_G N \tag{11-26}$$

$$L^{-1}I_B=\rho_B N \tag{11-27}$$

这种情况下，首先可以通过一个通道计算出 N，之后将其代入上述方程组即可得到ρ_R、ρ_G和ρ_B。另一种方法是组合三个通道，并假设反射率 ρ 独立于通道，且 $I=\sqrt{I_R+I_G+I_B}$。图 11-23展示了采用后一种方法处理带阴影的输入图像的一个例子。

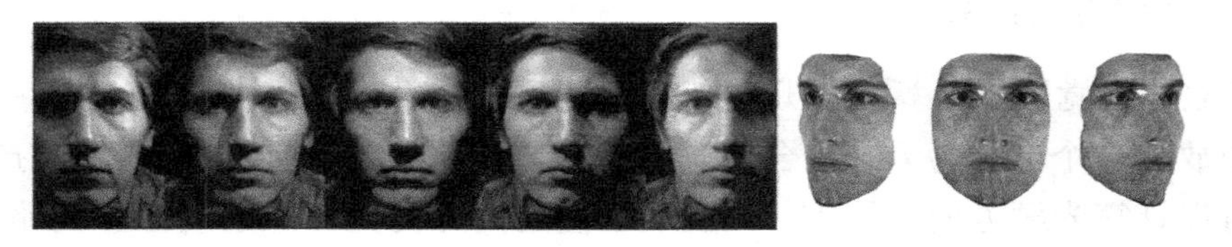

图 11-23　在有阴影的彩色图像上应用光度立体视觉的结果。左侧为输入图像，右侧为以不同视角显示的重构出来的人脸几何形状（见彩插）

11.4　本章小结

本章我们学习了很多技术，可以处理一幅或者多幅彩色图像，可以将多幅彩色图像组合成一幅新图像，或者根据多幅图像得到关于场景的新信息。这里，我们再给出有关这些技术的更高等内容的参考信息。有关对比度增强的更多信息可以参考［Majumder and Irani 07］。在图像混合时无须生成拉普拉斯的所有层，［Brown and Lowe 03］给出了一种能够得到类似结果但是效率更高的双波段共混的方法。图像混合假设输入图像的颜色是类似的。因此，当图像中的物体颜色差异非常大时，图像混合并不能得到好的效果——比如由不同颜色的水组成的海洋。这种情况下，可以通过混合图像的梯度而非灰度值来得到更好的融合结果。要了解有关梯度域混合的更多知识可以参考［Perez et al. 03］。要了解有关纹理合成中的图像割的更多知识，可以参考［Kwatra et al. 03］中使用图像割的部分。要了解更多有关人类认知现象和马赫带的知识，可以参阅［Goldstein 10］。光度立体视觉的两大局限是对已知光照条件和朗伯体的假设。［Basri et al. 07］给出了一种光照条件未知的光度立体视觉方法。［Wu et al. 11］给出了一种即便在有镜面反射情况下也能实现表面重建的光度立体视觉方法。

本章要点

直方图
直方图拉伸或均衡
直方图匹配
对比度增强
图像融合
图像混合
图像割
马赫带
全景图像生成
根据光照恢复形状
光度立体视觉
反射率和法向量重建

参考文献

[Basri et al. 07] Ronen Basri, David Jacobs, and Ira Kemelmacher. "Photometric Stereo with General, Unknown Lighting." *International Journal of Computer Vision* 72 (2007), 239–257.

[Brown and Lowe 03] M. Brown and D. G. Lowe. "Recognising Panoramas." In *Proceedings of the Ninth IEEE International Conference on Computer Vision - Volume 2*, 2003.

[Burt and Adelson 83] Peter J. Burt and Edward H. Adelson. "A Multiresolution Spline with Application to Image Mosaics." *ACM Trans. Graph.* 2:4.

[Efros and Freeman 01] Alexei A. Efros and William T. Freeman. "Image Quilting for Texture Synthesis and Transfer." In *Proceedings of the 28th Annual Conference on Computer Graphics and Interactive Techniques, SIGGRAPH '01*, 2001.

[Goldstein 10] Bruce E. Goldstein. *Sensation and Perception.* Thomas Wadsworth, 2010.

[Kwatra et al. 03] Vivek Kwatra, Arno Schdl, Irfan Essa, Greg Turk, and Aaron Bobick. "Graphcut Textures: Image and Video Synthesis Using Graph Cuts." *ACM Transactions on Graphics, SIGGRAPH 2003* 22:3 (2003), 277–286.

[Majumder and Irani 07] Aditi Majumder and Sandy Irani. "Perception-based Contrast Enhancement of Images." *ACM Trans. Appl. Percept.* 4:3.

[Pérez et al. 03] Patrick Pérez, Michel Gangnet, and Andrew Blake. "Poisson Image Editing." *ACM Trans. Graph.* 22:3 (2003), 313–318.

[Wu et al. 11] Lun Wu, Arvind Ganesh, Boxin Shi, Yasuyuki Matsushita, Yongtian Wang, and Yi Ma. "Robust Photometric Stereo via Low-rank Matrix Completion and Recovery." pp. 703–717.

习题

1. 一幅图像的直方图为线性的 $p(r)=r$。我们需要对这幅图像进行变换以使得它的直方图变成平方的，即 $p(z)=z^2$。假设图像是连续的，试找出实现这一变换所需的方程。
2. 两个投影仪部分重叠，形成如图（见彩插）所示的明亮的重叠区域。
   (a) 我们希望通过混合操作降低重叠区域的亮度。相应的混合操作的宽度应该是多少？
   (b) 假定使用线性的混合函数，请画出投影仪 1（用蓝色）和投影仪 2（用红色）的混合函数。
   (c) 混合函数的梯度是连续的吗？证明你的答案。
   (d) 线性混合函数会引起什么样的噪声？为了降低这些噪声，混合函数需要满足什么性质？给出一到两个能够降低这些噪声的混合函数的名称。

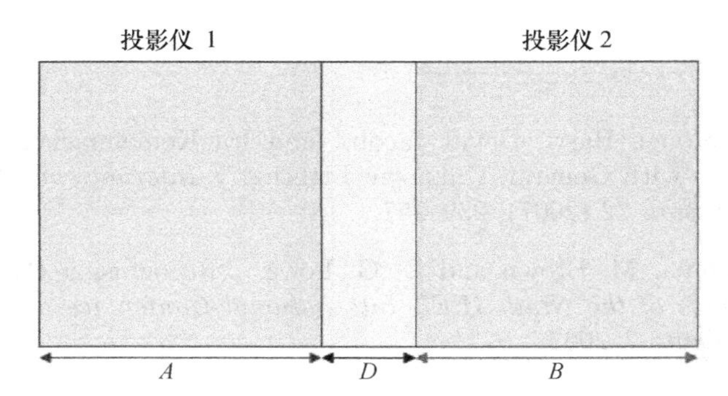

3. 考虑含有 16 个像素的一维图像 $I=\{4, 2, 3, 6, 2, 3, 4, 5, 2, 3, 4, 5, 5, 1, 5\}$。假定在该图像的两端重复使用其最后一个元素进行填充。
   (a) 给出它的直方图。
   (b) 给出使用滤波器［1/31/31/3］对该图像进行低通滤波的输出结果。
   (c) 给出使用滤波器［-101］对该图像进行高通滤波的输出结果。
   (d) 给出使用 1×3 的中值滤波器对该图像进行滤波的输出结果。
4. 考虑一个 10×10 大小的棋盘格图像，其中的格子为白色和灰色（灰度值等于 128），而不是白色和黑色。每个格子的大小为 10×10 像素。画出这幅图像的直方图。能给出具有这样的直方图的其他图像吗？证明你的答案。
5. 考虑具有如图 a 和 c 所示的直方图的两幅图像。两者谁的对比度更低？如果对 a 进行全局直方图拉伸，最有可能得到这些直方图中的哪一个？如果对 a 进行累积求和，最有可能得到的直方图又是哪一个？全局直方图拉伸可能会导致什么样的噪声？产生这些噪声的原因是什么？可以使用什么方法减少这样的噪声？

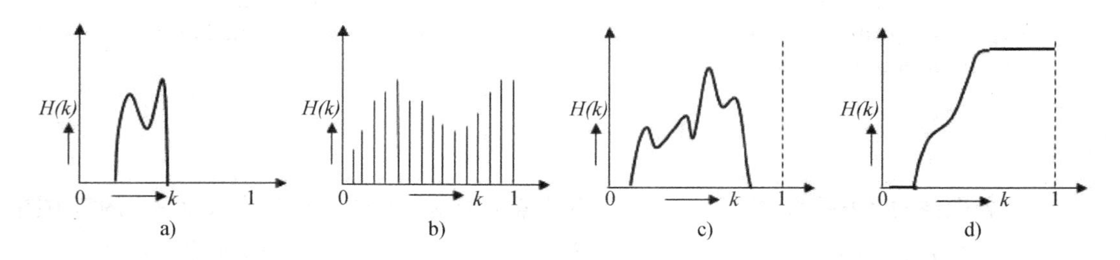

6. 考虑两幅平坦的正方形图像，大小均为 1000×1000，但灰度值分别为 200 和 100。
   (a) 假设混合宽度为 10 像素，混合后的图像的大小为多少？
   (b) 考虑引起马赫带的线性混合。解决这一问题的一种方法是使用余弦混合。使用大小为 300 像素的混合区域可以缓解这一问题吗？证明你的答案。
   (c) 当使用这一更宽的混合区域时，结果图像的大小是多少？
   (d) 300 像素宽的线性混合函数与 10 像素宽的余弦混合函数，哪一个能得到更好的混合结果？证明你的答案。
   (e) 除了混合质量，还有其他什么原因会让你选取较小的混合宽度吗？

7. 对具有相似色温的图像，图像混合与图像割都能得到很好的效果。当这一前提条件并不成立时，为了保证更好的混合质量，在融合图像之前应该对图像进行什么样的操作呢？
8. 处理光度立体视觉中的阴影的一种方法是使用加权光线向量。如果不进行这样的处理，重构出来的深度值的精度会受到什么影响？试论证你的答案。

视觉内容合成

多样化域

截至目前，我们已经探讨了有关从设备或系统获取输入图像开始直到根据图像逆向工程出场景的属性的很多概念。例如，谱分析技术可以帮助我们根据相机拍摄的图像分析表面上任一点的颜色信息；特征检测技术可以帮助我们检测图像中的线和角点，而这些线和角点又可以用于后续的目标检测或图像分割；对极几何可以帮助我们确定立体视觉图像对之间的对应关系，并据此计算出物体的三维几何信息。因此，这些技术可以理解为图像或场景分析技术。

本书的这一部分，我们将探讨与以上过程相反的一个问题，也就是如何生成一幅与采用设备（如相机）拍摄到的三维场景相似的数字图像。这一过程被称为图像或场景合成，它的输入包括（a）由采用精确的数字形式表示的物体、光源、材料和纹理构成的场景（Scene），以及（b）指明了对场景进行观察的相关约束条件的视角设置（View Set Up），输出为一幅与设备（如相机、光度计）拍摄的或者人眼看到的相似的二维图像。合成过程可以进一步分解为三个步骤：建模、处理和渲染。建模涉及物体的计算机表示和相关过程。处理涉及为了产生特定的输出或实现特定的目标而对模型进行的计算。渲染则是为了绘制出图像供人类观察模型或过程的表观。

12.1 建模

建模过程是为了实现物体或现象的数字化表示，以便可以由计算机进行解读和处理。例如，建模一个物体可以有多种方法——一组稠密的点或者很多平面三角形，其中每个三角形近似表达物体上很小一块接近平面的区域，或表示物体的一些曲面贴片。这些表面表示方法只能刻画物体的表面属性（比如由梯度或曲率表示的几何表观、由纹理或 RGB 颜色表示的色彩表观）。有时候，我们还会需要能够表示物体所占据的空间体积及其相关属性的方法（比如人体某部分的肉体密度）。因此，采用什么样的基元来进行建模本质上取决于我们希望建模的对象（比如三维体积或二维表面）以及我们需要进行哪些操作。例如，在航空模拟中，基于表面贴片的表示方法比基于三角网格的表示方法能够实现对液体或空气的更加精确的模拟。在进行数学模拟时，我们可能会倾向于使用基于贴片的表示方法，而在使用交互式图形渲染器时，我们可能会更多地使用基于网格的表示方法进行渲染。图 12-1 展示了同一个物体的不同表示方式。

建模并不仅仅适用于物体。我们甚至可以对不同的自然现象进行建模，如图 12-2 所示。例如，我们可以对亚表面散射现象进行建模，在此基础上可以对半透明物体进行渲染

图 12-1 该图展示了建模一个物体的多种方法。自左向右分别使用一组点、由四边形组成的网格和一组表面贴片（每个贴片用不同颜色显示）表示一个茶壶。最右侧为一个用体素表示的物体，其中每个空间位置处的组织密度作为透明度值进行可视化（将最小密度显示为透明的，而将最大密度显示为不透明的）（见彩插）

（图 12-2b 和 c）。我们还可以对光线从发射器到反射物、吸收物和折射物的传输过程进行建模，从而实现场景的真实感光照效果（图 12-2d）。我们可以建模一块桌布上的每处纤维与环境的交互过程，从而生成漂亮的桌布渲染效果（图 12-2a）。事实上，建模并不一定需要物理上绝对精确。驱动建模的目的有时会完全不同。例如，在动画电影中对海水运动的建模往往并不真实或精确——但是对于讲故事这一目的而言它的效果已经非常好了，就像《海底总动员》电影中对水的渲染效果那样。

a) b) c) d)

图 12-2 该图展示了对不同现象进行建模的情况。a 通过在微观尺度上模拟桌布上每处纤维与光线的交互生成漂亮的桌布渲染结果。b 和 c 展示了对亚表面散射进行物理建模的结果，能够对半透明物体进行精确的表观建模。d 展示了对光照进行精确建模的效果（见彩插）

12.2 处理

处理是指应用于物体或者现象的模型上的技术或方法，它们通常以精度、性能（比如更快的渲染）或者与应用相关的效率等为目标。模型简化或条带化就是这样的处理。模型简化过程中，一个物体以不同的细节等级（Levels of Details）进行存储，不同等级使用不同数目的基元来表示同样的物体。表示物体的细节等级越高，需要的基元也越多，反之则越少。渲染的时候，根据物体距离观察者的距离远近选择合适的细节等级进行渲染。当物体距离较远时，使用较低的细节等级就能得到不错的渲染表观结果，同时因为使用的基元较少，渲染所需的时间更少，效率更高。如图 12-3 所示。

类似地，让我们以流式传输一个三维网格为例，这在当今电子商务应用中非常常见。

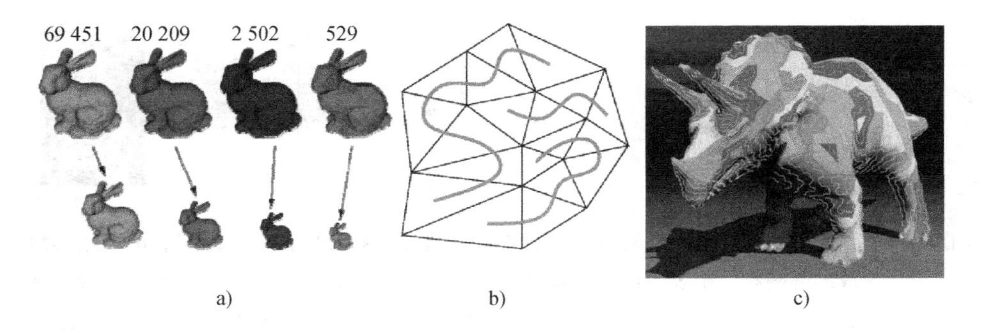

图 12-3 a 展示了模型简化的效果,可以发现即便用较低的细节等级对模型进行渲染，在较远距离上物体的表观渲染效果看起来也是可以接受的。b 展示了对一个小的简单模型进行条带化的结果。c 展示了对一个复杂模型进行条带化的结果。同样颜色的三角形属于同一个条带（见彩插）

它的目的是将一个三维网格传输到远端渲染。这样的流式传输可能涉及发送网格中每个三角形的三个顶点以传输三维几何信息，然后还需发送顶点之间的连接信息（参见第 1 章）。然而，如果我们能够逐个传输三角形，并保证每个三角形都与前一个传输的三角形相邻，那么我们将只需要发送第一个三角形的三个顶点，然后续每个三角形只需发送一个顶点即可，这样我们需要传输的数据量可以减少几乎 66%。这样的一组三角形称为形成了一个三角形条带（Triangle Strip）。将一个三角网格用若干三角形条带来表示的过程即称为条带化处理，这是一种非常常见的处理（图 12-3）。

与可能会改变物体模型的压缩和条带生成等处理不同，碰撞检测之类的处理只是使用物体生成其他具体应用所需的结果。碰撞检测操作首先计算运动物体的位置，然后检测该物体的三角面片是否与其他物体的相交了，也就是是否发生了碰撞。处理也可以通过将模型用特定的数据结构进行组织来提升性能，比如八叉树或者 BSP 树等。如此一来，我们可以通过空间索引实现物体的快速访问和检索。这样的数据结构在光线跟踪、去除观察者视场之外的物体和碰撞检测等方面非常有用。

12.3 渲染

渲染过程以三维场景和视角设置为输入，产生三维场景从特定视角看到的二维图像。渲染的两个重要方面是生成的二维图像的表观质量以及所用的时间。

质量：人们很容易将质量看成是渲染的精度。实际上，质量是与应用相关的，它根据应用的目标决定可以接受的结果。例如，在玩一个玩家需要快速移动且专注于特定任务（如捡拾财物或者消灭敌人）的游戏时，玩家或许根本不会注意到场景的光照是否真实。另一方面，观看一部动画电影时，观影者极有可能会注意到不真实的光照效果。在一部汽车正式投产前对其设计的评估与改进过程中，渲染流体模拟的结果的精度要重要得多，而不关心其表观是什么样的。但是，在为电影设计特效时，所谓质量是由数字内容与真实情况的接近程度决定的。此外，表观的风格并不总需要具有高度真实感（就像真的照片一样），虽然历史上主流计算机图形学一直关注这一点。最近，我们已经发现了一种需要生成非真实感渲染的巨大机会。例如，机械工程专业的一名学生为了学习可能并不想看发动机的一块油腻区域的照片，他更想看的可能是展示了发动机不同部分的三维信息及功能的示意图。医学生也不会想通过照片学习人体的消化系统，而更希望看到的是标注了的人体消化系统的彩色示意图，以便更好地了解其解剖结构。这种专门设计成产生不同于照片的图像的渲染被称为非真实感渲染，图 12-4 给出了一些这样的例子。这种效果也被应用于一些动画电影中，比如像《怪物公司》和《老雷斯的故事》等电影中大量使用了毛皮和草地的艺术特效。

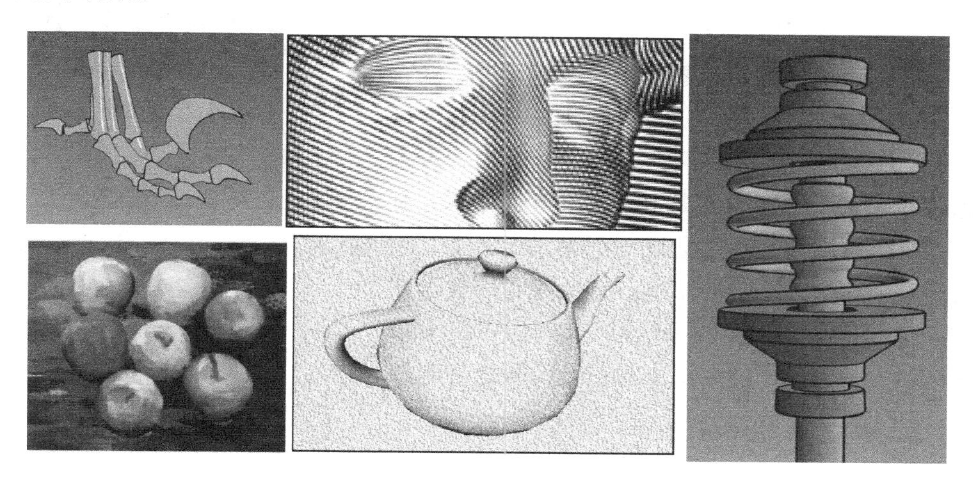

图 12-4　该图展示了一些非真实感渲染的例子，包括模仿美术绘制或炭笔素描，机械制图和油墨印刷等

速度：渲染一个场景的速度总是依赖于建模和渲染的复杂度。影响速度的最基本的参数是基元的个数，它与渲染的速度成反比。像腐蚀效果或者真实光照效果这样的复杂现象会使渲染非常缓慢。用更通用的术语讲，如果渲染能够以视频速率（即每秒 30 帧）完成，这样的渲染就称为交互式渲染。但是，需要记住的是这里的“交互式”是和应用相关的。例如，对于游戏应用，交互式渲染就必须达到 30 帧每秒，而对于素描应用，只需达到 10 帧每秒用户就会觉得系统对于笔画的响应已经可以了。需要花费数分钟甚至数小时完成的渲染往往被称为非交互式的。像亚表面散射或布料表观建模这样非常复杂的现象通常需要通过非交互式渲染来实现。因此，图 12-2 中的渲染几乎都是使用了多台机器，花费了多个小时才渲染完成一帧图像的。

质量与交互性之间的权衡：质量与交互性之间的权衡是图像合成领域中无处不在的一个问题。在这两者之间的选择常常完全取决于应用。游戏应用看重速度胜过质量，而动画电影看重质量胜过速度。可用的计算资源可能是一个移动设备或是高性能计算机集群，需要根据合适的需要进行分配，以提高速度或者质量。

接下来的问题是在关注速度的前提下可以多大程度上牺牲质量。当质量降低到可以接受的程度之下时，即便渲染速度已经达到了最佳，也会不可避免地影响用户体验。正是因此，交互式图形学中有一些可以被看成“技巧”的努力模仿复杂的视觉现象的技术，以期结果不会出现极端的错误。例如，纹理贴图技术在像三角形这样的几何基元上贴上图像，从而在不增加基元数量的情况下为场景提高视觉复杂度。类似地，凹凸贴图通过扰动法向量产生小的凹凸起伏的效果，从而在不增加基元数量的情况下形成隆起物上可见的光照效果（图 12-5）。环境贴图将环境图像贴在物体上以模拟出场景中闪亮的物体。

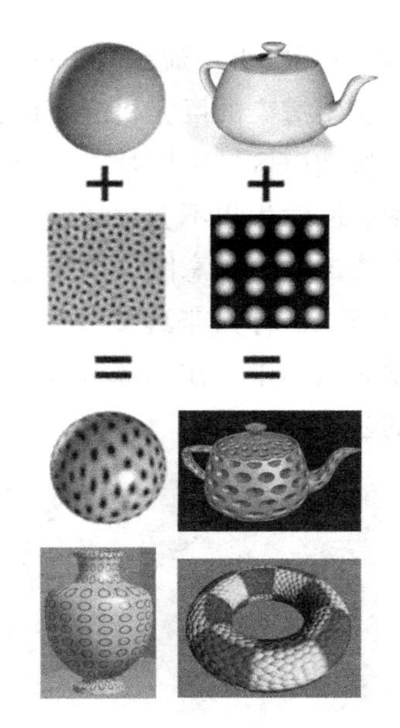

图 12-5　该图展示了一个单色的三维模型可以与一幅多彩的图像相结合以生成纹理贴图的物体（左图）和凹凸贴图的物体（右图）（见彩插）

以上讨论可能会让大家觉得真实感总是好的，使用非交互式真实感图像合成总不会错。这一说法其实是不准确的。注意，真实感图像的复杂度是惊人的，而总是期望渲染出越真实越好的图像这一想法并不可取。“诡异之谷”现象在艺术家之间广为人知。讲求真实感的复制虽然非常接近真实情况，但是并不完全准确，结果反而可能会让人觉得不舒服。事实上，它往往会产生一种令人不安的体验。有一些制作成本高昂的动画电影，比如《极地特快》，或者像古巴女孩这样的机器人，它们未能大获成功正是诡异之谷现象造成的（图 12-6）。

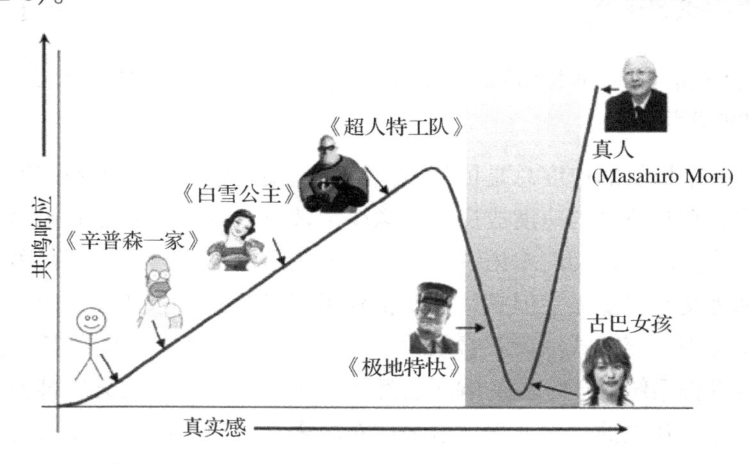

图 12-6　该图展示了动画电影中几个数字化角色引起的用户共鸣感

12.4　应用

视觉内容合成领域非常庞杂。本节我们将讨论一些流行的应用，特别是三维内容合成相关的。

计算机图形学领域的诞生源自于如今已经非常明晰的一个概念，虚拟现实（Virtual Reality）或 VR。其目标是模拟出虚拟但却极其真实的环境和体验，人们可以借助它进行训练。这样的环境的例子有飞行员的飞行模拟机，陆军、海军和空军的训练环境等。取名

“虚拟现实”的原因是这样的虚拟环境对于用户而言在某些时间和某些空间下是真实的。虚拟现实的基本思想是在沉浸式显示器上展示计算机生成的场景，从而营造出虚拟环境中的沉浸感。此外，用户可以使用不同的交互装置（如操纵杆）在三维世界中进行导航或者与其进行交互。沉浸式显示器可以通过由多个投影仪构成的环绕式无缝大面积显示屏来实现。对深度的感知可以通过主动式立体视觉眼镜实现，该眼镜与投影仪同步开关、并且在两只眼睛的视图间分时复用。对深度的感知也可以通过被动式立体视觉眼镜实现。这种情况使用叠加在一起的具有不同偏振特性的投影仪投影出两只眼睛的视图，而眼镜上配备了同样的偏振片以使得不同的投影视图被对应的眼睛看到。显示设备还可以是头戴式的（HMD），其中场景的两个不同视图被实时生成、并同步呈现给两只眼睛（如 VR 眼镜、谷歌硬纸板）。在这样的应用中，用户的头部通常都会被跟踪（比如使用摄像头），进而根据跟踪结果决定按照什么视角渲染场景。如今，视网膜显示正在成为现实，它将光线投射到用户的视网膜上，使用户产生与看到投影在 HMD 上的图像一样的感受。时至今日，虚拟现实依然是计算机图形学最大的消费领域之一。虚拟现实技术已经成为三维游戏体验的通用技术。此外，随着高速网络的发展，虚拟现实技术已经开始被用于视频会议之类的应用中。图 12-7 展示了一些这样的应用。

图 12-7 该图展示了在虚拟现实环境中计算机生成场景的一些应用——军事训练仿真器（左图）和飞行模拟机（中图）。最近，这样的系统中还开始传输真实内容以实现沉浸式视频会议（右图）

有趣的事实

尽管虚拟现实（VR）和增强现实（AR）看起来是属于未来才会有的技术，早在 50 多年前的预言家就已经提出了这些概念。Morton Hellig 在 1962 年建起了第一个 VR 环境，实现了他设想的“体验剧场”或者说“未来影院”。这一设备被称为 Sensorama（左图），作为一个 VR 环境，它完整地配备了三维宽视角运动彩色图像和立体环绕声、气味、风和振动——就算是在今天的三维电影体验中也不是所有的这些都能有。1968 年，犹他大学的 Ivan Sutherland 教授建造了第一台能跟踪头部的头戴式显示器，他将其命名为“达摩克利斯之剑”。后来，他与他的同事 David Evans 在美国创建了第一家计算机图形学公司，Evans and Sutherland。早些年，他们是唯一一家飞行模拟机厂商。直到今天，他们还在为天文馆建造投影环境。

过去十年间，出现了虚拟世界与真实世界的融合，这被称为增强现实（AR）。图 12-8 给出了使用平板电脑或者穿透式显示器的增强现实的例子。前一种情况中，平板电脑获取真实世界的信息，并利用虚拟世界的信息进行增强。因此，它是在虚拟空间中进行增强。后一种情况中，增强后的世界被呈现在穿透式显示器上，在观看时自动与真实世界相融合（如微软的 Hololens）。注意，这种情形中，并不是单纯的图像融合，而是将三维虚拟模型与三维真实世界相混合，这比图像融合要难得多。例如，真实世界中的光线需要与虚拟物体进行交互以产生真实可信的体验。此外值得了解的是，在 AR 领域中可以看到计算机视觉与图像合成的共同作用。真实世界需要进行某种程度的重建以决定虚拟物体需要放置在哪里或者需要在什么位置与真实世界混合。

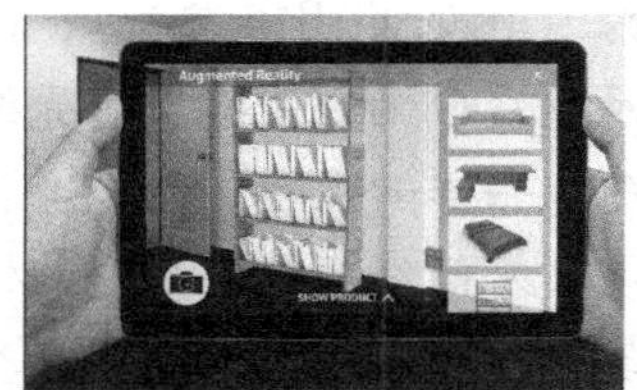

图 12-8　该图展示了一些基于平板电脑和基于穿透式显示器的增强现实系统

现在，空间增强现实已经出现了，其中真实物体被投射的光线增强，人们无须配备任何装置就可以看到物体不一样的表观。例如，泰姬陵的一个白色模型被投射光线增强后，在从朝霞到白月光等不同光照条件下显示出含有复杂细节的艺术作品。类似地，其他文化遗产手工艺品可以通过投射光线还原出它们原来的面貌，还可以通过投影光照在静止模型上模拟出运动或凹凸起伏的效果（图 12-9）。

VR、AR 和空间增强现实在许多不同领域都有很多应用。使用先前采集的已经与病人身体精确对齐的二维或三维图像对病人进行增强可以尽可能地降低手术的有创性（比如提取组织用于活组织检查）。司法部门使用的廉价 VR 训练环境能够为职员们在面对困难的真实案件前提供广泛的训练。将地震数据或气象数据之类的大规模三维数据可视化对于预测自然灾害以及为应对自然灾害做好提前准备极其重要。

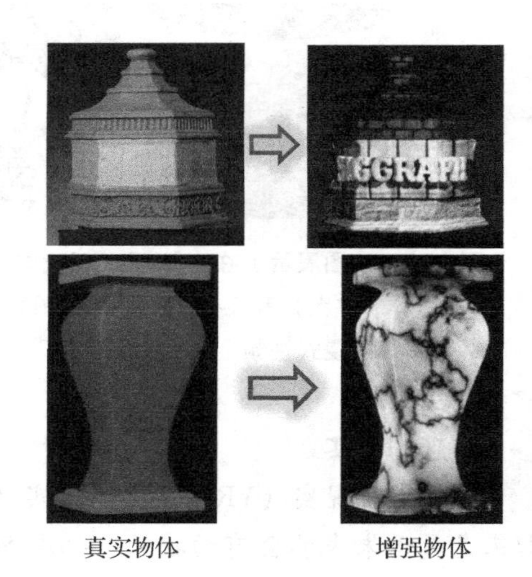

图 12-9　真实物体（左图）被三个不同投影仪投射出来的光线所增强，形成了空间增强现实物体（右图）

动画和特效提供了视觉内容合成的许多应用。动画产业致力于寻找能为角色渲染出不同的风格和观感，提供真实感的身体运动，以及提供与动画运动一致的服装穿戴效果等的方法。另一方面，特效力图将虚拟世界与真实世界相统一，这类似于增强现实。例如，在一个同时含有虚拟和真实人物的特效场景中，真实的光线需要能够准确地影响虚拟场景，反之亦然——这在工业上是个很大的挑战。

长期以来，几何建模与处理一直是计算机辅助设计与建模（CAD与CAM）的基石。随着3D打印的到来，借助于在3D制造领域的各类应用，计算机图形学再次成为人们关注的焦点。如何以最少的材料浪费打印3D物体？我们能否设计一个可打印的、稳定的、有多种用途的、可以堆叠的几何模型？我们可否设计出组件式的物体，而且组件的组装非常简单，仅需很少几个步骤？

设计新的图形硬件也是与计算机图形学相关的一个非常活跃的领域。直到20世纪90年代中期，交互式图形渲染只有在超级昂贵的大型机器（如SGI Onyx和SGI InfiniteReality）上才能实现，而这些机器曾经需要安装在环境严格控制的很大的房间里。即便这样，按30帧每秒渲染几百万个三角面片也是一项重大的成就了。受到并行处理架构的巨大启发，图形处理架构也发生了重大改变，产生了如今不再那么昂贵的图形处理单元或GPU。GPU可以安装在台式电脑或者笔记本电脑上，能够以比当年的大型机器快几个数量级的速度进行运算。如今的GPU已经强大到被用作通用计算和科学计算的资源。因此，GPU设计和编程也是计算图形学中一个非常有吸引力的领域。

有趣的事实

《玩具总动员》作为计算机制作的第一部正片动画电影，是计算机图形学的一个重大里程碑。它由皮克斯动画工作室制作，由迪士尼电影公司发行。因为皮克斯在1988年成功制作了短片电影《锡铁小兵》，迪士尼找到了皮克斯来制作玩具总动员。皮克斯曾经时不时地制作一些这样的短片电影以推销他们的电脑。他们是在1979年作为卢卡斯影业计算机部门的图形组的一部分成立的。1986年他们得到史蒂芬·乔布斯的资助创立了公司。尽管是在存在资金限制的情况下制作的，《玩具总动员》在它上映的那个周末就成为票房冠军，最终在全世界范围内的票房收入超过了3亿6100万美元。不少影评家仍然认为它是迄今为止最好的动画电影。2005年，《玩具总动员》赢得了特别成就学术奖，入选了美国国家电影目录，入选理由为“文化上、历史上或者美学上具有重大意义”。

12.5 本章小结

本书讲述的内容在任何一个方面都是不够广泛的，因为我们的目的是为读者提供最基本的知识，希望能够引起读者进一步深入探究一个或者多个这样的领域的兴趣。为此，我们主要聚焦于交互式图形学技术，这些知识足以为读者提供从三维到二维所需的所有基础知识，也是任何图像合成流程的主要目标。本部分，我们将会为读者提供一些有关非交互式渲染（通常是物理渲染）的更高等的资料。我们将介绍交互式渲染中的许多处理和建模技术。相关章节根据熟知的图形学流程进行组织。我们将会把内容限定在特定的GPU硬件或者特定的编程语言。本书的这一部分将会为读者介绍视觉内容合成的基本数学概念，这些概念在读者学习了相关知识后就可以在任何GPU上使用任何编程语言实现。

想了解非交互式过程的更多细节的读者可以参阅［Shirley and Marschner 09，Foley et

al. 90]。OpenGL 仍然是图形学编程以及与 GPU 交互的最灵活、最流行的跨语言和跨平台的 API。想要了解有关在 OpenGL 中实现图形学技术的更多知识的读者可以参阅 [Angel 08, Hearn and Baker 10]。关于针对 GPU 的 CUDA 编程的详细细节可以参阅 [Cook 12, Cheng et al. 14]。如果想要了解如何将 GPU 作为通用计算工具以大幅度并行化通用目的的应用（如大规模稀疏矩阵乘法），则可以参阅 [Kirk and Mei W. Hwu 12]。

参考文献

[Angel 08] Edward Angel. *Interactive Computer Graphics: A Top-Down Approach Using OpenGL*. Addison Wesley, 2008.

[Cheng et al. 14] John Cheng, Max Grossman, and Ty McKercher. *Professional CUDA C Programming*. Wrox, 2014.

[Cook 12] Shane Cook. *CUDA Programming: A Developer's Guide to Parallel Computing with GPUs*. Morgan Kaufmann, 2012.

[Foley et al. 90] James D. Foley, Andries van Dam, Steven K. Feiner, and John F. Hughes. *Computer Graphics: Principles and Practice (2Nd Ed.)*. Addison-Wesley Longman Publishing Co., Inc., 1990.

[Hearn and Baker 10] Donald D. Hearn and M. Pauline Baker. *Computer Graphics with OpenGL*. Pearson, 2010.

[Kirk and mei W. Hwu 12] David B. Kirk and Wen mei W. Hwu. *Programming Massively Parallel Processors: A Hands-on Approach*. Morgan Kaufmann, 2012.

[Shirley and Marschner 09] Peter Shirley and Steve Marschner. *Fundamentals of Computer Graphics*. A. K. Peters, Ltd., 2009.

交互式图形流程

视觉内容合成流程的目标是根据输入的三维场景和视点设置生成二维图像。我们假定三维场景以第1章讨论的三角网格的形式输入。因此，视觉内容合成的输入数据为一组三角形，三角形的顶点由它们的位置、至少一种属性（如法向量或RGB颜色）和相互间的连接关系定义。考虑图13-1中的三维场景，该场景由顶点A、B、C和D定义的一个非常简单的金字塔模型组成。每个顶点处至少定义了一种属性，即顶点的三维位置。此外，还可以定义颜色、法向量等其他属性。顶点间的连接关系或拓扑信息由定义了顶点间是如何通过边相互连接的四个三角形ABC、DBC、DAC和ABD给出。视点位置或相机位置定义为E，像平面（或者说屏幕）定义为I。接下来，我们介绍按照视点E在像平面I上绘制一个给定物体的图形流程的步骤。

1. **顶点的几何变换**：图像合成流程的第一步是在按照视点E对场景中的三维点进行透视变换后，找出它们在像平面上的二维位置。用a、b、c和d表示将三维物体透视投影到I上后的顶点二维位置。该步骤涉及用直线连接顶点A、B、C和D与视点E，再确定这些直线与像平面I的交点。
2. **裁剪和属性的顶点插值**：由于I的范围是有限的，并不是所有的顶点都会落在像平面I内。我们仅关心落在I范围以内的场景部分的绘制。因此，投影后的三角形需要根据图像的边缘进行裁剪，裁剪后图像边缘与三角形边之间的交点会形成一些新的顶点。比如，在图13-1中，在裁剪用橙色显示的投影三角形时产生了新顶点f、e、h和g。新顶点的属性值根据裁剪后的三角形的其他顶点通过双线性插值（参见第2章）计算得到。这一过程称为属性的顶点插值。
3. **光栅化和属性的像素插值**：最后，我们需要将由裁剪的和未裁剪的顶点形成的多边形绘制出来。这需要计算屏幕上被多边形覆盖的离散的像素位置以及这些像素的颜色值。首先，表示多边形边的像素被计算出来，而这些像素的颜色值则通过对边顶点颜色的线性插值计算得到。然后，扫描每一行的像素找出该行上包含在多边形内的那些像素。这些像素的颜色值通过对所在行上多边形覆盖范围内两端的颜色值的插值得到。这种按照扫描行的顺序遍历像素并绘制三角形的过程称为光栅化（如图13-1中绿色像素显示的部分），而计算像素点的属性值则称为属性的像素插值。

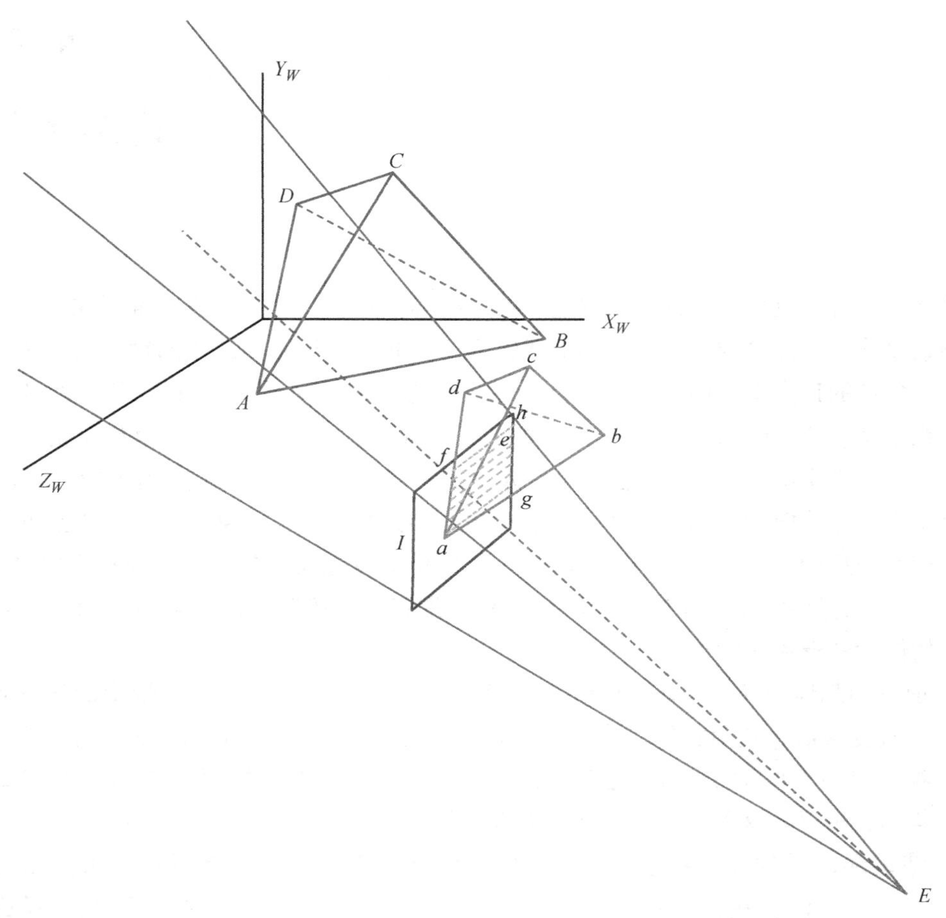

图 13-1　该图展示了渲染由顶点 A、B、C 和 D 定义的简单金字塔三维模型的图形流程的不同步骤（见彩插）

13.1　顶点的几何变换

图形流程由一系列变换构成，这些变换作用于每个三角形的每个顶点以找出它们在最终输出图像上对应的二维坐标。第 6 章介绍了本章将会用到的许多不同类型的几何变换。

第一步是模型变换。它将物体从特定的对象坐标系变换到作为单一参考坐标系的世界坐标系。第二步，视图设置描述了眼睛的位置和头的朝向，基于这些信息，视图变换将一个场景在标准视图坐标系中表示出来。第三步，透视投影计算出三维顶点的二维投影结果。这一步还需要为处理遮挡做好准备。该过程的最后一步是窗口坐标变换，它将所有顶点映射到显示器上展示三维场景的窗口内。

13.1.1　模型变换

模型变换对于场景构建有很大的辅助作用。考虑用自身的对象坐标系定义的每一个物体。在将不同来源的各种物体的几何模型放置在同一个场景中时，这些物体的模型很自然地是以不同的坐标系定义的。模型变换的目的是将这些物体以不同的形式（比如按照不同的缩放比例或按照不同的方向）放置在场景中的不同位置。因此，模型变换 $\boldsymbol{M}$ 是一个从对象坐标系到放置了所有物体的整个场景的全局世界坐标系的变换。

模型变换步骤中也允许将同一个物体按照不同的位置、不同的方向或者不同的尺度以多个实例的形式放置在场景中。例如，当我们创建一间教室的三维场景时，可以不用在这个教室模型中保存 100 张椅子的模型，而是在一个对象坐标系中保存三维椅子的一个模型，然后在创建教室场景时，在教室中的不同位置根据保存的三维椅子模型实例化 100 张椅子。图 13-2 给出了一个类似的例子，其中有三类物体——金字塔、圆柱体和立方体——分别用各自的对象坐标系$X_O Y_O Z_O$定义。为了构造场景，它们被转换到全局世界坐标系$X_W Y_W Z_W$中。比如，金字塔被平移了，而立方体被缩放并且平移了。圆柱体被实例化了三次，每次使用不同的尺度、旋转和平移。因此，对于金字塔有$\boldsymbol{M}_p = \boldsymbol{T}_p$，而对于立方体有$\boldsymbol{M}_c = \boldsymbol{T}_c \boldsymbol{S}_c$，对于圆柱体则有三种不同的变换$\boldsymbol{M}_1 = \boldsymbol{T}_1 \boldsymbol{R}_1 \boldsymbol{S}_1$、$\boldsymbol{M}_2 = \boldsymbol{T}_2 \boldsymbol{R}_2 \boldsymbol{S}_2$和$\boldsymbol{M}_3 = \boldsymbol{T}_3 \boldsymbol{R}_3 \boldsymbol{S}_3$。这里值得注意的重要一点是，因为我们使用了四维齐次坐标，所以所有矩阵$\boldsymbol{M}_p$、$\boldsymbol{M}_c$、$\boldsymbol{M}_1$、$\boldsymbol{M}_2$和$\boldsymbol{M}_3$的大小都是 4×4。

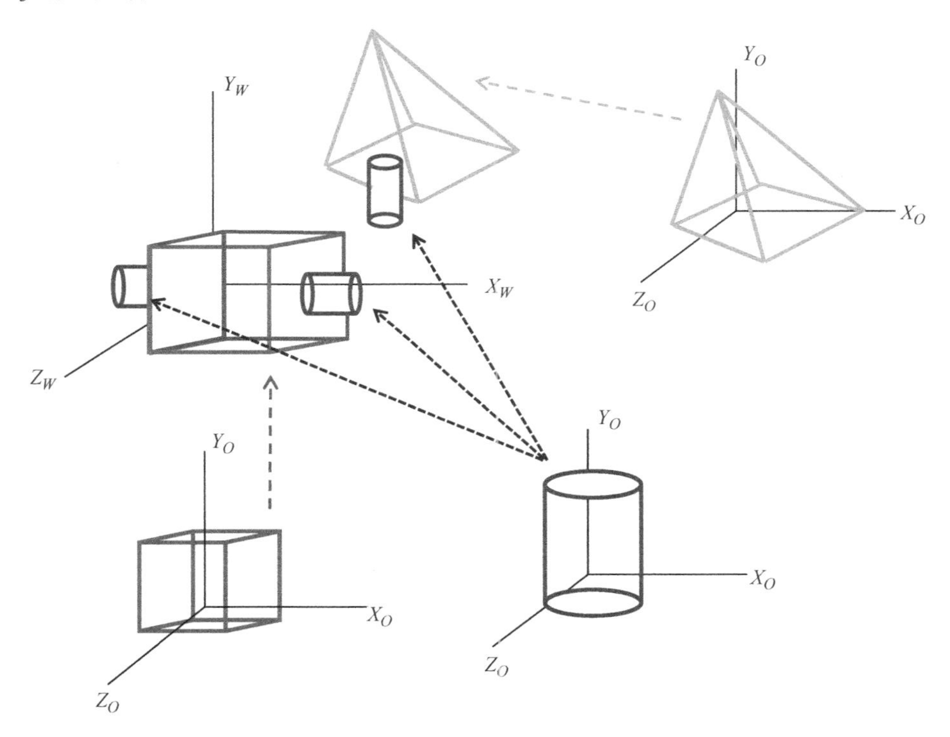

图 13-2 该图展示了模型变换。每一个物体（如圆柱体、金字塔和立方体）使用各自的对象坐标系定义，即它们的顶点都用自己的坐标系表示。通过模型变换，这些物体被多次实例化，按照不同的方式进行变换，从而形成了整个场景

13.1.2 视图变换

定义了视图设置的输入使图形流程按照特定的视图渲染三维场景。视图设置的定义包括视点 E 的三维位置，像平面 N 的法向量——也称为主轴，以及表示头部方向的视图向

量 $\boldsymbol{V}$。理想情况下，$\boldsymbol{N}$ 和 $\boldsymbol{V}$ 相互垂直。然而，在具体应用中，很难给出一个与 $\boldsymbol{N}$ 精确垂直的视图向量。因此，大部分图形应用程序接口（API）将 $\boldsymbol{V}$ 定义成接近于视图向量的一个向量，再根据该向量计算出与 $\boldsymbol{N}$ 垂直的真正的视图向量。

图形流程的输出过程是从三维场景渲染得到一幅二维图像，每当视图设置或者三维场景中的某部分发生变化时，都需要对输出进行更新。注意，对视图设置的改变可以表达成对整个三维场景的改变。例如，将视点向右移动等价于将场景向左移动。这种方法有两方面的优点：（a）视点变化引起的所有变换都可以作用在模型上，同样的道理，已经作用在模型上的模型变换可以与视图变换组合，而且组合后的变换可以一次性作用于模型或场景上得到与依次应用这些变换一样的结果；（b）因为视图设置没有改变，像平面也没有改变，所以透视投影变换的结果保持不变。绝大多数图形 API 会定义一个默认视图，以使得场景能够按照某种默认的视图设置对场景进行变换。最常用的默认视图将视点放在原点，将 Z 轴定义为像平面的法向量，将 Y 轴定义为视图向量。因此，默认视图设置可以定义为 $\boldsymbol{E}=(0, 0, 0)$、$\boldsymbol{V}=(0, 1, 0)$ 和 $\boldsymbol{N}=(0, 0, 1)$。如图 13-3 所示。

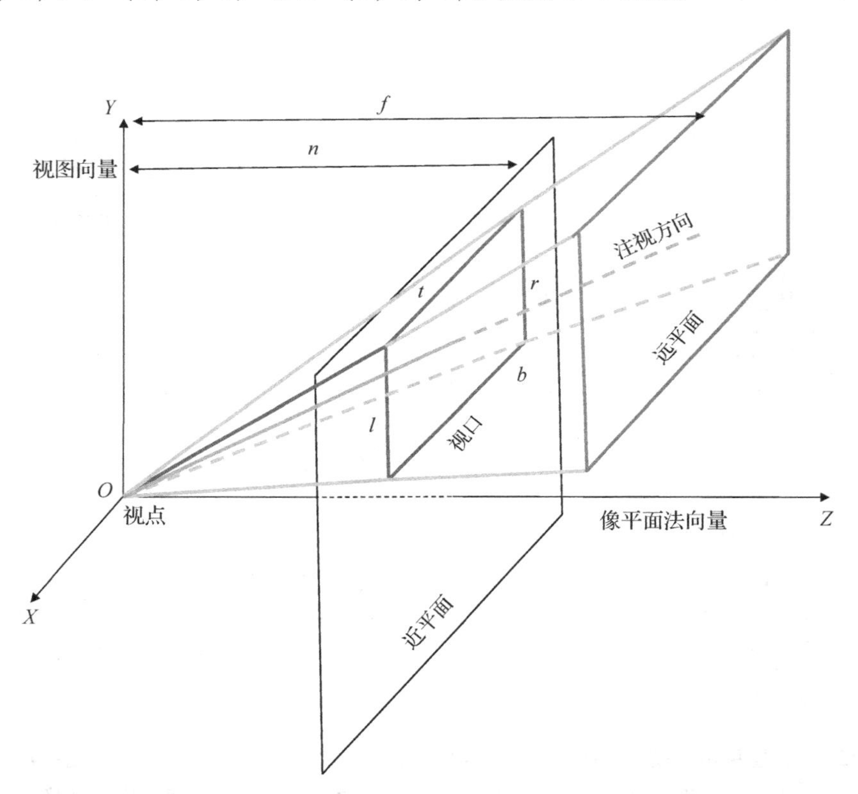

图 13-3　该图展示了默认视图设置，其中视点在原点，Z 轴与像平面（计算机图形学中也常称为近平面）垂直，视图向量为 Y 轴

视图变换的目的是将由任意 $\boldsymbol{E}$、$\boldsymbol{N}$ 和 $\boldsymbol{V}$ 定义的视图设置转换为默认视图。要实现这一点需要两步。第一步，通过平移 $\boldsymbol{T}(-\boldsymbol{E})$ 将视点移动到原点。第二步，通过旋转 $\boldsymbol{R}$ 将 $\boldsymbol{N}$ 与 Z 轴对齐。旋转矩阵 $\boldsymbol{R}$ 可以通过定义视图坐标系，并将其与标准坐标系（X、Y、Z 轴）

对齐来计算。令定义了视图坐标系的坐标轴的单位向量为$\boldsymbol{u}_x$、$\boldsymbol{u}_y$和$\boldsymbol{u}_z$，我们有

$$\boldsymbol{u}_z=\frac{\boldsymbol{N}}{\|\boldsymbol{N}\|} \tag{13-1}$$

$$\boldsymbol{u}_x=\frac{\boldsymbol{N}\times\boldsymbol{V}}{\|\boldsymbol{N}\times\boldsymbol{V}\|} \tag{13-2}$$

$$\boldsymbol{u}_y=\boldsymbol{u}_z\times\boldsymbol{u}_x \tag{13-3}$$

据此，$\boldsymbol{R}$ 为

$$\boldsymbol{R}=\begin{bmatrix} & \boldsymbol{u}_x & & 0 \\ & \boldsymbol{u}_y & & 0 \\ & \boldsymbol{u}_z & & 0 \\ 0 & 0 & 0 & 1 \end{bmatrix} \tag{13-4}$$

由于 $\boldsymbol{R}$ 是 $\boldsymbol{N}$ 和 $\boldsymbol{V}$ 的函数，我们通常用 $\boldsymbol{R}(\boldsymbol{N}, \boldsymbol{V})$ 来表示它。于是，将最终的视图变换表示为 $\boldsymbol{R}(\boldsymbol{N}, \boldsymbol{V})\boldsymbol{T}(-E)$。将模型与视图变换结合，通过矩阵预乘将上述变换作用于模型的一个顶点 P，即 $\boldsymbol{R}(\boldsymbol{N}, \boldsymbol{V})\boldsymbol{T}(-E)\boldsymbol{M}$。该 4×4 矩阵 $\boldsymbol{R}(\boldsymbol{N}, \boldsymbol{V})\boldsymbol{T}(-E)\boldsymbol{M}$ 与 3×3 的相机内参矩阵完全一致。早在第 7 章我们就讨论了相机的内参矩阵，除了矩阵中的最后一行（0，0，0，1），而这最后一行其实是为了保持变换后的三维点的 4×1 齐次坐标表示。

13.1.3 透视投影变换

透视变换矩阵完成从三维场景到图像平面上的二维投影的最后一步变换。接下来我们首先定义限定二维图像平面范围的参数，它们决定了视场（FOV）的大小。图 13-3 显示了透视投影变换的几何定义。

视图变换后眼睛或者相机沿着 Z 轴方向观察场景。为了限定被处理的数据，沿着 Z 轴定义两个与 XY 平面平行的平面，即近平面（Near Plane）和远平面（Far Plane）。比近平面还近的物体和比远平面还远的物体都不会被投影或绘制。这两个平面使用它们的 Z 坐标 n 和 f（$n<f$）定义。近平面也作为像平面，三维物体被投影到该平面上。近平面上与坐标轴对齐的矩形窗口被称为视口（Viewport），我们通过该视口从视点位置（原点）观察三维场景。视口由其左右两条竖直边的 x 坐标和上下两条水平边的 y 坐标定义。图形学中的矩形视口更多是为了模拟相机中的矩形感光元件，而不是人眼中的圆形视网膜。视口的四条边 $x=l$、$x=r$、$y=t$ 和 $y=b$ 以及原点（视点）定义了四个平面。由这四个平面、近平面和远平面形成的剪切过的金字塔结构称为视锥（View Frustum），而视锥所包含的体积称为视见约束体（View Volume）。只有位于视见约束体内的物体才会在像平面上被渲染出来。对于人眼，介于 n 和 f 之间的深度常称为景深（Depth of Field），定义了能够在视网膜上形成清晰聚焦的图像的物体所处的深度范围。

视口并不需要总以 Z 轴为中心。视图设置中的 E、$\boldsymbol{V}$ 和 $\boldsymbol{N}$ 描述了头部的位置与方向，而视口则描述了当头部固定时人眼的注视（Gaze）或者说眼睛观察的方向。从眼睛（0，0，0）到视口在近平面上的中心$\left(\frac{l+r}{2}, \frac{t+b}{2}, n\right)$的射线称为注视方向（Gaze Direction）。这

种改变注视方向的效果与移动整个头部的效果非常不同。试试下面的实验。站在一面贴了瓷砖的墙壁前，保持头部固定不动，以向上或者向下30~45度的方向观察瓷砖。然后旋转头部（但是不要改变位置），朝正前方观察同样区域的瓷砖。前一种做法保持像平面不变，但是改变了注视方向。而后一种做法中，像平面被倾斜了，因为它的法向量随着头部的旋转而改变了。注意，这两种做法产生的透视效果是非常不一样的。改变注视方向时瓷砖看起来被拉伸了，而旋转头部时不会产生拉伸的视觉效果。

透视投影的主要功能是将视见约束体中的三维场景投影到视口上。此外，为了简化窗口坐标的计算和解决遮挡问题，我们还需要用透视投影变换将剪切后的金字塔状视锥转换成沿着 X、Y 和 Z 方向分别拓展到了−1到+1范围的立方体。如图13-4所示。为了说明这样的变换，考虑点 $P_v=\boldsymbol{R}(N,\ V)\boldsymbol{T}(-E)\boldsymbol{MP}=(X,\ Y,\ Z)^{\mathrm{T}}$，其中 P_v 表示经过模型和视图变换后的顶点。

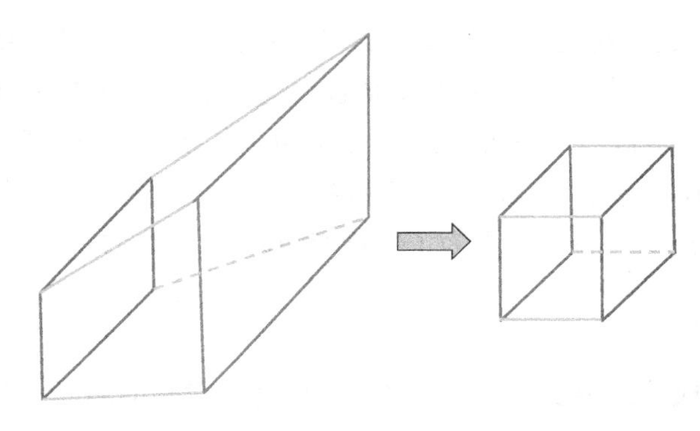

图13-4　该图展示了作为透视投影一部分的由剪切后的锥状视锥到立方体状视锥的变换

第一步是使一般的注视方向与默认注视方向一致，当视口满足 $l=-r$ 和 $b=-t$ 时，注视方向与像平面的法向量一致。这可以通过将点 $\left(\frac{l+r}{2},\ \frac{t+b}{2},\ n\right)$ 变换为点 $(0,\ 0,\ n)$ 的剪切（Shear）来实现。因为 z 坐标保持不变，这种变换是一种Z剪切。令该剪切的参数为 $(a,\ b)$，有

$$\begin{bmatrix}0\\0\\n\\1\end{bmatrix}=\begin{bmatrix}1&0&a&0\\0&1&b&0\\0&0&1&0\\0&0&0&1\end{bmatrix}\begin{bmatrix}\frac{l+r}{2}\\\frac{t+b}{2}\\n\\1\end{bmatrix}\tag{13-5}$$

根据该方程我们可以得到剪切的参数 a 和 b 为

$$a=-\frac{l+r}{2n}\tag{13-6}$$

$$b=-\frac{t+b}{2n}\tag{13-7}$$

据此，P_v的透视投影的第一个矩阵为$\boldsymbol{Sh}_z\left(-\frac{l+r}{2n},\ -\frac{t+b}{2n}\right)$，它提供了能处理离轴视口的变换。

下一步是将视锥从一个裁剪后的金字塔转换为一个立方体。由于投影到像平面后，所有顶点的深度都为 n，所以这里我们假设 z 坐标不影响这一步的结果。后面我们将重新讨论深度的问题。因此，在忽略 z 坐标的情况下，这一步的目标是将视口沿着 x 方向由范围 l 到 r 映射到范围-1 到+1，沿着 y 方向由范围 t 到 b 映射到范围-1 到+1。这意味着视口的水平长度 $r-l$ 和竖直高度 $t-b$ 都将被映射为 2。因为剪切后中心点已经位于(0，0)，所以实现上述映射只需要一个缩放变换 $\boldsymbol{S}\left(\frac{2}{r-l},\ \frac{2}{t-b},\ 1\right)$。据此，至当前步骤，一个顶点$P_v$所需要的完整变换为$P_s=\boldsymbol{S}\left(\frac{2}{r-l},\ \frac{2}{t-b},\ 1\right)\boldsymbol{Sh}_z\left(-\frac{l+r}{2n},\ \frac{t+b}{2n}\right)P_v$。

最后，让我们再来看一看透视投影。根据第 7 章中的相机标定模型，我们知道三维点（X，Y，Z）的透视投影（x_p，y_p）为

$$x_p=\frac{Xn}{Z} \tag{13-8}$$

$$y_p=\frac{Yn}{Z} \tag{13-9}$$

它们可以表示成

$$\begin{bmatrix} x_p \\ y_p \\ n \\ 1 \end{bmatrix}=\begin{bmatrix} n & 0 & 0 & 0 \\ 0 & n & 0 & 0 \\ 0 & 0 & n & 0 \\ 0 & 0 & 1 & 0 \end{bmatrix}\begin{bmatrix} X \\ Y \\ Z \\ 1 \end{bmatrix} \tag{13-10}$$

$$=\boldsymbol{D}(n)\begin{bmatrix} X \\ Y \\ Z \\ 1 \end{bmatrix} \tag{13-11}$$

这里，三维点是通过立方体变换得到的。因此，完整的变换为 $\boldsymbol{D}(n)\boldsymbol{S}\left(\frac{2}{r-l},\ \frac{2}{t-b},\ 1\right)$ $\boldsymbol{Sh}_z\left(-\frac{l+r}{2n},\ \frac{t+b}{2n}\right)P_v$。由于该变换矩阵只依赖于视锥参数 r、l、t、b、n 和 f，所以我们将它记作 $\boldsymbol{L}(n,\ r,\ l,\ t,\ b)$，即

$$\boldsymbol{L}(n,r,l,t,b)=\boldsymbol{D}(n)\boldsymbol{S}\left(\frac{2}{r-l},\frac{2}{t-b},1\right)\boldsymbol{Sh}_z\left(-\frac{1+r}{2n},-\frac{t+b}{2n}\right) \tag{13-12}$$

而且有 $\boldsymbol{L}P_v=P_l$。

13.1.4　遮挡处理

P_l的 z 坐标总是 n。这一点并不奇怪，因为所有顶点都被投影到深度为 n 处的像平面上。

然而，在图像合成时，投影顶点到像平面或者眼睛的深度信息对于处理遮挡和可见性非常重要。

考虑图 13-5 中的三角形T_1和T_2，它们在三维空间相交，当我们从不同视角方向看这两个三角形时，每次只能看到它们的不同部分。因此，对每个像素点进行扫描转换时，根据不同视角方向上的可见性，T_1和T_2中只有一个能被准确地绘制。为此，我们将三角形顶点的深度信息作为投影后顶点的一个属性保留下来，以备后续对内部像素点的深度进行插值时使用。

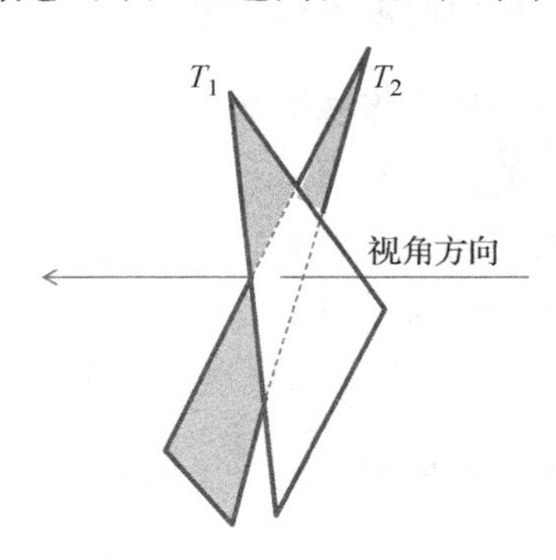

图 13-5　该图展示了从图中所示视角方向观察两个相交三角形的情况。图中的灰色区域为从该视角方向观察时每个三角形的可见部分，这些可见部分在遮挡处理后被渲染

图 13-6 以投影点$A=(X_0, Z_0)$和点$B=(X_1, Z_1)$之间的二维线段为例展示了这种情况下的 z-插值，其中Z_0和Z_1分别是 A 和 B 到视点的距离，红线表示了像平面。线段在该像平面上的投影可以用一维坐标s_0和s_1表示。它们被称为三维基元的屏幕空间坐标。假定这两个投影顶点的深度为$-Z_0$和Z_1。

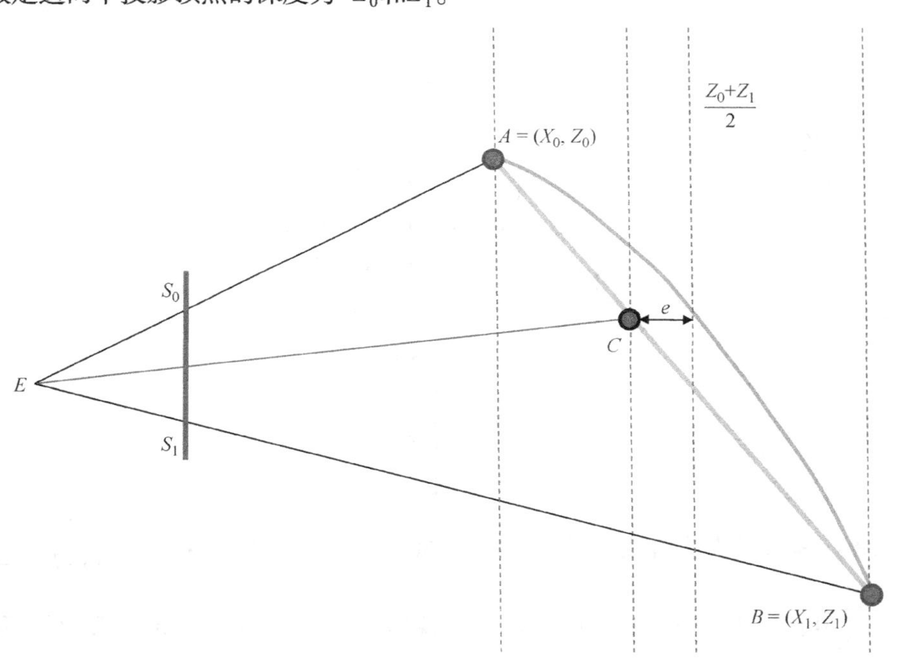

图 13-6　该图展示了通过屏幕空间上的深度（z）插值根据三角形顶点的深度估计出三角形内部点的过程中发生的偏差（见彩插）

现在让我们考虑后续的扫描转换步骤，需要为屏幕坐标下的s_0和s_1之间的中点$\left(\frac{s_0+s_1}{2}\right)$进行属性插值。通过与坐标插值同样的方法，我们可以计算出该点的深度为$\frac{Z_0+Z_1}{2}$。然而，投影在屏幕上坐标为$\frac{s_0+s_1}{2}$的物体上的点 C 的深度并不是$\frac{Z_0+Z_1}{2}$。图 13-6 中

对象空间中的绿色曲线表示了在屏幕空间中进行线性插值计算得到的深度。e 表示实际深度与屏幕空间中线性插值得到的深度之间的差异。当然，绿色曲线的形状以及偏差的程度会随着 A 和 B 的实际位置而改变。

因此，问题在于什么样的插值方法能得到正确结果。为此，让我们考虑三维空间中 A 和 B 之间按照插值系数 t 得到的点(X_t, Z_t)，有

$$X_t = X_0 + t(X_1 - X_0) \tag{13-13}$$

$$Z_t = Z_0 + t(Z_1 - Z_0) \tag{13-14}$$

假设它们在像平面的投影s_u位于s_0和s_1之间，由二维插值系数 u 定义，即

$$s_u = s_0 + u(s_1 - s_0) = \frac{X_0}{Z_0} + u\left(\frac{X_1}{Z_1} - \frac{X_0}{Z_0}\right) \tag{13-15}$$

因为s_u是(X_t, Z_t) 的像，所以我们可以得到

$$s_u = \frac{X_t}{Z_t} \tag{13-16}$$

或者

$$\frac{X_0}{Z_0} + u\left(\frac{X_1}{Z_1} - \frac{X_0}{Z_0}\right) = \frac{X_0 + t(X_1 - X_0)}{Z_0 + t(Z_1 - Z_0)} \tag{13-17}$$

求解上述方程，可以得到 u 为

$$u = \frac{Z_1 t}{Z_0 + t(Z_1 - Z_0)} \tag{13-18}$$

整理该方程，可以得到 t 为

$$t = \frac{uZ_0}{Z_1 - u(Z_1 - Z_0)} \tag{13-19}$$

根据以上方程，我们可以计算出Z_t，即点的精确三维深度为

$$Z_t = Z_0 + t(Z_1 - Z_0) \tag{13-20}$$

$$= Z_0 + \frac{uZ_0}{Z_1 - u(Z_1 - Z_0)}(Z_1 - Z_0) \tag{13-21}$$

$$= \frac{Z_0 Z_1}{Z_1 - u(Z_1 - Z_0)} \tag{13-22}$$

$$= \frac{1}{\frac{1}{Z_0} + u\left(\frac{1}{Z_1} - \frac{1}{Z_0}\right)} \tag{13-23}$$

上述推导表明

$$\frac{1}{Z_t} = \frac{1}{Z_0} + u\left(\frac{1}{Z_1} - \frac{1}{Z_0}\right) \tag{13-24}$$

即Z_t的倒数可以用点 A 和点 B 处的深度值的倒数按照屏幕空间中的插值参数 u 线性插值得到。因此，对 Z 的倒数而非 Z 进行线性插值就可以得到正确结果。

根据上述结论，三维空间中 A 和 B 的中点 C 处的深度Z_c可以由下式计算得到：

$$\frac{1}{Z_c}=\frac{1}{2Z_0}+\frac{1}{2Z_1} \tag{13-25}$$

因此，在应用 $\boldsymbol{L}$ 后为了保持第三个坐标的深度，我们需要保持 $\frac{1}{Z}$ 而非 Z 不变，这样就可以在扫描转换时对深度值进行线性插值了。直观上，这是因为透视投影并不是与深度直接成正比，而是成反比。

接下来，我们推导保持 $\frac{1}{Z}$ 作为第三个坐标所需要的变换。根据方程（13-12），我们有 $\boldsymbol{L}(n, r, l, t, b)=\boldsymbol{D}(n)\boldsymbol{S}\left(\frac{2}{r-l},\frac{2}{t-b},1\right)\boldsymbol{Sh}_z\left(-\frac{l+r}{2n},\frac{t+b}{2n}\right)$ 和 $\boldsymbol{L}P_v=P_l$。令 $P_v=(X_v, Y_v, Z_v)$。将方程（13-12）中的 $\boldsymbol{L}$ 用矩阵乘法代替，可以得到

$$P_l=\boldsymbol{L}P_v=\boldsymbol{L}\begin{bmatrix}X_v\\Y_v\\Z_v\\1\end{bmatrix}=\begin{bmatrix}\frac{2X_v}{r-l}-\frac{(1+r)Z_v}{n(r-l)}\\\frac{2Y_v}{t-b}-\frac{(t+b)Z_v}{n(t-b)}\\Z_v\\\frac{Z_v}{n}\end{bmatrix}=\begin{bmatrix}\frac{2X_vn}{Z_v(r-l)}-\frac{1+r}{r-l}\\\frac{2Y_vn}{Z_v(t-b)}-\frac{t+b}{t-b}\\n\\1\end{bmatrix} \tag{13-26}$$

该方程中，P_l 的第三个坐标为 n。为了保持该坐标中的深度不变，我们需要 P_l 的第三个坐标为 $\frac{1}{Z_v}$。不仅如此，我们还需要在 $\frac{1}{Z_v}$ 介于 $\frac{1}{n}$ 和 $\frac{1}{f}$ 之间时，将第三个坐标归一化到 -1 和 $+1$ 之间，从而将裁剪后的金字塔转换成立方体，如图 13-4 所示。为实现这一点，需要将 $\frac{1}{n}$ 映射到 -1，将 $\frac{1}{f}$ 映射到 $+1$，将区间 $\left[\frac{1}{n}, \frac{1}{f}\right]$ 的中心映射到 0。该区间的中心为

$$\frac{\frac{1}{f}+\frac{1}{n}}{2}=\frac{f+n}{2nf} \tag{13-27}$$

将该中心移动到原点可以通过平移 $-\frac{f+n}{2nf}$ 来实现。尔后，通过使用下述缩放因子将 $\frac{1}{n}$ 和 $\frac{1}{f}$ 之间的范围缩放为 2：

$$\frac{2}{\frac{1}{f}-\frac{1}{n}}=\frac{2nf}{n-f} \tag{13-28}$$

据此，P_l 的第三个坐标的最终表达式为

$$\left(\frac{1}{Z_v}-\frac{f+n}{2nf}\right)\frac{2nf}{n-f}=\frac{2nf}{(n-f)Z_v}+\frac{f+n}{f-n}=\frac{\frac{2nf}{n-f}-\frac{n+f}{n-f}Z_v}{Z_v} \tag{13-29}$$

因此，我们想要得到的P_l为

$$\begin{bmatrix} \dfrac{2X_v n}{Z_v(r-l)}-\dfrac{l+r}{r-l} \\ \dfrac{2Y_v n}{Z_v(t-b)}-\dfrac{t+b}{t-b} \\ \dfrac{\dfrac{2nf}{n-f}-\dfrac{n+f}{n-f}Z_v}{Z_v}1 \end{bmatrix} = \begin{bmatrix} \dfrac{2X_v n}{r-l}-\dfrac{l+r}{r-l}Z_v \\ \dfrac{2Y_v n}{t-b}-\dfrac{t+b}{t-b}Z_v \\ \dfrac{2nf}{n-f}-\dfrac{n+f}{n-f}Z_v \\ Z_v \end{bmatrix} \tag{13-30}$$

为此，可以将$\boldsymbol{D}(n)$取为同时依赖于n和f的矩阵，即

$$\boldsymbol{D}(n,f)=\begin{bmatrix} n & 0 & 0 & 0 \\ 0 & n & 0 & 0 \\ 0 & 0 & -\dfrac{n+f}{n-f} & \dfrac{2fn}{n-f} \\ 0 & 0 & 1 & 0 \end{bmatrix} \tag{13-31}$$

综上，还依赖于f的整个透视投影矩阵$\boldsymbol{L}$为

$$\boldsymbol{D}(n,f)\boldsymbol{S}\left(\frac{2}{r-l},\frac{2}{t-b},1\right)\boldsymbol{Sh}_z\left(-\frac{l+r}{2n},-\frac{t+b}{2n}\right) \tag{13-32}$$

$$=\begin{bmatrix} n & 0 & 0 & 0 \\ 0 & n & 0 & 0 \\ 0 & 0 & -\dfrac{n+f}{n-f} & \dfrac{2nf}{n-f} \\ 0 & 0 & 1 & 0 \end{bmatrix}\begin{bmatrix} \dfrac{2}{r-l} & 0 & 0 & 0 \\ 0 & \dfrac{2}{t-b} & 0 & 0 \\ 0 & 0 & 1 & 0 \\ 0 & 0 & 0 & 1 \end{bmatrix}\begin{bmatrix} 1 & 0 & -\dfrac{r+l}{2n} & 0 \\ 0 & 1 & -\dfrac{t+b}{2n} & 0 \\ 0 & 0 & 1 & 0 \\ 0 & 0 & 0 & 1 \end{bmatrix} \tag{13-33}$$

$$=\begin{bmatrix} \dfrac{2n}{r-l} & 0 & 0 & 0 \\ 0 & \dfrac{2n}{t-b} & 0 & 0 \\ 0 & 0 & -\dfrac{n+f}{n-f} & \dfrac{2nf}{n-f} \\ 0 & 0 & 1 & 0 \end{bmatrix}\begin{bmatrix} 1 & 0 & -\dfrac{r+l}{2n} & 0 \\ 0 & 1 & -\dfrac{t+b}{2n} & 0 \\ 0 & 0 & 1 & 0 \\ 0 & 0 & 0 & 1 \end{bmatrix} \tag{13-34}$$

$$=\begin{bmatrix} \dfrac{2n}{r-l} & 0 & -\dfrac{r+l}{r-l} & 0 \\ 0 & \dfrac{2n}{t-b} & -\dfrac{t+b}{t-b} & 0 \\ 0 & 0 & -\dfrac{n+f}{n-f} & \dfrac{2nf}{n-f} \\ 0 & 0 & 1 & 0 \end{bmatrix} \tag{13-35}$$

矩阵$\boldsymbol{L}(n,f,r,l,t,b)$常被称为锥变换矩阵,因为它依赖于定义视锥的参数。

方程(13-35)中左上角的3×3子矩阵看起来与方程(7-10)中的内参矩阵完全一样,在内参矩阵中焦距为n,水平与竖直缩放因子分别为$\frac{2}{r-l}$和$\frac{2}{t-b}$,水平与竖直偏移量分别为$-\frac{l+r}{2}$和$-\frac{t+b}{2}$。换句话说,视图变换本质上是外参矩阵,而锥变换矩阵$\boldsymbol{L}$本质上则是内参矩阵。合成流程中的相机模型本质上与针孔相机模型相同,只是我们通过不同的方式得到了同样的方程,使用方法也不同。

13.1.5　窗口坐标变换

透视变换将三个坐标中的每一个都归一化到-1和+1之间。然而,图像合成的结果最终需要绘制在显示屏的一个窗口上,该窗口通常使用左上角和右下角顶点的整数坐标表示。因此,这和视口的定义非常相似。令窗口的上、左、右和下边界分别为t_ω、l_ω、b_ω和r_ω,则窗口的中心为$\left(\frac{l_\omega+r_\omega}{2},\frac{t_\omega+b_\omega}{2}\right)$,长和宽分别为$r_\omega-l_\omega$和$t_\omega-b_\omega$。转变成窗口坐标的变换包含$\left(\frac{l_\omega+r_\omega}{2},\frac{t_\omega+b_\omega}{2}\right)$的平移以及水平与竖直方向上分别为$\frac{r_\omega-l_\omega}{2}$和$\frac{t_\omega-b_\omega}{2}$的缩放,变换过程中z-坐标保持不变。因此,窗口坐标变换的变换矩阵为

$$\boldsymbol{W}(t_w,l_w,b_w,r_w)=\begin{bmatrix}\frac{r_w-l_w}{2} & 0 & 0 & \frac{l_w+r_w}{2}\\ 0 & \frac{t_w-b_w}{2} & 0 & \frac{t_w+b_w}{2}\\ 0 & 0 & 1 & 0\\ 0 & 0 & 0 & 1\end{bmatrix} \tag{13-36}$$

13.1.6　最终变换

综上,点P的完整变换$\boldsymbol{G}$为

$$\boldsymbol{G}=\boldsymbol{W}(l_w,r_w,t_w,b_w)\boldsymbol{L}(n,f,r,l,t,b)\boldsymbol{R}(\boldsymbol{N},\boldsymbol{V})\boldsymbol{T}(-\boldsymbol{E})\boldsymbol{M} \tag{13-37}$$

该变换将点从对象坐标系投影到窗口坐标。这正是图13-1中由三维顶点A、B、C和D得到顶点a、b、c和d的方法。

13.2　裁剪和属性的顶点插值

裁剪通常在图形硬件中完成,而应用程序员根本不用担心。这里我们对此进行非常简短的介绍。裁剪在将点投影到二维平面上后进行。后续章节将会讨论一些三维裁剪方法,本节我们介绍二维裁剪。任何二维裁剪算法基本上都依赖于寻找基元(线或多边形)与窗口边缘的交点。因此,这些算法所基于的数学知识都是非常直接的。在交互式图形流程中裁剪的挑战在于其效率。每个基元或三角形都需要进行裁剪,当场景中包含数百万个三角形时,即便是在硬件中完成算法,其效率也变得极其重要。下面按照被开发出来的先后顺

序介绍一些提高效率的方法。

有趣的事实

在计算机图形学中，你将会遇到著名的犹他茶壶模型。自从犹他大学的一个名叫 Martin Newall 的研究生创建了该模型，并将它带进了计算机图形学领域，犹他茶壶就成为 CG 创新的代名词。Newall 创建数字模型时使用的真实茶壶现在保存在位于加利福尼亚芒廷维尤的计算机历史博物馆。那么为什么会使用这样的一把茶壶呢？据说是 Newall 的妻子在两人喝茶的时候给出了创建茶壶模型的建议。事实上，从技术的角度而言，她的建议非常完美。过去这些年，人们给出了很多原因说明这一点。茶壶是圆的，有鞍点，由于把上的孔洞它的亏格非零，有自阴影，是自反的，而且即使没有使用纹理进行渲染看起来也具有美感。这看上去非常神奇，一个如此简单的物体却给了计算机图形学研究人员如此多的复杂性，也正是因此，犹他茶壶成为基准的几何模型。2006 年，犹他大学的 Peter Shirley 教授在他的 SIGGRAPH 报告“穿越年代的茶壶”中表达了对犹他茶壶模型的敬意。每年的 SIGGRAPH（计算机图形学领域面向学者、工业界和爱好者的最大会议）上，皮克斯公司都会向收藏家发放数百个小型的发条茶壶。

为每个基元执行大量浮点求交操作显然不是实现裁剪的最有效方法，特别是当大部分三角形要么完全在窗口外，要么完全在窗口内，而只有少数真正与窗口边界相交的时候。一种改进方法是确保只有当基元有很大可能性与窗口边界真正相交时才执行求交操作。因此，快速进行基元是否完全在窗口内或窗口外的测试，以判断是否接受或拒绝相应的基元非常重要。有很多方法可以实现这样的测试。

使用包围盒：我们可以为每个三角形计算与轴对齐的包围盒，并据此判断三角形是否完全在窗口内或窗口外。与轴对齐的包围盒是包含基元的最小盒，其边与窗口的轴平行。如果包围盒完全在窗口内，则接受该基元。只需要找出基元顶点在水平和竖直方向上的最小和最大范围就可以计算出每个基元的与轴对齐的包围盒。对这样的包围盒的测试也非常简单，无须进行任何求交计算，而只需要检查包围盒的范围与窗口是否有相交。只有包围盒与窗口有相交的基元才需要进行求交计算。图 13-7 中，A 的包围盒的水平和竖直范围都完全在窗口相应的范围内，因此 A 在窗口内。对于 D，它的包围盒的竖直范围与窗口相交，而水平范围则完全在窗口外，所以 D 在窗口外。对于另外两种情况，包围盒的水平和竖直范围都与窗口部分相交，因而相应的基元有可能与窗口相交。基元 B 与窗口相交，将会通过求交计算被裁剪。然而，也有像 C 这样的情况，尽管包围盒与窗口相交了，但是三角形本身却没有。这种情况下的求交计算将不会得到交点。

使用逻辑运算：进行快速的接受/拒绝测试的另一种方法是将二维像平面分成不同的区域，为每个区域赋予不同的二值编码。例如，我们可以为每个投影顶点赋予 4 个位值 $b_1b_2b_3b_4$ 以使得 $b_1=y<t_\omega$、$b_2=y>b_\omega$、$b_3=x<r_\omega$ 且 $b_4=x<l_\omega$。这样的 4 位编码将像平面分成了九个不同的区域，每个区域有一个唯一的编码（如图 13-7 中显示的编码）。考虑一条线段的

两个端点的 4 位编码。如果这两个编码的逐位与（AND）操作结果不等于 0，那么两个端点都在窗口边界之外，而该线段完全在窗口外，因而将会被拒绝。如果两个编码都等于 0，那么该线段位于窗口内，因而将会被接受。如果两个编码至少有一个不为 0，但是它们的与操作结果为 0，那么该线段与窗口边界相交，需要进行精确的求交测试。这样的逻辑运算还可以推广到三角形，实现对三角形的高效裁剪。使用逻辑运算的接受或拒绝测试等价于使用包围盒的测试，但是却比后者简单。

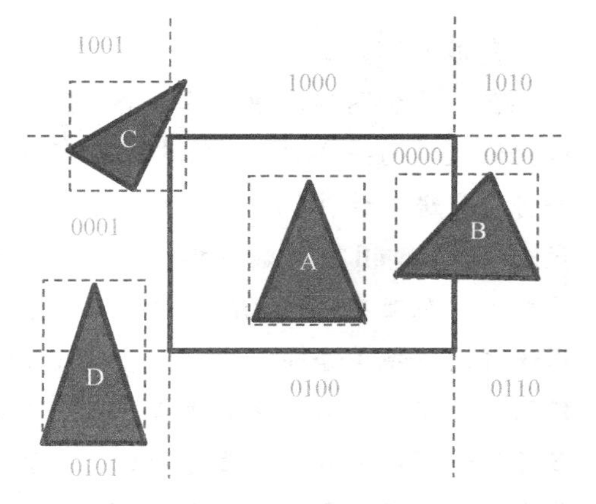

图 13-7　该图展示了使用包围盒或者二值编码对裁剪算法进行效率改进的情况

使用整数运算：不能简单被接受或拒绝的线段和三角形与窗口边界的交点需要被计算出来。为此，我们首先找到与基元相交的窗口边界，然后再找出精确的交点。如果这两步涉及的计算主要是整数运算而不是浮点运算，那么它们都可以变得更加高效。让我们考虑图 13-8 中的红色和绿色直线。绿线在到达窗口顶端之前与窗口左边界相交。这表明绿线由左边界进入窗口。但是，红线在与左边界相交之前先与上边界相交了，这只可能是因为红线完全在窗口之外，因而需要被拒绝。据此，为了确定需要进行哪些边界求交计算，找出直线与窗口不同边界的交点的参数值 α 或许会很有用。用α_l、α_r、α_t和α_b表示与左、右、上和下边界的交点参数值，对它们进行简单的排序我们就能找出直线位于窗口内的部分。然而，计算这些参数值需要涉及浮点运算。因此，接下来的问题是，我们怎样才能让这样的运算更高效呢？

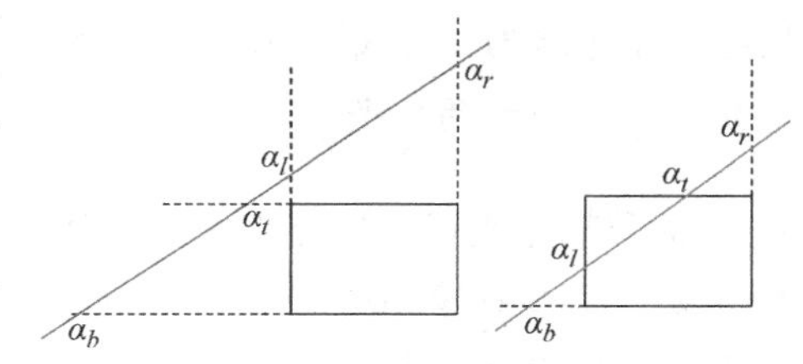

图 13-8　该图展示了使用整数运算求解相交边界的情况（见彩插）

考虑由整数(x_1, y_1)和(x_2, y_2)定义的两个点决定的直线，其中$x_1<x_2$且$y_1<y_2$（假定窗口左下角为原点）。我们知道

$$\alpha_t = \frac{t-y_1}{y_2-y_1} \tag{13-38}$$

$$\alpha_l = \frac{l-x_1}{x_2-x_1} \tag{13-39}$$

如果$\alpha_t<\alpha_l$，即

$$\frac{t-y_1}{y_2-y_1} < \frac{l-x_1}{x_2-x_1} \tag{13-40}$$

那么直线将被拒绝。如果我们根据方程（13-40）推导决策因子为

$$(l-x_1)(y_2-y_1) < (t-y_1)(x_2-x_1) \tag{13-41}$$

那么我们可以在不使用浮点数α_l和α_t进行测试的情况下得到同样的结果。方程（13-41）的优点在于它完全是整数运算，不包含任何浮点运算。裁剪方法里面大量使用了这样的技术来避免浮点运算，从而大大提升流程的效率。

名人轶事

Z-缓存（也称为深度缓存）被认为是交互式计算机图形学中一个里程碑式的概念。在提出该概念之前，基元需要在三维空间中进行排序，再由后到前进行渲染以解决遮挡问题，而且那个时候也没有处理相交基元的简单方法，而只能将它们分离开来。皮克斯和迪士尼动画工厂的总裁 Edwin Catmull（艾德文·卡特姆）是第一个发明 Z-缓存概念的，尽管 Wolfgang Straber 也独立发明了这一概念。Catmull 还提出了纹理贴图的概念，这一概念为交互式图形学带来了出乎意料的真实感。1945 年，Catmull 出生于西弗吉尼亚，而后在犹他州的一个摩门教家庭被抚养成人。尽管 Catmull 很早就梦想成为一名有特色的动画制作者，而非从事电影工业领域的事业，他在犹他大学还是学习了物理和计算机科学，并展现了他在数学和科学方面的天才。20 世纪 70 年代，Catmull 回到了犹他大学，在 Ivan Sutherland 的指导下攻读博士学位。他发现的纹理映射、双三次面片（也称为 Clark-Catmull 面片）、细分表面和抗混叠方法永远改变了图形学。他对电影工业的首次贡献发生在 1972 年，当时他制作了他左手的一个动画模型，而该模型在 1976 年被好莱坞制片人选中用在了电影《未来世界》及其续集《西部世界》中，这些电影开辟了使用三维计算机图形学的先河。2011 年，该动画模型以熟知的“计算机动画手”（Computer Animated Hand）的名称入选了国家电影目录，被永久收藏。卢卡斯影业的计算机图形学部门就是由 Catmull 在 1979 年创立的，该部门后来被史蒂夫·乔布斯于 1986 年收购，并命名为皮克斯。作为同辈中的佼佼者，Edwin Catmull 在皮克斯开发了电影中使用的第一个完整的渲染系统，Renderman。因为该系统，他在 1993 年获得了学术成就奖。自从迪士尼在 2006 年收购了皮克斯，Edwin Catmull 就成为皮克斯和迪士尼动画工厂的总裁。从那以后，凭借在模型动画和渲染方面的突出贡献，他赢得了众多奖项，包括 1996 年的另一项学术成就奖、2006 年的 IEEE John von Neumann 奖章和 2008 年的 Gordon E. Sawyer 奖。

使用流水线操作：我们将介绍的最后一个常被用于提升效率的技术是流水线操作。例如，一旦我们检测到需要进行求交计算，由一组顶点表示的多边形就可以以流水线的形式通过相对于窗口左、上、右和下边界的四个裁剪步骤。相对于窗口的某个边界的裁剪将多边形的位于该边界划分出的不包含窗口的半平面中的部分裁剪掉。该半平面被记作 OUT，而另一半包含窗口的半平面则记为 IN。在 Sutherland-Hodgeman 方法（图 13-9）中，对一个多边形的裁剪可以通过相对于窗口的上、左、下和右边界依次对多边形进行裁剪来完成。这些步骤中的每一步的输入都是多边形的顶点的一个循环列表（即以相同的顶点开始和结束）。

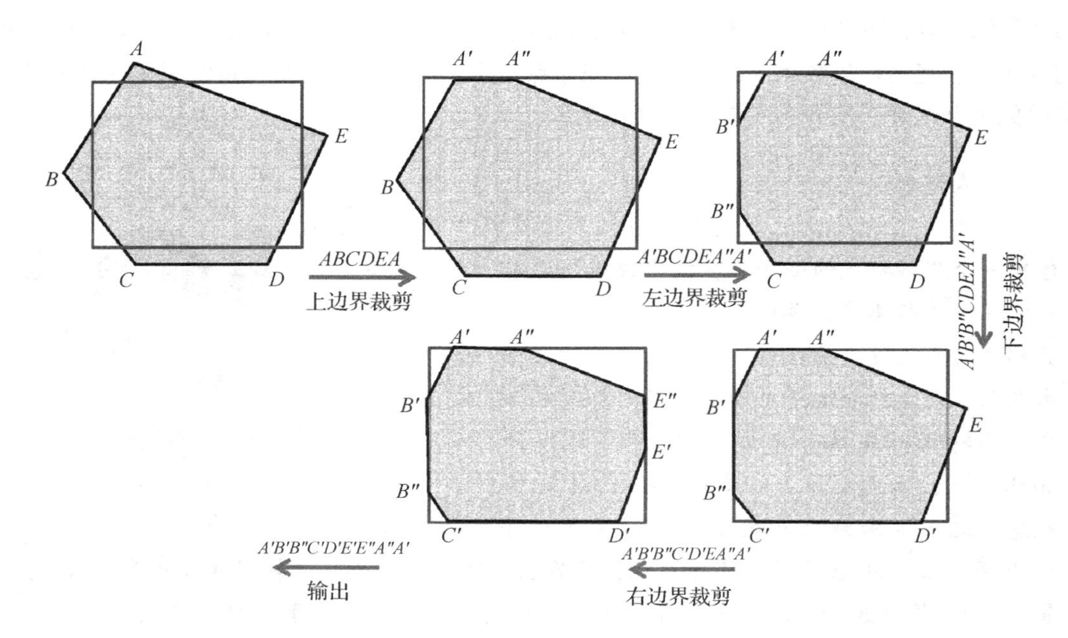

图 13-9 该图展示了 Sutherland-Hodgeman 裁剪算法。该算法相对于窗口的上、左、下和右边界依次对多边形进行裁剪。箭头的上方给出了每一步输入的顶点列表

让我们首先考虑图 13-9 中相对于窗口上边界进行裁剪的多边形 *ABCDEA* 的顶点列表。裁剪算法按从左到右的顺序对输入顶点列表进行解析，解析每个顶点时，根据顶点位置在 IN 和 OUT 半平面之间的移动情况输出一个已有的顶点或一个新的顶点。相应的规则如下。

1. 如果第一个顶点在 IN 半平面，则输出同样的顶点，否则不输出任何顶点。
2. 对余下的顶点依次进行移动测试。

(a) 如果满足从 IN 半平面到 OUT 半平面，则输出与边界的交点；

(b) 如果满足从 IN 半平面到 IN 半平面，则输出该顶点；

(c) 如果满足从 OUT 半平面到 IN 半平面，则输出与边界的交点以及该顶点；

(d) 如果满足从 OUT 半平面到 OUT 半平面，则不输出任何顶点。

接下来我们根据输入循环列表 *ABCDEA* 相对于窗口的上边界进行裁剪。第一个顶点 *A* 在 OUT 半平面，因此不输出任何顶点。下一个顶点是 *B*，而从顶点 *A* 到顶点 *B* 的移动满足从 OUT 半平面到 IN 半平面，因此输出边 *AB* 与窗口上边界的交点*A′*以及顶点 *B* 本身。接下来从 *B* 到 *C*、从 *C* 到 *D* 和从 *D* 到 *E* 的移动都是从 IN 半平面到 IN 半平面，因而分别输出顶点 *C*、*D* 和 *E*。最后，从 *E* 到 *A* 的移动满足从 IN 半平面到 OUT 半平面，所以输出边 *EA* 与窗口上边缘的交点*A″*。综上，输出的顶点列表为*A′BCDEA″*，将其中第一个顶点在列表最后重复一次即可得到一个循环列表*A′BCDEA″A′*，该循环列表将被用作相对于窗口下一个边界进行裁剪时的输入。上述过程对窗口的四个边界依次进行即可得到最终的裁剪后多边形 *A′B′B″C′D′E′E″A″A′*，如图 13-9 所示。

流水线操作之所以可行是因为相对于窗口边界的裁剪中的每一步都可以在读取每个顶

点时立即输出相应的顶点，而不需要在读取完整个列表后才输出。此外，输出的顶点可以在前一个步骤输出完整的顶点列表之前即可马上输入下一个阶段。由于每个步骤都是将部分结果传递给下一步，而下一步骤基于这部分结果就可以进行处理，所以效率得到了极大的提升。

一些裁剪方法会同时使用一个或多个以上介绍的技术。Cohen-Sutherland 方法使用了逻辑运算，Liang-Barsky 方法使用了整数运算，而 Sutherland-Hodgeman 方法使用了流水线操作。这些方法可以通过多种方式相互结合进一步提升效率。现有的图形硬件或许正在实现以上这些方法的一些变形版本。

13.3 光栅化和属性的像素插值

光栅化是交互式图像流程的最后一步。这一步中，裁剪后的多边形（三角形在裁剪后可能不再是三角形）中的所有像素都需要被计算出来，它们的颜色和其他属性需要根据多边形顶点的颜色和属性进行插值运算。裁剪过程中，三角形边缘与窗口的交点处的属性就根据三角形顶点的颜色插值计算得到。光栅化过程由图形硬件实现。这里我们仅介绍一些非常基础的方法，以及如何改进这些方法的效率的一些关键点。我们绘制颜色的缓存被称为帧缓存（Framebuffer），而我们处理深度的缓存则被称为 Z-缓存或深度缓存。这两类缓存都由 API 根据窗口大小定义。我们从空的帧缓存（即所有像素均被初始化为黑色）开始，并将深度缓存置为 0。因为在 Z-缓存中我们记录的是深度的倒数，所以将它初始化为 0 意味着深度为∞。

我们对每个基元都进行光栅化，从窗口的左上角到右下角逐行进行。对于每条扫描线，我们计算它与多边形所有边的交点，将这些交点按照它们的 x 值升序排列（注意它们的 y 值相同，因为扫描线是水平的）。考虑图 13-10 中的两个三角线和黑色的扫描线。排序后的交点为p_0、p_1、p_2、p_3。接下来，对属于每个三角形的相邻交点之间的像素进行填充。结果，p_0到p_1和p_2到p_3之间被填充好。在填充这些像素时，它们的颜色和深度也同时被插值计算出来。对扫描线上被检测出位于三角形内部的像素，首先根据保存的扫描线与边缘交点处的深度值的倒数插值计算出其深度值的倒数。只有当得到的结果值比 Z-缓存中记录的该点处的当前值还要大（即深度更小）时，才会使用该像素的插值颜色值对帧缓存进行更新。否则，该像素被遮挡了，不会在帧缓存中进行绘制。

多边形光栅化也可以通过一些方法进行加速，比如使用上一根扫描线的结果和边的斜率对多边形边与扫描线的交点进行增量式更新，从而避免为每根扫描线重复计算交点。一些数据结构也被用来降低光栅化的计算复杂性。例如，一个三角形覆盖的扫描线范围可以记录下来（图 13-10 中红色和橙色虚线表示的部分），光栅化时对于某根扫描线，只需要处理那些覆盖范围中涉及了这根扫描线的三角形。也会用到其他更复杂的数据结构如边缘表格（也就是按照扫描线保存的记录了排序后的边缘的桶）。整数运算也被尽可能多地用于改进光栅化操作的效率。相关细节在大部分计算机图形学的经典书籍中都可以找到。图 13-10展示了用插值出来的颜色或灰度值绘制的光栅化后的最终多边形。

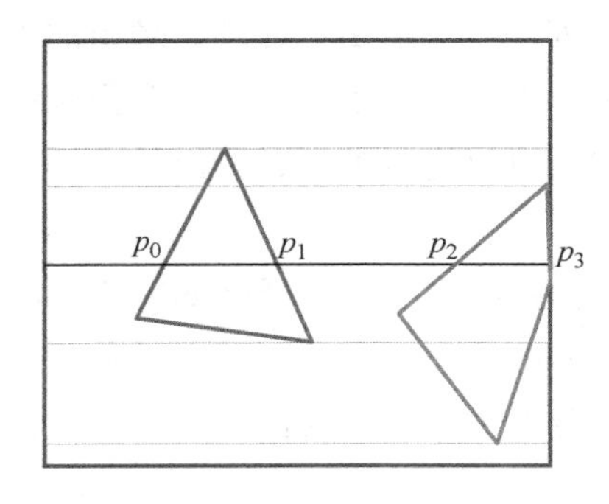

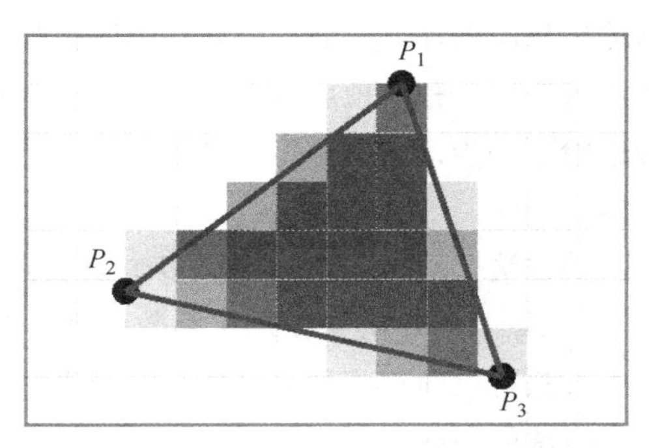

图 13-10　该图展示了多边形光栅化过程（左图）和进行了灰度插值的光栅化后的三角形（右图）（见彩插）

13.4　本章小结

本章我们学习了交互式图形流程的相关知识。我们故意让我们的介绍与具体的 API 无关，只让大家了解相关的基础概念。我们希望根据这些概念，读者能够轻易地将具体的 API 与本章所介绍的流程联系起来。例如，OpenGL 假设视图设置中像平面的法向量为 Z 轴负方向。这意味着它的视图变换和透视变换会与本章介绍的略有不同，我们希望读者能够处理这样的差异。本章我们并没有介绍裁剪和光栅化方法的细节，而是假设它们由图形硬件完成。关于这些技术的更多知识，读者可以参阅 [Foley et al. 90，Shirley and Marschner 09，Watt 09]。

本章要点

- 模型变换
- 视图变换
- 透视变换
- 视锥
- 窗口坐标变换
- 帧缓存
- 深度缓存
- 裁剪
- 扫描转换
- 光栅化
- 属性插值

参考文献

[Foley et al. 90] James D. Foley, Andries van Dam, Steven K. Feiner, and John F. Hughes. *Computer Graphics: Principles and Practice (2nd Ed.)*. Boston, MA, USA: Addison-Wesley Longman Publishing Co., Inc., 1990.

[Shirley and Marschner 09] Peter Shirley and Steve Marschner. *Fundamentals of Computer Graphics*. A. K. Peters, Ltd., 2009.

[Watt 99] Alan Watt. *3D Computer Graphics*. Addison Wesley, 1999.

习题

1. 考虑 XY 平面上的一个边长为 2 的二维正方形，其中心在坐标原点，四条边与坐标轴平行或垂直。
   (a) 画出经过下述一系列变换后，该正方形的图形：围绕 Z 轴逆时针旋转 45 度，平移（$\sqrt{2}$，0，0），再围绕 Z 轴逆时针旋转 45 度。你能简化上述变换，用一串新的变换实现同样的结果吗？
   (b) 画出经过下述一系列变换后，该正方形的图形：平移（2，2，0），再缩放（3，2，1）倍。
   (c) 画出将上一问题中的两个变换交换顺序后得到的正方形的图形。
   (d) 我们希望得到与上一问题中先缩放再平移的变换一样的结果，但是采用先平移再缩放的方法。为此，平移和缩放的参数需要做什么样的修改？
2. 如下定义一个观察者：(a) 视点位置（0，0，0），(b) 视图向量（0，2，0），(c) 像平面方程 $x+y+z=6$。找出该视图设置的视图变换矩阵。假设左、右、上和下平面分别位于−2、+2、4 和 8，远平面在 10。找出它的透视投影矩阵 $\boldsymbol{L}$，对于该观察者而言，点 $P=(10,4,6)$ 的投影坐标是什么？
3. 一个场景的模型变换为围绕 Y 轴逆时针方向旋转 90 度的旋转 $\boldsymbol{R}$，以及沿着 X 轴的正方向移动 20 个单位长度的平移 $\boldsymbol{T}$。给出该变换的具体形式。
4. 考虑近平面（或像平面）在距离 5 处的一种默认视图。注视方向为（2，1），且视图位于在 X 和 Y 方向上大小分别为 10 和 6 的窗口的中心。
   (a) 给出视锥的 r、l、t 和 b。
   (b) 给出使得注视方向与像平面法向量一致的变换。
   (c) 在此变换基础上，找出将 X 和 Y 坐标归一化到−1 和+1 之间的变换。
5. 给出中心位于（200，400）、宽和高分别为 800 和 600 的窗口的窗口坐标变换。
6. 本章我们曾介绍在屏幕空间中对 Z 进行插值在数学上是错误的，我们应该对 Z 的倒数进行插值以得到正确的结果。然而我们对颜色的插值是在屏幕空间中直接进行的。从数学的角度，这样做对吗？试论证你的答案。

真实感与性能

上一章，我们讨论了交互式图形流程的几何基础。然而，通过这样的基本流程渲染出来的场景，物体上缺少光照效果（如镜面高光或阴影）、更加精细的细节、纹理或凹凸的效果，因而看起来不够真实。本章，我们将学习一些能够让我们渲染出更加真实的场景的技术。但是，要想获得真实感不是没有代价的，它很可能会损害性能（如帧率）。因此，我们还将讨论在不损害性能的情况下增加真实感的一些技术。

14.1 光照

计算场景的光照是一个极其复杂的问题。表面上任一点处的光照总量同时与直接和间接光照有关。直接光照是指从一个光源直接照射到物体表面上某一点的光线。此外，其他表面反射的光，穿透或折射过来的光也会在经过多次弹射后抵达物体表面上的同一个点，这些光线统称为间接光照。因此，正如第9章中的方程（9-23）总结的那样，为了计算出物体表面上某一点处的光照总量，我们除了需要计算从光源过来的直接光照，还需要计算在多个表面上经过多次弹射后形成的所有间接光照。这样需要大量计算的复杂光照模型极其耗时，因而并不适合交互式图形流程。为此，人们使用简化的光照模型以达到交互式所需要的性能标准。

对光照模型的第一个简化是假设光源是点光源，这也将是我们首先要进行讨论的。其次，只对直接光照（即直接从点光源照射到物体上某一点的光线）进行建模，而将所有的间接光照（即经过多个物体的多次弹射后到达物体的光线）综合成一项，并将其称为环境光照（Ambient Illumination）。

让我们考虑一个单独的点光源从方向 $\boldsymbol{L}$ 照射表面上法向量为 $\boldsymbol{N}$ 的一个点 P，而眼睛从方向 $\boldsymbol{V}$ 观察这个点的情形。如图14-1所示。用 $\boldsymbol{R}$ 表示将 $\boldsymbol{L}$ 相对于法向量 $\boldsymbol{N}$ 进行翻转后得到的向量。注意图14-1和图9-1之间的相似性。设光线的强度为 I。环境光照 I_a 则非常简单地建模为

$$I_a = c_a I \tag{14-1}$$

其中 c_a 称为环境光照系数。

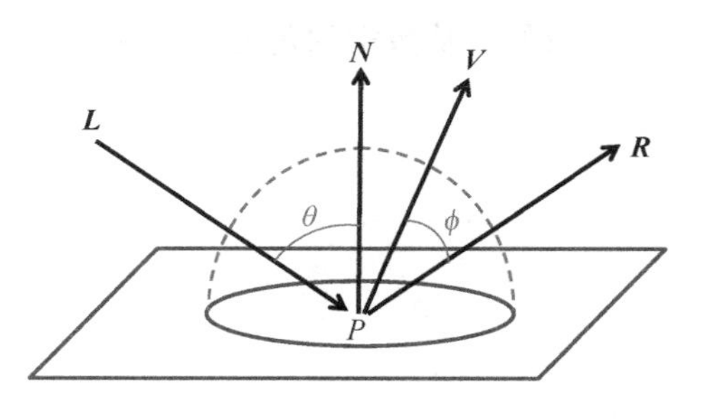

图14-1 该图展示了点 P 处简单环境光、漫反射光和镜面反射光模型的参数

直接光照被建模成两个部分——称为漫反射分量的视角无关部分（即使视点和观察方向改

变，这部分也保持不变）和称为镜面反射分量的视角相关部分（这部分会随着视点和观察方向的改变而改变）。不同光照模型之间的差别体现在它们计算镜面反射分量的方法上。我们将介绍为了纪念 Bui Tong Phong（裴祥风）而命名的 Phong 光照模型。当然，在以性能为代价的情况下，也可以使用其他更复杂的模型（如 Cook Torrance 模型）。

视角无关的漫反射光照I_d可以如下计算

$$I_d = c_d I(\boldsymbol{N} \cdot \boldsymbol{L}) = c_d I\cos\theta \tag{14-2}$$

其中c_d称为漫反射系数。注意该方程与第 9 章中的方程（9-22）之间的相似性。方程（14-2）中的c_d等价于方程（9-22）中的ρ。但是，因为沿着观察者的方向反射的光的量与观察者的位置无关，所以c_d并不依赖于 $\boldsymbol{V}$。

Phong 光照模型中的一个镜面反射分量为

$$I_s = c_s I(\boldsymbol{R} \cdot \boldsymbol{V})^s = c_s I(\cos(\phi))^s \tag{14-3}$$

其中c_s为镜面反射系数，s 为控制视角相关的镜面高光大小的参数。图 14-2 展示了随着 s 增大，余弦函数值会下降得更快，利用这一点就可以实现镜面高光的效果。因为 $\boldsymbol{R}$ 依赖于入射光相对于法向量 $\boldsymbol{N}$ 的方向 $\boldsymbol{L}$，而对光的测量是沿着出射方向 $\boldsymbol{V}$ 的，所以方程（14-3）中的$c_s(\boldsymbol{R} \cdot \boldsymbol{V})$ 等价于方程（9-22）中的$\rho(k_i, k_o)$。

图 14-3 展示了这些参数对光照的影响。假设光源方向、强度和距离表面上点的距离保持不变（给定 $\boldsymbol{L}$），我们考虑对光线向量的一个采样，即在观察方向上看到的光中的红色成分。图 14-3a 和 b 展示了漫反射部分，其中光线沿着所有方向的反射量相同，如图中等长的箭头所示。因此，无论 $\boldsymbol{R}$ 和 $\boldsymbol{V}$ 之间的夹角是多少，观察者 $\boldsymbol{V}$ 接收到的光的量都是相同的。然而，图 14-3b 中的箭头的长度比 a 中的短，这意味着 b 的c_d更小。图 14-3c、d 和 e 都展示了镜面反射部分，其中反映沿着观察方向看到的光的量的反射箭头的长度根据向量 $\boldsymbol{V}$ 偏离反射向量 $\boldsymbol{R}$ 的程度而改变。当 $\boldsymbol{V}$ 与 $\boldsymbol{R}$ 反向重合时，抵达 $\boldsymbol{V}$ 的光线最多；随着 $\boldsymbol{R}$ 与 $\boldsymbol{V}$ 之间的夹角变小，抵达 $\boldsymbol{V}$ 的光线也越来越少。因此，镜面反射光照部分是依赖于视角的。图 14-3d 的c_s比 c 的小，而它们的反射方向相同。然而，图 14-3e 中沿着出射光线方向形成的更尖的波瓣表明它与视角方向的相关性更高。因此，如图 14-2 所示，s 决定了与视角方向的相关程度。

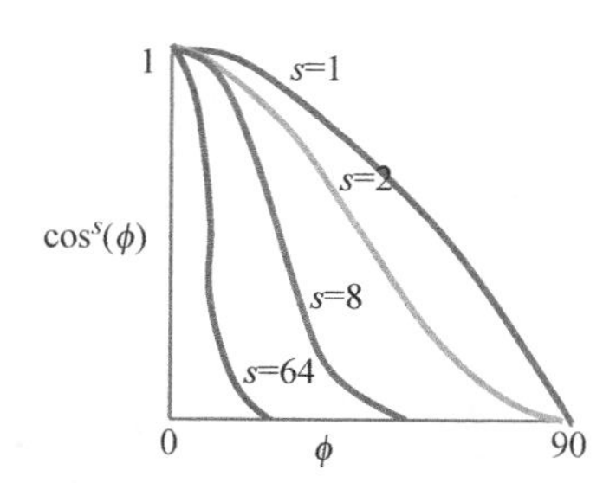

图 14-2 该图展示了 s 取不同值时的函数$\cos^s(\phi)$

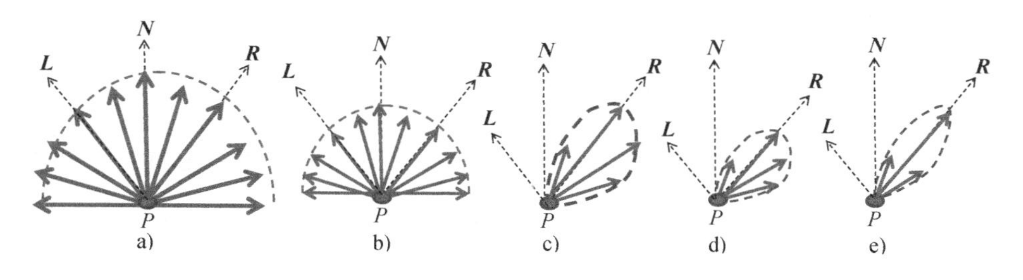

图 14-3 该图展示了简单光照模型中参数c_d和c_s的影响。a 和 b 展示了漫反射光照，后者的c_d比前者的更小。c、d 和 e 展示了镜面反射光照，其中 c 和 d 的 s 比 e 的更小，而 d 的c_s小于 c 和 e 的

图 14-4 展示了上述 Phong 光照模型中不同参数的影响。注意，随着c_a变大，整个物体看起来会更亮，且与光线的方向无关，这一点与预期的一样。相反，当c_d增大时，阴影效果会变得更加显著，因为光线的方向产生了影响。图中也可以看到c_s和 s 对镜面反射光照的影响。c_s会在不改变高光部分大小的情况下改变反射光线的量，而改变 s 则会改变高光部分的大小。

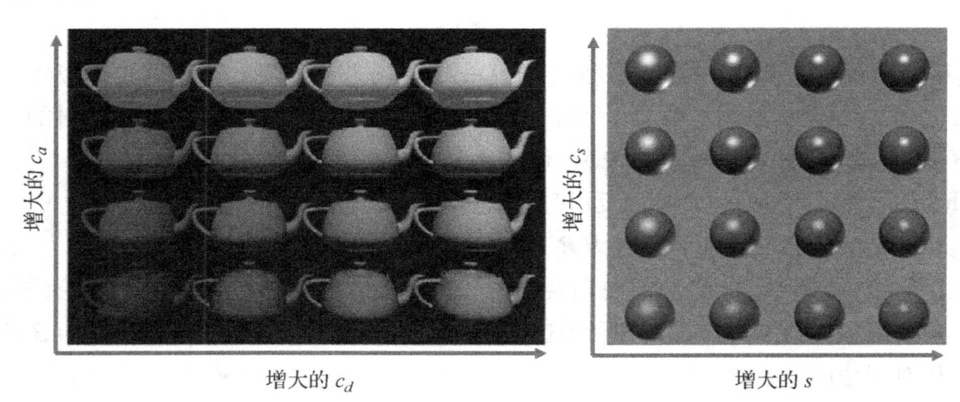

图 14-4　该图展示了一个物体上的简单环境光照、漫反射光照和镜面反射光照的效果

最后，图 14-5 展示了一个点光源下环境光照、漫反射光照和镜面反射光照的综合效果。尽管 Phong 模型存在局限性，或许并不能产生大量材质的视觉效果，但是由于它的简单性，Phong 模型在交互式应用中非常有效。

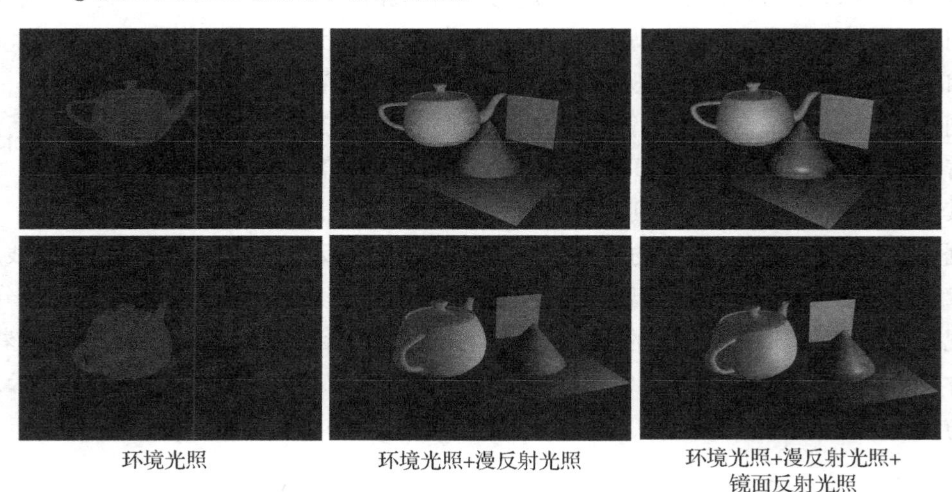

图 14-5　该图从两个视角展示了简单环境光照、漫反射光照和镜面反射光照在一个物体上的效果

对于漫反射和镜面反射光照，人们常常使用一个衰减系数来建模光的强度随着到光源的距离增加而衰减的情况。因此，我们使用$\frac{I}{f}$而不是 I，其中 f 是点光源到物体表面上点的距离 d 的函数。物理上，$f \propto d^2$。但是，为了为应用提供更多的控制参数，f 定义为$f=ad^2+bd+c$，其中 a、b 和 c 是应用可以设置的参数。

回想一下，上述模型假定光源是点光源。其他类型的光源还有方向光源或者面光源。有向光源沿着一个单一方向均匀发出光线，也就是说光源发出的所有光线相互平行。面光源更像一个发光面板而不是一个发光点。有向光源在计算机图形学中被广泛用来模拟远处的强光源，比如太阳。有向光源可以用无穷远处的点光源来建模，此时，只需考虑光源的方向 $\boldsymbol{L}$，而忽略衰减因子（将其设为 1）。面光源或者伸展光源可以用一组紧挨着的点光源来建模。聚光灯是计算机图形学中常常用到的另一种光源。它被建模成一个角度范围受限的点光源。它的角度由点光源定义的锥状体的角度以及它能在物体表面照射到的圆形区域决定。

14.2 着色

在计算出每个顶点处的光照后，我们需要在光栅化的过程中计算三角形面片内部点的光照。根据顶点处的光照计算三角形面片内部点的光照的过程被称为着色（Shading）。交互式图形学中有三种着色算法。

平面着色：每个三角形面片的光照只计算一次。首先，计算三角形三个顶点处的法向量的平均。然后，利用某个光照模型一次性计算出整个三角形的颜色，光栅化时将三角形内的所有像素都设成这一颜色。平面着色的优点在于它的简单性。然而，一条边可能会根据它所在的两个三角形计算得到明显不同的颜色。因此，平面着色会在着色的表面上产生不连续的梯度，形成可见的噪声，比如马赫带。

Gouraud 着色：这种着色方法是为了纪念它的提出者 Henri Gouraud。该方法利用某个光照模型计算出每个顶点处的 RGB 颜色。三角形内部的颜色通过对其顶点处的颜色进行屏幕空间插值得到。因此，一条边总会得到同样的颜色，即便这条边属于多个三角形。Gouraud 着色方法使得着色是连续的，但是仍不能保证梯度的连续性。因此，马赫带噪声比平面着色中的要少，但是仍然存在。

Gouraud 着色方法的一个更大的问题是漫反射，或者说缺少镜面反射高光。在对一个光滑表面进行分片线性插值时，三角形面片的内部是一个小的光滑表面，其法向量平滑地变化。在使用分片线性（或三角面片化）近似弯曲表面时，补偿着色噪声的一种方法是使用顶点处精确的法向量。Gouraud 着色只根据三角形面片顶点处的法向量计算顶点处的光照，并根据顶点处的颜色插值出三角形内部点的颜色，而不需要重构出三角形内部点处的法向量。因此，Gouraud 着色无法产生位于三角形内部而非其顶点处的镜面反射高光。这本质上是因为在构造着色函数时对法向量的采样不足。

Phong 着色：为了缓解这一问题，Phong 提出了一个着色模型。光栅化过程中，对三角形顶点处的法向量进行屏幕空间插值得到三角形上各个像素点的法向量，然后再使用某个光照模型计算出每个像素处的颜色。注意，这样做确实解决了采样不足的问题——逐像素采样是能做到的最好的。然而，这样还是不能保证着色没有梯度不连续。因此，尽管马赫带被大大地减少了，Phong 着色结果中也并不是完全没有。图 14-6 展示了这三种着色技术的差别。此外，注意，Phong 光照是一个光照模型，而 Phong 着色是一种完全不同的着色技术。因此，我们需要小心，以免仅仅因为它们是同一个人发明的就将这两者混淆。

图 14-6　该图展示了同样的光线下平面着色（左图）、Gouraud 着色（中图）和 Phong 着色（右图）的效果。注意，Gouraud 阴影在金字塔上没有形成镜面反射高光，而 Phong 阴影有（见彩插）

14.3　阴影

虽然我们已经介绍了光照模型，但是还没有讨论渲染阴影的问题。事实上，阴影可能会完全改变我们对一个场景的理解，如图 14-7 所示。注意，图中的球相对于棋盘状的地面的位置都是完全一样的，但是只有考虑了阴影，我们才能感知到它们相对于地点的正确高度。

在交互式渲染中，我们使用阴影的一个非常简单的定义。如果一个点从光源的方向看不到，那么它就在相对于该光源的阴影中。此外，我们并不打算用本影或半影这样精确的物理表示来计算阴影中每个像素光照的精确衰减值。相反，我们将关注像素颜色的相对衰减值，这些值能为我们提供图像中缺失的阴影位置所反映的信息（如深度）。

图 14-7　该图展示了阴影对我们感知深度的影响。图中的球相对于棋盘状的地面的位置都是一样的，但是它们的高度只有在显示了阴影的情况下才能被清楚地感知到

阴影所依赖的主要思想是检测屏幕上的一个特定点相对于光源是否可见。如果某个像素对应的三维点距离光源的深度大于 Z-缓存中由该光源渲染出来的对应投影点的值，那么这个像素就在阴影中。按这样的方法检测出来的阴影像素被标注出来，并保存成一幅图像。这意味着从光源方向看，有具有更小深度值的其他物体位于三维点的前方，从而使得该三维点处在阴影中。很明显，为了检测某个点是否在阴影中，我们需要对场景进行多次渲染，一次从光源位置，另一次从观察者的位置。这样的方法常称作多轮渲染（Multi-Pass Rendering）法。后面我们将介绍有关这类方法的更多细节。

假定第一轮从光源的视角渲染场景。用Z_l表示一个像素处最近的三维点的深度，它可以在第一轮渲染中由深度缓存得到。据此，从光源的视角投影到同一个像素上的任何三维点，只要其深度值大于Z_l，那么它就处于阴影中。所有像素的Z_l组成的深度图称为阴影图

(Shadow Map)，被保存下来为下一轮的渲染所用。视图变换后的三维到二维投影矩阵$\boldsymbol{M}_l$在这一轮也会被保存和使用。每一个光源都会对应一幅阴影图。因为这一阶段我们只考虑深度缓存，所以我们不需要在第一轮渲染中渲染光照、着色或任何其他复杂现象。

名人轶事

Bui Tuong Phong（裴祥风），因为他在能够实现 30 帧每秒的光照帧率的低计算复杂度简单光照模型方面的工作，被认为是交互式计算机图形学发展历程中有突出贡献的几大人物之一。他因自己的一句名言而为人熟知，“我们并不期望能够完全真实地显示含有纹理和阴影等的物体，我们只期望能显示一幅足够逼近真实物体、能够提供一定程度的真实感的图像”，这句话很好地总结了交互式图形学背后的哲学。1942 年，Bui Tuong Phong 出生于法属印度支那的河内。他先后搬到了西贡和法国，并于 1966 年从格勒诺布尔科技学院获得了科学执照，于 1968 年从法国国立高等电力技术、电子学、计算机、水力学与电信学校（ENSEEIHT Toulouse）获得了国家文凭。1968 年，他成为了法国计算机和自动化研究所（INRIA 的前身）的一名计算机科学研究员，参与数字化计算机操作系统的开发工作。1971 年 9 月，他来到了犹他大学工程学院攻读博士学位，并且于 1973 年毕业。毕业后他成为了斯坦福大学的一名教授。当他还是一名学生的时候，Phong 就已经知道自己身患白血病，而且已经到了晚期。完成博士论文后不久，Phong 就去世了。虽然他的生命只有短短 33 年，但是他却在交互式计算机图形学领域留下了不可磨灭的影响。

接下来，我们考虑从观察者视角进行的第二轮渲染。该过程中创建的深度缓存Z_v中只记录了观察者可以看到的三维点。其他三维点与我们检测点是否在阴影中没有关系。对于这些观察者可以看到的点，我们需要找出它们相对于光源的深度。假设 $P=(X, Y, Z_v)$ 为经过基于投影矩阵$\boldsymbol{M}_v$的三维到二维投影（视图变换后），并且处理了遮挡后最终在 (x_v, y_v) 处渲染出来的点，我们有

$$\boldsymbol{M}_v^{-1}\begin{bmatrix} ix_v \\ y_v \\ \dfrac{1}{z_v} \\ 1 \end{bmatrix} = \begin{bmatrix} X \\ Y \\ Z_v \end{bmatrix} \tag{14-4}$$

该点相对于光源的深度Z_v^l可以按下式计算得到

$$\begin{bmatrix} x_l \\ y_l \\ \dfrac{1}{Z_v^l} \end{bmatrix} = \boldsymbol{M}_l \begin{bmatrix} X \\ Y \\ Z_v \end{bmatrix} = \boldsymbol{M}_l \boldsymbol{M}_v^{-1} \begin{bmatrix} x_v \\ y_v \\ \dfrac{1}{z_v} \\ 1 \end{bmatrix} \tag{14-5}$$

由此可见，通过与一个4×4的矩阵$M_l M_v^{-1}$的乘积，我们可以得到该点P相对于光源的投影和深度。当$Z_l(x_l, y_l) < Z_v^l$时，点P在阴影中，帧缓存中（x_v，y_v）处的值将会按小于1.0的因子衰减以形成阴影效果。图14-8展示了上述整个过程。

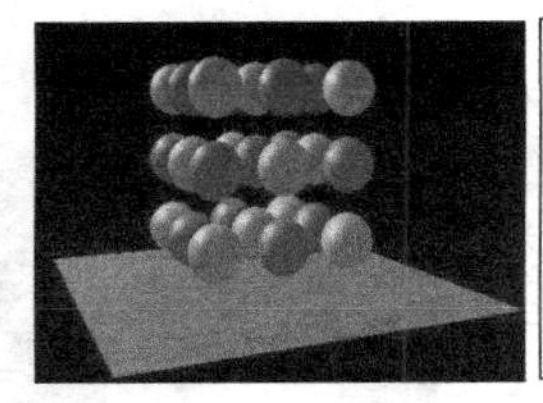

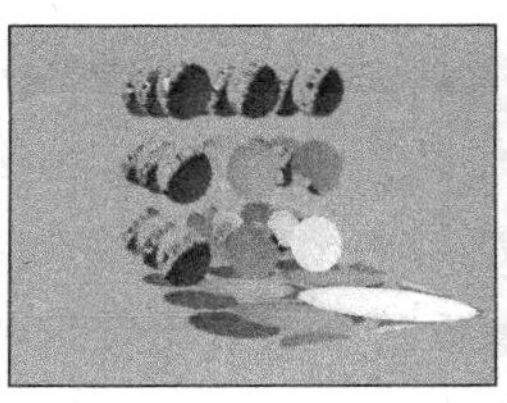
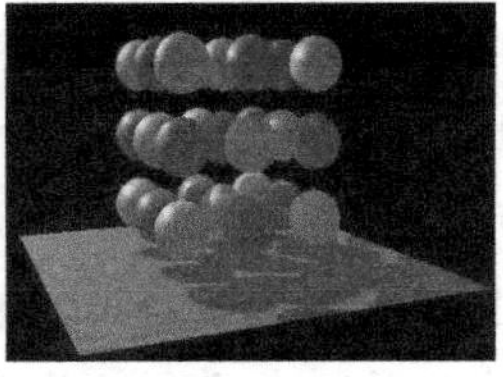

图14-8　该图展示了渲染阴影的流程。自左向右：不包含阴影渲染出来的三维场景，第一轮渲染后的阴影图，用非绿色值标示出来的帧缓存中位于阴影中的点，这些非绿色标示的像素的颜色被衰减以形成阴影的效果。注意，球相互之间也会形成阴影（见彩插）

14.4　纹理贴图

纹理贴图将一幅二维图像贴在一个物体上以增加数字场景的内容丰富性和视觉细节。纹理贴图用到三个坐标系：二维纹理空间、三维对象空间和二维屏幕空间。纹理图像的二维坐标在二维纹理空间（2D Texture Space）中定义，场景中物体的三维坐标定义在三维对象空间（3D Object Space）中，而物体投影后的基元内部像素点的坐标则定义在二维屏幕空间（2D Screen Space）中。对象空间中的每个三维顶点坐标被赋予纹理空间中的一个纹理坐标。光栅化过程中使用屏幕空间将图像映射到纹理贴图过程中物体投影产生的基元内部。

14.4.1　纹理至对象空间映射

这一步将一幅矩形的二维图像映射到任意一个三维形状上。非正式地讲，这类似于对一个复杂的三维物体（如花瓶、果盘、托盘）进行礼物包裹。物体的形状越复杂，进行这样的映射就越困难（例如一本书很容易进行礼物包裹，而一个地球仪就不是那么容易）。因此，在将二维图像映射到复杂形状上时，不同位置会出现不同程度的拉伸或皱缩，这完全取决于形状的局部几何特性以及我们对怎样将纹理包裹在局部区域的选择。让我们用两个坐标s和t定义纹理空间，其中$0 \leqslant s, t \leqslant 1$，用（$x$，$y$，$z$）表示对象空间中顶点的三维坐标。我们需要为这些顶点赋予二维纹理坐标。本节，我们将介绍为三维对象坐标计算二维纹理坐标的方法。有两种方法可以计算这样的映射。

参数化形状（Parametric Shapes）：有些形状有二维参数化表示形式，比如球或圆柱体。这种情况中，我们将纹理空间中的两个坐标直接映射到参数化表面表示所用的两个参数。以圆柱体为例。半径为r的圆柱体上的一个三维点（x，y，z）可以用两个参数表示：u（$-180 \leqslant u \leqslant 180$）定义了围绕中心轴的旋转角度，$v(0 \leqslant v \leqslant 1)$定义了在圆柱体上的高度（图14-9）。

因此，表面上的一个三维点（x，y，z）可以用这两个参数（u，v）表示如下。

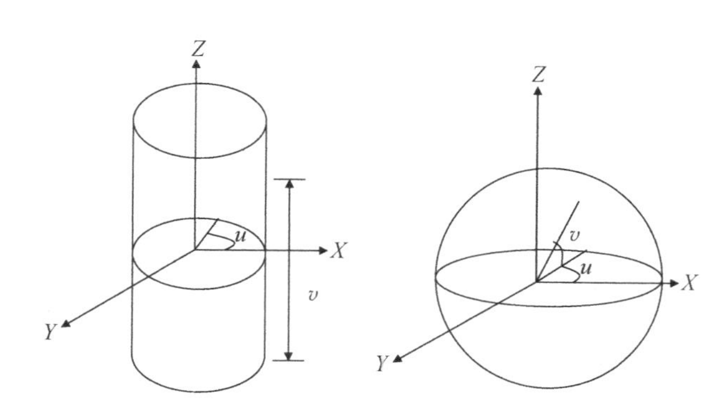

图 14-9 该图展示了需要进行纹理贴图的物体或者表面的参数化表示，左图的圆柱和右图的球都使用了两个参数

$$x=r\cos(u) \tag{14-6}$$

$$y=r\sin(u) \tag{14-7}$$

$$z=v \tag{14-8}$$

求解上述方程，我们可以计算出圆柱体上任意一个顶点（x，y，z）所对应的二维参数（u，v）。接下来，我们就可以将（u，v）与归一化的纹理坐标（s，t）进行如下的关联

$$s=\frac{u+180}{360} \tag{14-9}$$

$$t=v \tag{14-10}$$

类似地，一个球可以用两个角度进行参数化：u（$-180\leqslant u\leqslant 180$）和 v（$-90\leqslant v\leqslant 90$），如图 14-9 所示。同样，我们可以定义球上的一个点（x，y，z）的二维参数化形式为

$$x=r\cos(v)\cos(u) \tag{14-11}$$

$$y=r\cos(v)\sin(u) \tag{14-12}$$

$$z=r\sin(v) \tag{14-13}$$

据此，与三维点（x，y，z）关联的（u，v）坐标可以映射到下述纹理坐标（s，t），

$$s=\frac{u+180}{360} \tag{14-14}$$

$$t=\frac{u+90}{180} \tag{14-15}$$

上述两种情况中将（s，t）映射到（x，y，z）坐标的方法分别称为柱面和球面映射。一旦为每一个三维顶点定义了如上的纹理坐标，我们就可以根据纹理图像上该坐标（s，t）处的颜色为三维顶点赋予颜色值。注意，只有整数值的（s，t）处才有定义的颜色值，它们被称为纹理元。然而，映射后并不能保证（s，t）总取整数值。因此，如果（s，t）落在了两个整数值之间，颜色值可以通过对最近纹理元插值得到，比如直接取最近纹理元的颜色值，或者对纹理图像中相邻的几个纹理元的颜色进行插值。

纹理贴图中需要注意的重要一点是贴图后物体的表观完全取决于参数化过程。为了说明参数化过程的重要性，让我们考虑如图 14-10 所示的一个三角形上的黑白相间的棋盘纹理。对平面三角形的不同参数化过程产生了顶点处纹理坐标映射的两种不同结果，最终呈现出来的表观也不一样。

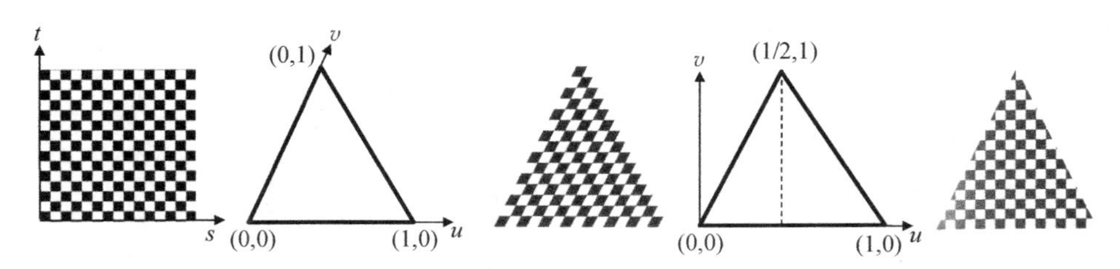

图 14-10　该图展示了参数化过程对纹理贴图的影响。同一个三角形被按照两种不同的方法进行参数化，每个顶点映射后的纹理坐标（s，t）也不同。注意，基于这两种参数化过程的纹理贴图得到的表观变化明显不同

更加复杂的形状：对于更复杂的形状，找到简单的二维参数化方法并不容易。这种情况下，我们用一个能包围该形状的简单形状，或者将复杂形状投影到一个简单形状上，再对得到的简单形状进行参数化，并使用前述方法为其赋予纹理坐标。然后，我们找到将复杂形状的顶点映射到简单形状的顶点的方法，再将简单形状的纹理坐标赋予其在复杂形状中对应的顶点。有许多方法可以实现这种复杂形状到简单形状的映射。这里，我们考虑几个例子。

物体可以被像球这样的简单几何形状包围（图 14-11）。复杂形状上的任一个顶点处的法向量都可以进行延伸，而在延伸后的法向量与包围物体的简单几何形状之间的交点处的纹理坐标可以用作该顶点处的纹理坐标。或者，可以从复杂物体的中心出发画一条通过需要进行纹理坐标赋值的顶点的射线。该射线与包围物体的简单几何形状之间的交点处的纹理坐标可以赋予复杂形状中的相应顶点。类似地，圆柱面映射可以使用圆柱体作为中间几何形状。我们还可以使用更加简单的映射。例如，纹理坐标可以通过顶点在纹理平面上的正交投影得到。这被称为正交映射。透视投影映射也可以用来计算纹理坐标，它将纹理看成是透视投影中的像平面。一个三维点处的纹理坐标可以用连接投影中心和三维点的射线与像平面的交点定义。这也称为投影纹理（Projective Texture）。这样的纹理常被用来模拟在大剧院或者虚拟现实环境中的投影效果。

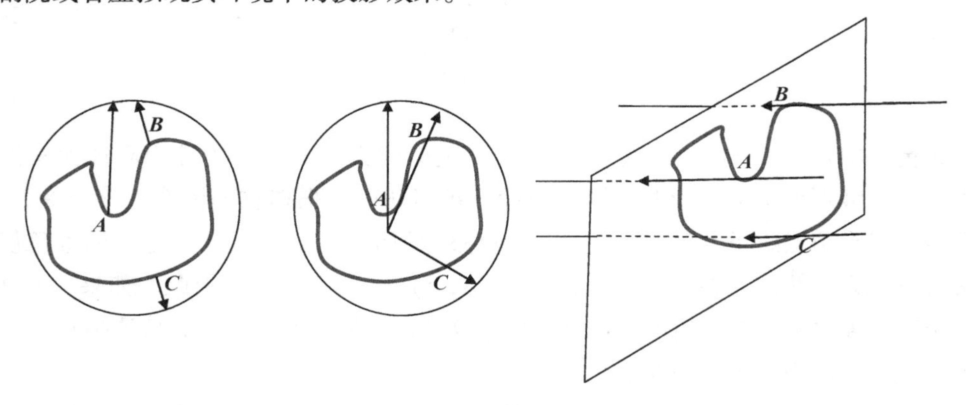

图 14-11　该图展示了一个复杂形状使用球面映射（左一和左二图）和正交映射（右图）进行纹理贴图的情况。球面映射使用法向量（左一图）或者由物体中心出发的射线（左二图）选取纹理坐标

物体的形状与包围它的简单形状越接近，纹理贴图的结果就越好。图 14-12 展示了这一点。因为花瓶在形状上与圆柱体更接近，所以正交映射的结果相比于圆柱面映射的结果有更严重且不真实的变形。即使在圆柱面映射的结果中，也只是在像瓶颈和瓶基这些偏离了圆柱体结构的地方有较大的形变。但是，对于像茶壶这样的物体，要选择一个合适的包围形状可能会很难，因为它既像一个球体，也像一个圆柱体。这种情况下，形状的变形并没有太大区别，反倒是物体上某些特定区域的颜色可能差异比较大。因此，具体选择哪一个，完全取决于用户认为哪一个最适合他们的应用。

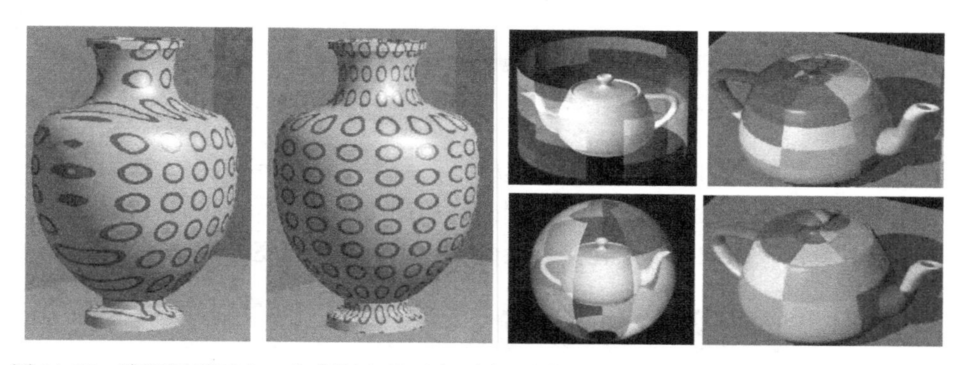

图 14-12　该图展示了在一个花瓶上的正交（左一图）和圆柱面（左二图）映射，以及在一个茶壶上的圆柱面（右侧上图）和球面（右侧下图）映射的结果（见彩插）

14.4.2　对象至屏幕空间映射

为顶点赋予了纹理坐标后，就可以对像颜色这样的其他属性进行处理了。三角形面片内部点的纹理坐标通过对其顶点处的纹理坐标进行插值计算得到。这样的插值在光栅化过程中完成。

上一章我们已经学习过，在屏幕空间中的正确插值需要通过对深度的倒数进行插值得到。让我们考虑三维空间中深度为Z_1和Z_2的两个点P_1和P_2。连接这两个点的直线上由参数$q(0\leqslant q\leqslant 1)$定义的点$P_t$的深度$Z_t$为

$$Z_q=Z_1+q(Z_2-Z_1) \tag{14-16}$$

由第 13 章我们知道如果同一个点的屏幕空间参数为 q（$0\leqslant q\leqslant 1$）那么

$$\frac{1}{Z_q}=\frac{1}{Z_1}+p\left(\frac{1}{Z_2}-\frac{1}{Z_1}\right) \tag{14-17}$$

根据以上两个方程，我们可以得到 p 和 q 之间的关系为

$$q=\frac{pZ_1}{pZ_1+(1-p)Z_2} \tag{14-18}$$

对纹理坐标进行插值时，我们希望根据它们正确的深度得到正确的坐标。因此，当从纹理空间到对象空间的映射将纹理坐标T_1和T_2分别赋予P_1和P_2时，点P_q处的纹理坐标为

$$T_q=T_1+q(T_2-T_1)=\frac{\left(\frac{T_1}{Z_1}+p\left(\frac{T_2}{Z_2}-\frac{T_1}{Z_1}\right)\right)}{\frac{1}{Z_q}} \tag{14-19}$$

图 14-13 展示了透视正确的纹理坐标赋值的效果。

图 14-13　一个纹理贴图后的多边形，其深度从前往后变化。左图中的纹理坐标赋值没有考虑透视投影，结果由于多边形的梯形形状，棋盘方格只在水平方向上发生了收缩。而右图中，因为使用了透视上正确的纹理坐标赋值，棋盘方格的大小随着深度而改变

纹理坐标从一幅纹理图像中为顶点选取颜色，而不是从物体的颜色中选取。因此，纹理贴图后的物体可以像有色物体一样被光照亮。如图 14-14 所示，我们可以根据从纹理图上提取的颜色计算漫反射或 Phong 光照，从而得到一个被光照亮的带纹理物体。

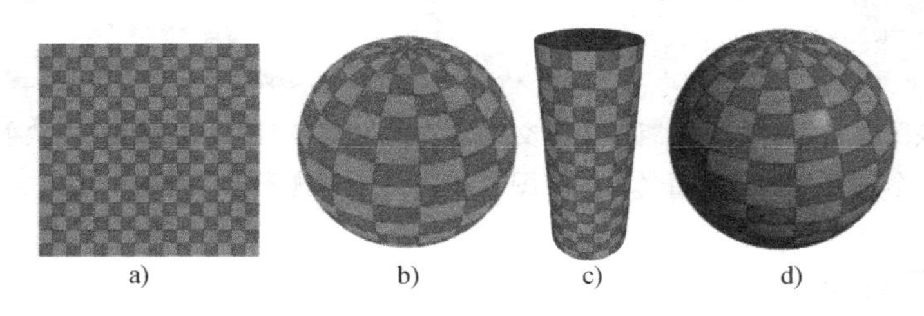

图 14-14　该图展示了纹理 a 在三维球体 b 和三维圆柱体 c 上的球面映射结果。b 中纹理贴图后的球经光照后的结果如 d 所示（见彩插）

14.4.3　分级细化贴图

渲染后的基元中的每个像素最终都被赋予了一个纹理坐标。因此，我们可以将一个三角形面片中的像素看成是对纹理图像的采样。例如，如果一个三角形面片的一条边被光栅化成了 5 个像素，而且被映射到了纹理图像上含有 180 个纹理元的一条边上，那么我们希望这 5 个像素对一个含有 180 个像素的函数进行采样，而且能够提供一种精确的表示。根据奈奎斯特采样定律，我们知道这将会导致采样不足，进而造成对信号的重构不准确。

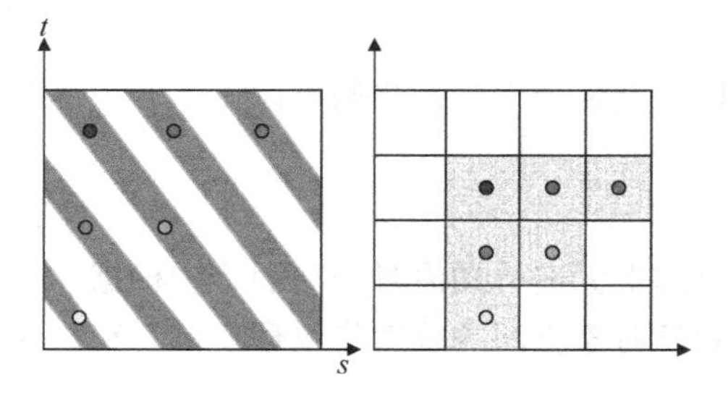

图 14-15　通过光栅化后的三角形的像素（右图）在纹理图（左图）上提取颜色。注意，虽然纹理是绿白相间的条带，但是最后得到的三角形只是一片绿色（见彩插）

图 14-15 说明了这一问题。考虑右图中用灰色像素表示的光栅化后的三角形。这些像素的中心用不同颜色的点标了出来，而光栅化过程中它们对应的插值得到的纹理坐标也在纹理图上用同样颜色的点做了标识。注意，由于这些坐标对纹理的采样频率远低于表示这些条带所需的采样频率，

最终得到的结果将是一片绿色，而这个三角形在纹理贴图后本来应该呈现为绿白相间的条带。这就是由于通过渲染后三角形的像素对纹理的采样不足而造成的混叠噪声。

避免这一问题的最好方法是构建纹理的一个高斯金字塔，其中纹理被滤波成具有多个不同的截断频率。根据渲染后的三角形中的像素数为高斯金字塔选择一个合适层数，以使得像素数是那一层上纹理大小的两倍以上，从而足够提取到其中所有不同的频率。考虑一个大小为$2^N \times 2^N$的纹理，它被组织成一个包含 ln（N）层的高斯金字塔，其中第 i（$l \leqslant \ln(N)$）层的图像的大小为$2^{N-i+1} \times 2^{N-i+1}$。分级细化贴图提供了保存这样的高斯金字塔的一种紧凑的方法。分级细化贴图后的 RGB 纹理的大小为$4 \times 2^N \times 2^N$字节。图像被分割成四个象限，每个大小为$2^N \times 2^N$。其中的三个象限用于保存高斯金字塔第一层中的 R、G 和 B 通道，而第四个象限保存下一层的大小为$2^{N-1} \times 2^{N-1}$的 RGB 图像。第四个象限被像之前那样递归地划分成四个象限，以分别保存 R、G 和 B 分量，以及再下一层的大小为$2^{N-2} \times 2^{N-2}$的 RGB 图像。这一过程持续进行直至原始图像被滤波成了单个像素。这样得到的图像序列也被称为高斯金字塔表示。进行纹理贴图时，根据应用程序提供的指令访问金字塔中合适的层。图 14-16 展示了分级细化贴图的结构以及一个场景在使用分级细化贴图和不使用分级细化贴图时的渲染结果。

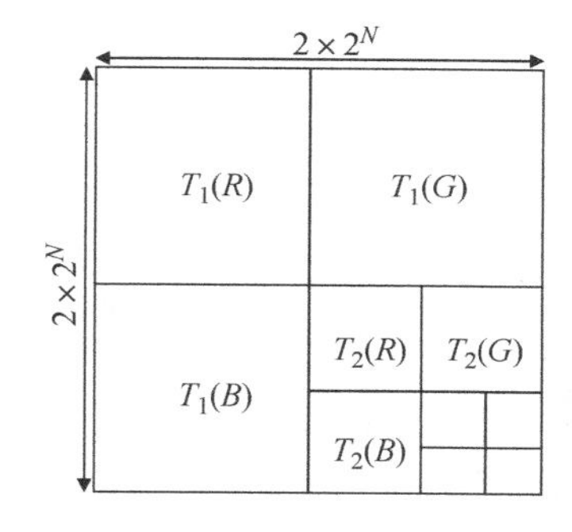

图 14-16 该图展示了分级细化贴图中的高斯金字塔结构（左图）和一个从倾斜视角观察的地面场景经过棋盘纹理贴图渲染后的结果，其中中图没有使用分级细化贴图，而右图使用了分级细化贴图。注意没有使用分级细化贴图时明显的混叠噪声在使用分级细化贴图后被去除了。地面远处可以看到的灰色部分完全符合我们人类大脑对这样的场景的感知

14.5 凹凸贴图

通过凹凸贴图技术，我们可以在不改变基元数目的情况下，模拟出物体表面微小的凹凸起伏的效果，如图 14-17 所示。图中的两个圆环含有同样数量的三角形面片。但是其中一个在几何上看起来明显比另一个要更富于变化，这是由于其表面的凹凸造成的。注意，这两个圆环都使用了一个蓝黄相间的纹理进行贴图。这些凹凸是按照预定义的方式对法向量进行扰动而仿真出来的，这些扰动使得光线按照与凹凸一致的方式发生变化。这就

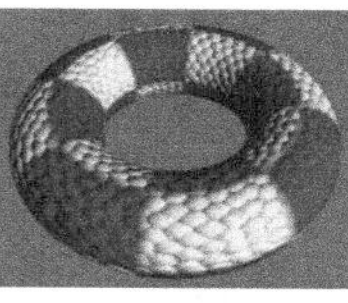

图 14-17 同样的物体不使用凹凸贴图的渲染效果（左图）和使用凹凸贴图的渲染效果（右图）（见彩插）

使我们看到了那些凹凸，虽然它们在网格中实际上并不存在。

让我们考虑一个用两个参数（u，v）表示的表面，就类似于我们在纹理贴图中所做的。给定表面上一个法向量为 $\boldsymbol{N}$ 的点 $P(u, v)$，令$\boldsymbol{P}_u$和$\boldsymbol{P}_v$分别表示点 P 处沿着 u 和 v 方向的切向量。在凹凸贴图中，我们想要根据一个标量凹凸函数 $B(u, v)$ 对顶点处的法向量进行扰动。将 B 看成一个灰度图像，其中白色代表最大的凹凸而黑色代表最小的凹凸。据此，我们希望将点 $P(u, v)$ 沿着它的法向量方向移动到点$P'(u, v)$ 的位置，即

$$P'(u,v)=P(u,v)+B(u,v)\boldsymbol{N} \tag{14-20}$$

注意这里的加法是向量加法。给定这样的偏移量，我们希望找到扰动后的法向量，以便我们可以使用新的法向量而不是 $\boldsymbol{N}$ 进行光照计算。为此，我们分别找出偏移后的点$P'(u, v)$ 处沿着 u 和 v 方向的切向量$\boldsymbol{P}'_u$和$\boldsymbol{P}'_v$。它们可以根据方程（14-20）沿着 u 和 v 方向的偏导数得到，即

$$\boldsymbol{P}'_u=P_u+B_u\boldsymbol{N}+B\boldsymbol{N}_u=P_u+B_u\boldsymbol{N} \tag{14-21}$$

$$\boldsymbol{P}'_v=P_v+B_v\boldsymbol{N}+B\boldsymbol{N}_v=P_v+B_v\boldsymbol{N} \tag{14-22}$$

其中，B_u和B_v是凹凸函数在水平和竖直方向上的偏导数。虽然$\boldsymbol{N}_u$和$\boldsymbol{N}_v$表示沿着 u 和 v 的方向曲率，我们假设表面的局部是一个平面，因而认为$\boldsymbol{N}_u$和$\boldsymbol{N}_v$等于零。图 14-18 展示了一个凹凸图像及其导数，其中导数B_u和B_v通过将一个像素的值分别与它右侧（或左侧）和下方（或上方）的相邻像素的值相减得到。

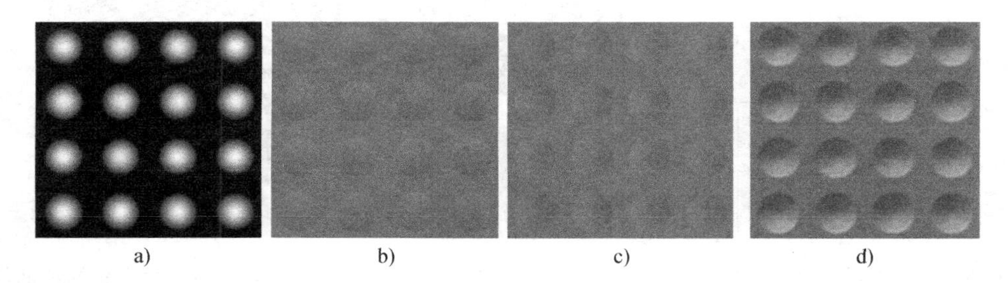

图 14-18 该图从左到右依次展示了凹凸图像 $B(u, v)$，它沿着 u 方向的导数B_u，沿着 v 方向的导数B_v以及法向量图。其中导数B_u和B_v分别通过将每个像素的值与它右方和下方相邻的像素的值相减得到（见彩插）

根据以上推导，点P'处扰动后的法向量$\boldsymbol{N}'$为

$$\boldsymbol{N}'=\boldsymbol{P}'_u\times\boldsymbol{P}'_v \tag{14-23}$$

$$=\boldsymbol{P}_u\times\boldsymbol{P}_v+B_v(\boldsymbol{P}_u\times\boldsymbol{N})+B_u(\boldsymbol{P}_v\times\boldsymbol{N})+B_vB_u(\boldsymbol{N}\times\boldsymbol{N}) \tag{14-24}$$

$$=\boldsymbol{N}+B_v(\boldsymbol{P}_u\times\boldsymbol{N})+B_u(\boldsymbol{P}_v\times\boldsymbol{N}) \tag{14-25}$$

注意，$\boldsymbol{N}$、$\boldsymbol{P}_u\times\boldsymbol{N}$ 和$\boldsymbol{P}_v\times\boldsymbol{N}$ 是相互正交的单位向量。因此，它们定义了一个局部坐标系，$\boldsymbol{P}_v\times\boldsymbol{N}$、$\boldsymbol{P}_u\times\boldsymbol{N}$ 和 $\boldsymbol{N}$ 分别表示 X、Y 和 Z 坐标轴。$\boldsymbol{N}'$在该坐标系中的坐标为（B_u，B_v，1）。我们可以将这些扰动后的法向量保存成一幅图像，图像中（u，v）处的 RGB 值设为（B_u，B_v，1)，表示（u，v）处扰动后的法向量。这样的图像称为法向量图，用 $\boldsymbol{n}(u, v)$ 表示，它的颜色看起来接近蓝色（图 14-18）。

现在我们就可以利用这个法向量图通过下列步骤实现凹凸贴图了。

1. 在物体表面参数为（u，v）的位置，利用其法向量和切向量定义一个局部坐标系。
2. 找出从全局坐标系到该局部坐标系的变换。
3. 将光源向量和视角向量变换到该局部坐标系。
4. 找出扰动向量 $\boldsymbol{n}(u, v)$。
5. 使用扰动后的法向量以及变换后的光源和视角向量计算出光照。

图 14-19 展示了一些凹凸贴图的结果。你能看出少了什么吗？首先，注意轮廓上并没有出现凹凸。这是因为像素实际上并没有真正发生移动，而轮廓处的几何结构是最容易被看出来的，因而无法欺骗我们的眼睛。此外，因为几何结构并没有发生变化，所以自阴影效果是看不出来的，这也暴露了我们所用的伎俩。

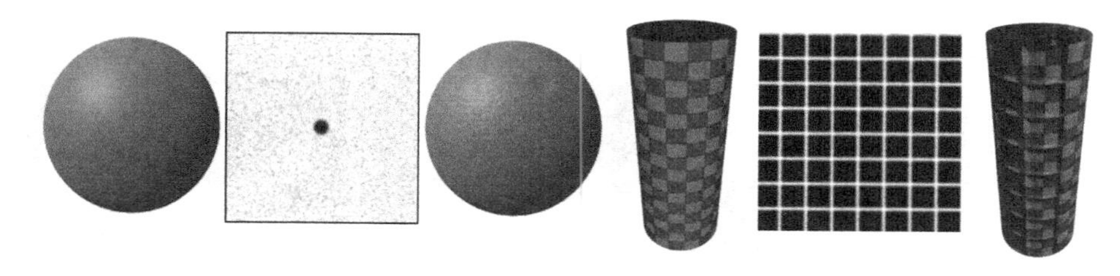

图 14-19 该图展示了一些凹凸贴图的结果：左侧为原始物体，中间为凹凸图，右侧为凹凸贴图后的物体（见彩插）

另一个通常称作位移贴图的技术通过一幅图像的引导对几何结构进行了真正的扰动，将 P 移动到了P'。这种情况下需要创建和渲染微几何结构，而凹凸贴图是不考虑这一点的。借助于此，通过位移贴图，我们可以看到轮廓处的凹凸、自遮挡和自阴影。图 14-20 给出了一个这样的例子。

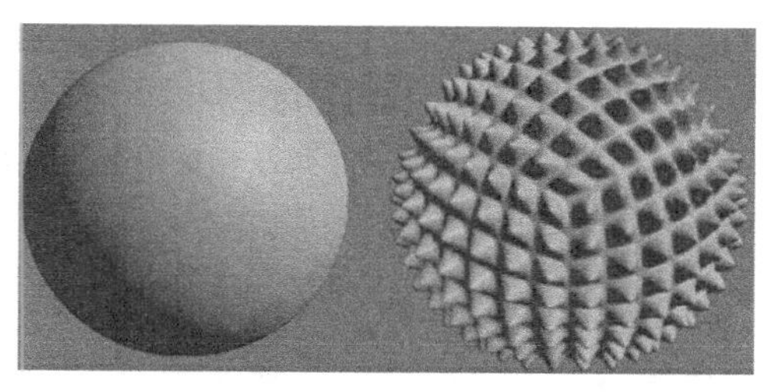

图 14-20 该图展示了球体的一个位移贴图的例子（见彩插）

14.6 环境贴图

真实世界中，我们经常会看到特别闪亮的物体（图 14-21）。环境贴图，也称为反射贴图，是计算机图形学中用于交互式渲染这样的闪亮物体的一种技术。非常闪亮的物体的重要特点是，在这样的物体上面我们可以看到被反射出来的整个环境。有时候，人们所处的环境（如家、咖啡馆）并不在渲染的视场范围内，但是可以通过它们在渲染出来的闪亮物体上的反射看出来。然而，通过精确跟踪物体与环境之间的光线来生成这样的效果代价非常之高。这样的精确渲染还能展现出自反射的效果（例如图 14-21 中茶壶壶身上反射出了茶壶的把手）。正如我们已经知道的那样，这在交互式图

图 14-21 真实世界中的闪亮物体

形学中实现起来太复杂了。

通过生成一个称之为环境图的东西，我们可以根据一个闪亮物体得到它反射的环境的一个初步近似。它是一个贴图了环境的简单几何形状（如一个立方体或一个球体）。在真实世界中，可以使用鱼眼相机拍摄得到。这样的图像的水平和竖直视场分别有 180 度和 90 度。两幅这样的图像（左右半球或上下半球各一幅）可以生成一幅球面的环境图。对于数字场景，我们可以采用多轮渲染，每一轮渲染生成立方体环境图中的立方体的一个面。从放置在一个合适位置的视点，比如需要进行环境贴图的物体的中心，我们需要六轮渲染来生成完整的视场。此外，我们还可以通过跟踪从球心出发射向环境的光线生成球体环境贴图。光线与球面的交点的颜色被设成光线在环境中遇到的第一个点的颜色。图 14-22 给出了立方体和球体环境贴图的例子。

图 14-22 该图展示了立方体和球体环境贴图。立方体贴图被展开来显示（中图），它通过六轮渲染得到，每一轮渲染生成从立方体中心看到的立方体的一个面。球体贴图（右图）由一个鱼眼相机拍摄的一家咖啡馆的图像得到

有趣的事实

反射贴图已经在电影工业中使用了很长时间，特别是在科幻电影中的机器人上，其应用甚至早于它成为通用的计算机图形学技术。该技术由 Gene Miller 和 Ken Perlin，以及 Michael Chou 和 Lance Williams 分别在 1982 或 1983 年前后独立提出。最早利用反射贴图将物体放置在场景的两个实例是在花园中站在 Michael Chou 旁边的一个合成的闪光机器人，以及漂浮在停车场上的一只反射斑点狗。1985 年时，Lance Williams 是纽约理工学院的一个团队中的一员，他在一个称为 *Interface* 的电影片段中通过一个动画计算机图形学元素在一个运动场景中使用了反射贴图，该片段特写了一个年轻的女性亲吻一个闪光的机器人的镜头。而在实际拍电影的时候，她亲吻的是一个 10 英寸大小的闪光的球，影片中所用的反射贴图则是从球面上反射出来的图像得到的。第一部使用反射贴图技术的故事片是 1986 年兰德尔·克莱泽的《飞碟领航员》，影片中渲染了一架正在田野、城市和海洋上空飞过的闪光的变形宇宙飞船，飞船上反射出了其下方的场景。它以一种工具性概念贯穿整部电影的突破性呈现则是在詹姆斯·卡梅隆的电影《深渊》和《终结者Ⅱ》中。

环境图生成以后，以一种非常类似于在复杂表面上进行纹理贴图的方式被映射到一个

任意形状的物体上，不同之处在于贴图过程由观察者相对于物体的位置引导。图 14-23 中对一个任意的蓝色形状进行环境贴图。我们考虑包围该形状的一个球体图，用 P 表示我们希望计算其环境图坐标（即在球体图上的坐标，该坐标处的颜色将被选取来设置 P 的颜色）的物体上的一个顶点。令 $\boldsymbol{V}$ 为视图向量，它通常是连接视点到 P 的向量。令 P 处的法向量为 $\boldsymbol{N}$。将 $\boldsymbol{V}$ 相对于 $\boldsymbol{N}$ 进行反射形成向量 $\boldsymbol{R}$。注意，如果蓝色形状是像闪光物体一样的镜子，那么观察者看到的 $\boldsymbol{R}$ 与环境相遇的三维点处的颜色是从 P 点反射出来的颜色。该点可以用 Q 表示，与 $\boldsymbol{R}$ 平行且通过球体图中心的射线 $\boldsymbol{R}'$ 与环境图在 Q 点处相交。因此，点 Q 将被映射到点 P 上，进而将它的颜色也赋给了 P。

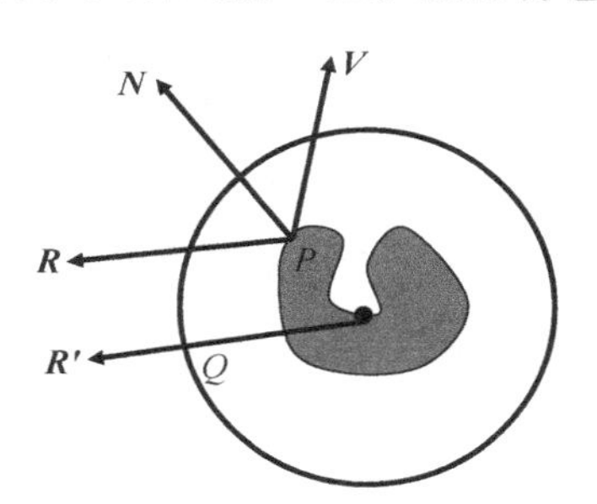

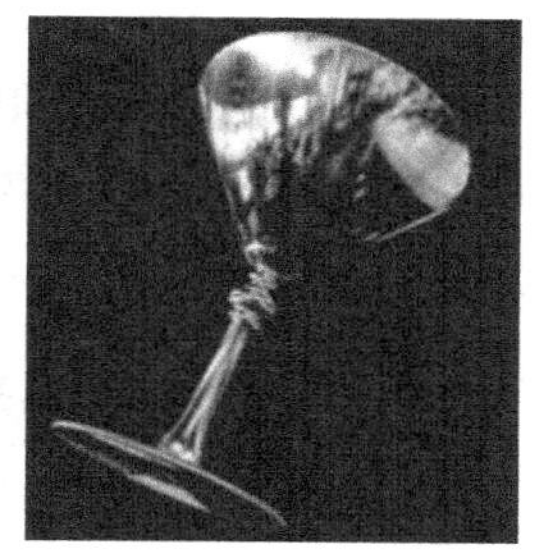

图 14-23 左图展示了对一个包含在球体环境图中的蓝色几何形状进行环境贴图的过程。点 Q 被映射到物体上的 P 点。中图展示了用图 14-22 中的立方体环境图进行贴图后的环。右图是用图 14-22 中的球体图贴图后的酒杯（见彩插）

然而，因为并没有进行精确的环境图计算，所以我们确实会丢失一些效果。例如，我们不能产生自反射效果，而它是反射物上一种非常常见的现象，就像在茶壶表面上反射出来的壶嘴或壶把。因此，环境贴图只是通过对真实现象的一种基本近似来实现极好的真实感。而其中的异常对少数人而言可能根本不会注意到，比如交互式游戏应用中的游戏玩家。

14.7 透明度

截至目前，我们只考虑了渲染不透明的物体。然而，我们在现实世界中会遇到大量透明或半透明的材质（如玻璃、液体）。为了对这样的物体进行交互式渲染，我们介绍有关阿尔法混合（Alpha Blending）的概念。为此，我们在 RGB 三个通道之外再增加一个新的属性通道，称之为阿尔法通道，A。通过阿尔法值 A，渲染程序可以将源像素 S 颜色（即被渲染像素的颜色）的一部分与目标像素 D 颜色（即已经记录在帧缓存中的那个像素点颜色）的一部分相混合。记 S 和 D 处的颜色分别为（s_r，s_g，s_b，s_a）和（d_r，d_g，d_b，d_a），其中 s_a 和 d_a 是阿尔法通道的值。注意，在引入阿尔法通道之前，我们假定目标像素的新值为 $D'=S$，即新的源颜色取代了目标颜色。

但是，在阿尔法混合中，我们会采用更加一般化的做法，用 D 和 S 的组合作为 D'，即

$$D'=f_s(s_a,d_a)S+f_d(s_a,d_a)D \tag{14-26}$$

其中 f_s 和 f_d 为介于 0 和 1 之间的小数。注意上式是一种一般化形式，通过选择不同的 f_s 和 f_d，

我们可以实现很多不同的效果。对于透明或半透明的特殊情形，我们使用如下的函数

$$D'=s_aS+(1-s_a)D \tag{14-27}$$

因此，当被渲染的像素是透明的时候，取$s_a=0$，得到$D'=D$，即因为源像素是透明的，所以目标像素的颜色根本不会改变。如果源像素像我们之前一直假设的那样是不透明的，那么取$s_a=1$，得到$D'=S$，亦即目标像素的颜色被源像素的颜色覆盖了。当s_a是 0 和 1 之间的其他小数时，我们就可以得到源像素和目标像素颜色的组合，形成半透明效果。图 14-24 展示了这一概念。假设使用鸡蛋作为源图像，小鸡作为目标图像。图 14-24 中从左到右的图像都是使用上述函数得到的，但是透明度参数分别为$s_a=0$、0.5 和 1。还需注意半透明物体的绘制顺序也会决定最终得到的颜色。设O_1和O_2是阿尔法值分别为s_1和s_2的两个物体。假设 B 是开始时候的背景颜色。如果首先绘制O_1然后再绘制O_2，那么最终的颜色将会是$O_2s_2+(1-s_2)(O_1s_1+(1-s_1)\ B)$。而当绘制顺序反过来时，使用同样的混合函数得到的最终颜色将会是$O_1s_1+(1-s_1)\ (O_2s_2+(1-s_2)\ B)$。显然，这样得到的两种结果的颜色可能不一样。

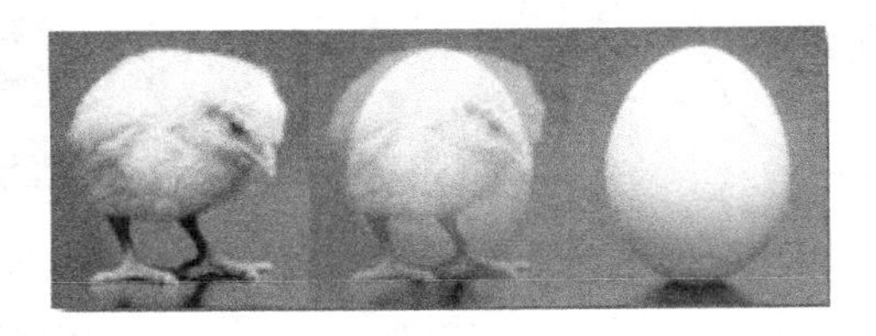

图 14-24　该图展示了阿尔法通道融和的效果。左图中小鸡的系数取 1，鸡蛋的系数取 0；中间图中小鸡和鸡蛋的系数都取 0.5；右图中小鸡的系数取 0，鸡蛋的系数取 1（见彩插）

为了实现正确的透明度，仅仅操作阿尔法通道还不行，还需要考虑深度。以图 14-25 中的情形为例，其中水平线表示像平面，竖直的虚线表示视线。图中有三个物体，A 是不透明的，B 和 C 是半透明的。它们右侧的数字表示它们的渲染顺序。第一种情形中（左图），B 首先被渲染出来，而后它的颜色被按照 C 的阿尔法值s_c减弱。然而，接下来对颜色的减弱将会使它完全被不透明物体 A 取代。从物理的角度讲，因为 B 和 C 在 A 的前方，我们看到的应该是 A、B 和 C 的颜色的组合。因此，上述结果是错误的。在第二种情形中（右图），A 首先被渲染，其后在渲染 C 的过程中，帧缓存中的值将会根据 C 的阿尔法值s_c减弱，之后再根据 B 的阿尔法值s_b进一步减弱。据此，最终的颜色将会是按照s_bs_c减弱后的 A 的颜色。然而，因为 B 在不透明物体 A 的后面，所以物理上s_b不应该在最后的渲染中减弱 A 的颜色。因此，这个结果也是错误的。

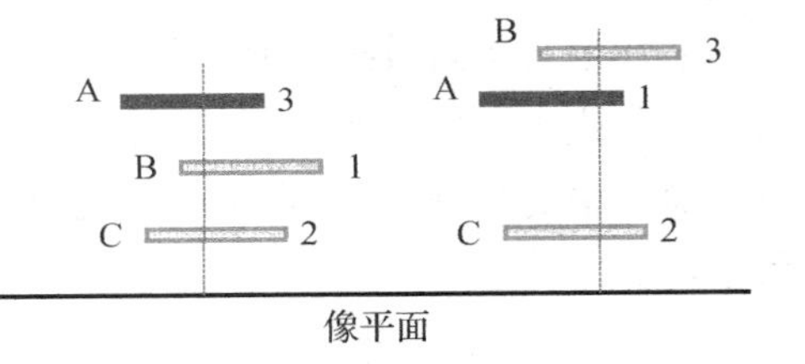

图 14-25　该图展示了基于阿尔法融和的渲染中，半透明和不透明物体处于不同深度顺序上的情形

这些例子表明基元的深度对于透明度或半透明度非常重要，我们在渲染过程中需要考虑这一因素。为了在不损害性能的情况下实现这一点，我们假设场景中只有相对比较少的透明物体。首先，渲染所有的不透明物体，并借助深度缓存处理遮挡问题。然后，将深度缓存设成只读，以保存已经渲染好的不透明物体的深度信息。接着渲染不透明物体上通过

了 Z-缓存测试的像素，也就是没有不透明物体挡在这个像素前面的像素。此外，半透明和透明物体按照从后向前的顺序绘制，以得到正确的颜色混合。图 14-26 给出了使用该技术的一些渲染结果。

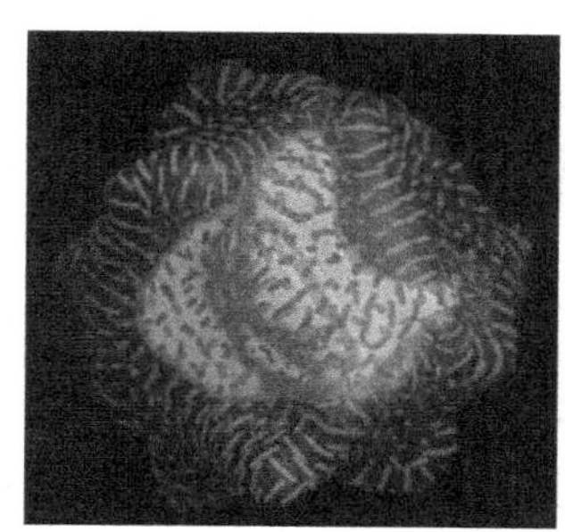

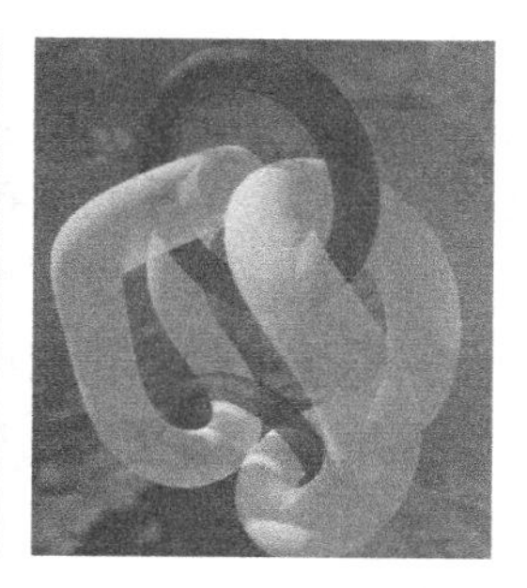

图 14-26 该图展示了使用阿尔法混合进行透明度渲染的结果。渲染过程中还考虑了光照、阴影和纹理贴图等其他效果

14.8 累积缓存

累积缓存是一个更高精度的帧缓存。它被用来在实时渲染中积累多幅图像。累积缓存的精度越高，图像的和、积或商的精度也越高。它可以用于得到混合、景深（模仿人眼观察时只有在一定深度处的物体是聚焦的，而其他位置的物体是模糊的）或抗混叠等效果。这里我们介绍如何使用累积缓存实现抗混叠。实现抗混叠的一种方法是对每个像素采样多次后再取采样结果的均值。这样做的效果相当于以较高的分辨率渲染图像后再对其进行低通滤波。

该过程从清空累积缓存开始。为同一个像素采样多个值的一种方法是抖动视图设置，使得被渲染的像素的中心发生轻微的移动，但是还在像素范围内。这很容易实现，只需要轻微移动像平面即可。然后，对场景进行多次渲染，每次使用经不同方式抖动过的视图设置，亦即轻微移动后的视平面、视锥或者视点（图 14-27）。这些渲染结果中的每一个都使用一个小数进行加权，并在累积缓存中累积以实现低通滤波。抗混叠的最终结果被存入帧缓存中用于渲染。

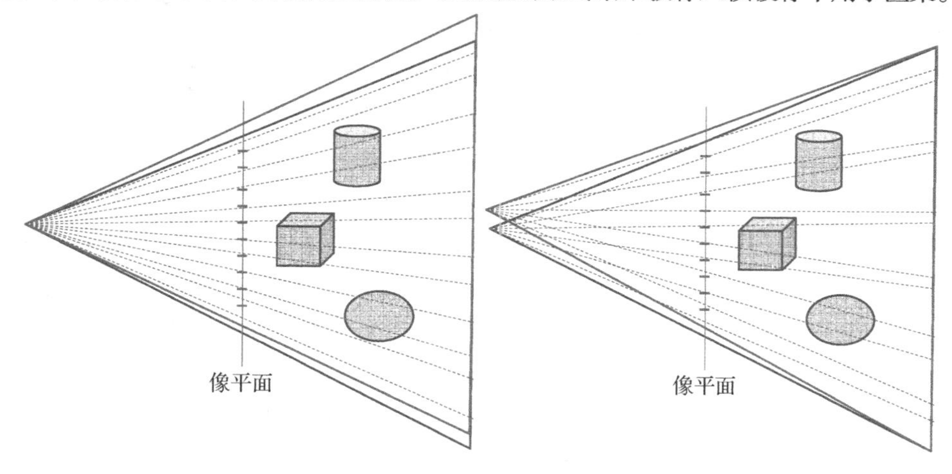

图 14-27 该图以二维空间中的一个例子展示了通过抖动视图设置实现抗混叠渲染的情况。红色与蓝色展示了沿着它们采样的光线的两个不同的视锥。左图：视锥被抖动了。右图：视点被抖动了（见彩插）

14.9 背面剔除

在渲染封闭物体时，物体的某些部分是朝背面的，因而会被朝前的部分遮挡住。以一个球为例，从任一个可以想到的方向看，我们都只能看到一个半球，而朝向背面的半球被可见的半球部分给挡住了。如果我们能让朝向背面的基元不被渲染出来，那么我们就能显著改进渲染性能。背面剔除技术可以帮我们检测到朝向背面的多边形，并将它们去掉，无须再对它们进行模型变换、视图变换和投影变换，从而节省计算资源。

为了实现这一点，我们可以进行一个非常简单的测试。注意，任何一个朝前的基元的法向量与视角方向（从顶点指向视点）之间的夹角都介于-90 和+90 度之间，即它的余弦值为正。余弦值的符号可以使用 $\boldsymbol{N}\cdot\boldsymbol{V}$ 计算得到，其中 $\boldsymbol{N}$ 是三角形面片的法向量，$\boldsymbol{V}$ 是视角方向。因此，如果基元的这个点乘结果大于0，那么就需要渲染这些基元，否则就将它们去除。这一过程就称为背面剔除。显然，背面剔除不适用于透明和半透明物体。图 14-28 展示了背面剔除过程。

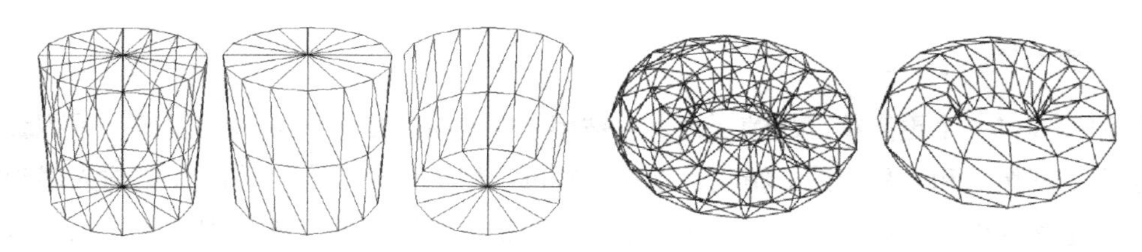

图 14-28　该图展示了线框渲染圆柱体（左图）和圆环（右图）过程中的背面剔除效果。每个例子中，左侧图像为不使用背面剔除时的模型渲染结果，右侧图像为使用背面剔除时从相同或不同视角看到的渲染结果

名人轶事

Jim Blinn（吉姆·布林）是一位退休科学家、教育家和工业界传奇。他被人们看成是计算机图形学（CG）之父级别的人物，尤其是在光照-材质交互领域。他最早提出了凹凸贴图和反射贴图的概念，这些概念为早期计算机图形学动画人员提供了一种非常强大的工具。虽然使用法向量插值的着色模型被称为 Phong 着色模型，但是更准确地说，它应该被称作 Blinn-Phong 着色模型，因为 Blinn 与 Phong 一起提出了这个模型。Blinn 出生于 1949 年，1970 年在密歇根大学获得了学士学位，1978 年在犹他大学获得了博士学位。他第一个广为人知的工作是他在 NASA 的喷气推进实验室（JPL）担任计算机图形学专家时完成的，主要是针对木星、土星和天王星的各种航天任务中的计算机图形学动画仿真，特别是旅行者项目。作为关于这些航天任务的媒体报道的一部分，Blinn 制作的这些动画在很多新闻报道中被大量播放，而这也是许多人第一次看到计算机动画应用在当今工业界中。他还因其作为一名启示后人的教育工作者、导师和预言家和满腔的热血而闻名于计算

机图形学界。他的专栏“Jim Blinn’s Corner”（如今已经辑录并由 Morgan Kaufman 出版）激励了很多人以计算机图形学工作作为自己的事业。专栏里面的文章涵盖了数学、图形学流程和大量要诀与技巧，它们总能激发研究生们为下一个大事件而工作。他为三部电视教育系列：卡尔·萨根的《宇宙》（*Cosmos: A Personal Voyage*）、《工程数学》（*Project MATHEMATICS!*）和《机械宇宙》（*The Mechanical Universe*）中开创性的教学图形制作了动画，这也让他广为人知。因为他敢于向公众提出挑战性问题的名声，他在 CG 领域的报告直到今天仍广受追捧。1998 年，在 SIGGRAPH（顶级 CG 会议）的一场主旨报告中，他希望 CG 领域“搞清楚将一块意大利面倒在盘子上时，面在盘子上是怎么扭动的，如何建模上面的调味汁的摩擦系数，等等”。自从 Blinn 提出这些问题后，人们进行了大量研究，最终得到了蛋白质折叠的精确 CG 仿真结果。

14.10 可见性剔除

当我们在一个场景中行进时，视锥通常只有有限的水平和竖直视场，而不在这个视锥中的物体（例如在我们后面的物体）是不可见的，因而我们不应该花费资源去渲染这些物体。与其让这些物体先经过整个流程的处理，再在最后一步裁剪时将它们剔除，还不如在流程的早期阶段就将这些不在视锥中的物体剔除掉，这样可以大大提升性能。这一过程称为视锥剔除，如图 14-29 所示。只有在视锥中的物体或者与视锥相交的物体才会被渲染。圆环与视锥相交，只有一部分在视锥中。这样的物体属于特殊情形，需要适当地进行处理。接下来的几节，我们将以线框物体为例介绍实现视锥剔除的方法，例子中将明确展示哪些三角面片被渲染了以及哪些三角面片被剔除了。

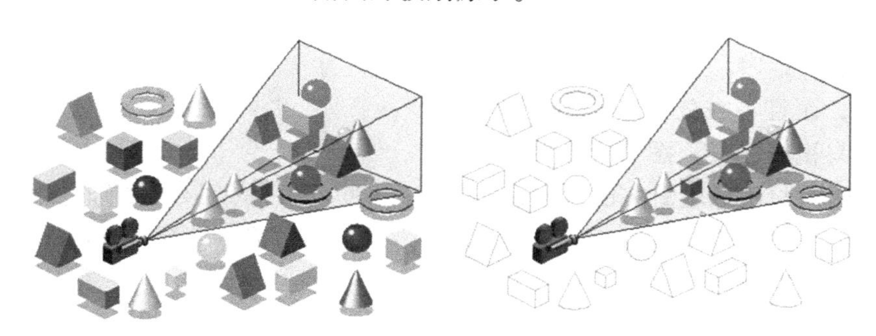

图 14-29 该图展示了视锥和场景中的所有物体（左图），并将那些被视锥剔除操作去除的物体以线框的形式显示（右图）

14.10.1 包围体

第一种方法为场景中的每个物体定义一个简单的包围体，如立方体或者球体。这个包围体必须是能够将物体包围的形状中体积最小的那一个。然后，我们可以首先检验基元的包围体是完全在视锥内还是完全在视锥外，而不用检测物体的每个三角形面片是否都在视锥内。如果包围体完全在视锥内，那么整个物体都需要被渲染；反之，如果包围体完全在视锥外，那么整个物体将被去除。这两种是最常见的情形，能够快速去除那些明显在视锥外的所有物体。比较少出现的情况是物体的包围体与视锥相交，这样的物体需要用不同的方法进行处理。最简单的方法是保留它们，对它们进行渲染，然后再由渲染流程的屏幕空间裁剪步骤将物体在视锥外的部分裁剪掉，更加复杂的一种方法是将物体细分成多个小物体，检验这些小物体的包围体与视锥的关系，然后再对那些包围体仍然与视锥相交的较小物体继续进行细分处理。选作包围体的形状一般都比较简单，典型的有球体和立方体，它们与视野体积的交集可以高效地计算得到。为了减少交集计算中的误报（即将不属于交集的部分当做了交集），包围体需要紧密地包围相应的物体。

包围盒：最先被想到的包围体常常是包围盒。一种更加简单的包围盒是与坐标轴对齐了的包围盒，它可以根据物体顶点的 X、Y 和 Z 值的最小和最大值计算得到。这样定义的包围盒是能够包围物体，且包围盒的边缘与世界坐标系的 X、Y 和 Z 轴平行的最小包围盒。注意，当模型被旋转后，这个包围盒就不再与坐标轴对齐了，因此，需要为变换后的物体重新计算一个新的与坐标轴对齐的包围盒。

视锥的每一个面将三维空间分成两个半空间——一个位于平面内侧（即锥体所在的那一侧），另一个位于平面外侧（即与锥体相对的那一侧）。包围盒需要用视锥面中的每一个进行检验，以决定包围盒在平面内侧、外侧，还是与平面相交。如果包围盒在某一个视锥面的外侧，那么就可以断定它对应的物体在视锥外，而无须再用其他的面进行检测。如果物体位于视锥的全部六个面的内侧，那么它完全在视锥内。如果物体与一个或者多个面相交，而且不在任何一个面的外侧，那么该物体与视锥相交。图 14-30 的虚线展示了不同物体的与坐标轴对齐的包围盒。下一步是计算一个包围盒与视锥面的交集，该步骤需要检验包围盒的全部八个顶点。如果这些顶点全部都在外侧或全部都在内侧，那么物体就完全在视锥外或与视锥在同一侧。否则，物体与视锥相交。

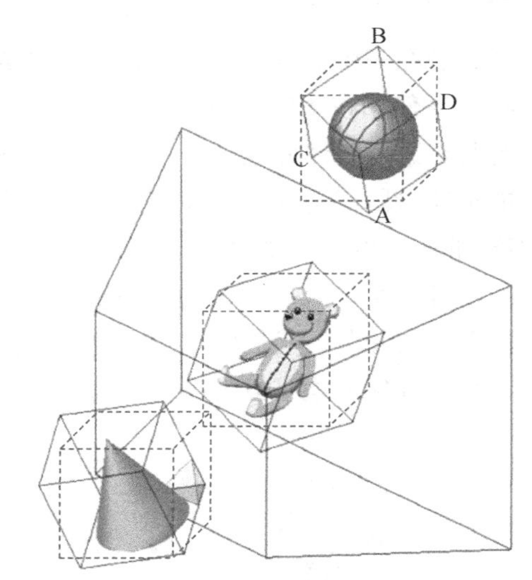

图 14-30　该图展示了不同物体的与坐标轴对齐的包围盒（虚线）和有向包围盒（实线），以及视锥剔除过程中的梯形视锥（实线）。在视锥剔除过程中，图中的球被去除了，泰迪熊被保留并渲染了，而金字塔被检验出与视锥相交

注意，与坐标轴对齐的包围盒往往有大部分空间是空的，因而是对物体实际所占据空间的一个非常不精确的近似。利用有向包围盒（OBB）可以实现更精确的近似，如图 14-30 中的实线所示。OBB 的三个方向可以通过对物体的顶点进行主成分分析得到，然后再找出物体在这些方向上的最大范围。OBB 的优点是物体发生旋转、缩放或平移等变换后不需要重新计算其 OBB。将物体发生的变换作用到 OBB 上就可以得到变换后的物体后的 OBB。有关 OBB 的更多细节，读者可以参阅［Gottschalk et al. 96］。

然而，计算一个有向包围盒与视锥的一个面的交集要更加复杂。这种情况下，首先计算出穿过有向包围盒中心的两条对角线。然后，选出这两条对角线中与视锥面的法向量对齐得更好的那一条。这条对角线的两个端点形成了 OBB 上距离视锥面最远和最近的点。如果这条对角线的两个端点同时都在视锥面的内侧或者外侧，那么相应地，这个物体就完全在视锥面的内侧或者外侧。否则，物体与视锥面相交。图 14-30 展示了这种情况。以球的包围盒为例。当考虑距视锥较远的那个面时，对角线 AB 与这个面的法向量对齐得更好。因此，需要分别对最近和最远点 A 和 B 进行包含测试。然而，当考虑视锥左侧的面时，最近和最远点分别是 C 和 D。

包围球：包围球也可以用作包围体。这种情况下，交集计算会变得更加简单。首先，检测球心在视锥面的内侧还是外侧。然后，计算球心到视锥面的距离。如果该距离小于球的半径，那么物体与视锥相交。如果该距离大于球的半径，那么根据球心在视锥面的内侧还是外侧分别决定接受该物体或去除该物体。包围球不受它所包围的物体的旋转影响，而且当物体发生平移时，它的包围球只需进行同样的平移。因此，当被包围的物体发生刚体变换时，我们很容易对其包围球进行相应的更新。

14.10.2　空间细分

前几节介绍的利用包围体进行对象空间细分的方法经修改后也可以用于特定形状的物体，而且在冲突检测和视锥剔除等应用中非常有效。然而，在需要计算物体的相对位置的应用中，例如沿着某个特定方向从某个视点进行观察，对场景进行空间细分比对象层次的细分更有用。三维空间中的一些空间细分技术有八叉树、K-D 树和二进制空间划分。本节我们将讨论八叉树细分。想要深入了解其他类型的空间划分技术的读者可以参阅［Jimenez et al. 01］。

八叉树是一种树形数据结构，其中每个节点有八个子节点。根节点对应整个场景的与坐标轴对齐的包围盒，由 X、Y 和 Z 方向的最小和最大坐标定义。这个包围盒被沿着 X、Y 和 Z 方向中的每一个分成两部分，从而将整个空间分成了八个同样大小的包围盒，其中每一个对应父节点的一个子节点。因此，与每个子节点对应的空间都完全包含在它的父节点对应的空间中，而且一个父节点对应的空间等于它所有子节点对应的空间的并集。这一过程以一种层次化的形式对每一个子节点重复进行，从而形成一颗每个内部节点都有八个子节点的树，如图 14-31 所示。注意，并不需要为树中的每一个节点都保存对应的包围盒，因为根节点的包围盒提供了一种预定义好的细分方式，根据该细分方式，在对树进行遍历的过程中可以非常容

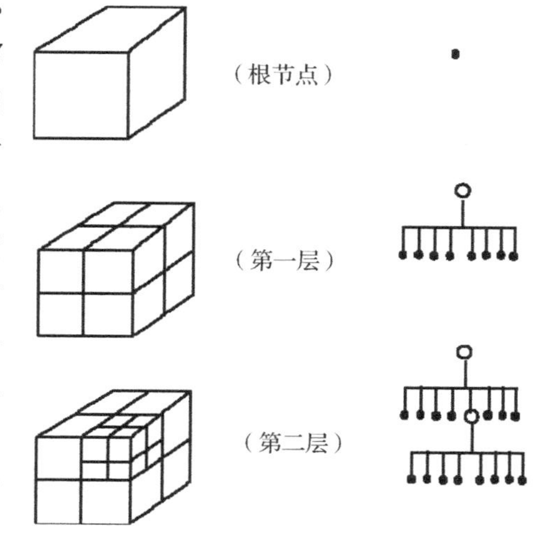

图 14-31　该图展示了如何通过分层空间细分构建八叉树

易地计算出树中每一个节点对应的包围盒范围。

对于图形学应用中的空间细分，每个节点保存一个列表，其中记录它对应的包围盒中所包含的所有基元的索引。如果某个包围盒中只有一个基元，那么相应的节点不再进一步细分，因而成为一个叶节点。当一个基元被包含在超过一个的兄弟节点中时，有两种方法可以处理：对它进行跨边界分割以使不同部分被包含在不同的包围盒中；或者，在所有部分包含它的包围盒中重复进行细分。构造八叉树时需要为每个树节点建立一个索引列表，这通常在预处理步骤中完成。

接下来，我们讨论八叉树在视锥剔除中的应用。执行视锥剔除时，视锥将被按照根节点定义的包围盒进行分割，而渲染场景时，从根节点开始按照下述算法进行。当节点的包围盒完全在视锥内时，渲染它对应的三角面片。当节点的包围盒完全在视锥外时，拒绝该包围盒（什么也不用做）。当节点的包围盒与视锥相交时，对它的所有子节点递归调用上述过程。该算法对八叉树进行了深度优先的遍历，而且为每一个需要渲染的视锥对树进行了分割。图 14-32 以一个二维曲线的四叉树为例展示了该算法。在二维空间中，每个包围盒被细分成四个同样大小的包围盒。

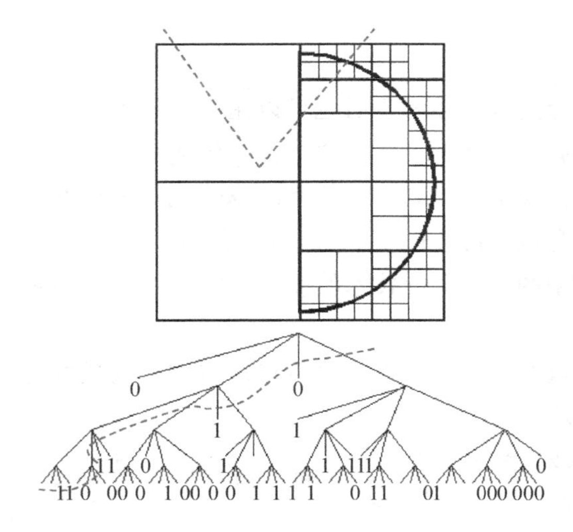
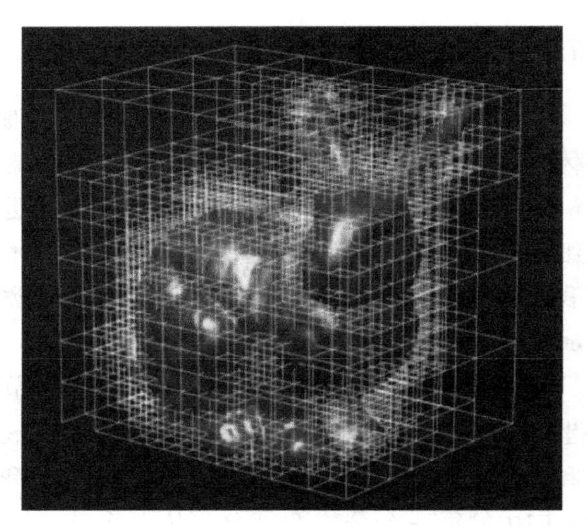

图 14-32　左图：我们用一个二维曲线的四叉树（相当于三维曲面的八叉树）来说明空间细分的概念。生成的四叉树中每个内部节点都有四个子节点，自左向右分别对应节点所包含的左上、右上、左下和右下的包围盒。虚线表示二维视锥，以及在四叉树中对应的分割。右图：我们展示了将一个三维兔子模型空间细分成一棵八叉树的情况

14.10.3　其他用途

包围体和空间细分技术除了用于视锥剔除，还用在很多其他应用中。一个常见的应用是游戏和科学仿真中广泛用到的碰撞检测，比如一个水池游戏或对一个引擎中的活塞的仿真。在这样的应用中，物体根据一些规则进行运动，如果它们发生了碰撞，必须能够检测到碰撞，并采取合适的措施。例如，如果水池中的两个球碰到了，那么它们应该向相反的方向反弹。当检测到一个物体的一个或多个三角形面片与另一个物体的一个或多个三角形

面片相交，或物体是非刚体且与自身的三角形面片相交时，我们就说检测到了碰撞。进行这样的计算的一种暴力方法便是将一个物体的每一个三角形面片与另一个物体的每一个基元都进行求交运算。很显然，这会产生非常大量的计算。比如，对于有大约 100 万个三角形面片的物体，需要进行10^{12}次求交运算，这几乎不可能按照交互速率实现，而在这样的应用中能达到交互速率是个必需要求。因此，包围体被用来快速拒绝没有碰撞的情况，而空间细分被用来快速检测可能的碰撞。

通过细微修改基于八叉树的空间细分，我们可以用分层空间细分为每个物体维护一个包围体数据结构。这被称为分层包围体，不同于基于八叉树的空间细分，这里每个节点的包围盒不是对其父节点包围盒的预定义好的对半细分。相反，它是能够拟合由对父节点包围盒的对半细分得到的包围体中所有三角面片的包围盒中最小的那一个。但是，与分层包围体中每个节点关联的三角形面片列表与基于八叉树的空间细分中的是一样的。因此，不同于基于八叉树的空间细分中可以根据根结点的包围体很容易地推导出来而无须保存每个节点的包围盒，分层包围体中的每一个节点都需要显式保存各自的包围体。图 14-33 使用二维空间中的一个例子说明了这种差异，其中绿色、红色和品红色分别表示树的第 0 层（根节点）、第 1 层和第 2 层上拟合得最紧的包围盒。

为了检测两个物体之间的碰撞，首先在物体的分层包围体表示的第 0 层进行包围体相交测试。包围体之间没有碰撞则意味着它们所包含的物体之间也没有碰撞。如果包围体碰撞了，那么它们所包含的物体就有可能发生了碰撞。注意，包围体有可能是在它们的空区域发生碰撞。因此，包围体间的碰撞并不总意味着它们所包含的物体间也发生了碰撞。当两个节点的包围体相交时，还需要对它们的子节点的包围体两两之间进行相交测试。这一过程在子节点的包围体上以递归的形式重复进行。因此，分层包围体表示中的树被以深度优先的方式进行了遍历，当一个基元存在于遍历过程中的每个包围体中时，就检测到了一个碰撞，而其中的求交运算本质上是一个三角形与三角形之间的求交运算，其目的是检测出碰撞点。

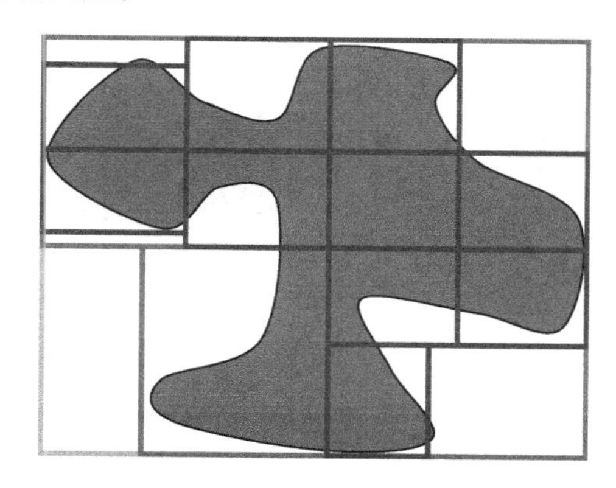

图 14-33　该图展示了一个二维物体的分层包围体。与基于八叉树的空间细分不同，每一个节点上都保存了包含物体被细分部分的最小包围盒（见彩插）

我们已经讨论了使用包围盒进行碰撞检测的方法，以及如何应用分层方法进行快速碰撞检测。然而，注意到像球或者球壳这样不同类型的包围体都可以用于碰撞检测这一点非常重要。事实上，有三种准则可用来决定选择哪一种包围体进行碰撞检测。第一个准则是包围体包含物体的紧密程度，根据这一准则可以使包围体中的空空间最小。例如，在考虑有很多直边的现代物体（如桌子、椅子、房间和屋子等）时，一个盒状的包围体可能是最适合的。然而，在处理细胞学、生物学或者天文学仿真中有封闭的曲线轮廓的物体时，使用一个球状的包围体可能更有用。一个紧密拟合的包围体可以减少碰撞检测中的误报，而且能够最小化碰撞处理中需要访问的层次。第二个准则是计算和更新包围盒的复杂度。这一准则能够反映系统可否用于动态环境中的碰撞检测。一个与坐标轴对齐的包围盒构造起来很容易，但是发生一些变换时更新代价很高，比如它所包含的物体发生旋转时。一个有向包围盒构造起来更加困难，但是更新起来却很容易。即便是在静态场景中，因为碰撞计算需要沿着分层进行多次，所以第三个准则就是对两个包围体进行碰撞测试计算的复杂度。对两个球状包围体进行碰撞测试是最简单的——如果两个球心之间的距离大于两者半径的和，那么这两个球就没有碰撞；否则，它们之间就发生了碰撞。计算两个坐标轴对齐的包围盒之间的碰撞测试要更复杂一些。如果两个包围盒的 X、Y 和 Z 范围中的至少一个没有重叠，那么这两个包围盒就没有相交；否则，它们之间有相交。最后，对两个有向包围盒进行求交计算需要找出一个划分平面，这比计算其他两个基元的相交情况要更复杂 [Gottschalk et al. 96]。还有其他类型的包围体，比如球壳 [Krishnan et al. 98] 和圆锥，其中球壳是指两个同心球之间包含的区域。球壳可以为高阶曲面提供紧密的拟合。它们计算起来相对更加复杂，但更新相对容易，而检测两个球壳之间的碰撞所需的计算相对中等。图 14-34 展示了所有这些不同的包围体。

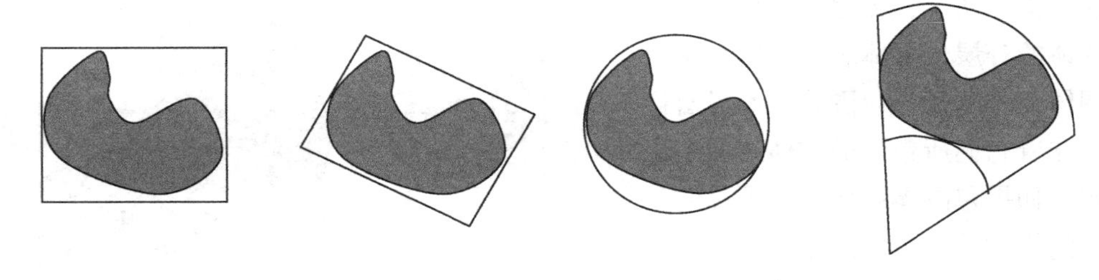

图 14-34　该图展示了二维空间一个物体（深色表示）的包围体的概念。自左向右：与坐标轴对齐的包围盒、有向包围盒、球状包围体和球壳包围体。注意二维空间中包围盒为矩形，球状包围体为圆形，而球壳包围体为部分圆环

14.11　本章小结

本章我们介绍了通过对真实世界的基本近似来增强交互式计算机图形学中的真实感的最常用的方法。本章对概念的介绍还是以独立于 API 的形式进行。我们希望这些基础概念能够帮助读者使用任何合适的 API 进行编程。我们还必须声明增加真实感并不是毫无代价的——实际上几乎总要与性能做权衡。例如，凹凸贴图虽然没有增加几何上的复杂度，但却需要在光栅化的时候使用 Phong 光照计算，而且在轮廓处并没有增加真实感。尽管位移贴图能够缓解这一问题，但它却以较低的渲染速度为代价，这是因为它显著增加了几何上的复杂度。这里的挑战在于为具体的应用做出合适的正确选择。

本章要点

环境光照、漫反射光照和镜面反射光照　　　平面着色、Gouraud 着色、Phong 着色

阴影图	抗混叠
纹理贴图和分级细化贴图	背面剔除
环境贴图	可见性剔除
凹凸和位移贴图	空间细分与八叉树
阿尔法混合	包围体
累积缓存	碰撞检测

参考文献

[Gottschalk et al. 96] Stefan Gottschalk, Ming Lin, and Dinesh Manocha. "OBB-Tree: A Hierarchical Structure for Rapid Interference Detection." *Computer Graphics (SIGGRAPH 1996 Proceedings)*, pp. 171–180.

[Jimenez et al. 01] P. Jimenez, F. Thomas, and C. Torras. "3D Collision Detection: a Survey." *Computers and Graphics*, 25:2 (2001), 269–285.

[Krishnan et al. 98] Shankar Krishnan, Amol Pattekar, Ming Lin, and Dinesh Manocha. "Spherical Shell: A Higher Order Bounding Volume for Fast Proximity Queries." *Robotics: The Algorithmic Perspective: WAFR*, pp. 177–190.

习题

1. 考虑一个没有环境光和镜面反射光（只有漫反射光）的灰色世界。光源在无穷远处，它的方向和颜色分别为（1，1，1）和 1.0。漫反射系数为$\frac{1}{2}$。点P_1、P_2和P_3处的法向量分别为$\boldsymbol{N}_1=(0,0,1)$、$\boldsymbol{N}_2=(1,0,0)$和$\boldsymbol{N}_3=(0,1,0)$。试计算点P_1、P_2和P_3处的光照。

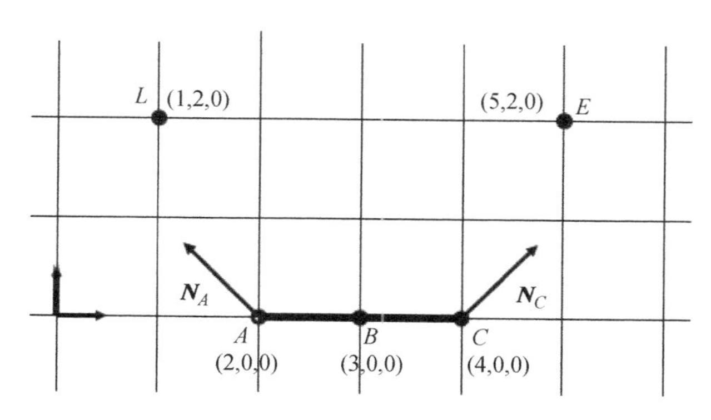

2. 上图中，L 和 E 分别表示光源和眼睛。在表面 AC 上的 A 和 C 处的法向量分别为 $\boldsymbol{N}_A=(-1,1,0)$ 和$\boldsymbol{N}_C=(1,1,0)$。图中的每一部分都按比例进行了绘制。假设使用由 $I=I_a k_a+I_L k_d(\boldsymbol{N}\cdot\boldsymbol{L})+I_L k_s(\boldsymbol{R}\cdot\boldsymbol{V})^n$定义的光照模型，其中 $\boldsymbol{R}$ 表示表面上点的反射光向量，$I_a=0.8$，$I_L=1.0$，$k_a=0.2$，$k_d=0.9$，$k_s=0.5$，$n=2$。试计算点 A 和 B

处的光照。（提示：将负的点积当成0。）

3. 使用单一一个纹理贴图的多边形对铺就了黑白棋盘的地板进行渲染，仿真一个站在地板上的人，看着地板上距离他很远处的一个点。（1）在地板的远端可以看到噪声。有什么方法可以去除这些噪声？（2）试使用采样理论解释这样的方法为什么能行。
4. Gouraud着色的一个缺点是它会遗漏三角形面片内部的镜面反射高光。试用混叠噪声解释这一现象。
5. 考虑眼睛视线内的五个物体。物体 i 在物体 $i-1$ 的后面。物体1、3和5是不透明的，而其他物体是半透明的。为了得到正确的透明度效果，应该按照什么顺序渲染这些物体？请对答案做出论证。
6. 考虑上述二维灰度世界以及其中的基元 AB。向量表示了 A 和 B 处的法向量。L 和 E 分别是光源和眼睛的位置。假设漫反射光照的系数为0.5，光源的强度为0.5。

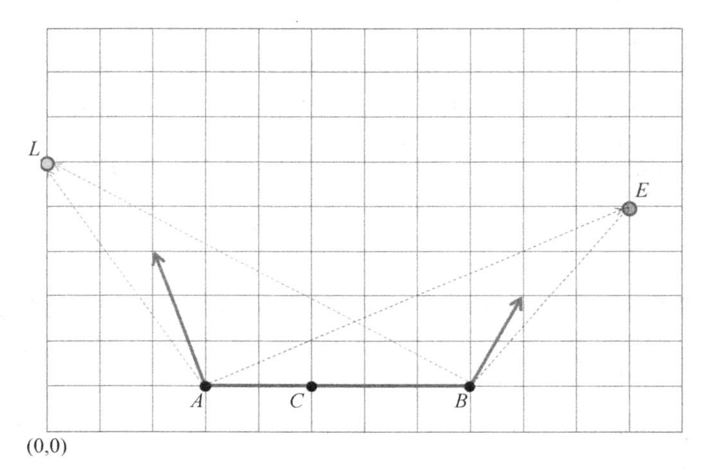

(a) 对 C 进行双线性插值时，A 和 B 的系数分别是多少？
(b) A、B 和 C 处的法向量是什么？
(c) 计算 A 和 B 处的漫反射光照。
(d) 利用Gouraud着色方法计算 C 处的漫反射光照。
(e) 利用Phong着色方法计算 C 处的漫反射光照。

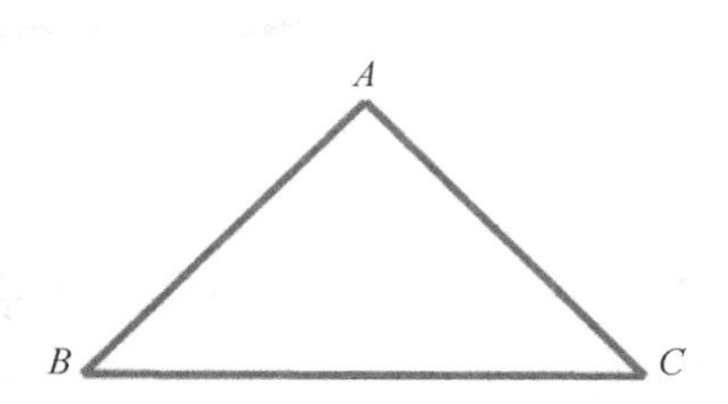

7. 考虑上图左侧的条带状纹理图，我们将用它对右侧三角形 ABC 进行纹理贴图。记

纹理图左下角坐标为（0，0），右上角坐标为（1，1）。为了沿着下述方向产生条带状的表观，试计算每种情况下赋予 A、B 和 C 的纹理坐标应该是多少。(a) 水平方向 (b) 竖直方向 (c) 沿着与纹理图中对角线一样方向 (d) 沿着与纹理图中对角线方向垂直的方向。

8. 有一个物体可能进行了纹理贴图、凹凸贴图或位移贴图中的一种，但是我们并不知道是哪一种。假设你在观察这个物体时，可以移动光源和物体的视角，可以在光源位于不同位置时从不同角度观察它。你怎么样才能确定这个物体究竟使用的是哪一种贴图技术呢？

9. 考虑大小为 300×100 的帧缓存。$ABCD$ 是三维空间中的一个矩形被投影到二维平面上形成的梯形。AB 被投影在最下方的扫描线上。CD 被投影在距离最下方 $\frac{3}{5}$ 处的一条扫描线（浅灰色显示）上，而且投影后的长度是 AB 的 $\frac{1}{3}$。边 AB 和 CD 的深度分别为 60 和 30。使用一个 512×512 棋盘纹理 T 对 $ABCD$ 进行纹理贴图。该纹理图使用分级细化贴图以不同的分辨率存储。

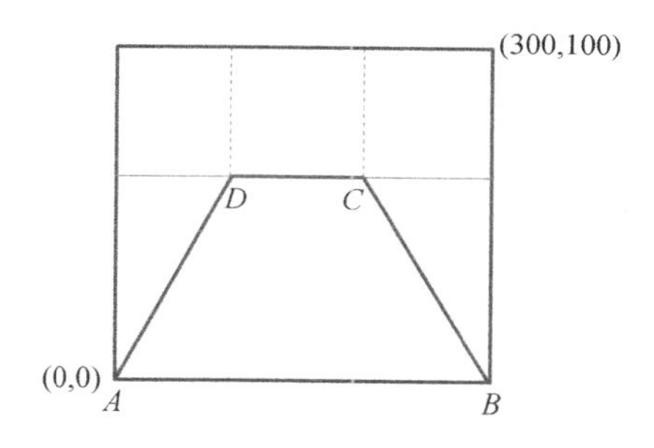

(a) CD 被投影在了哪条扫描线上？

(b) 考虑屏幕空间中介于 AB 和 CD 的中间位置的扫描线 S。计算出 S 的深度。应该分别使用 T 的哪一层对 AB 和 CD 进行纹理贴图？

(c) 计算 S 被包含在梯形中的部分的长度。应该使用 T 的哪一层对 S 进行纹理贴图？

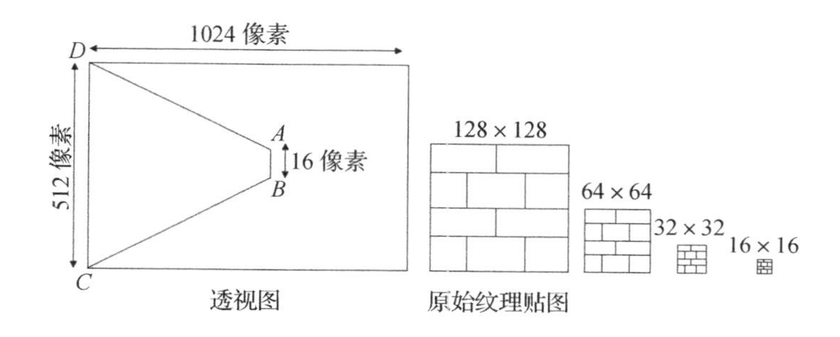

10. 考虑上图。假设我们用一面砖墙作为一个迷宫游戏中的走廊的左手一侧。上图按

照比例绘制。这面墙在世界坐标系中由点 *ABCD* 定义，它的投影被显示在上图中。假设这面砖墙有 16 块砖那么高。

(a) 如果我们假设砖墙有 16 块砖那么高，那么需要在竖直方向上重复多少次纹理？

(b) 应该使用右侧分级细化贴图金字塔中的哪一层对近处的 *CD* 边进行纹理贴图？

(c) 为了避免混叠，每个纹理元需要至少覆盖多少个像素？

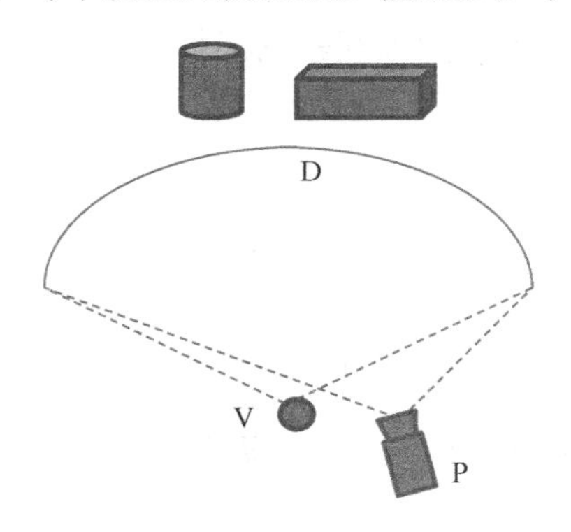

11. 让我们考虑建设一个虚拟现实环境。它的顶视图如上图所示。D 是圆柱形显示屏，它的数字表示（形状和位置）已知。使用投影仪 P 投影出场景。数字物体被放置在屏幕后方。系统将会对用户进行跟踪。从位置 V 看到的视图需要经 P 投影在 D 上。你可以怎样利用投影的纹理生成 P 应该投影的图像？这一渲染过程需要进行多少轮？

12. 使用本章学习到的一些技术，你可以怎样在一个场景中生成镜子的效果？这需要进行多少轮渲染？

13. 考虑二维空间中的一个场景。场景由一个顶点为（1，0）、（-1，0）、（0，-1）和（0，1）的平行四边形组成。

(a) 该平行四边形的与二维坐标轴对齐的包围盒的四个顶点是什么？

(b) 如果我们想把这个平行四边形移动（2，2），应该怎样利用平移参数计算出新的与坐标轴对齐的包围盒？

(c) 如果我们需要将该平行四边形旋转 45 度（而不是平移），你还能使用与（b）中类似的方法吗？

(d) 你还能想到其他什么包围形状吗？对于这些包围形状，你必须能使用与（b）中一样的方法在发生任何一种刚体变换时重新计算新的包围形状。

14. 轮廓边是指流形上同时属于一个朝向背面的多边形和一个朝向前面的多边形的边。

(a) 你会怎样计算出一个流形上的轮廓边呢？

(b) 在 OpenGL 中，你只能绘制要么是朝向背面的多边形、要么是朝向前面的多边形。如果你渲染了某个流形（只绘制朝向前面的多边形），然后就清空了帧缓存，但是没有清空深度缓存，进而再只对那些朝向背面的多边形进行渲染。你预期会看到什么？

(c) 假设线的厚度是线的一个属性。厚度为 3 意味着这条线需要按照 3 个像素的厚度进行绘制。如果线的厚度为 1，且只在第二轮渲染（渲染朝向背面的面）时厚度增加到了 3，那么你预期会看到什么？

图形编程

图形编程需要在使用特殊的图形硬件的同时灵活使用一些 API 和程序库。我们首先介绍现代图形处理单元（GPU）的历史与发展，结合前几章讨论的不同交互式技术探讨它的现状及功能。接下来，我们介绍现代图形硬件和为了图形学和通用计算目的帮助对图形硬件进行编程的现有 API 和程序库的一些基础知识。

15.1 图形处理单元的发展

图形处理单元（GPU）是一种专用硬件单元，它将二维和三维处理从中央处理单元剥离出来，对这些处理进行加速，从而确保交互的性能。如今，几乎所有的台式电脑、笔记本电脑和移动设备都配备了某些种类的 GPU。近年来，GPU 经历了革命性的变化，了解 GPU 如何帮助我们在交互式图形流程中计算渲染效果非常重要。

图形硬件在 20 世纪 80 年代首次投入使用，虽然直到很久以后它们才被称作 GPU。GPU 是英伟达公司于 1999 年提出来的一个概念。为了保持说法上的统一，本章的剩余部分我们把这样的硬件都称为 GPU。早期的 GPU 实际上只是集成了的帧缓存，它们只能实现线性光栅化，也称为线框图光栅化，将多边形基元的边的渲染分离负载给 GPU。第一个用于图形流程的硬件是 IBM 的专业图形控制器（PGA），它使用一个微处理器硬件代替 CPU 承担一些简单的渲染工作，如绘制和着色填充后的多边形，从而释放一些 CPU 周期，以用于其他通用目的的处理任务，同时在 PGA 卡上并行进行图形处理。主板上独立的 PGA 卡是独立 GPU 发展过程中的重要一步。到了 1987 年，很多功能被添加到 GPU 上，包括固体着色、顶点光照、已填充的多边形的光栅化、深度缓存和阿尔法混合。然而，那个时候对 CPU 的依赖依然非常巨大，大部分计算还是由 CPU 完成的，而 CPU 与 GPU 之间的数据传输是最大的瓶颈。

SGI 公司（Silicon Graphics Inc.）在 1989 年发布了图形工业届使用最广泛的应用编程接口（API）SGI-GL，这大大促进了 GPU 的发展。这个 API 就是后来广为流传的 OpenGL 的前身。1993 年，SGI 发布了用于工作站的第一块图形卡，而其他公司，如 Matrox、英伟达（NVIDIA）、3DFX 和 ATI，则提供了各自的首个消费级三维图形硬件。然而，在这些硬件中，GPU 与 CPU 的差别并不明显。虽然图形流程的大部分后期阶段在 GPU 硬件上实现了，图形流程对 CPU 的依赖度仍然很高，尤其是流程包括变换在内的开始部分。像雷神之锤和毁灭战士这样的游戏促使游戏工业快速采用了这些图形卡。

与现有形式接近的第一个图形处理单元是 3DFX 公司在 1996 年发布的，它被称为伏都（Voodoo）卡。彼时，CPU 还需完成顶点变换和光照，而伏都卡则进行着色、纹理贴图、

Z-缓存和光栅化。逐像素实现光照模型在当时还是不可能的，因而还无法以交互式的速度实现 Phong 阴影或凹凸映射的效果。1999 年，因为英伟达公司的 Geforce 256 和 ATI 公司的 Radeon 7500（图 15-1）的发布，第一个当代 GPU 硬件才成为现实。在这些硬件中，顶

流程功能	1996	1997	1999
特定应用程序的任务（移动对象，设置摄像头，对象级别剔除）	CPU	CPU	CPU
变换	CPU	CPU	GPU
光照	CPU	CPU	GPU
裁剪	CPU	GPU	GPU
光栅化	GPU	GPU	GPU

图 15-1 早期图形流程的发展在 1999 年产生了一种固定的功能流程

点变换和光照也都被放在 GPU 中实现了。借助于四个并行流程的多纹理和凹凸映射的新特性，渲染速度大大加快。CPU 与 GPU 之间更快的通信通道进一步提高了性能。然而，这些硬件采用的还是固定功能流程，数据一旦被传输给 GPU 流程就不能再修改了。固定功能是通过像 OpenGL 和 DirectX 这样的 API 定义的特性集来实现的。结果，当图形 API 具备了更新的特性后，固定功能的硬件并不能加以利用。图 15-2 展示了这样的固定流程

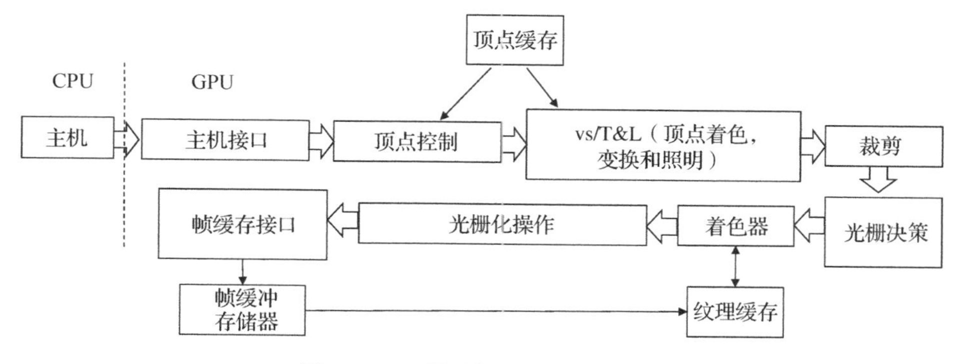

图 15-2 一种固定的图形硬件流程

中的不同阶段。顶点控制阶段从 CPU 接受三角形数据。VS/T&L（顶点着色/变换和照明）阶段对顶点进行变换，并为每个顶点赋予属性（如颜色、纹理坐标、切向）。光照计算也可以在 VS/T&L 阶段进行，以为顶点赋予颜色。裁剪以及在裁剪后的顶点处进行属性插值在下个阶段进行。在此之后，光栅化标记出被裁剪后的三角形覆盖的像素。着色程序为与三角形相关的每个像素进行属性插值（如纹理坐标、颜色和法向量）。最后，光栅化操作被用来混合颜色，以对抗混叠效应或者产生透明效果。深度缓存测试被用来解决遮挡问题。帧缓存接口用于管理对帧缓存的读写操作。

2001 年，通过 ATI Radeon 8500 和 Microsoft Xbox 我们见证了第一个可编程图形流程的诞生。与以往不同，GPU 的某些部分可以被编程。程序员不再需要将所有数据都发送到 GPU 再简单地让这些数据通过固定流程处理，而是可以在数据通过 GPU 的同时，将这些数据与要对这些数据进行操作的顶点程序（常被称为着色程序）一起传输。这些着色程序是使用类似于汇编的特定的着色语言编写的一些小型内核，它们为流程中顶点处理阶段提供了一定的可编程性。在这样的可编程图形流程之后，2002 年英伟达的 GeForce FX 和 Radeon 9700 正式宣布了首个完全可编程 GPU 的诞生。这些图形卡支持逐像素操作，为编写顶点和像素（片段）着色程序提供了专用的硬件。到了 2003 年，图形卡开始完全支持浮点运算和高级纹理处理，开启了将 GPU 用于非图形学的计算的第一波应用潮流。

2006 年，图形硬件开始利用图形流程提供的巨大的数据独立性。其目的是推升着色程序的灵活性。早期的高级着色语言开始出现，并提供了更加简单的编程接口。GeForce 6 是第一个将数据独立性流线化的 GPU，它创建了多个并行的多核阶段，而这些并行阶段之间为固定的其他阶段的流程。第一个并行阶段是一个顶点着色程序，它读取一个顶点位置，并计算它在帧缓存中的位置。多个线程相互独立地处理不同的顶点。一个片段着色程序为每个像素处理浮点 RGBA 颜色。类似地，多个线程独立地处理不同的像素。两个并行阶段之间是固定的裁剪和光栅化阶段。混合与深度缓存处理的操作也可以在多个单元中并行进行，这些单元称为光栅操作处理器（ROP）。并行的片段着色程序和 ROP 处理器之间是固定的将不同线程的片段组合起来的操作。根据以上介绍，这样的交替并行和固定阶段使得 GPU 成了高度并行且可编程的处理器。图 15-3 给出了英伟达 GeForce 6 中这样的流程的抽象图。注意，在这个例子中，顶点着色程序有 6 个线程，像素着色程序有 4 个线程，而 ROP 操作有 16 个线程。此外，对帧缓存空间的划分使我们可以在不降低帧率的情况下达到高得多的图形分辨率。自此，GPU 成了强大的可编程浮点运算和存储单元，可用于与图形学毫无关系的需要进行大量计算的应用。

在 GeForce 6 中，图形硬件中仍然有针对顶点、像素和 ROP 操作的专用着色程序。GeForce 8 改变了这一点，它将这些着色程序统一成一个完全可编程的处理器，这样的处理器称为流处理器或 SP（图 15-3）。通过这样的改变，图形流程模型变成了纯粹的软件抽象。为了充分利用 GPU 的能力，新的编程语言也被设计出来。CUDA 就是英伟达为它的图形卡提供的这样一种语言。类似地，ATI 图形卡有 ATI 流，而 DirectX 10 则可以适用于任何一种图形卡。

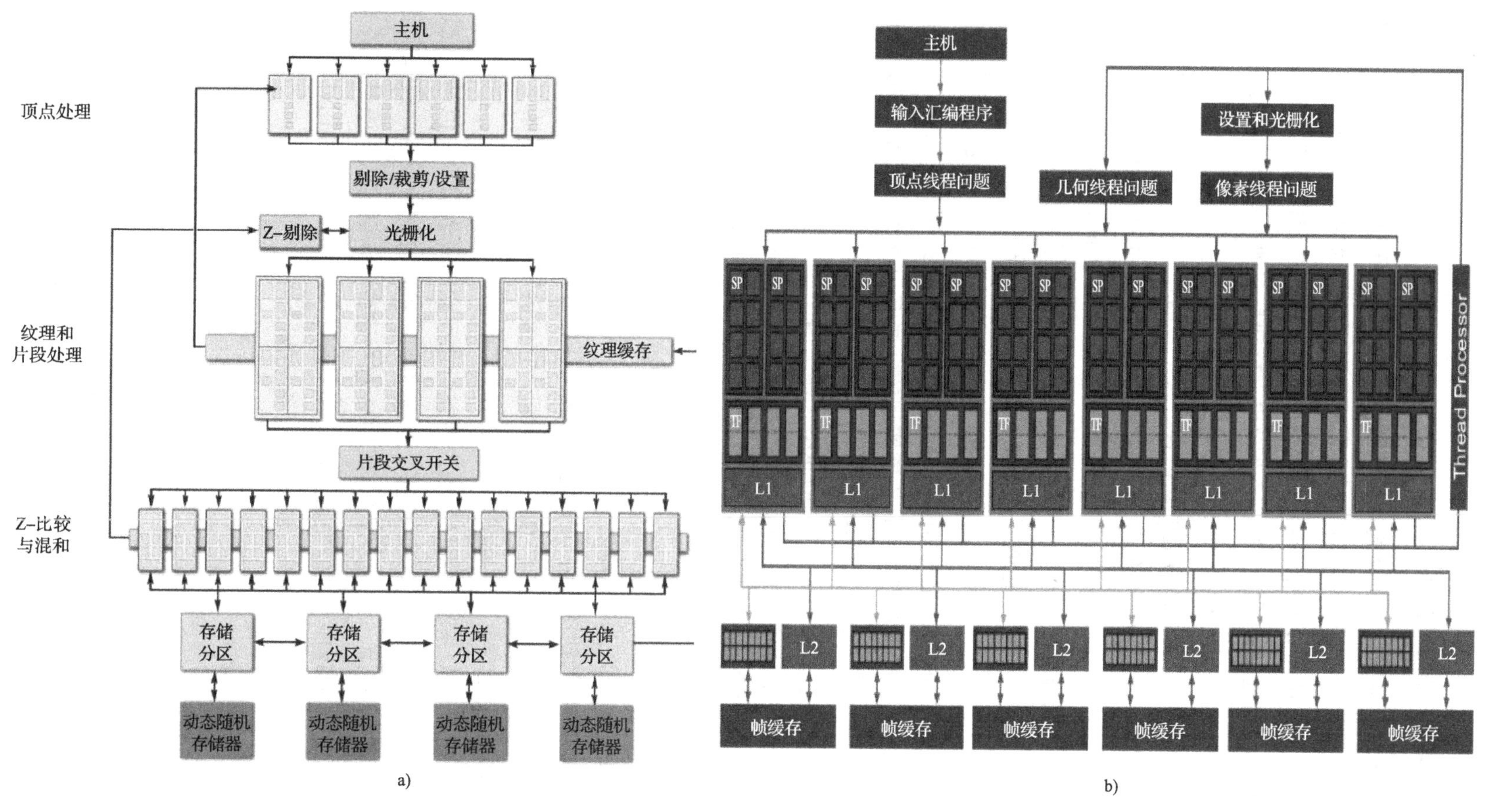

图 15-3 该图展示了 GeForce 6 显卡 a 和 GeForce 8 显卡 b 的可编程 GPU 抽象图

15.2 图形API和程序库的发展

计算机图形学已经非常流行，尤其在视频游戏和仿真领域。也正是因为其流行性，人们开发了专用的API，以方便图形流程中不同阶段和不同应用需求的编程。这些API提供了以抽象的方式对硬件进行访问的方法，在此过程中可以有效利用特定图形卡的特殊硬件能力。然而，由于几年前固定流程还很流行，不少API，特别是在固定图形流程时代发展起来的API，需要做出改变以适应可编程流程。

OpenGL是用于三维图形渲染的最古老的跨语言、跨平台的接口之一，它提供了一种与GPU交互的方法。GLUT是用于编写独立于用来渲染场景的视窗系统的OpenGL程序的工具箱。它为OpenGL实现了一种简单的视窗API，极大地方便了OpenGL的学习。GLUT还提供了跨多个操作系统和计算机平台的可移植API。OpenGL包含了客户端程序可以调用的一组函数。这些函数表面上与C相似，但其实是一种独立的语言。OpenGL的流行主要得益于它高质量的官方文档，这些文档用不同颜色的封面区分（红色、橙色、绿色和蓝色分别对应第一版到第四版OpenGL编程指南）。像GLU、GLEE或者GLEW这样的伴生库常常与OpenGL绑定在一起，提供对当代硬件不能实现的一些有用特性的支持，比如纹理反走样的mipmapping技术或者三角化技术。OpenGL着色语言（GLSL）是一种基于C语法的高层着色语言，它最早被设计用于支持OpenGL使用汇编层或具体硬件的语言访问可编程GPU。OpenGL ES是OpenGL API的一个扩展，用于嵌入式设备编程。WebGL是用于渲染三维图形的JavaScript语言API。Direct3D是微软提供的一种类似的API，能够在视窗操作系统上提供更好的性能，而Metal是为苹果的iOS8操作系统推出的API。

Vulkan是更近期发展起来的一种跨平台API。它最初被作为“下一代OpenGL计划”。它建立在称为Mantle的AMD的API基础之上。除了像OpenGL那样优化在GPU上的性能外，Vulkan还优化减少CPU的使用，将CPU需要完成的任务分配给多个处理核。它既适用于高端图形卡，也适用于移动设备。与OpenGL不同，它提供了对计算核和图形着色程序的统一管理，无须综合使用着色API和图形API。

现代GPU提供了使用GPU解决通用目的的大型并行化问题的巨大潜力。但是，这意味着程序员必须非常了解图形API和GPU硬件，能够将通用问题映射为顶点、纹理和着色程序。为了缓解这方面的要求，英伟达开发了CUDA程序语言。该语言为程序员提供了一种并行计算平台和API，使程序员可以使用支持CUDA的英伟达GPU进行通用计算。通过CUDA，程序员可以直接访问GPU指令集和并行计算元素。

有趣的事实

今天的一代不会知道太多关于SGI（Silicon Graphics Inc.）公司的信息。在计算机图形学的早期，SGI是图形工作站的先驱，为图形硬件的进步做出了杰出贡献。SGI提出了几何引擎的概念，基于这一概念研发出了世界上第一个超大规模（VLSI）图形流水线，利用专用硬件加速三维图像显示所必需的几何运算。SGI由另一位图形学之父级别的人物创建，他就是也在犹他大学获得博士学位的Jim Clark（左上图）。Jim Clark出生于田纳西州，他的童年并不容易，高中时休学一段时间后就直接退学了。但是，他在海军服役四年的经历为他的人生带来了转机。在海军服役期间，他接触了电子学并且爱上了这一行。他在Tulane大学的夜校非常努力地学习，这为他争取到了新奥尔良大学的学习机会，在那里他获得了物理学学士和硕士学位。1974年他在犹他大学获得博士学位后，开始在加州大学圣克鲁斯分校工作，其后在1979年加入了斯坦福大学。1982年，Jim Clark与他的七个研究生共同创建了SGI。这七个研究生中的Kurt Akeley在近几年将光场相机Lytro推向市场的过程中发挥了关键作用。SGI是几款图形工作站开发过程中的先锋，包括Indigo、Prism、Onyx、Crimson、以及称为无限现实引擎的有房间大小的高性能计算多核机器（从右上角开始按顺时针方向展示的图像）。消费级图形卡（如英伟达和ATI）的出现对SGI的核心市场产生了负面影响，直接导致SGI在1999年将公司的重点业务领域转向了高性能计算。

15.3 现代GPU和CUDA

现代GPU已经不再与它们的图形学前辈绑定在一起了，而是成为了面向通用计算的最成功的台式超算架构。曾经被认为是为了视频游戏而发展起来的GPU，如今已经被用于解决从天体物理学和艺术到地震学和外科学的不同领域中的各种问题［Luebke 09］。本节，我们将简要介绍现代GPU的架构。更多的相关细节可以参阅［Azad 16］。我们具体关注英伟达的GPU架构和CUDA编程语言。

15.3.1 GPU架构

CUDA编程模型是一种并行编程模型，它提供了进程如何在底层的GPU架构上运行的抽象视图。GPU架构和CUDA编程语言的发展基本是齐头并进和相互依赖的。当CUDA编程模型随着时间推移而稳定下来时，GPU架构的性能和功能仍然还在进步。GPU架构在晶体管数量和计算单元数量方面的逐年提升，反过来又为CUDA编程模型提供了支撑。CUDA编程模型已经被用来实现除了图形学之外的很多其他算法和应用，而CUDA在迄今为止仍然未知的应用中的渗透能力和爆炸式的使用已经激发了GPU在众多科学与技术领域中近乎无处不在的应用。如今，所有的GPU都能支持CUDA。需要注意的是，在CUDA之前，也曾有一些创建高级语言和模板库的尝试，例如Glift［Lefohn et al. 06］和Scout［McCormick et al. 07］。但是，随着CUDA的出现，这些努力就逐渐减少了，更多的努力被放到了改进CUDA和在CUDA基础上创建程序库。

CPU和GPU的一个概念性的区别在于CPU的设计目标是实现最小延迟，也就是使得运行环境的切换时间最小，而GPU的首要目标是通过细粒度的流水线化实现最大吞吐量（因此其延迟比CPU大）。换句话说，在CPU设计中，有大量的缓存和控制逻辑来缩短将数据送到ALU所需的时间，从而减少等待和延迟。而另一方面，GPU有大量的ALU，有时候需要等待数据从外部的DRAM读取进它的局部缓存中。因此，对GPU编程的优化重点是通过在从DRAM读取数据期间为ALU提供足够多的任务来隐藏因等待数据读取而造成的延迟。

连在电脑的PCI高速总线上的GPU卡的两个主要构件是全局存储器（即显存，目前大约有12GB）和真正的流处理器芯片及其相关的电路。基本的GPU处理流程包含三个步骤：(1) 将数据从主机（CPU、内存等）的主存储器中读取到设备（GPU卡）的全局存储器（显存）中，(2) CPU向GPU发出指令，在此过程中计算所需的数据从GPU的显存中读取，计算的结果也被写回显存，(3) 最后，计算结果通过PCI高速总线由GPU显存传输回主机的主存储器中。

在自开普勒开始的最新的GPU架构中，多个GPU之间可以直接进行通信，借助MPI调用可以在一个GPU的显存与另一个GPU的显存间进行信息交换，而无须通过主机的内存间接实现。此外，并不是所有的GPU任务都需要由CPU发出指令——GPU可以启动自己的任务。这种特性也称为CUDA动态并行性，它在几个方面都很有用：它能减少GPU与CPU之间通过较慢的PCI总线进行通信的次数；它可用于实现递归并行算法和动态负载均衡；他可以用在像自适应层次化空间细分和计算流体动力学网格化仿真等特定应用中，实现高效准确的仿真。从概念上讲，动态并行性使得GPU从一个协处理器转变成了一个自主的动态并行处理器。

每一个多处理芯片都含有多个处理器。每个处理器可以处理数千个进程的线程。处理一个线程的基本硬件单元被称为核，或者说CUDA核。例如，开普勒流多处理器芯片含有15个处理器，每个处理器能管理2048个线程——它含有2048个CUDA核。这15个处理器中的每一个都含有大量的寄存器（超过64K的32位寄存器）以及同一个处理器中运行的所有线程都能访问的共享内存（大约48KB）。在同一个处理器上运行的线程可以通过寄存器和共享内存相互协作和共享数据。

15.3.2　CUDA编程模型

CUDA本质上是C++的一个扩展，其设计目标是令程序员专注于并行算法，而不是底层的多处理器架构。它既是一个编程模型也是一个存储模型。一个典型的CUDA应用包含混合的顺序代码和并行代码，其中的顺序代码在主机（CPU）上执行，而并行代码，也称为核心，在设备（GPU）的多个处理元素上执行。当并行代码在GPU执行时，顺序代码可以同时继续在CPU上执行。

核心是线程中的一段代码。根据单指令多数据（SIMD）模型，一个核心的多个实例可以并行执行，不同实例处理的可能是不同线程的不同数据。在同一个处理器上运行的所有线程一起被称为一个块。每个块在多处理器芯片的不同处理器上运行，而且很可能是在不同的时间运行。一组这样的块被称为一个网格。换句话说，一个网格由核心的所有实例构成，而这些实例又被分成不同的线程块。硬件负责在处理器的核上调度这些线程块，而且线程之间的切换没有任何开销。当块的数量超过可用的处理器数量时，多个线程块可能会以任意顺序被调度到同一个流处理器上。因此，不同块中的线程间的通信并不简单，因为它们可能会被分配到不同的处理器上，还可能会在不同的时间执行。高效的 CUDA 代码需要确保将任务分解成足够细粒度的线程，从而使得数据在 DRAM 与多处理器芯片之间的传输延迟可以被重叠执行的线程的计算任务掩盖。

每个块有一个唯一的 ID，一个块中的每个线程也有一个唯一的 ID。这些 ID 用内置变量 threadIdx 和 blockIdx 来表示。它们可能是一维、二维或三维的。一个块中的线程数量可以从变量 blockDim 得到，而一个网格中的块的数量被记录在变量 gridDim 中。核心产生的所有线程中的某一个的线性 ID 可以根据 blockDim. x * blockIdx. x + threadIdx. x 计算得到。这里我们假设 . x 指三个维度中的第一维，而其他两个维度都等于 1，亦即表示一个一维线程的一维数组。（注意块索引的最大值为 64K。因此，如果你需要超过 64K 个块，那么你需要将这个向量折叠成块的二维数组，其中每个维度的索引值最大可以取到 64K。）块和线程索引的三维表示只是为了增加表示的灵活性，在某些问题描述中可能需要用到。例如，对一个稠密矩阵中的每个元素进行操作的一个核心可能需要用一个二维索引引用每个线程。对一个二维线程数组中的一个线程的索引的线性化可以如下实现：

```
int iy = blockDim.y * blockIdx.y + threadIdx.y;
int ix = blockDim.x * blockIdx.x + threadIdx.x;
int idx = iy * w + ix;
```

开普勒架构能追踪 2048 个线程或 64 个 Warp（在一个处理器上能够以加锁模式同时执行的线程构成一个 Warp），或每个流处理器 16 个块。换句话说，每个块需要含有至少 128 个线程，这样才能保持 GPU 足够繁忙。使得每个块中的线程数为 32 的倍数是个非常好的选择，因为它是 Warp 的大小。每个设备含有 14 个流处理器。因此，我们需要至少 224 个块来保持 GPU 处于忙碌状态，一般来说也就是一个网格中有 1000 或以上个块。这也使 GPU 能够将要执行的代码提前准备好。

15.3.3　CUDA 存储模型

CUDA 使用了层次化的存储，流多处理器和 GPU 架构能够支持这样的存储。芯片上的每一个处理器中有寄存器，这些寄存器可以被线程访问，而且其中的存储内容在线程执行期间保持有效。如果一个线程使用的寄存器超过了可用寄存器的数量，系统将会自动使用“局部内存”，该内存其实是 GPU 卡（设备）上的芯片外存储。因此，尽管数据可以从局部内存中透明地读取，就像它们仍然存储在寄存器中一样，这样的数据读取的延迟和从显存中读取时一样高。原因很简单，所谓的局部内存其实就是分配出来的一部分显存。共享内存是像寄存器那样的芯片上内存，但是是按块分配的，而且共享内存中的数据在处理器执行这个块的过程中保持有效。显存，如前所述，是芯片外内存，但是还是在 GPU 卡上的。通过显存，同一个核心甚至不同核心的不同块中的线程之间可以共享数据。主机（CPU）内存相对于 GPU 而言是最慢的，并不能被 CUDA 线程直接访问，其中的数据需要显式地传输到设备内存（显存）中。但是，CUDA 6 引进了统一内存。通过统一内存，主机内存中的数据可以被 GPU 直接引用，而无须将数据在主机与设备之间进行显式传输。最后，不同 GPU 之间的通信需要通过 PCI 高速总线和主机内存来实现。显然，这是代价最高的通信。但是，最新的 NVLink 为 CPU 和 GPU 之间以及多个 GPU 之间架起了节能、高速的总线，可以实现比 PCI 高速总线快得多的传输速度。

15.4 本章小结

本章非常简要地介绍了图形硬件和 API，希望能够帮助读者加快学习图形 API 和编程的进度。有几本书使用了 API 来教授图形学的知识，它们大部分都使用了 OpenGL［Angel 02，Hill and Kelly 06，Hearn and Baker 03］或者 WebGL［Angel and Shreiner 14］。它们是学习图形编程的很好的入门读物。著名的红宝书［Kessenich et al. 16］是了解有关 OpenGL API 的任何问题的一本极好的手册。还有一些书提供了有关 CUDA 编程的深入知识［Sanders 10，Cheng and Grossman 14］，它们能帮助你最高效地利用你的 GPU。

本章要点

图形处理单元（GPU）
顶点着色程序
片段着色程序
统一着色程序
光栅化操作（ROP）
OpenGL
CUDA

参考文献

[Angel and Shreiner 14] Edward Angel and Dave Shreiner. *Interactive Computer Graphics: A Top-Down Approach with WebGL*, 7th edition. Pearson, 2014.

[Angel 02] Edward Angel. *Interactive Computer Graphics*, Third edition. Addison-Wesley Longman Publishing Co. Inc., 2002.

[Azad 16] Hamid Azad. *Advances in GPU Research and Practice*, First edition. Morgan Kaufman, 2016.

[Cheng and Grossman 14] John Cheng and Max Grossman. *Professional CUDA C Programming*. Wrox, 2014.

[Hearn and Baker 03] Donald D. Hearn and M. Pauline Baker. *Computer Graphics with OpenGL*, Third edition. Prentice Hall Professional Technical Reference, 2003.

[Hill and Kelly 06] F.S. Hill and Stephen M. Kelly. *Computer Graphics using OpenGL*. Prentice Hall, 2006.

[Kessenich et al. 16] John Kessenich, Graham Sellers, and Dave Shreiner. *OpenGL Programming Guide: The Official Guide to Learning OpenGL, Version 4.5*, 9th edition. Addison-Wesley Longman Publishing Co., Inc., 2016.

[Lefohn et al. 06] Aaron E. Lefohn, Shubhabrata Sengupta, Joe Kniss, Robert Strzodka, and John D. Owens. "Glift: Generic, efficient, random-access GPU data structures." *ACM Trans. Graph.* 25:1 (2006), 60–99. Available online (http://doi.acm.org/10.1145/1122501.1122505).

[Luebke 09] David P. Luebke. "Graphics hardware & GPU computing: past, present, and future." In *Proceedings of the Graphics Interface 2009 Conference, May 25-27, 2009, Kelowna, British Columbia, Canada*, p. 6, 2009. Available online (http://doi.acm.org/10.1145/1555880.1555888).

[McCormick et al. 07] Patrick McCormick, Jeff Inman, James Ahrens, Jamaludin Mohd-Yusof, Greg Roth, and Sharen Cummins. "Scout: A Data-parallel Programming Language for Graphics Processors." *Parallel Comput.* 33:10-11 (2007), 648–662. Available online (http://dx.doi.org/10.1016/j.parco.2007.09.001).

[Sanders 10] Jason Sanders. *CUDA by Example: An Introduction to General-Purpose GPU Programming*, First edition. Addison Wesley, 2010.

推荐阅读

计算机视觉：模型、学习和推理

作者：[英]西蒙 J.D. 普林斯（Simon J. D. Prince）著 译者：苗启广 刘凯 孔韦韦 许鹏飞 译

书号：978-7-111-51682-8 定价：119.00元

“这本书是计算机视觉和机器学习相结合的产物。针对现代计算机视觉研究，本书讲述与之相关的机器学习基础。这真是一本好书，书中的任何知识点都表述得通俗易懂。当我读这本书的时候，我常常赞叹不已。对于从事计算机视觉的研究者与学生，本书是一本非常重要的书，我非常期待能够在课堂上讲授这门课。”

—— William T. Freeman，麻省理工学院

本书是一本从机器学习视角讲解计算机视觉的非常好的教材。全书图文并茂、语言浅显易懂，算法描述由浅入深，即使是数学背景不强的学生也能轻松理解和掌握。作者展示了如何使用训练数据来学习观察到的图像数据和我们希望预测的现实世界现象之间的联系，以及如何如何研究这些联系来从新的图像数据中作出新的推理。本书要求最少的前导知识，从介绍概率和模型的基础知识开始，接着给出让学生能够实现和修改来构建有用的视觉系统的实际示例。适合作为计算机视觉和机器学习的高年级本科生或研究生的教材，书中详细的方法演示和示例对于计算机视觉领域的专业人员也非常有用。

推荐阅读

计算机图形学原理及实践（基础篇）

作者：[美]约翰·F. 休斯（John F. Hughes） 安德里斯·范·达姆（Andries van Dam）
摩根·麦奎尔（Morgan Mcguire） 戴维·F. 斯克拉（David F. Sklar）
詹姆斯·D. 福利（James D. Foley） 史蒂文·K. 费纳（Steven K. Feiner）
科特·埃克里（Kurt Akeley）

译者：彭群生 等 ISBN：978-7-111-61180-6 定价：99.00元

计算机图形学原理及实践（进阶篇） 即将出版

本书是计算机图形学领域久负盛名的著作，被国内外众多高校选作教材。第3版全面升级，新增17章，从形式到内容都做出了很大的调整，与时俱进地对图形学的关键概念、算法、技术及应用进行了细致的阐释。为便于教学，中文版分为基础篇和进阶篇两册。其中基础篇取原书的第1~16章，内容覆盖基本的图形学概念、主要的图形生成算法、简单的场景建模方法、二\三维图形变换、实时3D图形平台等。进阶篇则包括原书第17~38章，主要讲述与图形生成相关的图像处理技术、复杂形状的建模技术、表面真实感绘制、表意式绘制、计算机动画、现代图形硬件等。

推荐阅读

卷积神经网络与计算机视觉

作者：Salman Khan 等 译者：黄智濒 等 ISBN：978-7-111-62288-8 定价：99.00元

本书不仅包含对卷积神经网络（CNN）的全面介绍，而且分享了CNN在计算机视觉方面的应用经验。本书不要求读者具备相关背景知识，非常适合有兴趣快速了解CNN模型的学生、程序员、工程师和研究者阅读。

卷积神经网络与视觉计算

作者：Ragav Venkatesan 等 译者：钱亚冠 等 ISBN：978-7-111-61239-1 定价：59.00元

本书提供了丰富的理论知识和实操案例，以及一系列完备的工具包，以帮助初学者获得在理解和构建卷积神经网络（CNN）时所必要的基本信息。本书的重点将集中在卷积神经网络的基础部分，而不会涉及在高级课程中才出现的一些概念。